"十三五"普通高等教育本科系列教材

泵与风机

（第五版）

上海电力学院　杨诗成
沈阳工程学院　王喜魁
浙 江 大 学　叶　衡　主审

中国电力出版社
CHINA ELECTRIC POWER PRESS

内 容 提 要

本书为"十三五"普通高等教育本科系列教材。本书主要阐述了离心泵与风机及轴流泵与风机的工作原理和基本理论，较详细地分析了设备的性能、工况调节、汽蚀工况及泵与风机的运行，对泵与风机的选型、改造、磨损、噪声及其防治也进行了介绍。

本书可作为本科能源与动力工程专业、高职高专电厂热能动力装置、火电厂集控运行专业的教材，也可作为相关专业工程技术人员的参考书。

图书在版编目（CIP）数据

泵与风机/杨诗成，王喜魁编．—5版．—北京：中国电力出版社，2016.7（2025.6重印）

"十三五"普通高等教育本科规划教材

ISBN 978-7-5123-9159-8

Ⅰ.①泵… Ⅱ.①杨… ②王… Ⅲ.①泵—高等学校—教材 ②风机—高等学校—教材 Ⅳ.①TH3②TH4

中国版本图书馆CIP数据核字（2016）第071557号

中国电力出版社出版、发行

（北京市东城区北京站西街19号 100005 http://www.cepp.sgcc.com.cn）

三河市航远印刷有限公司印刷

各地新华书店经售

*

1990年10月第一版

2016年7月第五版 2025年6月北京第三十三次印刷

787毫米×1092毫米 16开本 14.25印张 344千字

定价 **43.00** 元

版权专有 侵权必究

本书如有印装质量问题，我社营销中心负责退换

前　言

本教材根据高等院校能源与动力工程专业对“泵与风机”课程的要求而编写。本次教材的修订是为了能更好地面向工程实际，适应先进科学技术的发展。

轴流泵与风机、液力耦合器等在国内得到了广泛的应用，所以本教材对它们亦有相应的论述，可在教学中根据实际情况，进行取舍。

本书第一～五章，第六章的第三、四、八、九节，第七章的第三节和附录由上海电力学院杨诗成修订；第六章的第一、二、五～七节，第七章的第一、第二节由沈阳工程学院王喜魁修订。本次修订工作由杨诗成统稿。

感谢本书主审浙江大学叶衡教授。感谢华东电力设计院高级工程师陈子安、教授级高级工程师金王贵，上海吴泾热电厂高级工程师成福龙等为本书提供有价值的资料。

编　者

2016 年 6 月

第三版前言

为贯彻落实教育部《关于进一步加强高等学校本科教学工作的若干意见》和《教育部关于以就业为导向深化高等职业教育改革的若干意见》的精神，加强教材建设，确保教材质量，中国电力教育协会组织制订了普通高等教育"十一五"系列规划。该规划强调适应不同层次、不同类型院校，满足学科发展和人才培养的需求，坚持专业基础课教材与教育急需的专业教材并重、新编与修订相结合。本书为修订教材。

本次教材的修订，在保留第二版教材特点基础上，对原有部分内容作了补充、修改及删减。使教材既有必要的理论基础，又能更好地面向工程实际，面向先进科学技术。

本书第一章至第四章和第六章中的第三节、第四节、第八节、第九节及书后的附录由上海电力学院杨诗成编写。第五章、第七章及第六章中的第一节、第二节、第五节、第六节及第七节由沈阳工程学院王喜魁编写。

本书第三版的修订，由上海电力学院杨诗成完成。

感谢本书主审浙江大学机械与能源工程学院叶衡教授认真审阅。

感谢提供资料的上海吴泾热电厂高级工程师成福龙、华东电力设计院高级工程师陈子安热情帮助。

书中如有不妥之处敬请读者指正。

编　者

2006年10月

第四版前言

本次修订根据专业的要求与特点，对全书进行了修订、删节，尤其对第五章的内容作了大的修改与补充，使其在保留必须基本理论的基础上，紧密结合生产实际，及时反映先进的科技水平。

本书第一～五章，第六章的第三、四、八、九节，第七章的第三节和附录由上海电力学院杨诗成编写；第六章的第一、二、五～七节，第七章的第一、二节由沈阳工程学院王喜魁编写。本次修订工作由杨诗成完成。

感谢本书主审浙江大学叶衡教授。感谢华东电力设计院高级工程师陈子安、教授级高级工程师金王贵，上海吴泾热电厂高级工程师成福龙等为本书提供有价值的资料。

编　者

2011 年 10 月

目　　录

第一章　概　　述

第一节　泵与风机在国民经济中的地位和作用

泵与风机属通用的流体机械。它是将原动机的机械能转变为输送流体、给予流体能量的机械。它是国民经济各部门必不可少的机械设备，得到了广泛的应用。

在人们的日常生活中，需要水泵向人们供应生活用水。冬季采暖系统的热水循环、卫生设施的热水供应，也需要热水泵不间断地工作。城市下水道的排水、输送污水等也都离不开泵。

在农业生产中，农田的灌溉与排涝，从江河湖泊中取水的抽水站，将长江水引入北方的“南水北调”工程，均需要泵作为输送水的动力设备。

在工业生产中，泵也起着十分重要的作用。冶金工业的钢铁厂用泵输送冷却水；矿山的坑道用泵排除矿内的积水；水力采煤、采矿及水力输送需要泵提供压力水；石油、化工部门，使用大量的多种类型的泵输送原料及成品，向地层注水，输送有腐蚀性的化工原料及成品；长距离的输油管道需要许多油泵夜以继日地运转；造纸厂的泵输送纸浆……

航空航天工程需要泵输送润滑油、冷却水、推进剂；航海工程需要输油泵、润滑油泵及输水泵等。

输送气体的各种风机在矿山坑道的通风，冶炼厂的输送空气，工厂车间、居民住房、影剧院、会议室、宾馆等的通风、降温……都得到了广泛的应用。

在火力发电厂中，需要许多泵与风机同时配合主机工作，才能使整个机组正常运转，生产电能。这些泵与风机有离心式、轴流式、混流式及容积式等各种型式。泵与风机输送的流体有凝结水、冷却水、润滑油、酸碱类等液体；空气、烟气等气体。给水泵、凝结水泵与循环水泵是火力发电厂中的主要水泵，而送风机、引风机则是火力发电厂中的重要辅助设备，它们对于火力发电厂的安全、经济生产起着重要的作用。泵与风机在火力发电厂的热力系统中，宛如人体内的心脏一样，促使工质不断地在循环系统中工作。图1-1所示为火力发电厂生产过程示意。锅炉产生的水蒸气经过过热器过热成过热蒸汽，然后进入汽轮机推动叶轮带动发电机发出电能，向用户输送。在汽轮机内做了功的乏汽排入凝汽器，由循环水泵供给的冷却水把它冷却成凝结水。凝结水由凝结水泵、凝结水升压泵送入除氧器。除了氧的水再由前置泵、给

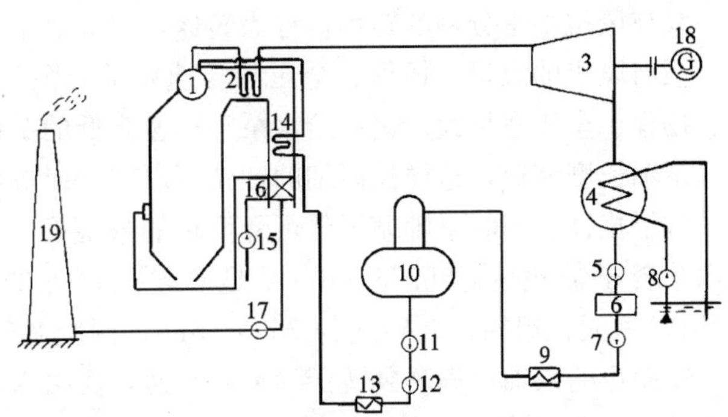

图1-1　火力发电厂生产过程示意
1—汽包；2—过热器；3—汽轮机；4—凝汽器；5—凝结水泵；6—除盐设备；7—凝结水升压泵；8—循环水泵；9—低压加热器；10—除氧器；11—前置泵；12—给水泵；13—高压加热器；14—省煤器；15—送风机；16—空气预热器；17—引风机；18—发电机；19—烟囱

水泵经省煤器送入锅炉重新加热。

锅炉内燃料燃烧时，需有送风机送入新鲜空气，燃烧后的烟气由引风机抽出送往烟囱，排至大气。要完成示意图 1-1 的生产过程，这些泵与风机应无故障连续不断地输送流体。其中任意一台泵或风机发生故障，都将使电厂的生产中断，造成损失。

据统计目前国内泵与风机的耗电量，约占全国用电量的 28%～30%。由此可见，泵与风机在国民经济中的应用是多么的广泛。所以，提高泵与风机的技术指标，节约能耗，对国家的经济建设、环境保护具有重要意义。

第二节　泵与风机的主要性能参数

泵与风机的主要性能参数有：流量、扬程、全压、功率、转速及效率等。泵的主要参数还有汽蚀余量。

一、流量

单位时间内泵或风机在出口截面所输送的流体量称为流量。这个量常用的有体积流量与质量流量两种。体积流量用符号 q_V 表示，单位为 m^3/s、m^3/min、m^3/h。质量流量用符号 q_m 表示，单位为 kg/s、kg/min、kg/h。

二、扬程或全压

单位重力作用下的液体在泵内所获得的能量，即泵出口与进口截面能量差，称为扬程。扬程用符号 H 表示，其单位为 N·m/N=m，习惯上称为米液柱高。

单位体积的气体在风机内所获得的能量，亦即风机出口高于进口截面的能量，称为全压，以符号 p 表示，单位为 Pa。

三、功率

泵与风机的功率是指原动机传递给泵或风机轴上的功率，即它们的输入功率，又称轴功率，以 P 表示，单位为 kW。

四、转速

泵与风机轴每分钟的转数，称为转速，以 n 表示，单位为 r/min。

泵与风机的流量、扬程、全压与转速有关。泵与风机的转速越高，则它们所输送的流量、扬程、全压亦越大。锅炉给水泵与转速高低的关系尤为密切。转速增高可使叶轮级数减少，泵轴长度缩短，这样长而细的轴就可以转变成短而粗的轴。短而粗的泵轴增加了它运转时的抗干扰性。同时泵轴缩短还可降低轴的静挠度，增加运转时的安全性（如某 10 级叶轮给水泵转子静挠度达 0.75mm，可是叶轮入口处的动、静径向间隙仅有 0.15mm；英国 660MW 单元机组给水泵转速为 7500r/min，两级叶轮，静挠度只有 0.05～0.075mm）。还有，短而粗的泵轴可提高泵转子的临界转速，而给水泵的运转转速始终低于转子在水中第一临界转速的 20%左右，是刚性轴。

此外，泵转速的增加还可以使叶轮的直径相对地减小，泵体直径因此缩小，泵壳厚度亦可减薄，这样不但泵壳紧固处的应力能改善，而且还能改善热冲击性。叶轮直径降低与叶轮级数减少，能使泵的质量、体积大为降低。例如 550MW 机组的给水泵若采用 3000r/min 转速，质量约 44t；而 660MW 机组的给水泵采用 7500r/min 转速，质量只有 10.5t，单级扬程可达 1000m 以上。虽然目前国内、外已普遍使用高转速的锅炉给水泵，但因为高转速受到材料强度、泵汽蚀、泵效率等因素的制约，所以国内锅炉给水泵的转速大多采用5000～6000r/min。

五、效率

泵与风机输入功率不可能全部传给被输送的流体，其中必有一部分能量损失。被输送的流体实际所得到的功率比原动机传递至泵与风机轴端的功率要小，它们的比值称为泵或风机的效率，以符号η表示。泵或风机的效率越高，则流体从泵或风机中得到的能量有效部分就越大，经济性就越高。

我国引进600MW火力发电厂超临界汽轮发电机组，配置两台半容量总功率为19.89×10^3kW的汽动给水泵，扬程为3338m水柱，转速为5315r/min，效率84.6%。

六、汽蚀余量

泵的汽蚀余量是指单位重力作用下的液体从泵吸入口流至叶轮进口压力最低处的压力降落量，又称必需汽蚀余量（国外称此为净正吸入水头），记为$NPSH_r$。汽蚀余量是表示泵抗汽蚀性能好坏的一个重要参数。

第三节　泵与风机的分类

泵与风机由于应用广泛，所以种类繁多。泵按工作时产生的压力大小分类如下：

低压泵：压力在2MPa以下。

中压泵：压力为2～6MPa。

高压泵：压力在6MPa以上。

风机如按工作时产生的压力大小可分为：

通风机：风机产生的全压$p<15$kPa。

鼓风机：风机产生的全压在15～340kPa。

压缩机：风机产生的全压$p>340$kPa。

通风机按工作时产生的压力大小可分为（在大气压为101.3kPa，气温为20℃的标准状态下）：

低压离心通风机：通风机的全压$p<1$kPa。

中压离心通风机：通风机的全压$p=1\sim3$kPa。

高压离心通风机：通风机的全压$p=3\sim15$kPa。

低压轴流通风机：通风机的全压$p\leqslant500$Pa。

高压轴流通风机：通风机的全压$p>500$Pa，但$p<15$kPa。

泵与风机按工作原理可分为叶片式、容积式等。

一、叶片式

叶片式泵与风机都有叶轮，叶轮上均布置有叶片。叶片式泵与风机又有离心式、轴流式及混流式之分。

离心式：流体轴向进入叶轮后，主要沿径向流动，高速旋转的叶轮对流体做功，提高流体的压力能与动能。图1-2所示为单级单吸离心泵，图1-3所示为离心风机。一般而言，离心泵与离心风机使用最广泛。

轴流式：流体轴向进入叶轮后，近似地在圆柱形表面上沿轴线方向流动，并借旋转叶轮上的叶片产生升力来输送，同时提高其能量。轴流式泵或风机所输送流体的流量比离心式大，但扬程、全压要比离心式低。图 1-4 所示为双级轴流风机。

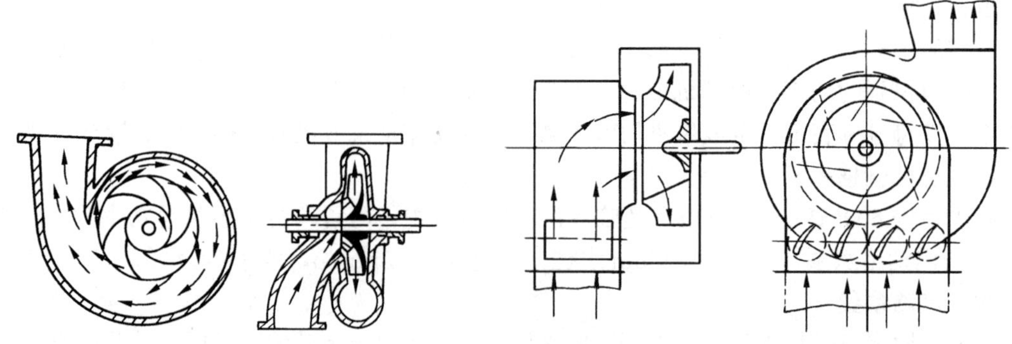

图 1-2 单级单吸离心泵　　　　图 1-3 离心风机

轴流泵大多用作火力发电厂的循环水泵，南水北调用泵等；轴流风机大多用作大容量火力发电机组锅炉送、引风机。总之，轴流式适宜用于需要流量大、扬程、全压低的场合。

混流式：流体进入叶轮后，流动的方向处于轴流式和离心式之间，近似沿锥面流动。混流泵与风机的性能亦介于离心式与轴流式之间，其流量大于离心式但小于轴流式；扬程、全压大于轴流式而小于离心式。

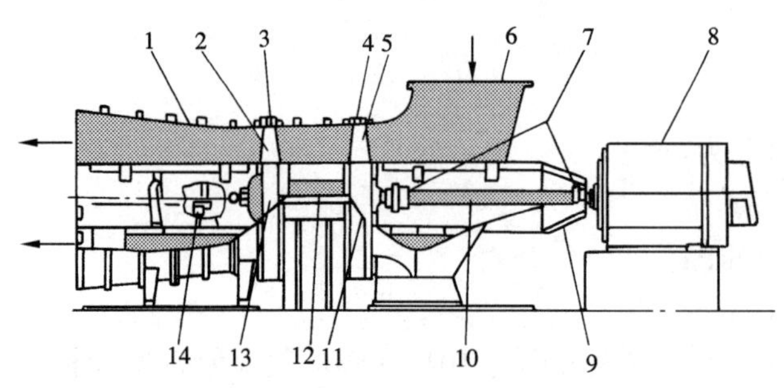

图 1-4 双级轴流风机

1—扩压器；2、5—叶片；3、4—叶轮的外壳；6—进气箱；7—联轴器；8—电动机；9—联轴器护罩；10—中间轴；11、13—轮毂；12—主轴承；14—动叶调节机构

按照动叶片的调节方式，混流式泵与风机可分为动叶不可调节、动叶半调节及动叶全调节等三种形式。动叶不可调混流泵的动叶片与轮毂铸成一体或固定连接；动叶半调节的则在需要改变工况时，停泵拆出定位销转动动叶片角度；动叶全调节的混流泵通过液压或机械调节机构，在不停泵的情况下调节动叶片的角度。图 1-5 所示为动叶半调节混流泵。

目前，大容量火电厂的循环水泵往往用混流泵取代轴流泵。因为一般而言，混流泵的抗汽蚀性能较好。

二、容积式

容积式泵与容积式风机可分为往复式和回转式。

往复式泵或风机主要有活塞式、柱塞式等类型。现以活塞泵为例说明其工作原理。图 1-6所示的活塞泵主要由泵缸和活塞组成。活塞由曲柄、连杆带动，将原动机的回转运动转变为在泵缸内的往复运动。当活塞向右移动，泵缸内容积增大，压力降低，吸水阀打开，液体被吸入泵缸内，这就是吸液过程。活塞向左移动，泵缸内的液体受到挤压，压力升高，吸水阀被关闭，高压液体冲开出水阀而排向压力管路。活塞式泵或压气机输送的流量较小，且不够均匀，但压力较高。往复式泵可以用作计量泵、汽轮机顶轴油泵；往复式风机可以制作空气压缩机等。

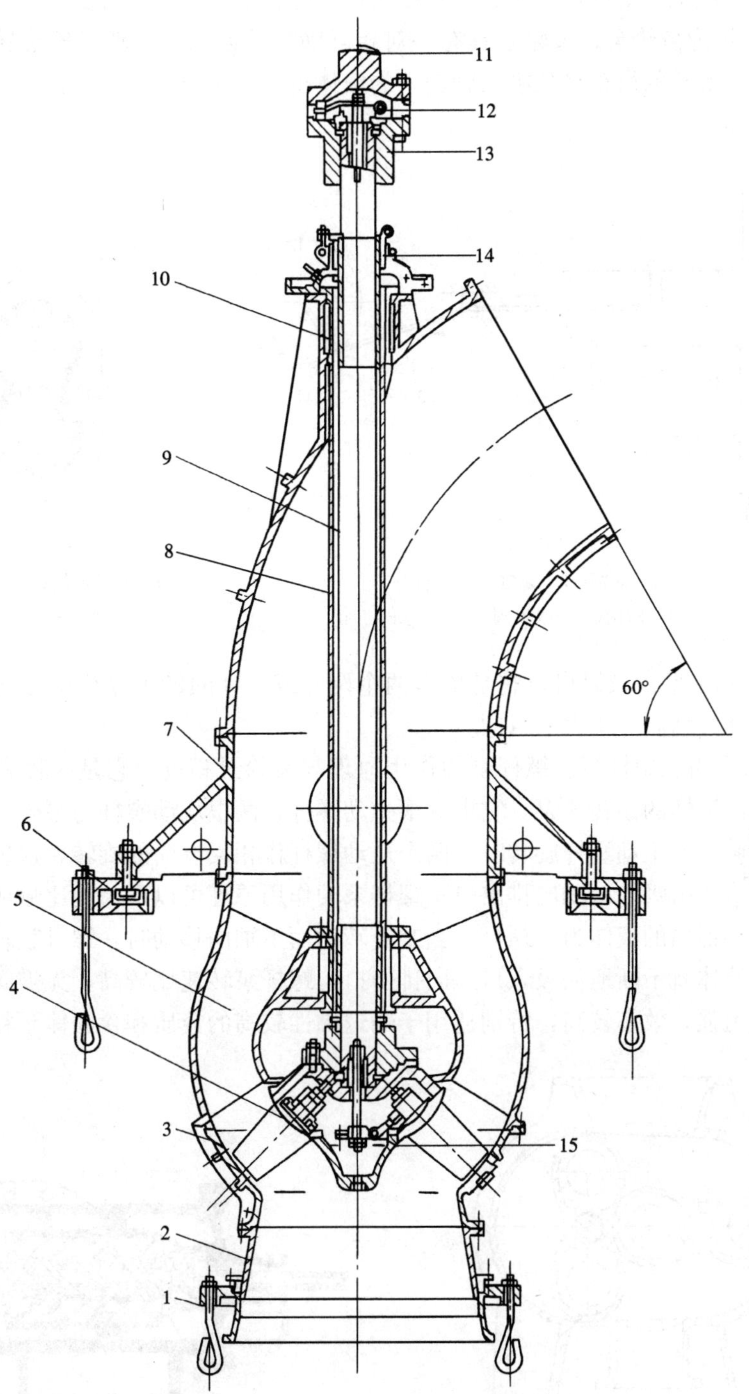

图 1-5　动叶半调节混流泵

1—底座；2—套管；3—动叶外壳；4—叶轮；5—导叶；6—座板；7—泵座；8—套管；9—泵轴；10—橡胶轴承；11—中间轴；12—动叶调节机构；13—联轴器；14—填料函；15—调节杆

回转式泵与风机主要有齿轮泵、罗茨鼓风机及螺杆泵与压气机等类型。

图 1-7 所示为齿轮泵。齿轮泵具有一对相互啮合的齿轮，主动齿轮旋转时，带动从动齿轮一起旋转。旋转的齿轮将从吸入管进入的液体挤压至压出管排出。齿轮泵一般用于输送黏性较大的液体。

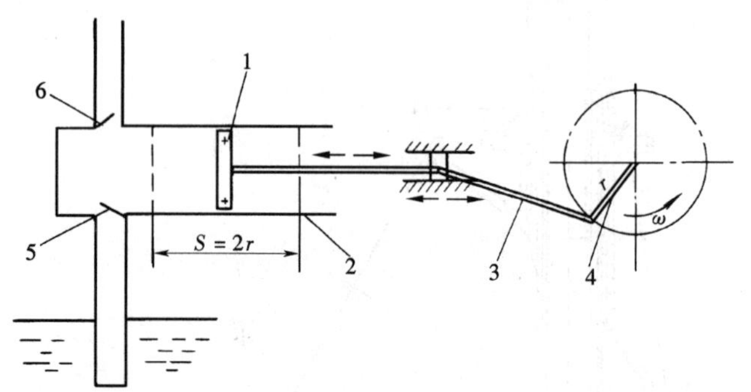

图 1-6 活塞泵

1—活塞；2—泵缸；3—连杆；4—曲柄；5—吸水阀；6—出水阀

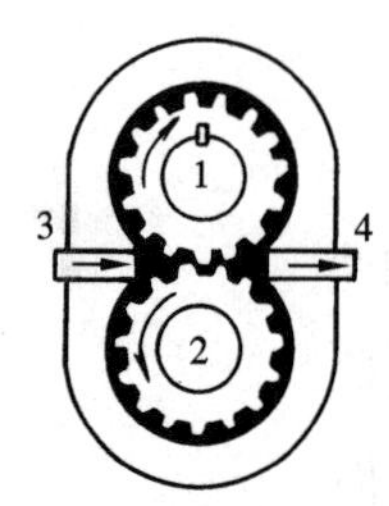

图 1-7 齿轮泵

1—主动齿轮；2—从动齿轮；3—吸入管；4—压出管

图 1-8 所示为罗茨鼓风机。它是依靠两个两叶或三叶的转子作相反方向的旋转，达到传递能量于气体并增高其压力的目的。

图 1-9 所示为三螺杆泵。螺杆泵的作用原理与齿轮泵相近，它是一种利用螺杆互相啮合来吸入和排出液体的回转式泵。它由一根主动螺杆、两根从动螺杆与泵壳组装在一起，形成一个个密封腔。当主动螺杆旋转时，两个从动螺杆作相反方向的旋转，这些密封腔就轴向移动，从而把液体由吸入口压向排出口。螺杆泵的作用原理可以形象地比喻成：螺杆为一螺钉，充满在螺旋槽内的液体为一螺母。当螺钉转动而不轴向移动时，螺母就轴向移动。所以螺杆转动时，液体就不断地从吸入口压向排出口。螺杆泵转速比较高，无需阀门，流量连续均匀，吸入能力强，效率较高，特别适用于输送黏性较高的介质和含固体颗粒的液体。

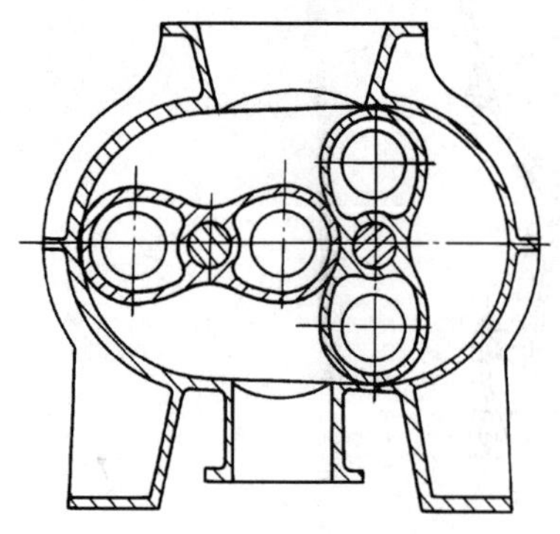

图 1-8 罗茨鼓风机

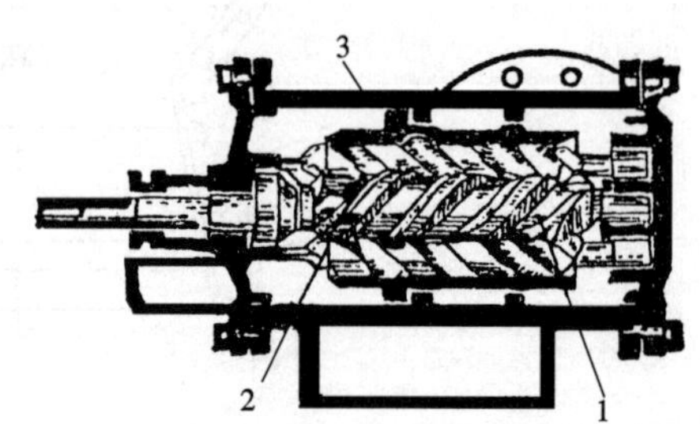

图 1-9 三螺杆泵

1—主动螺杆；2—从动螺杆；3—泵壳

水环式真空泵，是将工作介质水的动能转换成压力能，用于压缩被输送的气体，从而达到抽送气体的目的。图 1-10 所示水环式真空泵，它有一个圆柱形的泵壳 3，转子 1 偏心地安装在缸内。在泵缸的适当位置开有进气口 4 和排气口 6，进气口和排气口开设在叶轮的侧面，实行轴向进气和排气。泵启动前，向泵缸内注入适量的水，偏心安装的叶轮旋转后，泵内的水贴着泵缸的表面形成一个运动着的圆环（水环），水环的上部内表面与轮毂相切。水环内表面与叶轮的轮毂之间形成一个月牙形空间。叶轮旋转的前半周，叶片中的水从叶轮获得能量，由叶片端部甩出，达到叶轮出口处的圆周速度 u_2，具有足够的动能。此时，转子上相邻叶片与水环间所形成的空间逐渐增大，产生真空，气体经进气口进入。后半周水重新进入叶轮，速度下降，动能转换成压力能，用于气体的压缩。此时，转子上同样相邻叶片与水环间所形成的空间逐渐缩小，被压缩的气体由排出口输出。所以，叶轮的圆周速度 u_2，代表了叶轮传递给水环的能量。

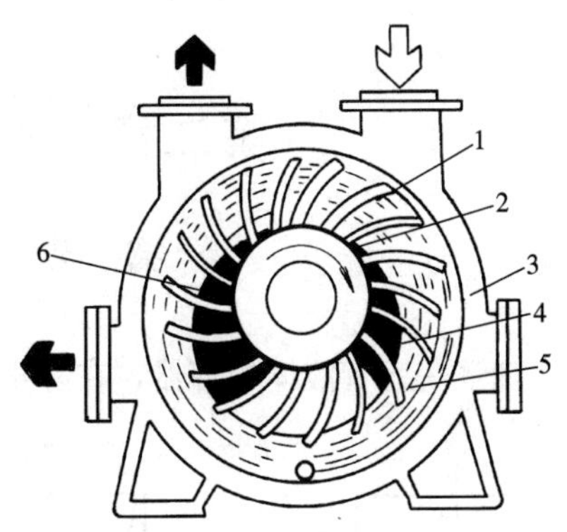

图 1 - 10　水环式真空泵

1—转子；2—轮毂；3—泵壳；4—进气口；5—水环；6—排气口

水环式真空泵排出的气体中含有水分，因此必须经过气、水分离器将气、水分离，然后将气体排出。水环式真空泵用于需要抽气、排气的场合，如泵的抽气引水、火力发电厂汽轮机凝汽器的抽气维持真空等。

三、其他

除了叶片式及容积式泵与风机外，还有喷射泵及水锤泵等。

图 1 - 11 所示为喷射泵。工作流体进入喷嘴，流体在喷嘴中将部分压力能转化成动能，使工作流体以很高的速度从喷嘴射出，进入扩散室。由于高速射流携带周围的流体一起前进，于是在高速射流的周围形成真空，被抽吸的流体沿着吸入管路进入高速射流的周围，高速射流又将它携带送入压力管路，如此周而复始，不断将流体吸入与排出。喷射泵的工作流体可以是蒸汽，也可以是水。

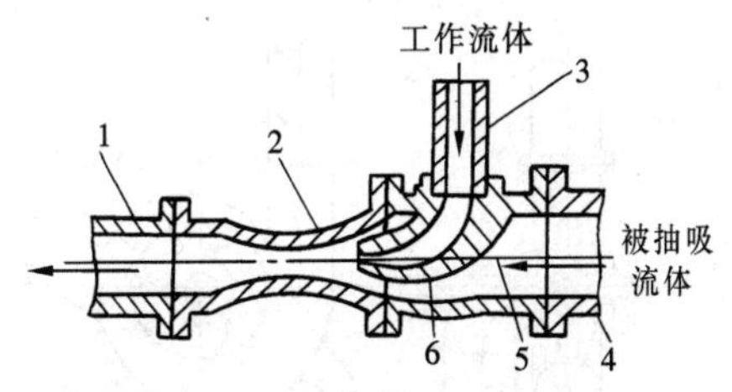

图 1 - 11　喷射泵

1—排出管；2—扩散室；3—通工作流体管道；4—吸入管；5—吸入室；6—喷嘴

喷射泵效率较低，若喷射泵吸入室出口截面积与喷嘴出口截面积之比在 3～5 的范围内，则可以提高喷射泵的效率。

喷射泵在火力发电厂中，用以抽吸凝汽器内的空气，也有的用于向离心泵吸入口输送液体，提高离心泵的吸入性能。

思考题

1 - 1　试述泵与风机在火力发电厂中的作用。

1 - 2　泵与风机的主要性能参数有哪些？转速与效率的高、低对泵及风机的影响如何？

1 - 3　泵与风机主要的类型有哪些？

1 - 4　试述活塞式、齿轮式、螺杆式及喷射泵的作用原理。

1 - 5　试述水环式真空泵的作用原理。

第二章　离心泵与风机的基本理论

第一节　离心泵与风机的工作原理

观察一盛有液体的容器，在静止状态时，液面为一水平面，如图 2-1（a）所示。若驱使该容器以角速度 ω 旋转，则液面为一旋转抛物面，如图 2-1（b）所示。倘若旋转角速度加大，那么旋转抛物面中心和周围的液体位差亦加大。旋转角速度增大至一定值时，器壁旁的液体就会从容器内甩出。

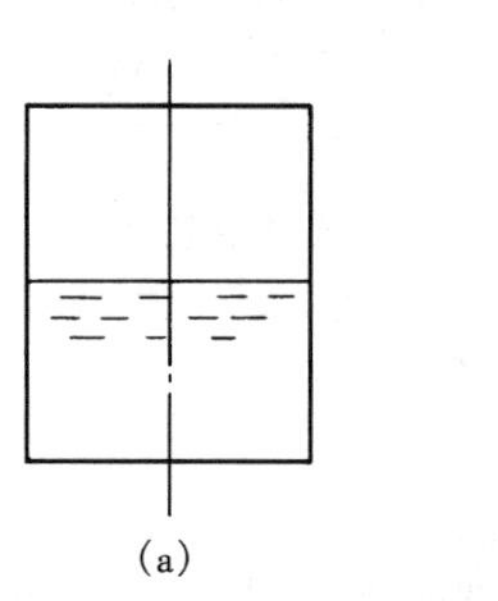

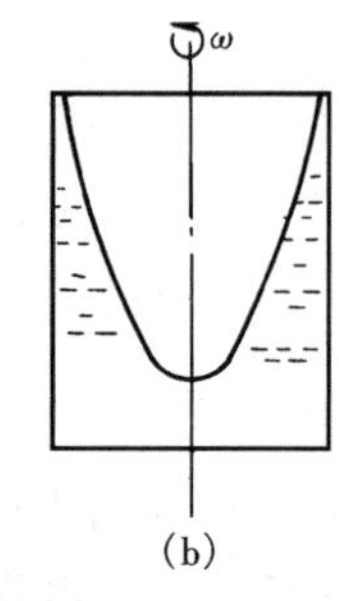

图 2-1　离心泵工作原理

如果将容器封闭，在近壁处接一小管子，液体会从小管子里向外界流出。容器内液体流出后，容器内产生真空，若通过容器底部中心处引一管子接入大气作用的水池，那么在大气压力作用下的液体会源源不断地被吸入容器内。

以上就是离心泵工作原理。所不同的是，泵的外壳容器是静止不动的，而外壳内的叶轮由原动机带动作高速旋转，流体在高速旋转的叶轮内，借叶片的作用获得能量，被甩出叶轮，叶轮内形成真空。同时，外界的流体沿叶轮中心流入叶轮。如此周而复始不断地循环工作。图 2-2 所示离心式水泵，叶轮 1 旋转后叶片对水流做功，将液体抛入泵壳 2 内，泵壳 2 汇集液体送入压力管路 5 内。液体流出泵后，叶轮内产生真空，水池的水在大气压力作用下通过滤网 4、吸水管路 3 而进入叶轮内获得能量。

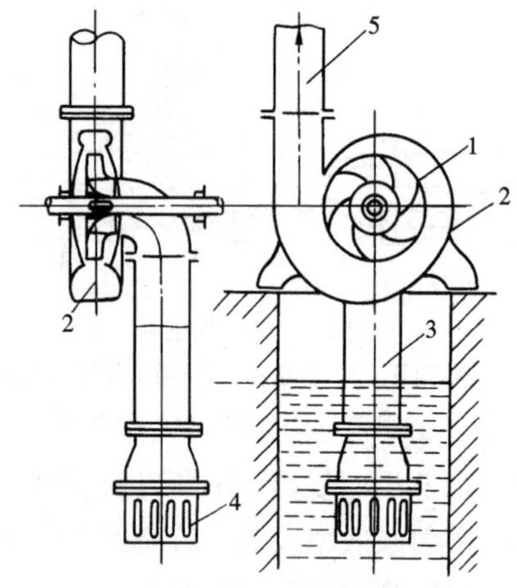

图 2-2　离心式水泵
1—叶轮；2—泵壳；3—吸水管路；4—滤网；5—压力管路

上述分析，完全适用于离心风机。

离心泵启动前，应该将液体充满泵内的叶轮，否则泵启动后无法向外界供给液体。如启动前不向泵内灌满液体，则叶轮只能带动空气旋转。而空气的质量约是液体（水）质量的千分之一，它所形成的真空不足以吸入比它重 700 多倍的液体（水）。

图 2-3 所示为离心泵与风机的叶轮。封闭叶轮的进、出口流道，并且流体在流道内不流动，在叶轮流道内任意半径 r 处，取一宽为 b，厚为 $\mathrm{d}r$ 的流体微团（质点），其质量 $\mathrm{d}m$ 为

$$\mathrm{d}m=\rho rb\,\mathrm{d}r\mathrm{d}\varphi$$

式中　ρ——流体的密度，$\mathrm{kg/m^3}$。

叶轮旋转时，流体微团在径向受到的表面压力 p 及 $p+\mathrm{d}p$，如图 2-3 所示。而质量为

$\mathrm{d}m$ 的流体，随叶轮以 ω 旋转时产生的离心力为 $\mathrm{d}F$，其值为

$$\mathrm{d}F = r^2 b\omega^2 \rho \mathrm{d}\varphi \mathrm{d}r$$

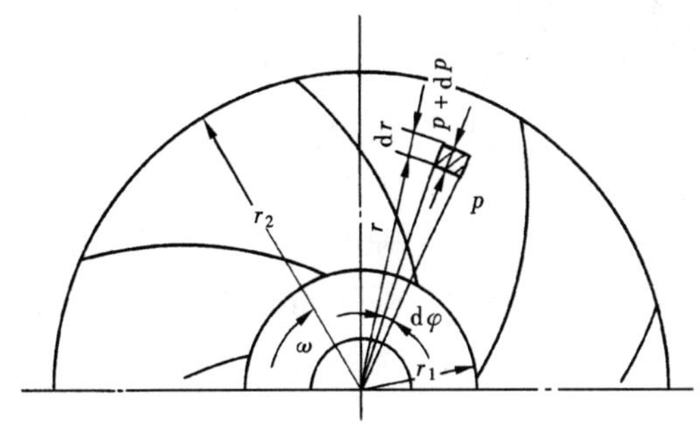

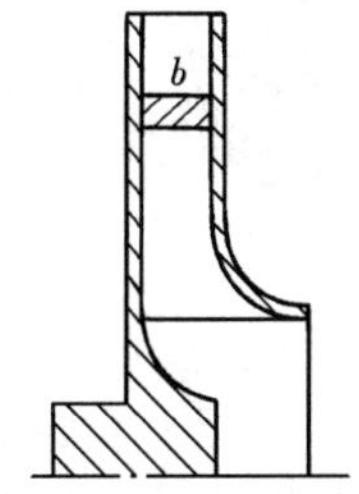

图 2-3　离心泵与风机的叶轮

离心力 $\mathrm{d}F$ 所作用的面积为

$$\mathrm{d}A = (r+\mathrm{d}r)\, b\mathrm{d}\varphi \approx rb\mathrm{d}\varphi$$

作用在微团外缘表面单位面积上的离心力 $\mathrm{d}f$ 为

$$\mathrm{d}f \approx \frac{\mathrm{d}F}{\mathrm{d}A} = \rho r\omega^2 \mathrm{d}r$$

单位面积上的离心力 $\mathrm{d}f$，其值恰好与径向压力差 $\mathrm{d}p$ 相等，即

$$\mathrm{d}p = \rho r\omega^2 \mathrm{d}r \tag{2-1}$$

倘若流体是不可压缩的，则叶轮外径与内径处的压力差为

$$\int_{p_1}^{p_2} \mathrm{d}p = \int_{r_1}^{r_2} \rho r\omega^2 \mathrm{d}r = \frac{\rho\omega^2 (r_2^2 - r_1^2)}{2} = \frac{\rho}{2}(u_2^2 - u_1^2)$$

$$p_2 - p_1 = \frac{\rho}{2}(u_2^2 - u_1^2)$$

则

$$\frac{p_2 - p_1}{\rho g} = \frac{u_2^2 - u_1^2}{2g} \tag{2-2}$$

式中　u_1——叶轮叶片进口处的圆周速度；

u_2——叶轮叶片出口处的圆周速度。

式（2-2）说明了叶轮旋转而流体在流道内不流动，且流体为不可压缩时，叶轮出口与进口处流体压力差与叶轮旋转角速度 ω 的平方成正比；也与叶轮内、外直径有关，若叶轮的外径增大，叶轮的内径不变，则流体出口与进口压力差也增大。

第二节　流体在叶轮中的运动——速度三角形

流体在叶轮中的运动是一个复合运动。叶轮带着流体一起做旋转运动，称为牵连运动，其速度用 $\boldsymbol{u}$ 表示。流体沿叶轮流道的运动，称为相对运动，其速度用 $\boldsymbol{w}$ 表示。叶轮中的流体相对于地面的运动称为绝对运动，其速度以 $\boldsymbol{v}$ 表示。那么，流体的绝对速度应该为

$$\boldsymbol{v} = \boldsymbol{u} + \boldsymbol{w} \tag{2-3}$$

图 2-4 所示为叶轮内流体的运动。流体在叶轮内的复合运动用速度三角形来表示。图 2-5所示为叶轮流道叶片进口与出口处的速度三角形。下角标“1”表示叶轮叶片进口处的

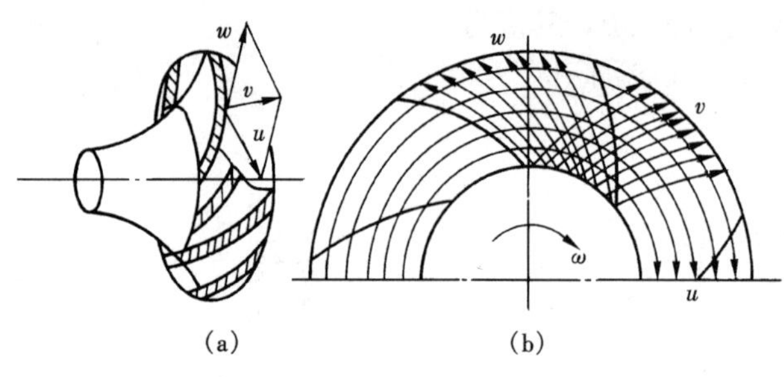

图 2-4 叶轮内流体的运动

(a) 流面；(b) 流线

流体速度。下角标“2”表示叶轮叶片出口处的流体速度。绝对速度 v 与圆周速度 u 间的夹角用 α 表示，相对速度 w 与圆周速度反方向的夹角用 β 表示。绝对速度在圆周方向上的分量，称为圆周分速 v_u。绝对速度在轴面（经过泵与风机的轴心线所做的平面）上的投影，称为轴面速度 v_m。

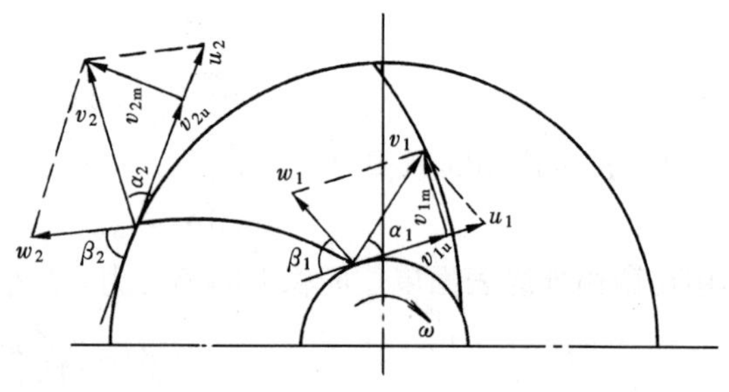

图 2-5 速度三角形

叶轮叶片进、出口处的圆周分速度为

$$v_{1u}=v_1\cos\alpha_1 \tag{2-4}$$

$$v_{2u}=v_2\cos\alpha_2 \tag{2-5}$$

叶轮叶片进、出口处的轴面速度为

$$v_{1m}=v_1\sin\alpha_1 \tag{2-6}$$

$$v_{2m}=v_2\sin\alpha_2 \tag{2-7}$$

绘制速度三角形，只需知道三个条件即可做出。

1. 圆周速度

叶轮内任意点的圆周速度方向与所在点的圆周相切，其值由下式计算：

$$u=\frac{\pi Dn}{60} \tag{2-8}$$

式中 n——叶轮轴的转速，r/min；

D——所求点的直径，m。

2. 轴面速度

根据连续性方程，轴面速度为

$$v_m=\frac{q_{VT}}{A} \tag{2-9}$$

式中 q_{VT}——流体经过叶轮的流量，它等于泵或风机实际输送的流量加上流体在泵或风机中的泄漏量，m^3/s；

A——与轴面速度垂直的过流断面面积，m^2。

过流断面是一个回转曲面。这个曲面与所有在此曲面上的流体轴面速度相垂直。欲求此过流断面面积，可先求过流断面的形成线。在图 2-6（a）所示的轴面投影上，作内切圆，与叶轮前、后盖板相切 A 与 B。连接 A、B 与圆心 O 成三角形 OAB。过 O 点作 AB 的垂线 OD，并三等分。连接 AEB 成光滑曲线，且与 OA 与 OB 相切。$\widehat{AEB}$即是过流断面的形成线，它绕轴心线一周就是过流断面。$\widehat{AEB}$的长度，可按下式近似计算：

$$\widehat{AEB}=\frac{2AB+AO+OB}{3}=\frac{2}{3}(AB+AO) \tag{2-10}$$

三角形 AOB 的重心 C，在三角形高 OD 的三分之一处，可近似作为$\widehat{AEB}$过流断面形成线的重心。

过流断面面积 A 按下式计算：

$$A=2\pi R_c b \qquad (2-11)$$

式中　R_c——$\overset{\frown}{AEB}$重心 C 至轴心线的距离，m；

b——$\overset{\frown}{AEB}$的长度，m。

$\overset{\frown}{AEB}$的重心半径 R_c，有时可能就是内切圆圆心 O 至轴心线的半径。叶轮出口处，重心半径 R_c 一般等于叶轮出口半径 R_2。此时，叶片的宽度 b 等于内切圆的直径。

对于低比转速的叶轮，过流断面可以近似认为，它是以流道内切圆的直径 b 为母线，绕轴心线回转一周所形成的曲面，如图 2-6（b）所示。

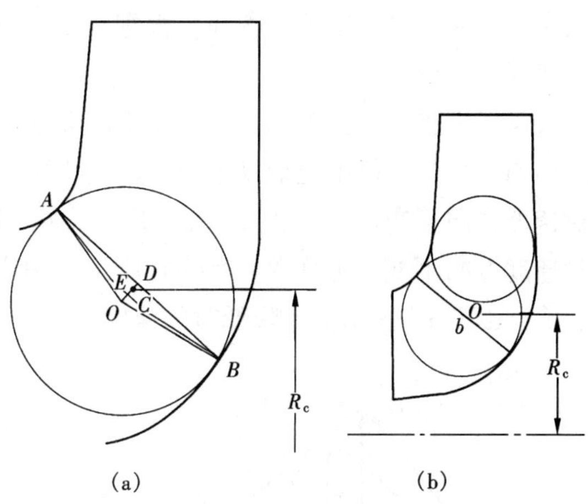

图 2-6　过流断面

流道中的叶片有厚度，叶轮中流体真实的过流断面面积 A 计算式

$$A=2\pi R_c b-Z\sigma b \qquad (2-12)$$

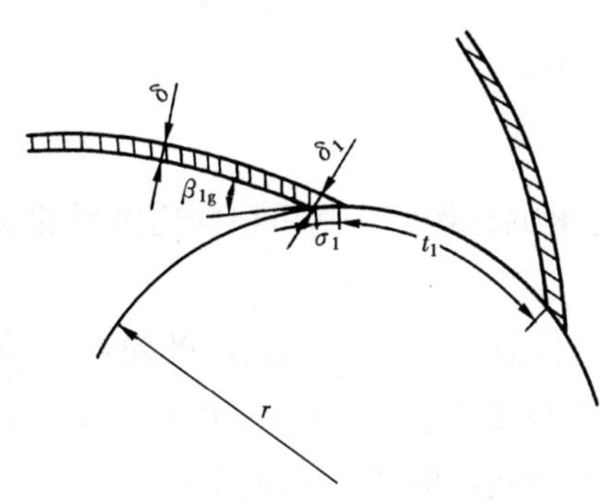

图 2-7　叶片进口几何参数

式中　Z——叶片数；

b——叶片的宽度，m；

σ——叶片在圆周方向上的厚度，m。

由图 2-7 知，在叶片进口处的 σ_1 为

$$\sigma_1=\frac{\delta_1}{\sin\beta_{1g}} \qquad (2-13)$$

式中　δ_1——叶轮进口处叶片的厚度，m；

β_{1g}——叶轮进口处叶片的安装角。

同理，在叶轮出口处，叶片在圆周方向上的厚度 σ_2 为

$$\sigma_2=\frac{\delta_2}{\sin\beta_{2g}} \qquad (2-14)$$

式中　δ_2——叶轮出口处叶片厚度，m；

β_{2g}——叶片在叶轮出口处的安装角。

式（2-12）得

$$A=2\pi R_c b\left(1-\frac{Z\sigma}{2\pi R_c}\right)=2\pi R_c b\psi \qquad (2-15)$$

式中　ψ——排挤系数，$\psi=(2\pi R_c-Z\sigma)/2\pi R_c$。

排挤系数的含义就是叶片厚度对过流断面的排挤程度。

3. 圆周分速度 v_{1u} 或出口相对速度 w_2 的方向

圆周分速度 v_{1u} 与叶轮前吸入室的形状、大小有关。对于直锥形管吸入室，$v_{1u}=0$，$v_{1m}=v_1$，$\alpha_1=90°$，即 v_1 垂直于 u_1，流体径向进入叶轮。根据 u_1、v_{1m} 的大小、方向和 v_1 的方向，便可做出叶轮进口速度三角形。

叶片出口处相对速度的方向，由于受到叶片的约束而与叶片相切，即 w_2 的方向为叶片无限多时叶片出口安装角的方向。根据 u_2、v_{2m}的大小和方向及 w_2 的方向，便可作出叶轮出口速度三角形。

泵与风机工作时，工况如发生变化，可以用速度三角形来表达叶轮中流体速度变化的情况。例如，泵与风机中流量发生变化，在叶片出口速度三角形中，则可认为叶片出口的流体相对速度方向不变，如图 2-8（a）所示。在叶片进口速度三角形中，则可认为叶片进口的绝对速度方向不变，如图 2-8（b）所示。图中，v'_1、v'_2、w'_1、w'_2表示流量增大的速度；v''_1、v''_2、w''_1、w''_2表示流量降低时的速度。

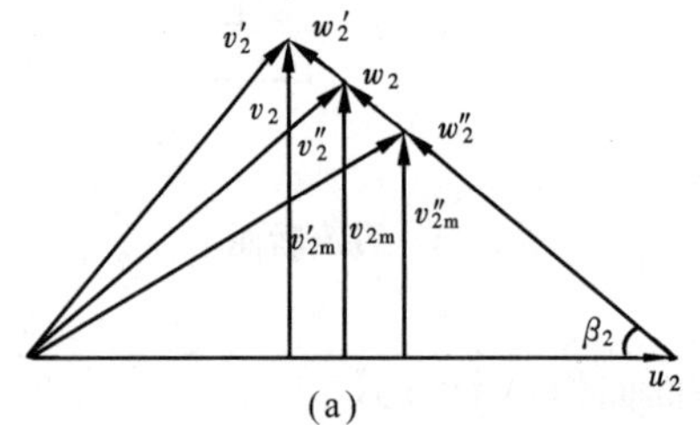

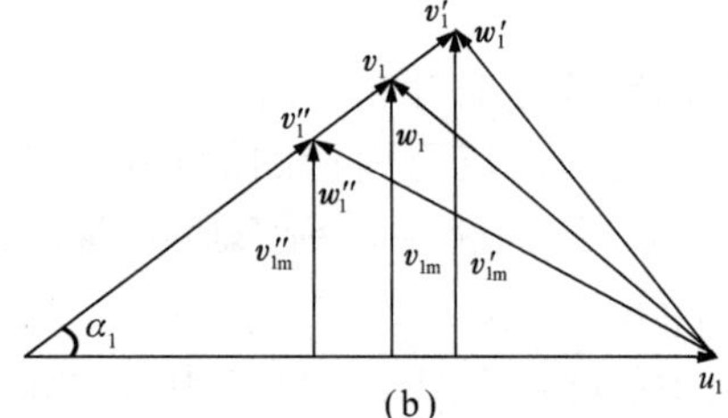

图 2-8　流量变化时的速度三角形

（a）叶片出口；（b）叶片进口

绘制速度三角形时，应选取适当的长度相当于某一速度的比例尺，然后根据比例尺的长度绘制速度三角形。

【例 2-1】　离心水泵叶轮进口宽度 $b_1=3.2$cm，出口宽度 $b_2=1.7$cm，叶轮叶片进口直径 $D_1=17$cm，叶轮出口直径 $D_2=38$cm，叶片进口安装角$\beta_{1g}=18°$，叶片出口安装角 $\beta_{2g}=22.5°$。若液体径向流入叶轮，泵转速 $n=1450$r/min，液体在流道中的流动与叶片弯曲方向一致。试绘制叶轮进、出口速度三角形，并求叶轮中通过的流量 q_{VT}（不计叶片厚度）。

解　叶轮叶片进、出口的圆周速度为

$$u_1=\frac{\pi D_1 n}{60}=\frac{\pi\times0.17\times1450}{60}=12.9\ \text{(m/s)}$$

$$u_2=\frac{\pi D_2 n}{60}=\frac{\pi\times0.38\times1450}{60}=28.9\ \text{(m/s)}$$

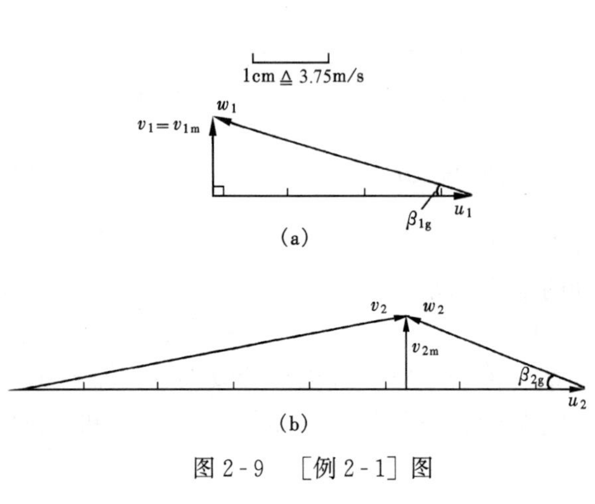

图 2-9　［例 2-1］图

根据进口圆周速度 u_1 及液体在叶片进口的流入角 β_1（因为流入角 β_1 等于叶片进口安装角为 18°），作叶片进口速度三角形。取比例尺为 1cm 长度相当于 3.75m/s 的速度，作进口速度三角形，如图 2-9（a）所示。由进口速度三角形得

$$v_1=v_{1m}=u_1\tan\beta_{1g}=12.9\times0.3249=4.19\ \text{(m/s)}$$

$$q_{VT}=\pi D_1 b_1 v_{1m}=\pi\times 0.17\times 0.032\times 4.19=0.072\ (\mathrm{m^3/s})$$

出口速度三角形中的轴面速度 v_{2m} 为

$$v_{2m}=\frac{q_{VT}}{\pi D_2 b_2}=\frac{0.072}{\pi\times 0.38\times 0.017}=3.55\ (\mathrm{m/s})$$

根据 v_{2m}、β_{2g}及 u_2 绘制叶片出口速度三角形，如图 2-9（b）所示。

第三节　离心泵与风机的基本方程式

流体进入叶轮后，通过叶片流道流出叶轮。流体在叶轮内的流动过程中，旋转的叶片将能量传递给流体，与此同时流体的压力能与动能都相应增加。总之，叶轮出口处的能量比进口处来得大。这增加的能量可由离心泵与风机的基本方程（Euler 方程）求得。

一、假设

为使讨论的问题容易得到结论，作两点假设：

（1）泵与风机内流动的流体为无黏性流体。在推导方程时可不计能量损失。

（2）叶轮上叶片厚度无限薄，叶片数无穷多，所以流道的宽度无限小，那么流体完全沿着叶片的弯曲形状流动。

二、推导

推导基本方程式时，将泵与风机的叶轮近似看作平面，那么流体在叶轮内的流动就是平面流动。然后应用动量矩方程。流体动量矩方程指出，在定常流动中，单位时间内流体动量矩的变化，等于作用在流体上的外力矩。

图 2-10 所示，设流入叶轮的流体体积流量为 q_{VT}，以叶轮进口及叶轮出口为控制面，则在单位时间内叶轮叶片进口处流入的流体动量矩为 $\rho q_{VT} v_{1\infty} r_1 \cos\alpha_{1\infty}$（凡符号下角标有“∞”者，均表示叶片数为无穷多叶轮的参数）。

同时，在叶轮出口处单位时间内流出的流体动量矩为 $\rho q_{VT} v_{2\infty} r_2 \cos\alpha_{2\infty}$。

根据动量矩方程

$$M=\rho q_{VT}\ (v_{2\infty} r_2 \cos\alpha_{2\infty}-v_{1\infty} r_1 \cos\alpha_{1\infty}) \tag{2-16}$$

式中　M——作用在流体上的外力矩，N·m。

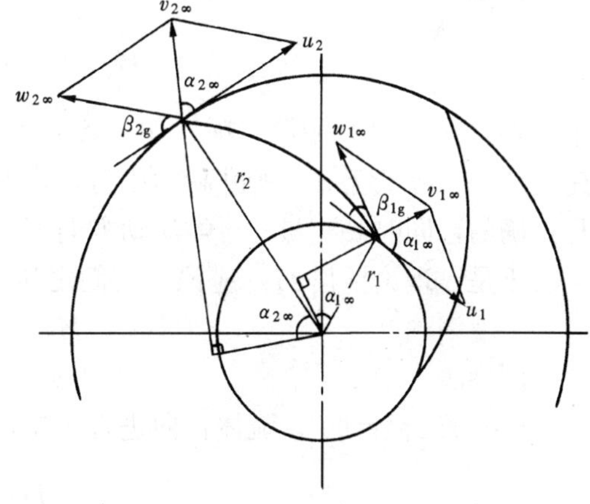

图 2-10　推导基本方程式

倘若叶轮的旋转角速度为 ω，在式（2-16）两端乘以 ω 得

$$M\omega=\rho q_{VT}\ (v_{2\infty} u_2 \cos\alpha_{2\infty}-v_{1\infty} u_1 \cos\alpha_{1\infty}) \tag{2-17}$$

分析 $M\omega$ 的乘积，它表示叶轮旋转时传递给流体的功率。在考察无黏性流体运动时，叶轮传递给流体的功率，应该等于流体在叶轮中所获得的功率 $\rho g q_{VT} H_{T\infty}$。$H_{T\infty}$ 表示为单位重力作用下无黏性的流体，通过叶片数为无穷多的工作轮时所获得的能量，称为无黏性流体、叶片数无穷多时泵的扬程。于是

$$M\omega=\rho g q_{VT} H_{T\infty}$$

所以
$$H_{T\infty}=\frac{1}{g}\ (v_{2\infty}u_2\cos\alpha_{2\infty}-v_{1\infty}u_1\cos\alpha_{1\infty})$$
$$=\frac{1}{g}\ (u_2v_{2u\infty}-u_1v_{1u\infty})\tag{2-18}$$

离心风机的全压为
$$p_{T\infty}=\rho\ (u_2v_{2u\infty}-u_1v_{1u\infty})\tag{2-19}$$

分析式（2-18）及式（2-19）可知：

（1）泵的扬程 $H_{T\infty}$ 单位为 m。$H_{T\infty}$ 的大小与流体密度无关，只是与转速 n，叶轮直径 D_1、D_2，叶片进出口安装角 β_{1g}、β_{2g}，流量 q_{VT} 等因素有关。风机的全压 $p_{T\infty}$ 的单位为 Pa，它与流体的密度有关。

（2）式（2-18）及式（2-19）表示了流体通过叶轮后，动能与压力能均有提高。由速度三角形得
$$w_{2\infty}^2=v_{2\infty}^2+u_2^2-2u_2v_{2\infty}\cos\alpha_{2\infty}\tag{2-20}$$
$$w_{1\infty}^2=v_{1\infty}^2+u_1^2-2u_1v_{1\infty}\cos\alpha_{1\infty}\tag{2-21}$$
将式（2-20）及式（2-21）中的 $u_2v_{2\infty}\cos\alpha_{2\infty}$ 及 $u_1v_{1\infty}\cos\alpha_{1\infty}$ 解出代入式（2-18）可得
$$H_{T\infty}=\frac{v_{2\infty}^2-v_{1\infty}^2}{2g}+\frac{u_2^2-u_1^2}{2g}+\frac{w_{1\infty}^2-w_{2\infty}^2}{2g}\tag{2-22}$$
式（2-22）等号右边第一项即为扬程中的动能增量，称为动扬程 $H_{d\infty}$，即
$$H_{d\infty}=\frac{v_{2\infty}^2-v_{1\infty}^2}{2g}\tag{2-23}$$
式（2-22）中的第二、三项之和为压力能的增量，称为势扬程 $H_{st\infty}$，即
$$H_{st\infty}=\frac{u_2^2-u_1^2}{2g}+\frac{w_{1\infty}^2-w_{2\infty}^2}{2g}\tag{2-24}$$
单独将式（2-22）中第二项看作是离心力作用，使流体压力升高，而将第三项看作是相对速度从 $w_{1\infty}$ 降低至 $w_{2\infty}$ 所升高的压力，是不妥的。因为第二项只有在无相对运动时这结论才是正确的，同时 $w_{1\infty}$ 与 $w_{2\infty}$ 的流动方向不一致，它们的动能差无法反映换能多少。

于是，理论扬程 $H_{T\infty}$ 应该是它们之和：
$$H_{T\infty}=H_{d\infty}+H_{st\infty}\tag{2-25}$$
同理
$$p_{T\infty}=p_{d\infty}+p_{st\infty}\tag{2-26}$$

（3）若 $\alpha_{1\infty}=90°$，流体径向进入叶轮，则 $v_{1\infty}\cos\alpha_{1\infty}=0$，式（2-18）为
$$H_{T\infty}=\frac{u_2v_{2u\infty}}{g}\tag{2-27}$$

虽然此时的理论扬程 $H_{T\infty}$ 达到最大，但是流体在实际流动中，由于在进入叶轮之前在吸入管中已经存在一个旋转运动，这个预先的旋转运动称为预旋或先期旋绕，因此使得 $\alpha_{1\infty}\neq90°$，即 $v_{1u\infty}\neq0$。

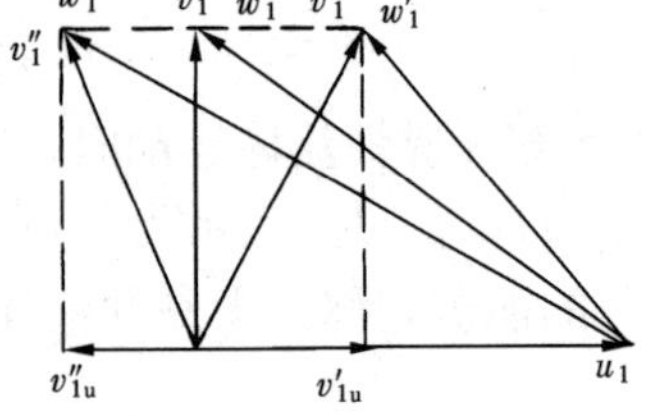

图 2-11 有预旋的速度三角形

预旋有正、负之分。当流体进入叶轮前的绝对速度与圆周速度间的夹角是锐角，则绝对速度的圆周分速与圆周速度同向，此时的预旋称为正预旋；反之，流体进入叶轮前的绝对速度与圆周速度间的夹角是钝角，则绝对速度的圆周分速与圆周速度异向，此时的预旋称为负预旋，如图 2-11 所示。

预旋是如何造成的呢？有人认为流体的预旋是由叶轮的旋转所引起的。可是斯梯瓦特（Stewart）曾用实验证实：叶轮在设计流量下工作时，不产生预旋；而在非设计流量下工作时，则存在预旋。后来又知道了，小于设计流量时产生正预旋，大于设计流量时产生负预旋。所以斯捷潘诺夫（Stepanoff）认为：叶轮入口前流体的预旋不能用后者的影响（叶轮的旋转）来说明，因为叶轮不能使流体产生与叶轮转向相反的预旋，而流体产生预旋的原因是流体总是企图选择阻力最小的路线进入叶轮。

有的学者不同意斯捷潘诺夫的论点，他们认为当流量小于某一临界流量（一般临界流量小于设计流量）时，在叶轮前盖板入口处有强烈的逆流从叶轮流出，如图 2-12 所示。由于逆流形成了和主流的强烈的混杂，也促成了叶轮入口前的预旋产生。当流量达到临界流量时，这股逆流突然消失，叶轮入口前的预旋亦消失了。逆流造成了预旋，它的能量是叶轮给予的，因此要消耗叶轮的一部分能量。

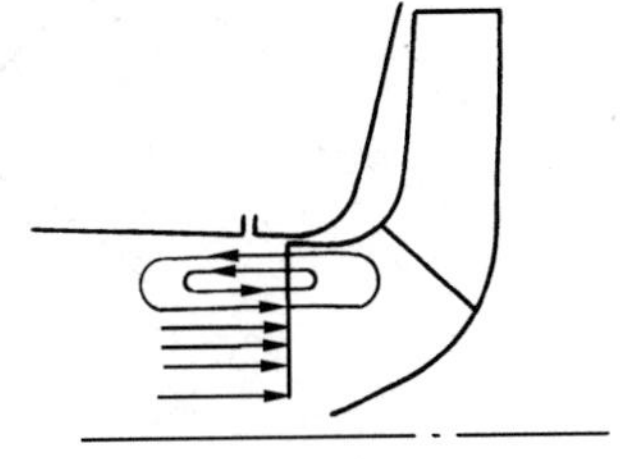

图 2-12　叶轮入口前的逆流

以上介绍了产生预旋的一些观点，但对预旋发生的原因，至今尚未有一致的认识。

另外，为了提高泵与风机的效率或提高泵抗汽蚀性能，在设计时故意使流体在叶轮入口前产生预旋。如单级双吸离心泵采用半螺旋形吸入室，使流体以正预旋进入叶轮，改善了流体在叶轮入口处的流动，而且消除了轴背面的旋涡区。这个预旋是由吸入室造成的，虽然它不消耗叶轮的能量，但预旋产生后，会使扬程有所下降。

第四节　离心泵与风机基本方程式的修正

在推导式（2-18）时，曾作了两个假设，可是由于假设与实际情况并不相符，因而实际应用时，须进行修正。

一、叶片数有限时对基本方程式的修正

实际叶轮的叶片有厚度，而且叶片数是有限的，于是流道就拓宽了，原来在叶轮流道内均匀的相对速度流场，不复存在了。

如图 2-13 所示，在以角速度 ω 旋转的叶轮内，取任意半径 r 处的流体微团，其长度为 $\mathrm{d}s$，宽度为 $\mathrm{d}n$，厚度（垂直于纸的距离）为 b，则质量为

$$\mathrm{d}m=\rho b\,\mathrm{d}n\mathrm{d}s$$

微团以相对速度 w 在流道中运动，相对于叶片曲率半径 R_s 所产生的向心力为$\dfrac{w^2}{R_s}\mathrm{d}m$。微团以角速度 ω 绕轴旋转所产生的向心力为 $\omega^2 r\mathrm{d}m$。微团以角速度 ω 旋转，又以相对速度 w 运动所产生的哥里奥利（Coriolis）力为 $2\omega w\mathrm{d}m$。

在流体微团流动的法线（n—n 轴）方向，根据达朗贝尔原理列平衡方程式

$$\left(p-\frac{\partial p}{\partial n}\frac{\mathrm{d}n}{2}\right)b\mathrm{d}s-\left(p+\frac{\partial p}{\partial n}\frac{\mathrm{d}n}{2}\right)b\mathrm{d}s+\frac{w^2}{R_s}\mathrm{d}m+r\omega^2\cos\beta\mathrm{d}m-2\omega w\mathrm{d}m=0 \tag{2-28}$$

由图 2-13 可知，$\cos\beta=\mathrm{d}r/\mathrm{d}n$，所以化简式（2-28）为

$$\frac{\partial p}{\partial n}=\rho\left(\frac{w^2}{R_s}+\omega^2 r\frac{\mathrm{d}r}{\mathrm{d}n}-2\omega w\right) \tag{2-29}$$

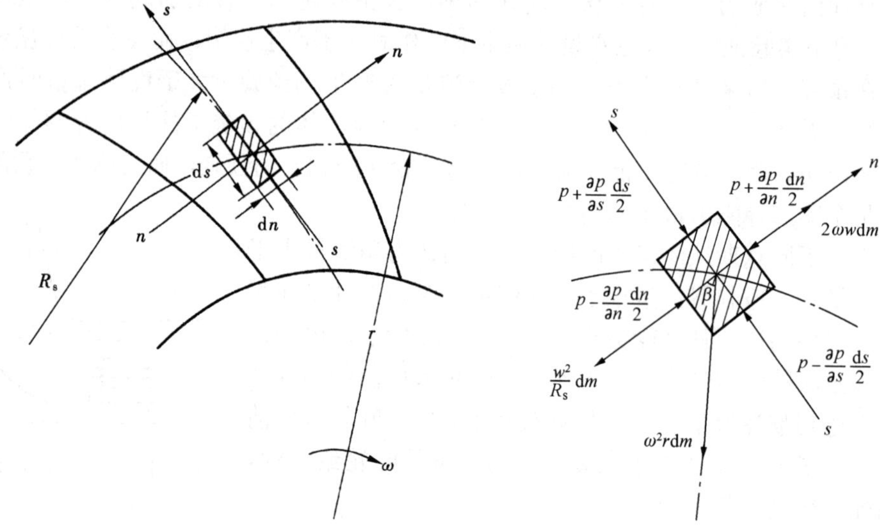

图 2-13　叶片数有限数时流道内流体微团的受力

再列流体微团运动方向 $s-s$ 轴平衡方程式：

$$\left(p-\frac{\partial p}{\partial s}\frac{ds}{2}\right)bdn-\left(p+\frac{\partial p}{\partial s}\frac{ds}{2}\right)bdn-dm\frac{dw}{dt}+\omega^2 r\sin\beta dm=0 \tag{2-30}$$

$$\frac{dw}{dt}=w\frac{\partial w}{\partial s}+\frac{\partial w}{\partial t},\quad \sin\beta=dr/ds$$

定常流动时，式（2-30）变为

$$\frac{dp}{ds}=\rho\left(\omega^2 r\frac{dr}{ds}-w\frac{dw}{ds}\right)$$

$$dp=\rho\ (\omega^2 rdr-wdw)$$

若流体不可压，ρ=常数，积分上式得

$$p+\frac{\rho w^2}{2}-\frac{\rho u^2}{2}=C \tag{2-31}$$

式（2-31）为做相对运动流体的伯努利（Bernoulli）方程式。

将式（2-31）对 n 轴求偏导：

$$\frac{\partial p}{\partial n}+\rho\left(w\frac{\partial w}{\partial n}-u\frac{\partial u}{\partial n}\right)=0$$

$$\frac{\partial p}{\partial n}=\rho\left(\omega^2 r\frac{\partial r}{\partial n}-w\frac{\partial w}{\partial n}\right)$$

比较上式与式（2-29），得

$$2\omega w-\frac{w^2}{R_s}=w\frac{dw}{dn}$$

分离变量

$$\frac{dw}{2\omega R_s-w}=\frac{dn}{R_s}$$

流体微团的中心，即流道中间流线通过处，$n=0$，$w=w_m$。积分上式可得

$$\int_{w_m}^{w}\frac{\mathrm{d}w}{2\omega R_s-w}=\int_0^n\frac{\mathrm{d}n}{R_s}$$

$$\ln\frac{2\omega R_s-w}{2\omega R_s-w_m}=-\frac{n}{R_s}$$

$$2\omega R_s-w=(2\omega R_s-w_m)\ e^{-n/R_s} \tag{2-32}$$

根据
$$e^x=1+x+\frac{x^2}{2!}+\frac{x^3}{3!}+\cdots$$

取其前两项，则

$$e^{-n/R_s}=1-\frac{n}{R_s}$$

式（2-32）可简化成

$$w=w_m\left(1-\frac{n}{R_s}\right)+2\omega n \tag{2-33}$$

由上式可知，流道内相对速度由两部分组成。第一部分 $w_m(1-n/R_s)$ 可认为不考虑叶轮旋转时流体通过流道的速度，即

$$w_{\mathrm{I}}=w_m\left(1-\frac{n}{R_s}\right) \tag{2-34}$$

式中，n/R_s 反映了叶片曲率对相对速度的影响。若在叶片的工作面上（$n=-B/2$，B 为流道的宽度）的相对速度为

$$w'_{\mathrm{I}}=w_m\left(1+\frac{B}{2R_s}\right) \tag{2-35}$$

在叶片的非工作面上（$n=B/2$）的相对速度为

$$w''_{\mathrm{I}}=w_m\left(1-\frac{B}{2R_s}\right) \tag{2-36}$$

由于 $B/(2R_s)$ 很小，所以

$$w'_{\mathrm{I}}\approx w''_{\mathrm{I}}$$

式（2-33）中第二部分 $2\omega n$ 为叶轮旋转时，流道内产生的轴向旋涡。在叶片的工作面上

$$w'_{\mathrm{II}}=-\omega B \tag{2-37}$$

在叶片的非工作面上

$$w''_{\mathrm{II}}=\omega B \tag{2-38}$$

由上述分析还可得出，叶片数有限时，流体在流道内产生了一个相对运动。这个相对运动的速度，在叶片的工作面与非工作面上数值相等，方向相反，这就是流体由于惯性作用所引起的轴向旋涡。于是叶片工作面上的流体相对速度 w' 为

$$w'=w_m\left(1+\frac{B}{2R_s}\right)-\omega B\approx w_m-\omega B \tag{2-39}$$

叶片非工作面上的流体相对速度 w'' 为

$$w''=w_m\left(1-\frac{B}{2R_s}\right)+\omega B\approx w_m+\omega B \tag{2-40}$$

分析式（2-39）及式（2-40）可得出：

（1）当叶轮内流量减小到某一值时，即 w_m 降低到某一数值时，会出现叶片工作面上的相对速度 $w'=0$。若流量再下降时，则在叶片的工作面上出现逆流。所以，对于每个叶轮都有一个临界的工作流量。泵与风机运转时，输送的流量低于这个临界流量时，会在叶片的工作面上产生逆流。

（2）如果流道内的流量不变，则轴向旋涡与叶片数 Z（即流道宽度 B）有关，与泵或风机叶轮的旋转角速度 ω 有关。目前，大容量的锅炉给水泵转速都较高，因此有可能在叶片的工作面上出现 $B\omega > w_m\left(1+\frac{B}{2R_k}\right)$，产生逆流的速度区，造成扬程下降。为此，需要改变流道宽度 B，或装置长短叶片。

当叶片数有限多时，在叶片组成的流道内会产生轴向旋涡，除了上述数学推导证明外，还可由实验证实。分析图 2-14，一个充有液体的容器，容器内的液面上悬浮一个箭头 S。当容器以 ω 角速度作顺时针旋转时，液体由于惯性作用保持着原来的状态，箭头 S 始终指向同一方向。但考察容器壁上 A 点时，当它旋转了一转，显然容器内的液体相对于器壁上的 A 点产生了一个与容器旋转方向相反的，大小等于 ω 的相对旋涡——轴向旋涡。若叶轮的出口与进口封闭，流道内的流体运动情况与之相类似。现在，叶轮内流体从进口流向出口，同时在流道内产生一个与叶轮转向相反的轴向旋涡 ω，如图 2-15 所示。当叶轮内流体从进口流向出口时，流道内均匀的相对速度受到轴向旋涡的破坏。在叶片工作面附近，相对速度的方向与轴向旋涡形成的流动速度方向相反，两个速度叠加的结果，使合成的相对速度减小。而在叶片非工作面附近，两种速度的方向相同，速度叠加的结果使合成的相对流速增加。根据伯努利方程（2-31）的原理，在叶片工作面附近的流体速度较低处，相应的压力就较高；在叶片非工作面附近的流体速度较高处，相应的压力就较低。

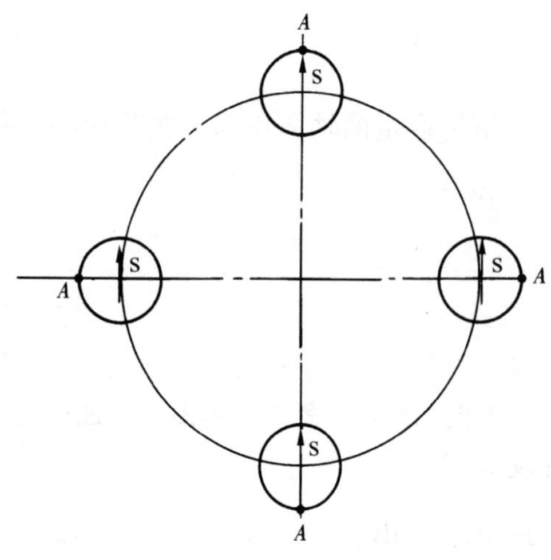

图 2-14 圆形容器的圆周运动

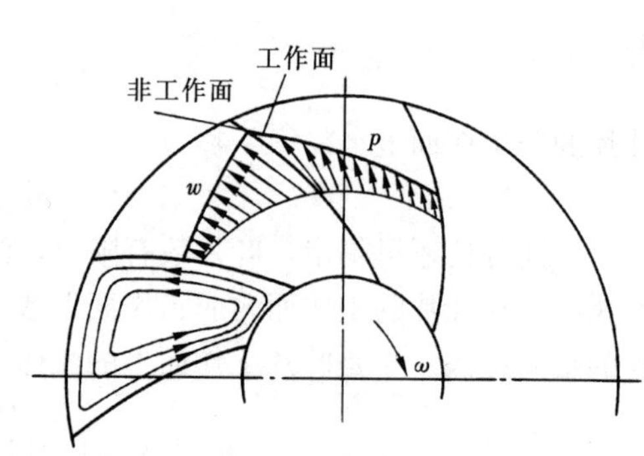

图 2-15 轴向旋涡

同时，在流道内因为产生了轴向旋涡，所以叶轮出口处流体的相对速度偏离了叶片的切线方向，使流体出流的角度 β_2 小于叶片出口处的安装角 β_{2g}。流体出流角度减小成 β_2 后，对

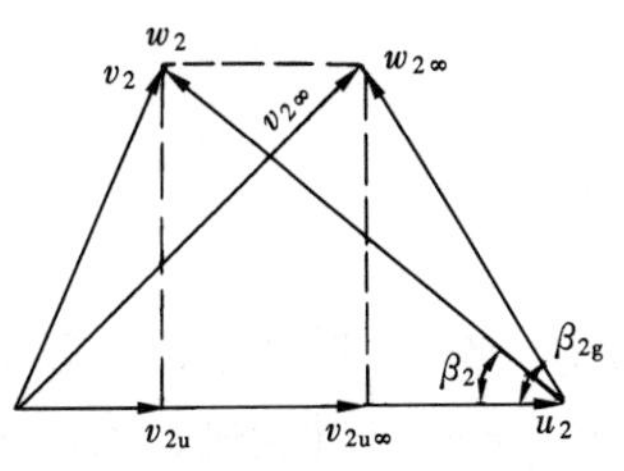

图 2-16　叶片有限数与无限数时的出口速度三角形

泵与风机的扬程、全压有什么影响呢？如图 2-16 所示，叶片数有限多时，出流角度从 β_{2g} 降低至 β_2 后，$v_{2u\infty}$ 就减小成 v_{2u} 了。这就是相对速度产生滑移，造成流体出口的旋转不足，致使扬程下降，即

$$H_T=\frac{u_2v_{2u}-u_1v_{1u}}{g}<H_{T\infty}=\frac{u_2v_{2u\infty}-u_1v_{1u\infty}}{g}$$

对泵与风机的 $H_{T\infty}$、$p_{T\infty}$ 常用以下方法进行修正。

离心泵 $H_{T\infty}$ 的修正方法可采用斯托道拉公式、普夫列德尔修正公式和斯基克钦经验公式。

斯托道拉（Stodola）公式为

$$H_T=H_{T\infty}-\frac{u_2^2}{g}\frac{\pi}{Z}\sin\beta_{2g} \tag{2-41}$$

式中　Z——离心泵叶轮的叶片数。

斯托道拉公式对于清水离心泵扬程的修正，误差并不太大。但对输送含有悬浮物流体的泵，叶轮的叶片数一般较少，或者流道很短，式（2-41）的误差就较大，不宜应用。

普夫列德尔（Pfleiderer）修正公式较斯托道拉公式使用广泛，即

$$H_T=H_{T\infty}\frac{1}{1+P}=KH_{T\infty} \tag{2-42}$$

式中　P——修正系数；

K——滑移系数。

修正系数 P 可由下式计算：

$$P=\psi\frac{r_2^2}{ZS} \tag{2-43}$$

式中　r_2——叶轮出口半径，mm；

Z——叶片数；

ψ——经验系数；

S——叶片轴面投影图（见图 2-17）中线对旋转轴的静距，mm²。

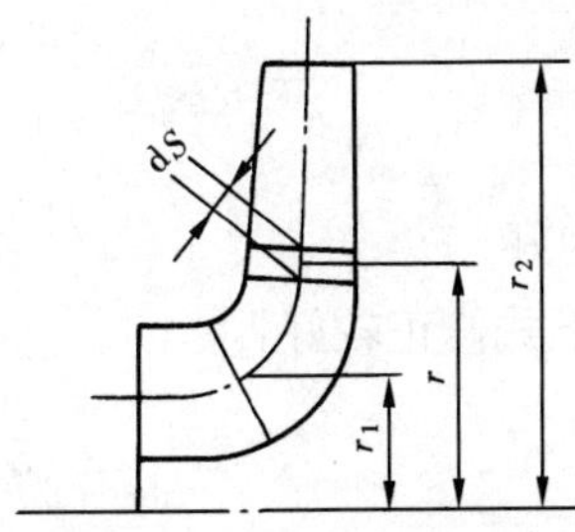

图 2-17　叶片的静距

S 可由下式计算：

$$S=\int_{r_1}^{r_2} r\mathrm{d}S=\sum_{i=1}^{n}\Delta S_i r_i \tag{2-44}$$

对于低比转速叶轮，可近似认为 $\mathrm{d}r=\mathrm{d}S$，则式（2-44）可为

$$S=\frac{r_2^2-r_1^2}{2}$$

经验系数 ψ 可按下式计算：

$$\psi=a\left(1+\frac{\beta_{2g}}{60}\right) \tag{2-45}$$

式中　a——与泵结构形式有关的经验系数。

对导叶式压水室，$a=0.6$；对蜗壳式压水室，$a=0.65\sim0.85$；对环形压水室，$a=0.85\sim1.0$。

斯基克钦（Stechkin）经验公式为

$$K=\frac{1}{1+\frac{2\pi}{3Z}\frac{1}{1-\left(\frac{r_1}{r_2}\right)^2}} \tag{2-46}$$

式中 Z——叶片数，一般由式（4-22）确定；

r_1、r_2——叶轮进、出口半径。

离心风机 $p_{T\infty}$ 修正方法有斯托道拉修正公式和爱克修正公式等。

斯托道拉修正公式中

对于后弯式叶片，$\beta_{2g}<90°$，则

$$K=\frac{1}{1+P}=1-\frac{\frac{\pi}{Z}\sin\beta_{2g}}{1-\frac{v_{2m}}{u_2}\cot\beta_{2g}} \tag{2-47}$$

对于径向式叶片，$\beta_{2g}=90°$，则

$$K=1-\frac{\pi}{Z} \tag{2-48}$$

爱克（Eck）修正公式中，若叶轮前盘与后盘平行，则

$$K=\frac{1}{1+\sin\beta_{2g}\frac{\pi}{Z\left[1-\left(\frac{r_1}{r_2}\right)^2\right]}} \tag{2-49}$$

试验结果表明，当 $30°<\beta_{2g}<50°$ 时，式（2-49）计算结果较正确。当 $\beta_{2g}>50°$ 时，式（2-49）计算就不正确了。

对于前弯叶片，$\beta_{2g}>90°$，则

$$K=\frac{1}{1+\frac{1.5+1.1\frac{\beta_{2g}}{90°}}{Z\left[1-\left(\frac{r_1}{r_2}\right)^2\right]}} \tag{2-50}$$

大量的试验说明，当 $\beta_{2g}=20°\sim170°$ 时，用式（2-50）计算为好。

对于效率为83%～90%的高效风机，$20°<\beta_{2g}<45°$，则采用下式修正较好：

$$K=\frac{1}{1+\frac{a+b\frac{\beta_{2g}}{90°}}{Z\left[1-\left(\frac{r_1}{r_2}\right)^2\right]}} \tag{2-51}$$

式中，$a=0.9$，$b=3.7$。

在修正叶片数为无限多基本方程式时，应该说明：叶片流道拓宽后，同一半径处流体的相对速度有差异，则基本方程式中的速度还需乘以动量修正系数。动量修正系数的值取决于

流速分布的均匀程度。工程上往往将它们近似取作 1。

二、黏性流体对基本方程式的修正

一般流体几乎都是黏性流体，黏性流体在运转的泵与风机中流动时，存在沿程阻力、局部阻力及冲击阻力损失，使泵与风机的扬程或全压下降。它们之间的关系为

$$H=H_T\eta_h \tag{2-52}$$

或

$$p=p_T\eta_h \tag{2-53}$$

式中　η_h——流动效率。

总之，黏性流体通过有限叶片数的叶轮，得到的扬程或全压为

$$H=H_{T\infty}\frac{1}{1+P}\eta_h=H_{T\infty}K\eta_h \tag{2-54a}$$

或

$$p=p_{T\infty}\frac{1}{1+P}\eta_h=p_{T\infty}K\eta_h \tag{2-54b}$$

三、风机内气体压缩性的修正

在以上推导公式的过程中，未考虑气体的压缩性。而风机对气体做功，可近似认为是一个绝热的压缩过程。由气体动力学知，声速 $a=\sqrt{dp/d\rho}$，在通风机中设压力的增量 Δp

$$\Delta p\approx dp=\frac{\rho v^2}{2}$$

式中　v——气体速度，m/s；

ρ——气体密度，kg/m³。

所以

$$\frac{dp}{d\rho}\approx\frac{\Delta p}{\Delta\rho}=\frac{v^2}{2}\frac{\rho}{\Delta\rho},\quad \frac{\Delta\rho}{\rho}=\frac{Ma^2}{2}$$

式中　Ma——马赫数。

当气体速度较小时，马赫数也较小，则 Ma^2 所引起的气体密度的相对变化 $\Delta\rho/\rho$ 也不是很大。若 $Ma=0.15$ 时，则 $\Delta\rho/\rho$ 的变化率仅为 1.125%；$Ma=0.3$ 时，$\Delta\rho/\rho$ 的变化率为 4.5%。一般通风机内气流速度大多小于 100m/s（$Ma\approx0.3$），因此可以不计风机内气体的压缩性。

当代火力发电厂中，大容量锅炉离心式、轴流式通风机中，气流的速度大于 100m/s 时，要计及气体的压缩性。目前一般的方法是引入压缩修正系数 k_p 进行修正。压缩修正系数 k_p 是在绝热压缩时，假设考虑压缩性气体与不考虑压缩性气体的风机，在内效率和能量头 $h\left(h=\frac{p_2-p_1}{\rho g}，p_2\ \text{为风机出口气体的绝对全压}\right)$相等的前提下推导得出的，其表达式为

$$k_p=\frac{p}{p_1}\left[\left(\frac{\kappa-1}{\kappa}\frac{p}{p_1}+1\right)^{\frac{\kappa}{\kappa-1}}-1\right]^{-1} \tag{2-55a}$$

式中　p——不考虑气体压缩性时风机的全压，Pa；

p_1——风机进口气体的绝对全压，Pa；

κ——等熵指数，空气为 1.4。

考虑气体压缩性时，风机的全压 p_0 为

$$p_0=\frac{p}{k_p} \tag{2-55b}$$

【例 2-2】 一台蜗壳式离心泵，转速 $n=1450\text{r/min}$，$q_{VT}=0.09\text{m}^3/\text{s}$，$D_2=400\text{mm}$，$D_1=140\text{mm}$，$b_2=20\text{mm}$，$\beta_{2g}=25°$，$Z=7$，$v_{1u\infty}=0$。试求 H_T。

解 根据斯托道拉公式修正

$$H_T=H_{T\infty}-\frac{u_2^2\pi}{gZ}\sin\beta_{2g}$$

$$H_{T\infty}=\frac{u_2v_{2u\infty}}{g}$$

$$u_2=\frac{\pi\times0.4\times1450}{60}=30.4\ (\text{m/s})$$

$$v_{2u\infty}=u_2-v_{2m\infty}\cot\beta_{2g}$$

$$v_{2m\infty}=\frac{0.09}{\pi\times0.4\times0.02}=3.58\ (\text{m/s})$$

$$v_{2u\infty}=30.4-3.58\cot25°=22.7\ (\text{m/s})$$

$$H_{T\infty}=\frac{30.4\times22.7}{9.81}=70.3\ (\text{m})$$

$$H_T=70.3-\frac{30.4^2\times\pi\sin25°}{9.81\times7}=52.4\ (\text{m})$$

根据普夫列德尔公式修正

$$H_T=H_{T\infty}\frac{1}{1+P}=KH_{T\infty}$$

$$P=\psi\frac{r_2^2}{ZS}$$

而
$$\psi=a\left(1+\frac{\beta_{2g}}{60}\right)=0.75\left(1+\frac{25°}{60}\right)=1.06$$

所以
$$P=1.06\times2\times\frac{0.2^2}{7\times(0.2^2-0.07^2)}=0.345$$

滑移系数 K 为

$$K=\frac{1}{1+0.345}=0.743$$

故得
$$H_T=H_{T\infty}K=70.3\times0.743=52.3\ (\text{m})$$

【例 2-3】 一台送风机叶轮外径 $D_2=800\text{mm}$，叶轮出口宽度 $b_2=200\text{mm}$，叶片出口角 $\beta_{2g}=30°$（见图 2-18），转速 $n=1450\text{r/min}$。设空气无预旋进入叶轮。风机吸取大气压为 101.3kPa，密度为 1.2kg/m^3 的空气时，输送的流量 $q_V=3.5\text{m}^3/\text{s}$。流动效率 $\eta_h=0.97$。风机叶片数 $Z=12$，不计风机的泄漏。试求考虑气体压缩性时风机的全压。

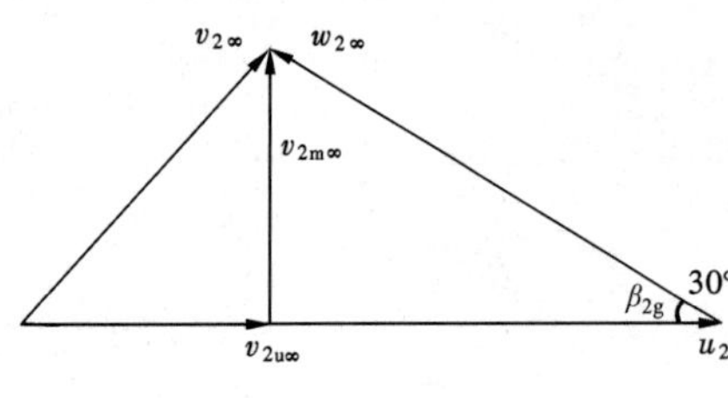

图 2-18 ［例 2-3］图

解 $$u_2=\frac{\pi D_2n}{60}=\frac{\pi\times0.8\times1450}{60}=60.7\ (\text{m/s})$$

$$v_{2m\infty}=\frac{q_{VT}}{\pi D_2b_2}=\frac{3.5}{\pi\times0.8\times0.2}=6.96\ (\text{m/s})$$

根据 $\beta_{2g}=30^\circ$ 得　　$w_{2\infty}=6.96\times2=13.92$ (m/s)

由图 2-18 得　　$v_{2u\infty}=u_2-\sqrt{13.92^2-6.96^2}=48.65$ (m/s)

$$p_{T\infty}=\rho u_2 v_{2u\infty}=1.2\times60.7\times48.65=3544 \text{ (Pa)}$$

由式（2-47）计算滑移系数

$$K=1-\frac{\frac{\pi}{12}\sin30^\circ}{1-\frac{6.96}{60.7}\cot30^\circ}=0.838$$

$$p=p_{T\infty}K\eta_h=3544\times0.838\times0.97=2880 \text{ (Pa)}$$

根据式（2-55a）计算压缩修正系数

$$K_p=\frac{2880}{1.013\times10^5}\times\left[\left(\frac{1.4-1}{1.4}\times\frac{2880}{1.013\times10^5}+1\right)^{\frac{1.4}{0.4}}-1\right]^{-1}=0.99$$

考虑气体压缩性时，则得风机的全压

$$p_0=\frac{p}{k_p}=2909 \text{ (Pa)}$$

第五节　泵与风机实际扬程、全压的计算

前节推导得到的扬程、全压公式，主要用于理论分析及设计计算。而在工程实际中，经常在选择泵与风机时需要确定所需的扬程与全压；或计算运转中的泵与风机所供给的扬程与全压。为此，分别讨论如下。

一、流体流动时所需要的能量

以泵为例进行分析。如图 2-19 所示，泵欲将容器Ⅰ中的液体输送至容器Ⅱ中，容器Ⅰ液面压力为 p'，容器Ⅱ液面压力为 p''，此时液体流动时所需的能量有：

（1）提高单位重力作用下液体的位能 H_p；

（2）提高单位重力作用下液体的压力能 $\frac{p''-p'}{\rho g}$；

（3）克服液体流动时的阻力损失 $h_w=\sum h_f+\sum h_j$，h_f 为沿程阻力损失，h_j 为局部阻力损失。

于是，液体由容器Ⅰ流向容器Ⅱ时，单位重力作用下的液体所需要的能量为

$$H_p+\frac{p''-p'}{\rho g}+h_w$$

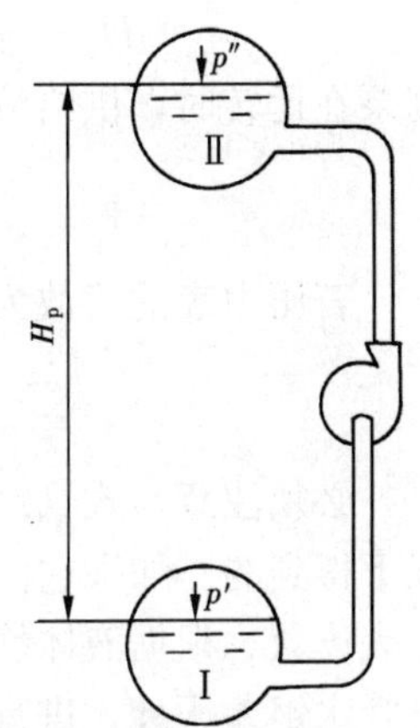

图 2-19　选择泵扬程计算

要保证液体在管路中的流动，那么这些能量应该由泵供给。故选择泵时所需要的扬程，至少为

$$H=H_p+\frac{p''-p'}{\rho g}+h_w \tag{2-56}$$

若流体为气体，则选择风机时，计算风机所需的最小全压 p 与式（2-56）基本相同。

只是因为气体的密度比液体小得多，所以其位能一项可以略去不计，即

$$p=(p''-p')+\rho g h_w \tag{2-57}$$

风机吸入气体的周围环境压力与压出气体的周围环境压力若相差不多，如火力发电厂的锅炉送风机和引风机，则气体在管网中流动时，所需由风机提供的全压近似为

$$p\approx\rho g h_w \tag{2-58}$$

为了保证所选择的泵与风机能在管路系统中安全地工作，实际选取的泵与风机的扬程、全压要在式（2-56）及式（2-57）的计算基础上增加一定的富余量。

二、运转中泵与风机所提供的扬程、全压

为了计算运转中泵提供的扬程，需要在泵进口及出口处装设测量仪表，如图 2-20 所示，泵吸入口处为真空，装有真空表；泵出口处装设压力表。

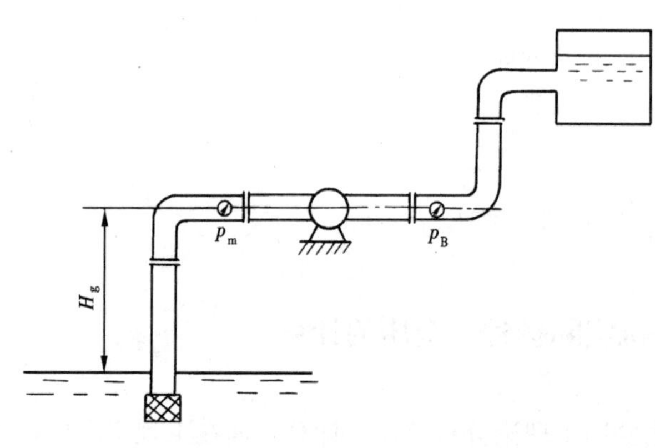

图 2-20 运转中泵的扬程计算

泵运转时，单位重力作用下的液体在泵进口（真空表所在处）截面处的能量 E_1 为

$$E_1=\frac{p_1}{\rho g}+\frac{v_1^2}{2g}+H_g \tag{2-59}$$

单位重力作用下的液体在泵出口（压力表所在）截面处的能量 E_2 为

$$E_2=\frac{p_2}{\rho g}+\frac{v_2^2}{2g}+H_g \tag{2-60}$$

上两式中 p_1、p_2——泵进口处、出口处液体的绝对压力，Pa；

v_1、v_2——泵进口处、出口处液体的平均流速，m/s；

H_g——泵的安装几何高度，即吸上高度，m。

则泵在运转时，供给液体的能量 H 为

$$H=E_2-E_1=\frac{p_2-p_1}{\rho g}+\frac{v_2^2-v_1^2}{2g} \tag{2-61}$$

若压力表的读数为 p_B，真空表的读数为 p_m，则式（2-61）可表达为

$$H=\frac{p_B+p_m}{\rho g}+\frac{v_2^2-v_1^2}{2g} \tag{2-62}$$

必须注意，式（2-61）及式（2-62）均是在压力表、真空表恰与泵的中心线等高的情况下得到的。如果它们的测量仪表装置位置与泵中心线有高度差时，则都应该将它们的测量仪表读数，根据液体静压力公式换算到泵中心线位置高度的值。现对压力表、真空表及 U 形管水银差压计，进行具体分析。

1. 泵入口部分

泵入口处的压力一般用以下方法测量：

（1）弹簧真空表或压力表。如图 2-21（a）所示，在泵入口法兰处装设弹簧真空表（泵入口处为真空时），或弹簧压力表（泵入口处压力大于大气压力时），真空表或压力表的读数都是测量仪表中心处的值，换算至泵中心线处的值，应该是

$$p_1=(p_{amb}-p_m)\pm\rho g\Delta z \tag{2-63}$$

或
$$p_1=(p_{amb}+p_B)\pm\rho g\Delta z \tag{2-64}$$

上两式中　p_1——泵中心线处液体入口处的压力，Pa；

p_{amb}——当地大气压力，Pa；

p_m——真空表读数，Pa；

p_B——压力表读数，Pa；

ρ——真空表、压力表和泵入口处连通管内液体的密度，即是泵输送液体的密度，kg/m^3；

Δz——测量仪表中心至泵中心线的垂直距离，若测量仪表在泵中心线上方，式中 $\rho g\Delta z$ 前用"＋"号；反之，测量仪表在泵中心线下方，式中 $\rho g\Delta z$ 前用"－"号。

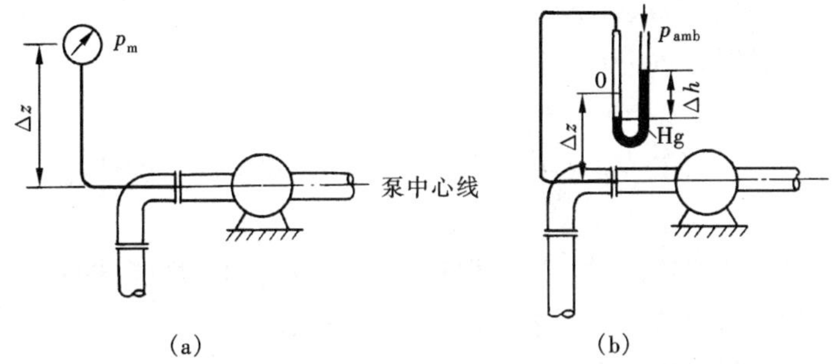

图 2-21　泵入口压力的测量

(a) 泵进口真空表；(b) 泵进口 U 形管水银差压计

(2) U 形管水银差压计。用 U 形管水银差压计测量泵入口压力如图 2-21 (b) 所示。图示泵吸入口处的压力大于大气压力，在 U 形管与泵入口处的连通管内充满泵中液体（以下同）时，则泵入口处液体的绝对压力 p_1 为

$$p_1=p_{amb}+\rho_{Hg}g\Delta h+\rho g(\Delta z-0.5\Delta h) \tag{2-65}$$

式中　Δh——U 形管内液面高度差，m；

Δz——U 形管差压计零位至泵中心线处距离，m；

ρ——泵所输送液体的密度，kg/m^3。

倘若 U 形管差压计在泵中心线以下，则泵吸入口处液体的绝对压力 p_1 为

$$p_1=p_{amb}+\rho_{Hg}g\Delta h-\rho g(\Delta z+0.5\Delta h) \tag{2-66}$$

泵吸入口处的压力小于大气压力时，则图 2-21 (b) 中 U 形管内的汞柱是右面低、左面高。此时，泵入口处液体的绝对压力 p_1 为

$$p_1=p_{amb}-\rho_{Hg}g\Delta h+\rho g(\Delta z+0.5\Delta h) \tag{2-67}$$

式 (2-67) 适用于 U 形管差压计设在泵中心线的上方。如果 U 形管差压计在泵中心线的下方，泵入口处液体的绝对压力 p_1 为

$$p_1=p_{amb}-\rho_{Hg}g\Delta h-\rho g(\Delta z-0.5\Delta h) \tag{2-68}$$

2. 泵出口部分

(1) 弹簧压力表。泵出口处液体的压力在绝大多数情况下，都是大于大气压力的，所以只需装设弹簧压力表，就可求得泵出口处液体的绝对压力 p_2。由图 2-22 (a) 可得

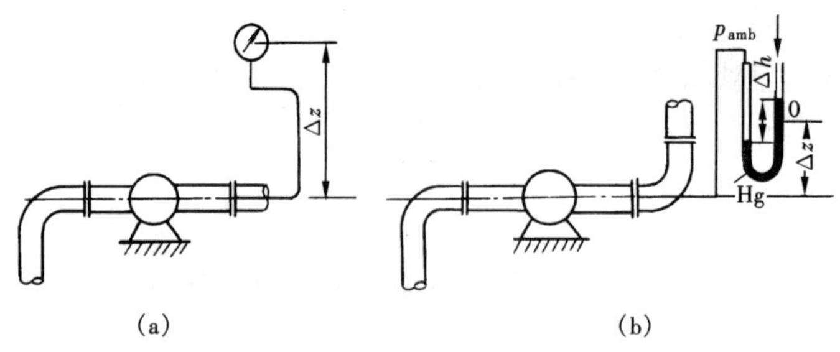

图 2-22 泵出口压力的测量
（a）泵出口压力表；（b）泵出口 U 形管水银差压计

$$p_2=p_B+p_{amb}\pm\rho g\Delta z \quad (2-69)$$

式（2-69）中 $+\rho g\Delta z$ 用于弹簧压力表装于泵中心线的上方，而式中 $-\rho g\Delta z$ 用于弹簧压力表装于泵中心线的下方。

（2）U 形管水银差压计。由图 2-22（b）可得，泵出口处液体的绝对压力 p_2 为

$$p_2=p_{amb}+\rho_{Hg}g\Delta h+\rho g\ (\Delta z-0.5\Delta h) \quad (2-70)$$

式（2-70）适用于U形管差压计装于泵中心线上方。U形管差压计如装于泵中心线下方，则泵出口处液体的绝对压力 p_2 为

$$p_2=p_{amb}+\rho_{Hg}g\Delta h-\rho g\ (\Delta z+0.5\Delta h) \quad (2-71)$$

以上的修正方法，介绍了主要的思路与方法。如果遇到其他的情况，可参照以上公式的修正原则。

在进行泵与风机的性能鉴定时，还须根据通风机空气动力性能试验方法及离心泵性能试验国家标准，确定装设压力表、真空表前后直管段的长度等。

风机在运转时的实际全压计算公式与式（2-61）相同，只是单位不一，即

$$p=\left(p_2+\frac{\rho_2 v_2^2}{2}\right)-\left(p_1+\frac{\rho_1 v_1^2}{2}\right) \quad (2-72)$$

式中 p_2、$\frac{\rho_2 v_2^2}{2}$——风机出口气体的静压、动压，Pa；

p_1、$\frac{\rho_1 v_1^2}{2}$——风机进口气体的静压及动压，两者之和又称风机进口截面上气体的全压。

式（2-72）也可这样解释：风机运转时产生的实际全压等于风机出口的全压与进口的全压之差。

式（2-72）适用于风机的进、出口不直接通大气的情况，即风机进口的气体静压与动压、风机出口的气体静压与动压，都是在吸入风道及压出风道中测量的，称进、排气联合试验性能装置的全压计算公式，如图 2-23（c）所示。

在管网系统中风机的布置，如果风机出口直接通大气，而风机的进口装置有一段风道，且在这段风道上装有测试仪表，则这种风机系统称进气试验装置，如图 2-23（a）所示。此时，风机的全压 p 为

$$p=\ (p_{amb}-p_1)\ +\rho\frac{v_2^2-v_1^2}{2} \quad (2-73)$$

式中 p_{amb}——风机出口的压力，即大气压力，Pa；

p_1——风机进口测点处截面上的绝对压力，此压力小于大气压力，Pa；

v_1——风机进口测点处截面上的气流平均流速，m/s；

v_2——风机出口截面上的气流平均流速，m/s；

ρ——气体的密度，kg/m³。

在管网系统中风机的布置，如果风机进口直接通大气，而风机的出口装置有一段风道，且在这段风道上装设测试仪表，则这种风机系统称排气试验装置，如图 2-23（b）所示。此时，风机的全压 p 为

$$p=(p_2-p_{amb})+\frac{\rho v_2^2}{2} \tag{2-74}$$

式中　p_2——风机出口测点处截面上的绝对压力，Pa；

p_{amb}——风机进口处截面上的压力，即为大气压力，Pa；

v_2——风机出口测点处截面上的气流平均速度，m/s。

此时，$v_1=0$，而（p_2-p_{amb}）即为风机出口测点处截面上的表压力。

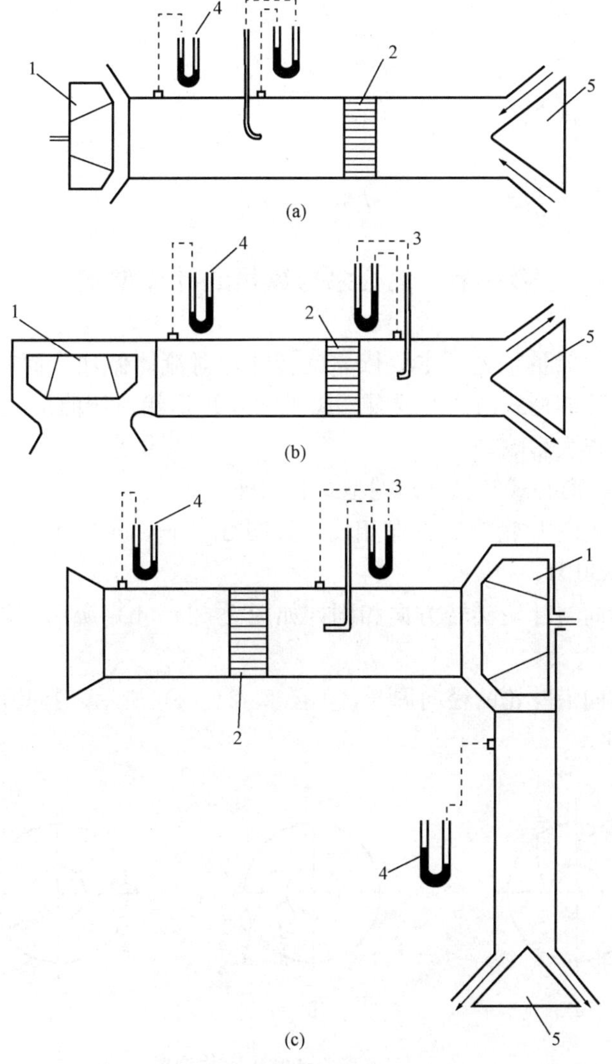

图 2-23　风机测试装置系统

（a）进气测试系统；（b）排气测试系统；（c）进、排气联合测试系统

1—风机；2—整流栅；3—测速管；4—测压管；5—锥形节流阀

另外，根据JB/T 2977—2005《工业通风机、透平鼓风机和压缩机》标准，通风机的静压 p_{st} 为

$$p_{st}=p_2-\left(p_1+\frac{\rho v_1^2}{2}\right) \tag{2-75}$$

式中 p_2——风机出口截面上的气体静压，Pa；

p_1——风机进口截面上的气体静压，Pa；

$\frac{\rho v_1^2}{2}$——风机进口截面上的气体动压，Pa。

所以，风机的静压等于风机出口截面上的静压与风机进口截面上全压之差。

风机的动压等于风机出口截面上的动压，即

$$p_d=p_{d2}=\frac{\rho v_2^2}{2} \tag{2-76}$$

式中 p_d——风机的动压，Pa；

p_{d2}——风机出口截面上的动压，Pa。

风机的全压 p 为

$$p=p_{st}+p_d$$

第六节 离心泵与风机的叶片型式

叶片式泵与风机的能量传递，主要依靠旋转叶轮对流体做功。而叶轮对流体做功的效果，还要看叶轮中叶片的型式。离心式泵与风机的叶片形状，弯曲形式对泵与风机的扬程、全压、流量和效率有很大影响。

如图2-24所示，离心式叶轮叶片的型式有三种。

一是叶片弯曲方向与叶轮旋转方向相反，如图2-24（a）所示。其叶片出口的几何角 $\beta_{2g}<90°$，称为后弯式叶片。

二是叶片弯曲方向与叶轮旋转方向相同，如图2-24（b）所示。其叶片出口的几何角 $\beta_{2g}>90°$，称为前弯式叶片。

三是叶片弯曲方向沿叶轮的径向展开，如图2-24（c）所示。其叶片出口的几何角 $\beta_{2g}=90°$，称为径向式叶片。

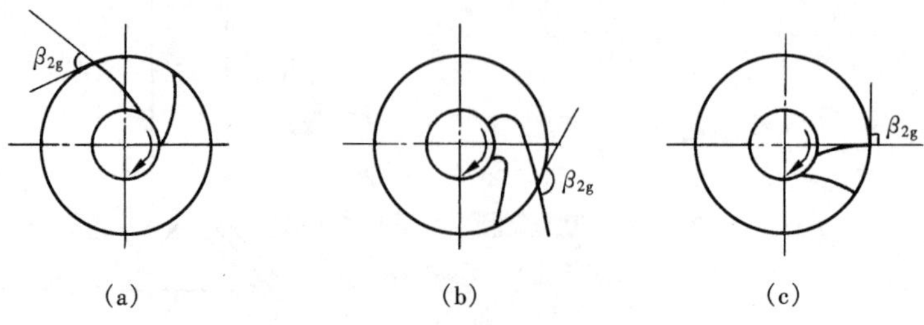

图2-24 离心式叶轮叶片型式

（a）后弯式叶片；（b）前弯式叶片；（c）径向式叶片

三种不同型式的叶片，对扬程及全压的影响，可以在相同的叶轮外径 D_2 与内径 D_1、相

同的转速 n、相同的叶片进口安装角 β_{1g} 及相等的流量 q_{VT} 等前提下进行比较。

为简化问题的讨论，设三种叶片的进口流体均以径向流入，$\alpha_{1\infty}=90°$，则

$$H_{T\infty}=\frac{u_2 v_{2u\infty}}{g}$$

图 2-25 所示为三种叶片的出口速度三角形，下面分别进行分析。

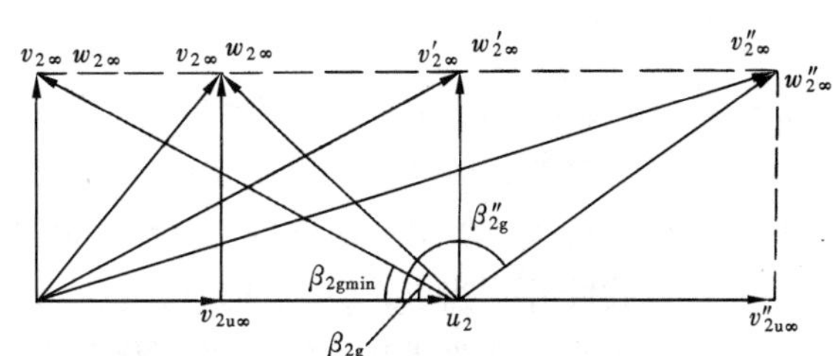

图 2-25　三种叶片的出口速度三角形

（1）$\beta_{2g}<90°$时

$$v_{2u\infty}<u_2$$

$$H_{T\infty}=\frac{u_2 v_{2u\infty}}{g}<\frac{u_2^2}{g} \tag{2-77}$$

随着后弯式叶片的 β_{2g} 不断减少，$H_{T\infty}$ 也不断下降。当 β_{2g} 减少到使 $\alpha_{2\infty}=90°$时，$v_{2u\infty}=0$，相应的 $H_{T\infty}=0$。此时的 β_{2g} 为最小值 β_{2gmin}。

（2）$\beta_{2g}=90°$时

$$v'_{2u\infty}=u_2$$

$$H'_{T\infty}=\frac{u_2 v'_{2u\infty}}{g}=\frac{u_2^2}{g} \tag{2-78}$$

显然，径向式叶片产生的扬程要比后弯式大。

（3）$\beta_{2g}>90°$时

$$v''_{2u\infty}>u_2$$

$$H''_{T\infty}=\frac{u_2 v''_{2u\infty}}{g}>\frac{u_2^2}{g} \tag{2-79}$$

前弯式叶片的 β_{2g} 不断增大，$H''_{T\infty}$ 也不断增大。当 β_{2g} 增大至 $v''_{2u\infty}=2u_2$ 时，此时的 β_{2g} 为最大值 β_{2gmax}，相应的扬程也最大，即

$$H''_{T\infty}=\frac{2u_2^2}{g} \tag{2-80}$$

由以上分析可知，泵或风机所输出的扬程、全压，随着叶片出口安装角 β_{2g} 的增加而增大。所以，后弯式叶片所产生的扬程最次，径向式叶片所产生的扬程较大，前弯式叶片所产生的扬程名列前茅。虽然三种不同型式的叶片扬程为

$$H''_{T\infty}>H'_{T\infty}>H_{T\infty}$$

但构成扬程的动扬程与势扬程之间的比例，即组成扬程的成分又如何？

设势扬程 $H_{st\infty}$ 在总扬程 $H_{T\infty}$ 中所占的比例为反作用度，记为 Ω。因此

$$\Omega=\frac{H_{st\infty}}{H_{T\infty}}=\frac{H_{T\infty}-H_{d\infty}}{H_{T\infty}}=1-\frac{H_{d\infty}}{H_{T\infty}} \tag{2-81}$$

根据定义及速度三角形

$$H_{d\infty}=\frac{v_{2\infty}^2-v_{1\infty}^2}{2g}=\frac{(v_{2m\infty}^2+v_{2u\infty}^2)\ -\ (v_{1m\infty}^2+v_{1u\infty}^2)}{2g}$$

前面已假设流体径向进入叶轮

$$\alpha_{1\infty}=90°,\qquad v_{1u\infty}=0$$

同时，由于 $v_{2m\infty}$ 与 $v_{1m\infty}$ 相差不大，可近似地把它们作相等处理 $v_{2m\infty}\approx v_{1m\infty}$，则 $H_{d\infty}$ 可近

似为

$$H_{d\infty}\approx\frac{v_{2u\infty}^2}{2g}$$

将上式代入式(2-81)得

$$\Omega=1-\frac{\dfrac{v_{2u\infty}^2}{2g}}{\dfrac{u_2v_{2u\infty}}{g}}=1-\frac{v_{2u\infty}}{2u_2} \tag{2-82}$$

根据反作用度式(2-82),分析三种型式叶片。

(1)后弯式叶片。当 $\beta_{2g}=\beta_{2gmin}$ 时,$v_{2u\infty}=0$,所以 $\Omega=1$。随着 β_{2g} 的增大,扬程增加,但反作用度却减小。后弯式叶片的 Ω 的变化范围为

$$0.5<\Omega<1$$

(2)径向式叶片。由于 $\beta_{2g}=90°$,所以 $v_{2u\infty}=u_2$,那么 $\Omega=0.5$。换言之,径向式叶片的扬程中势扬程与动扬程各得其半。

(3)前弯式叶片。当 $\beta_{2g}=\beta_{2gmax}$ 时,$v_{2u\infty}=2u_2$,所以 $\Omega=0$。此时,扬程已经全部为动扬程,势扬程为零。前弯式叶片反作用度 Ω 的变化范围为

$$0<\Omega<0.5$$

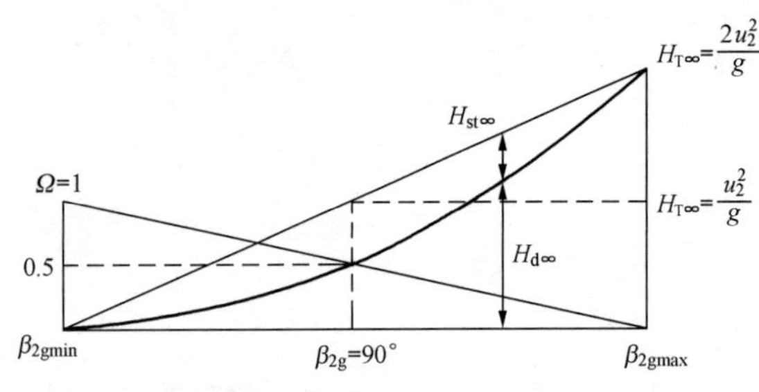

图 2-26 β_{2g} 与 $H_{T\infty}$、Ω 之间的关系曲线

综上所述,随着叶片出口几何角 β_{2g} 的增大,扬程也随之增加。与此同时,反作用度 Ω 却逐渐降低。即随着 β_{2g} 的增大,扬程中的势扬程不断下降而动扬程却不断增加。这一结论由图 2-26 清楚可见。

根据以上分析,对于离心泵,至今都采用后弯式叶片,其原因如下:

(1)后弯式叶片流动效率高。由图 2-25 所示的速度三角形可看出,后弯式叶片流体出口绝对速度最小,所以动能也最小。因为流动损失与动能成正比,流动损失小,自然流动效率就高。而前弯式及径向式叶片流体的动能都比后弯式叶片大,所以流动效率均较低。同时,为了将部分动能转变成压力能,必然伴随有较大的能量损失。因此,后弯式叶片在能量形式的转换过程中,伴随的能量损失也是最低的。

(2)后弯式叶片流道效率高。由图 2-24 可知,三种不同型式的叶片在进、出口流道面积相同,叶片进口几何角相等时,径向式与前弯式叶片的流道较短,因此它们的流道扩散角、流道的弯曲度都较大,能量损失也就较大。而后弯式叶片,则正好与此相反。

(3)后弯式叶片性能稳定。后弯式叶片泵的 $H-q_V$ 性能曲线有可能不出现极大值(驼峰),因而性能较稳定。但前弯式叶片的 $H-q_V$ 性能曲线一定会出现驼峰形状,所以性能不稳定。

离心泵的出口安装角 β_{2g} 一般为 20°~30°。高效率离心式锅炉给水泵,其 β_{2g} 据统计一般多为 22.5°左右。对于高比转速的叶轮,β_{2g} 取小值;而比转速小的叶轮,β_{2g} 取大值。因为 β_{2g} 越大,在扬程相同时,叶轮外径 D_2 可以减小。比转速小的泵圆盘摩擦损失占有较大的比例(圆盘摩擦损失与叶轮直径 D_2 的五次方成正比。在设计点圆盘摩擦损失占泵内全部损失的一半以上),所以低比转速泵 β_{2g} 取大值,D_2 减少,从而大大降低圆盘摩擦损失。当然,β_{2g}

取大值会使泵流动损失增大，但总的来说还是适宜的。在改进水泵性能时，如感到泵的扬程不够，则可以适当增加叶片的出口安装角，以提高扬程。输送清水时，当 β_{2g} 在 15°～59°范围内变化时，泵的效率变动量为 1.6%左右。

对于离心风机，以上对离心泵采用后弯式叶片的三点理由也完全能适用，但由于风机产生的全压较小，因而风机选用的叶片型式不能一概而论，要视具体情况而定。为了提高风机的效率，目前大多采用后弯式叶片的离心风机，通常取 $\beta_{2g}=45°\sim65°$。在低压通风机中，为了提高风机的全压，往往采用前弯式叶片的风机。有时考虑到在产生一定的全压情况下，希望风机的尺寸及占地面积小，也采用前弯式叶片风机。

后弯式风机还有一个很好的性能，当风机流量增大时，轴功率逐渐增大，当增大至最大值后，几乎不再增加。这种性能不会使电动机超载。后弯式叶轮有等厚度叶片及机翼型叶片两种。机翼型叶片效率较高，且运转时的噪声也较低。

前弯式风机主要用于低压、中小风量的场合，且要求输送的气体中不存在固体的小颗粒，因为前弯式风机叶片中会积存气流中的固体颗粒。前弯式风机的性能有一个较大的不稳定区，风机工作时要避开这个不稳定区，因而它的安全工作区域较窄。前弯式风机的轴功率随着风量的增大而增加，并且持续全过程。前弯式风机由于全压较高，所以它可以在较低转速下达到其他风机相同的全压。

径向式风机可应用于输送的气体中含有大量固体颗粒的场合。在产生相同全压情况下，径向式风机的转速除了前弯式以外它是最低的，因而固体颗粒在叶片表面上的运动速度可低一些。一般而言，径向式风机运转性能亦较稳定。

思考题

2-1　试述离心泵与风机的工作原理。

2-2　离心泵启动前为何一定要将液体先灌入泵内？

2-3　提高锅炉给水泵的转速，有什么优缺点？

2-4　如何绘制速度三角形？预旋与轴向旋涡对速度三角形有什么影响？

2-5　$H_{T\infty}$、H_T 及 H 之间有何区别？为什么 $H<H_T<H_{T\infty}$？

2-6　计算泵与风机的扬程、全压公式有哪些？它们间有什么区别？

2-7　离心泵与风机的叶片有哪几种型式？它们各有何优缺点？实际使用时采用什么型式？为什么？

习　题

2-1　某离心水泵叶轮 $b_1=3.2\text{cm}$，$b_2=1.8\text{cm}$。叶片进口边内切圆圆心距轴心线的距离 $R_{1c}=8.6\text{cm}$，另外叶片出口边处 $R_2=19\text{cm}$。$\beta_{1g}=17°$，$\beta_{2g}=21°$，$n=2950\ \text{r/min}$，设流体无预旋流入叶轮。试绘制叶轮进、出口速度三角形，并计算通过叶轮的流量（不计叶片厚度），及扬程 $H_{T\infty}$。

2-2　离心式风机的叶轮外径 $D_2=400\text{mm}$，转速 $n=2985\text{r/min}$，叶轮入口处流体无预旋，$v_{2u\infty}=0.8u_2$，空气密度 $\rho=1.2\text{kg/m}^3$，试计算 $p_{T\infty}$。

2-3 欲将某管路系统的低位水箱的水提高 30m，然后送入高位水箱。低位水箱容器液面上的压力为 10^5Pa，高位水箱容器液面上的压力为 4000kPa。整个管路系统的流动阻力 27.6m，试求选择泵时至少应保证的扬程。

2-4 离心式风机叶轮外径 $D_2=600$mm，叶轮出口宽度 $b_2=150$mm，叶片出口几何角 $\beta_{2g}=30°$，转速 $n=1450$r/min。设叶轮进口无预旋，空气密度 $\rho=1.2$kg/m^3。试求：

(1) 当流量为 10×10^3m^3/h 时，叶轮的相对速度 w_2 和绝对速度 v_2；

(2) 叶片无限多时的理论全压 $p_{T\infty}$；

(3) 叶片无限多时的反作用度 Ω；

(4) 设叶片数 $Z=12$，滑移系数 K 及理论全压 p_T。

2-5 离心水泵，在转速 $n=2950$r/min 时，流量为 89L/s，$H=13$m。水以径向进入叶轮（$\alpha_1=90°$），叶轮内的轴面速度 $v_{1m}=3.6$m/s。内、外径比 $D_1/D_2=0.4$，叶轮出口宽度 $b_2=0.12D_2$，若不计叶轮内的损失和叶片厚度的影响，并设叶轮进口叶片的宽度 $b_1=20$cm，求叶轮外径 D_2、出口宽度 b_2 及叶片进、出口几何角 β_{1g} 和 β_{2g}。

2-6 离心泵叶轮直径 $D_2=360$mm，出口有效截面积 $A_2=0.023$m^2，叶片出口几何角 $\beta_{2g}=30°$，如不计叶轮进口的预旋（$v_{1u}=0$），求转速 $n=1480$r/min，流量为 83.8L/s 时的理论扬程 H_T。设 $K=0.82$。

2-7 叶轮外径 $D_2=450$mm 的离心通风机，气流无预旋进入叶轮，叶轮出口的绝对速度圆周分速 $v_{2u}=0.85u_2$，空气的密度 $\rho=1.2$kg/m^3。求风机转速 $n=2950$r/min 时，风机所产生的全压 p_T。

2-8 离心泵叶轮叶片出口角 $\beta_{2g}=45°$，出口截面排挤系数 $\psi_2=0.92$，在转速 $n=1450$r/min 时，流量 $q_V=150$ L/s，扬程 $H=19.8$m。液流径向进入叶轮，$v_{1m}=v_{2m}=1.8$m/s，叶轮出口动能的 40%可转换成扬程。试求叶轮所需的外径 D_2 和出口宽度 b_2。

第三章　离心泵与风机的主要部件及整体结构

第一节　离心泵的主要部件

离心泵的主要部件有叶轮、吸入室、压出室、轴向力和径向力平衡装置及轴端密封装置等。

一、叶轮

叶轮是泵的重要部件之一。泵内液体能量的获得是在叶轮内进行的，所以叶轮的作用是将原动机的机械能传递给液体，使液体的压力能及动能均有所提高。叶轮水力性能的优劣对泵的效率影响最大，因而叶轮在传递能量的过程中流动损失应该最小。

叶轮的应力主要来源于高速旋转所产生的离心力，另外由于传递能量给液体所产生的应力。叶轮的材料一方面应该具有高强度，另一方面还应该具有抗腐蚀、耐冲刷的性能。

叶轮一般由前盖板、叶片、后盖板和轮毂所组成。图 3 - 1 所示的叶轮为封闭式叶轮。封闭式叶轮效率较高，但要求输送的介质较清洁。如果叶轮没有前盖板，其他都与封闭式叶轮相同，则称为半开式叶轮。半开式叶轮适宜输送含有杂质的液体。若只有叶片及轮毂，而没有前、后盖板的叶轮称为敞开式叶轮。敞开式叶轮适宜输送的液体中所含杂质的颗粒可大些、多些，但敞开式叶轮的效率较低，在一般情况下不采用。半开式及敞开式叶轮，适宜用作火力发电厂输送锅炉灰渣的渣浆泵叶轮。

叶轮还有单吸与双吸之分。图 3 - 1 所示为单吸式叶轮，图 3 - 2 所示为双吸式叶轮。在相同条件下，双吸式叶轮的流量是单吸式叶轮流量的两倍，而且它基本上不产生轴向力。双吸式叶轮适用于大流量或提高泵抗汽蚀性能的场合。

前、后盖板中的叶片有两种型式：圆柱形叶片和双曲率（扭曲）叶片。圆柱形叶片制造简单，但流动效率不高。目前，为提高泵的效率，一般都采用双曲率叶片。

叶片在叶轮进口处的布置有平行与延伸两种，如图 3 - 3 所示。圆柱形叶片一般是平行布置的。

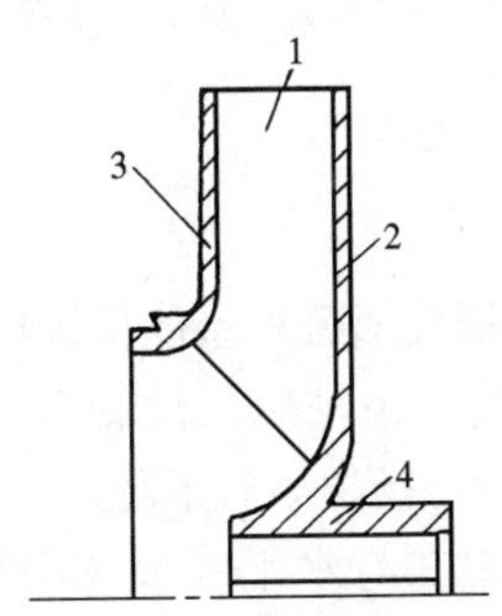

图 3 - 1　封闭式叶轮
1—叶片；2—后盖板；3—前盖板；4—轮毂

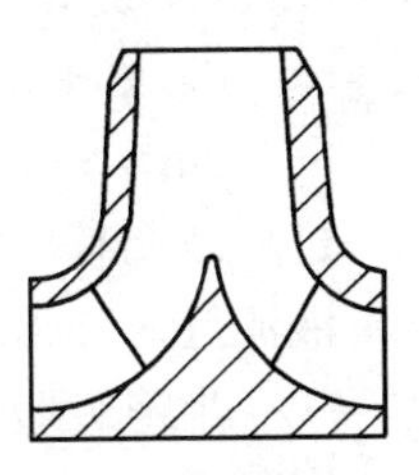
图 3 - 2　双吸式叶轮

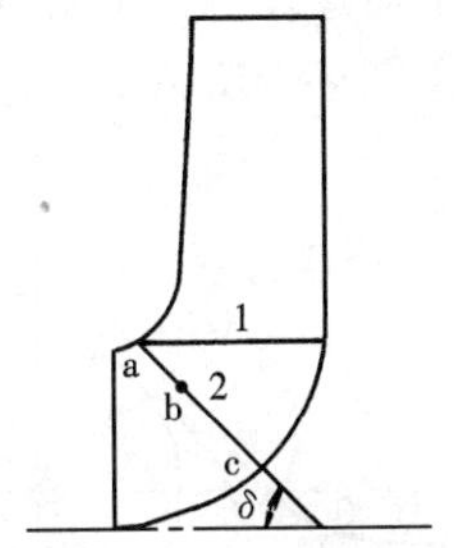

图 3 - 3　叶片在进口处的布置
1—平行布置；2—延伸布置

二、吸入室

吸入室的作用是将液体从吸入管路引入叶轮。一个设计好的吸入室，应该符合以下三个条件：

（1）要在最小的阻力损失情况下，将液流引入叶轮。

（2）叶轮进口处的液流速度分布要均匀，一般使液流在吸入室内有加速。

（3）将吸入管路内的液流速度变为叶轮入口所需的速度。

吸入室中的阻力损失要比压出室小得多，但是吸入室形状设计的优劣对进入叶轮的液体流动情况影响很大，对泵的汽蚀性能也有直接影响。

吸入室有锥形管吸入室、圆环形吸入室和半螺旋形吸入室三种结构。

1. 锥形管吸入室

图 3-4（a）所示为锥形管吸入室结构示意。这种吸入室流动阻力损失较小，液体能在锥形管吸入室中加速，速度分布较均匀。锥形管吸入室结构简单，制造方便，适用于单级悬臂式泵中。

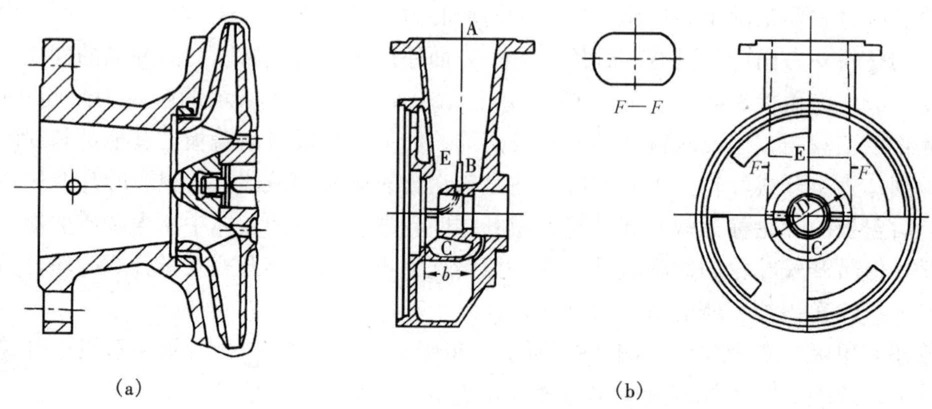

图 3-4　锥形管吸入室和圆环形吸入室

2. 圆环形吸入室

图 3-4（b）所示为圆环形吸入室结构示意。在吸入室的起始段 A—B 中，轴向尺寸逐渐缩小，宽度逐渐增大，整个面积还是缩小，使液流得到一个加速。由于泵轴穿过环形吸入室，所以液流绕流泵轴时在轴的背面产生旋涡，引起进口流速分布不均匀。同时，叶轮左、右两侧绝对速度的圆周分速 v_{1u} 也不一致，所以流动阻力损失较大。

由于圆环形吸入室的轴向尺寸较短，因而被广泛用在多级泵上。

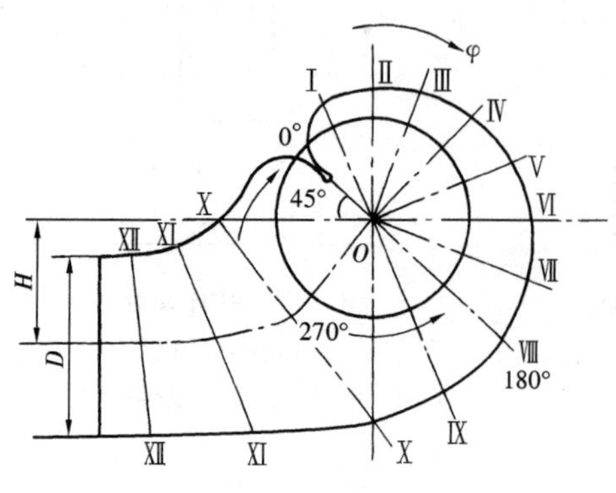

图 3-5　半螺旋形吸入室

3. 半螺旋形吸入室

如图 3-5 所示，半螺旋形吸入室能保证叶轮进口液流有均匀的速度场，泵轴后面没旋涡，但液流进入叶轮前已有预旋，扬程略有下降。

半螺旋形吸入室通常在与水平线成 45°处设有隔舌。液流从吸入室上、下分两部分进入叶轮，如图 3-5 中箭头所示。隔舌可以避免这两部分液流相互撞击产生旋涡，起到稳定液流、避免撞击的作用。从隔舌（0°）起，顺时针转到 180°（Ⅷ断面），轴面速度基本均匀分布；从 180°到

360°液体由吸入室直接进入，轴面速度较大，但还较均匀。而液体的绝对速度在圆周方向上的分量 v_u 在隔舌处等于零；而在 0°到 180°的范围内，液体的绝对速度圆周分速 v_u 与叶轮旋转同向；过 180°后，液体直接进入叶轮，v_u 逐渐减小；270°后，液体的 v_u 与叶轮的旋转反向。所以，液体的 v_u 在叶轮入口处的分布很不均匀。

半螺旋形吸入室大多被应用在双吸式泵、多级中开式泵上。

三、压出室

从叶轮中获得了能量的液体，流出叶轮进入压出室。压出室将流来的高速液体汇集起来，引向次级叶轮的进口或引向压出口，同时还将液体中的部分动能转变成压力能。

压出室中液体的流速较大，所以液体在流动的过程中要产生较大的阻力损失。因此，有了性能良好的叶轮，还必须有良好的压出室与之相配合，这样整个泵的效率才能提高。

常见的压出室结构形式很多，有螺旋形压出室、环形压出室、径向式导叶与流道式导叶等。

1. 螺旋形压出室

螺旋形压出室又称蜗壳体，它一般被应用在单级泵、单级双吸泵及多级中开式泵上。

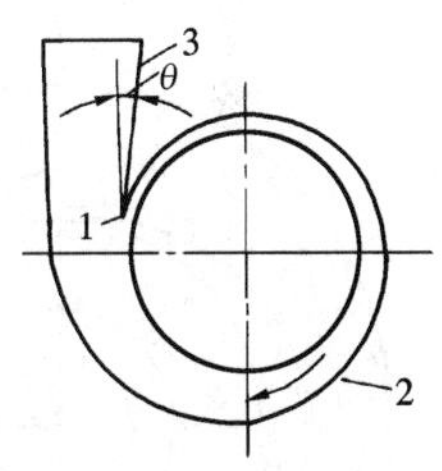

图 3-6　螺旋形压出室
1—泵舌；2—蜗壳体；3—扩散管

液体从叶轮流出，进入如图 3-6 所示的蜗壳体内，沿着蜗壳体在流体流动方向上，其数量是逐渐增多的，因此壳体的截面积也是不断增大的。这样液体在蜗壳体中运动时，其在各个截面上的平均流速均相等。蜗壳体只收集从叶轮中流出的液体，扩散管使液体中的部分动能转变成压力能。为了减少扩散管的损失，它的扩散角 θ 一般取 8°～12°。

泵舌与叶轮外径的间隙不能太小，否则，在大流量工况下泵舌处容易产生汽蚀。同时，间隙太小，也容易引起液流阻塞而产生噪声与振动。当然，间隙也不能太大，在太大的间隙处会引起旋转的液体环流，消耗能量，降低泵的容积效率。

螺旋形压出室制造方便，泵的高效率区域较宽。

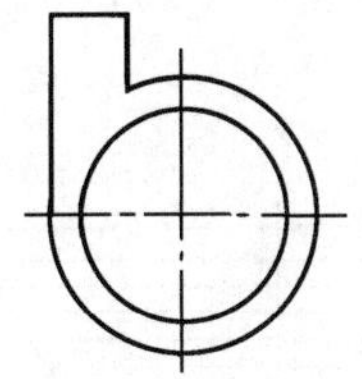
图 3-7　环形压出室

2. 环形压出室

环形压出室的流道截面积处处相等，如图 3-7 所示，所以液流在流动中不断加速，从叶轮中流出的均匀液流与压出室内速度比它高的液流相遇，彼此发生碰撞，损失很大。所以环形压出室的效率低于螺旋形压出室。但它加工方便，主要用于多级泵的排出段，或用于输送有杂质的液体。

3. 径向式导叶与流道式导叶

由于多级分段式泵的液流是前一级叶轮流入次一级叶轮内，故在流动的过程中必须装置导叶。导叶的作用是汇集前一级叶轮流出的液体，然后诱导入次一级叶轮的进口，同时在导叶内把部分动能转换成压力能。所以导叶与压出室的作用相同。

导叶主要有径向式导叶与流道式导叶。图 3-8 所示为径向式导叶。它由螺旋线、扩散管、过渡区和反导叶组成。图 3-8 中 *AB* 部分为螺旋线，它起着收集液体的作用。扩散管 *BC* 部分起着将部分动能转换成压力能的作用。螺旋线与扩散管又称正导叶，它起着压出室的作用。*CD* 为过渡区，起着转变液体流向的作用。液体在过渡区里沿轴向转了 180°的弯，

然后沿着反导叶 DE 进入次级叶轮的入口。

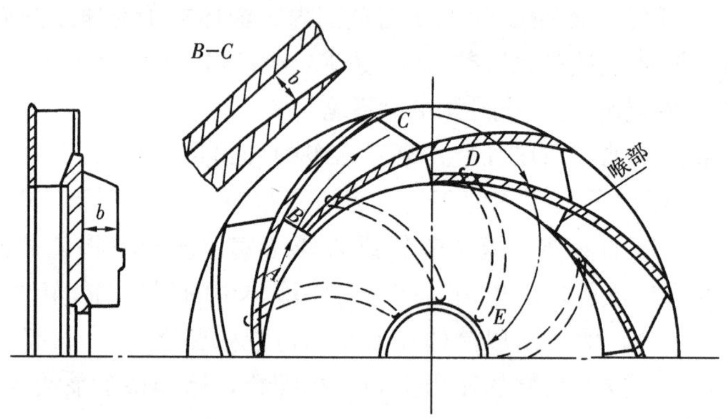

图 3-8　径向式导叶

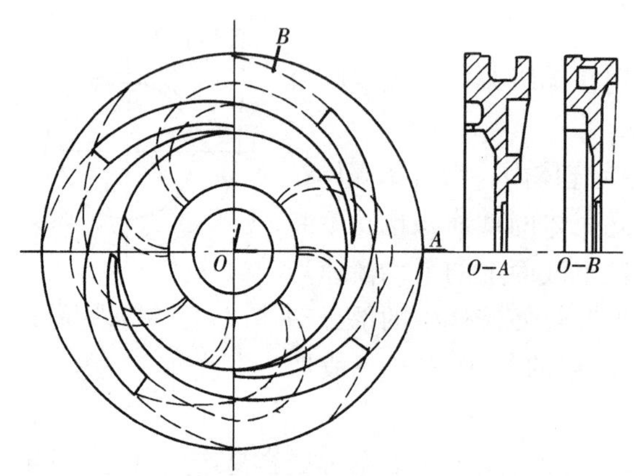

图 3-9　流道式导叶

图 3-9 所示为流道式导叶。在流道式导叶中，正、反导叶是连续的整体，即反导叶是正导叶的继续，所以从正导叶进口到反导叶出口形成单独的小流道，各个小流道内的液流互不相混。它不像径向式导叶，在环形空间内液体混在一起，再进入反导叶。流道式导叶流动阻力比径向式小，但结构复杂，铸造加工较麻烦。目前节段式多级泵趋向于采用流道式导叶。

四、轴向力、径向力及其平衡

泵在运转时，转子上会受到轴向力与径向力的作用。为保证泵的使用安全，必须研究它们的产生、计算及平衡方法。

1. 轴向力产生的原因

图 3-10 所示为单级单吸式叶轮，由于泄漏的原因叶轮两侧充有液体，但它们的液流压力不等。叶轮右侧的压力 p_2 与叶轮左侧吸入口以上的压力 p_2 可近似相等，互相抵消。但在吸入口部分，左右两侧的液流压力就不等了，而是右侧的压力大于左侧，它们的压力差乘以面积的积分就是作用在单个叶轮上的轴向力。轴向力的方向指向吸入口。

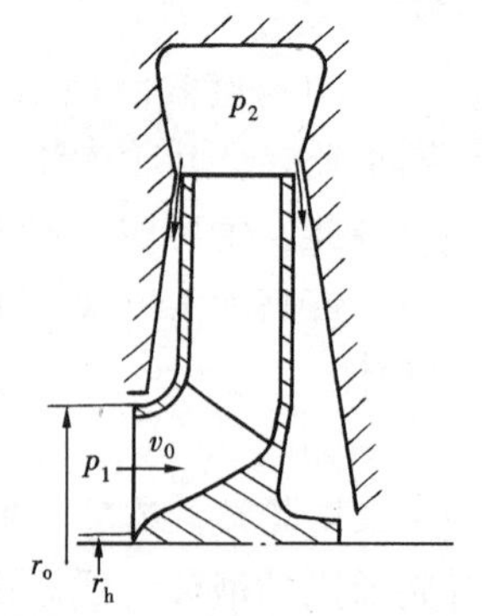

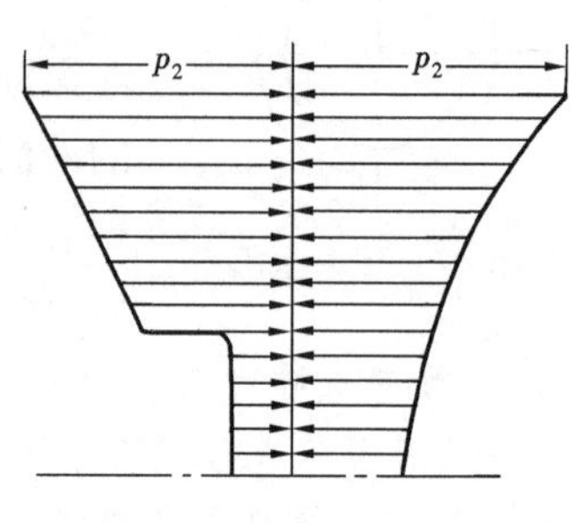

图 3-10　轴向力的产生

试验证明，在正常密封条件下，设叶轮两侧液体的旋转角速度是叶轮角速度 ω 之半。若在叶轮右侧腔室内，任取半径为 r 处的流体微团，并假设叶轮前后密封处无泄漏损失，则根据式（2-1）得

$$dp = \rho\left(\frac{\omega}{2}\right)^2 r dr$$

积分上式得

$$\int_p^{p_2} dp = \int_r^{r_2} \rho\left(\frac{\omega}{2}\right)^2 r dr = \rho\frac{\omega^2}{4}\left(\frac{r_2^2 - r^2}{2}\right)$$

$$\int_p^{p_2} dp = p_2 - p$$

则叶轮右侧任意半径 r 处的液体压力 p 为

$$p = p_2 - \frac{\rho\omega^2}{8}(r_2^2 - r^2)$$

式中　p_2——叶轮出口压力，Pa；

ω——叶轮旋转角速度，1/s；

r_2——叶轮出口半径，m；

r——叶轮右侧任意处的半径，m。r 与 p 为对应关系，即 p 为 r 处的压力。

将上式两端减去叶轮吸入口处的压力 p_1，得

$$\Delta p = p - p_1 = (p_2 - p_1) - \frac{\rho\omega^2}{8}(r_2^2 - r^2) \tag{3-1}$$

式（3-1）即为叶轮吸入口左右两侧同一半径处的压力差。将式（3-1）从轮毂半径 r_h 积分至叶轮吸入口半径 r_0（图 3-10 所示），可得单级叶轮压力差引起的轴向力公式

$$F'_1 = \int_{r_h}^{r_0} \Delta p 2\pi r dr = \pi(r_0^2 - r_h^2)\left[(p_2 - p_1) - \left(r_2^2 - \frac{r_0^2 + r_h^2}{2}\right)\frac{\rho\omega^2}{8}\right]$$

$$= \pi\rho g(r_0^2 - r_h^2)\left[H_{st} - \frac{u_2^2}{8g}\left(1 - \frac{r_0^2 + r_h^2}{2r_2^2}\right)\right] \tag{3-2}$$

式中　H_{st}——势扬程，$H_{st} = (p_2 - p_1)/\rho g$。

若为多级泵，则由叶轮压力差引起的总的轴向力 F_1 为

$$F_1 = iF'_1$$

式中　i——泵叶轮的级数。

另外，液体从叶轮的进口流至出口，由于速度的大小、方向均发生变化，因此在叶轮上作用着一个沿轴向的，由动量变化所产生的力 F_2

$$F_2 = \rho q_{VT} v_0 i \tag{3-3}$$

式中　v_0——叶轮进口处的液体轴向流速，m/s。

动量变化所引起的轴向力 F_2，方向与 F'_1 相反，指向排出口。一般情况下，这个动量变化所产生的轴向力较小。

泵立式布置，泵转子的重力也构成轴向力，用 F_3 表示。

综上所述，离心泵总的轴向力 F 为

$$F = F_1 - F_2 + F_3 \tag{3-4}$$

式（3-2）由于在推导时作了多种假设：如不计液体的黏性作用、不考虑流量的泄漏、流体在泵腔内旋转角速度等于叶轮角速度一半等，所以公式的计算结果与实测相差较大，一般是计算值偏小。以下介绍两个计算效果较好的公式。

以德国 Pfleiderer 为代表推荐采用的公式为

$$F_1+F_2=K(D_0^2-D_h^2)\left[H_{st}-C\left(D_2^2-\frac{D_0^2+D_h^2}{2}\right)\right]-F_2 \tag{3-5}$$

式中 K——系数，$K=i\pi\rho g/4$（i 为泵叶轮的级数）；

C——系数，$C=\omega^2/32g$；

D_2——叶轮外径；

D_0——叶轮吸入口直径；

D_h——轮毂直径；

F_2——动量变化引起的轴向力。

英国 Addison 推荐下式计算轴向力

$$F_1+F_2=K(D_0^2-D_h^2)\left[H-C\left(D_2^2-\frac{D_0^2+D_h^2}{2}\right)\right]-F_2 \tag{3-6}$$

式中 H——泵扬程，m。

式（3-6）中的系数 K、C 与式（3-5）同。

多级泵由于叶轮多，所以总的轴向力是一个不小的数值，必须设法平衡它。平衡轴向力，常有不少方法可采用。

2. 轴向力的平衡

（1）双吸式叶轮。双吸式叶轮由于左、右结构对称，不产生轴向力。但一般由于制造上的误差，或两侧密封环磨损不同，使泄漏的程度不同，会产生残余的轴向力。为平衡该残余的轴向力，一般还装有推力轴承。

（2）叶轮对称布置。如果泵是多级的，则可以将叶轮对称布置，如图 3-11 所示。对称布置的叶轮虽然仍有轴向力，但它所组成的转子由于有两个方向相反的轴向力彼此抵消，而不存在了。

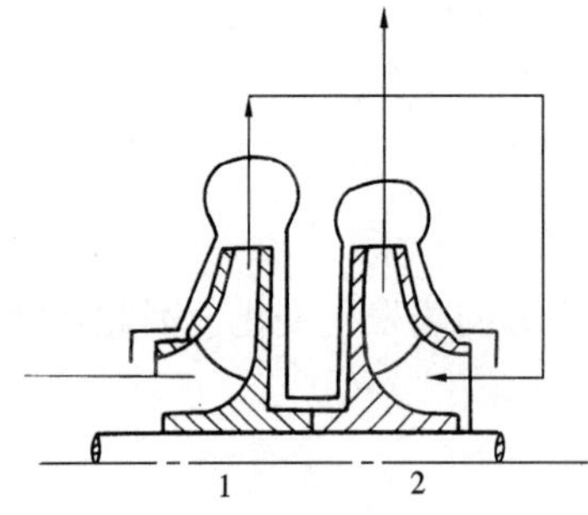

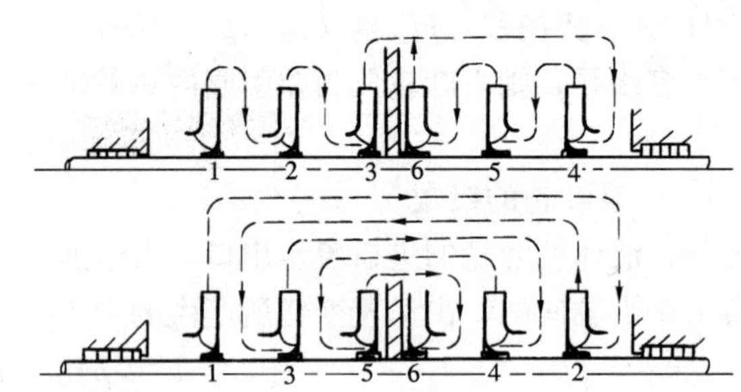

图 3-11 对称布置叶轮

叶轮数为偶数，叶轮正好对半布置；叶轮数如为奇数，则首级叶轮可以采用双吸式，其余叶轮仍对半反向布置。采用叶轮对称布置平衡轴向力的方法简单，但增加了外回流管道，造成泵壳笨重，同时也增加了级间泄漏。叶轮对称布置主要用于蜗壳式多级泵和节段式多级泵上。我国引进美国 Byron Jackson 公司生产的 600MW 超临界压力机组给水泵，就采用叶轮对称布置平衡轴向力。

（3）平衡孔。如图 3-12 所示，在叶轮后盖板上一般钻有数个小孔，并在与前盖板密封直径相同处装有密封环。液体经过密封环间隙后，压力下降，减少了作用在后盖板上的轴向力。

采用平衡孔方法，结构简单并可减小轴封压力。但它增加了泄漏，干扰了叶轮入口液体流动的均匀性，所以泵的效率有所降低。平衡孔方法适用于单级泵或小型多级泵。

(4) 背叶片。如图 3-13 所示，在叶轮的后盖板外侧铸有 4～6 片背叶片。未铸有背叶片时，叶轮右侧压力分布如图中曲线 AGF 所示。加铸背叶片后，背叶片强迫液体旋转，使叶轮背面的压力显著下降，它的压力分布曲线如图中 AGK 所示。

背叶片除了能平衡轴向力外，还能减小轴端密封处的液体压力，并可防止杂质进入轴端密封。所以背叶片常被用在输送杂质的泵上。

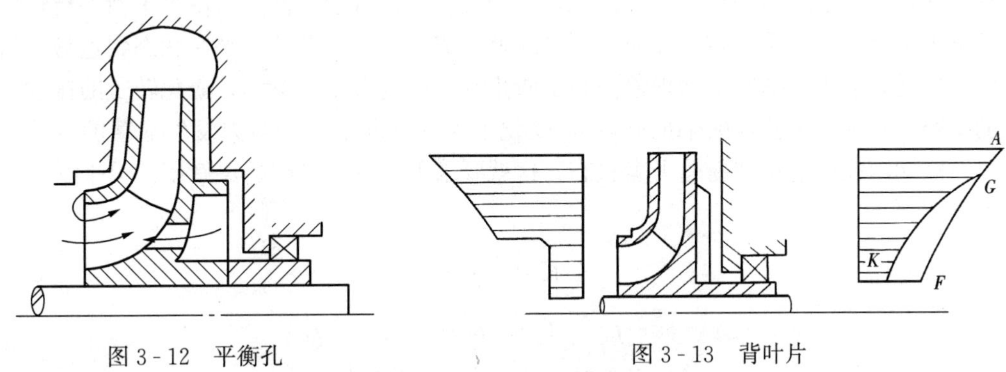

图 3-12　平衡孔　　　　图 3-13　背叶片

(5) 平衡装置。为平衡轴向力，在多级泵上通常装置平衡盘、平衡鼓或平衡盘与平衡鼓联合装置、双平衡鼓装置等。

图 3-14 所示为平衡盘装置。它装置在末级叶轮之后，随轴一起旋转。平衡盘装置有两个密封间隙：径向间隙 b_1 与轴向间隙 b_2。设末级叶轮出口液体的压力为 p_2，平衡盘间隙 b_1 前的液流压力为 p_3，平衡盘前的液流压力为 p_4，即轴向间隙 b_2 前的液流压力。p_5 为间隙 b_2 后的液流压力，平衡盘后的液流压力为 p_6。根据流体流动阻力原理 $p_3>p_4>p_6$。由于 $p_4>p_6$，所以平衡盘前后产生压力差。该压力差乘以平衡盘的平衡面积的积分，就得到平衡盘所产生的平衡力 F'。平衡力 F' 的方向恰与轴向力 F 的方向相反，大小与 F 相等，所以轴向力 F 得以平衡。

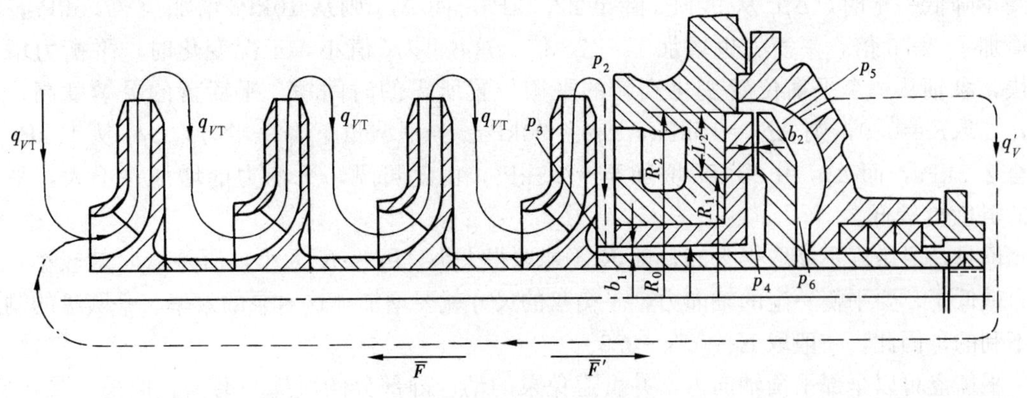

图 3-14　平衡盘装置

当工况变动，叶轮产生的轴向力也发生变化，如果轴向力 F 增大，则轴向着吸入口方向移动，平衡盘的轴向间隙 b_2 减小，通过 b_2 间隙的泄漏量降低。径向间隙 b_1 不随工况变动，因此当通过 b_2 间隙的泄漏量降低时，则 b_1 间隙两侧液体的压力降也降低，平衡盘前的压力 p_4 升高。可是平衡盘后的压力 p_6 稍大于首级叶轮入口液流压力（因它与首级叶轮吸入口相通）。那么，平衡盘前后压差增大，平衡力 F' 也增大。增大了的平衡力与轴向力相等，泵轴处于新的平衡状态。反之，若轴向力减小，则轴向间隙 b_2 增大，压力 p_4 下降，平衡力下降，泵轴又处于另一新的平衡状态。

但是，泵轴处于新的平衡状态，不是立刻就能达到的。实际上，由于泵转子的惯性作用，移位的转子不会立即停在平衡位置上，它会发生位移过量的情况。使得平衡力与轴向力又处于不平衡状态，于是泵转子往回移动。这就造成了泵转子在从一平衡状态到达另一新的平衡状态之间，会出现来回窜动现象。为了防止泵轴的过大轴向窜动，避免转子的振动，平衡盘的研磨，必须在平衡盘的轴向间隙 b_2 变化不大的情况下，平衡力发生显著的变化，使平衡盘在短期内能迅速达到新的平衡状态，这就要求平衡盘有足够的灵敏度。设平衡盘的灵敏度为 K

$$K=\frac{\Delta p_2}{\Delta p} \tag{3-7}$$

而

$$\Delta p=p_3-p_6=(p_3-p_4)+(p_4-p_6)$$

令

$$\Delta p_1=p_3-p_4,\quad \Delta p_2=p_4-p_6$$

$$\Delta p=\Delta p_1+\Delta p_2 \tag{3-8}$$

一般 p_3 与 p_6 的压力差是不变的，即 Δp 不变，而 Δp_1 与 Δp_2 随工况而变。在 b_2 变化不大时，为使平衡力有较大的值，需要 Δp_1 有大的压力差，而 Δp_2 有小的压力差。Δp_2 小，灵敏度 K 值小，平衡盘的灵敏度就高。如设 $\Delta p=100\text{kPa}$，取 $K=0.1$，则

$$\Delta p_2=10\text{kPa}$$

而

$$\Delta p_1=100-10=90\text{kPa}$$

当工况变化时，平衡盘离开平衡位置，轴向间隙 b_2 减小，通过平衡盘的泄漏量如下降一半。那么，液流在径向间隙 b_1 前后的压差 Δp_1 就只有原来的 1/4（因为阻力与流量的二次方成比例），即 $\Delta p_1=22.5\text{kPa}$。与此同时，$\Delta p_2=100-22.5=77.5\text{kPa}$。所以，当泄漏量降低一半时，$\Delta p_1$ 从 90kPa 降至 22.5kPa，而 Δp_2 则从 10kPa 增加至 77.5kPa，其值增加了 7.75 倍，平衡力也增加了 7.75 倍。这说明 K 值小，工况变化时，平衡力增加得快，泵轴从一个平衡位置变化到新的平衡位置所需的时间短，平衡盘的灵敏度高。反之，如取 $K=0.9$，则 $\Delta p_1=10\text{kPa}$，$\Delta p_2=90\text{kPa}$。当泄漏量下降一半时，Δp_1 从 10kPa 变化至 2.5kPa，而 Δp_2 由 90kPa 增加至 97.5kPa。由此可见，平衡力的增加并不大，平衡盘的灵敏度较低。

但是，灵敏度不能取得太高，即 K 不能取得太小，因为 K 太小，压差 Δp_2 就较小，平衡力就低了，要平衡一定的轴向力，平衡盘的尺寸就要增加，这对泵的效率、平衡盘的制造是不利的。因此，一般取 $K=0.3\sim0.5$。

平衡盘可以全部平衡轴向力，并可避免泵的动、静部分的碰撞与磨损。但是，泵在启、停时，由于叶轮轴向力的建立稍早于平衡盘平衡力的产生，因此泵轴向吸入口方向窜动，平衡盘与平衡座间会产生摩擦，造成磨损。同时，启动时由于泵转子的静挠度造成平衡盘与平衡座之间轴向间隙不均匀（上部间隙小，下部间隙大），容易发生摩擦甚至烧坏。为了减少

它们间的磨损，希望尽量减少泵的启、停次数，在大容量的锅炉给水泵上还配有推力轴承。

平衡鼓是装在泵轴末级叶轮后的一个圆柱体，跟随泵轴一起旋转，如图 3 - 15 所示。平衡鼓外缘与泵体间形成径向间隙 b，平衡鼓前的液体来自末级叶轮的出口。径向间隙前的液体压力为 p_3，间隙 b 后的液体压力为 p_4。平衡鼓前后产生的压力差与作用面积乘积的积分值，是泵轴上轴向力的平衡力。

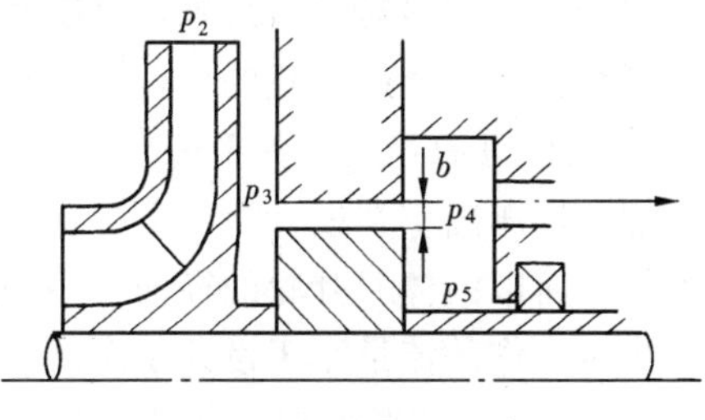

图 3 - 15 平衡鼓装置

平衡鼓装置的优点是，当工况变动，泵启、停时平衡鼓与泵体不会发生磨损，所以平衡鼓的使用寿命长，工作安全。而且平衡鼓起着一个水轴承的作用，增加泵轴的刚度。但是由于设计计算不能完全符合实际，同时泵运转时工况变化，轴向力也会发生变化，因此平衡鼓工作时不能平衡掉全部的轴向力。另外，平衡鼓不能限制泵轴的轴向窜动。所以，使用平衡鼓时，必须同时装有双向的推力轴承。推力轴承一般承受整个轴向力的 5%～10%，平衡鼓承受整个轴向力的 90%～95%。

虽然平衡鼓相当一个水轴承，有利于泵的启动与运行。但是，若运行时间长了，径向间隙增大，平衡鼓的平衡能力与容积效率下降。此时，如推力轴承出现故障，转子向轴向力方向窜动，也可能损坏零件。

使用平衡鼓时，由于湿周大，所以泄漏量大。为减少平衡鼓的泄漏量，可在平衡鼓外缘车出反向螺旋槽。

大容量的多级泵常采用平衡鼓装置。

图 3 - 16 所示为平衡鼓与平衡盘联合装置。平衡鼓与平衡盘联合使用，能使平衡盘上所受的轴向力减少一部分，平衡盘的负载减小，工作情况当有好转。大容量锅炉给水泵也有采用此种装置。

设计、使用双平衡鼓是一种新的尝试。它综合了平衡鼓与平衡盘的优点。目前已经在大容量锅炉给水泵上应用。图 3 - 17 所示的双平衡鼓装置，已经应用在上海 KSB 泵有限公司生产的 CHTC/CHTD 型锅炉给水泵，及沈阳水泵厂生产的 CHTA 型锅炉给水泵上。该平衡装置由一个带有 K_1 和 K_2 的活塞（平衡鼓），及相应的节流套（图中 2 与 5）组成。由两个平衡鼓 K_1 与 K_2 的作用面积及输送介质的吐出压力降低至吸入压力，产生了一个与轴向

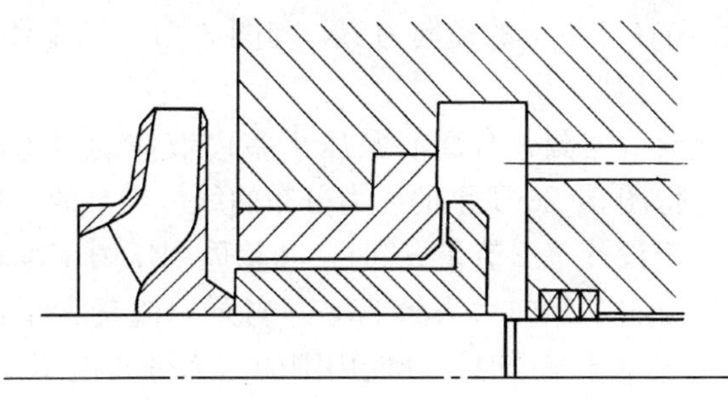
图 3 - 16 平衡鼓与平衡盘联合装置

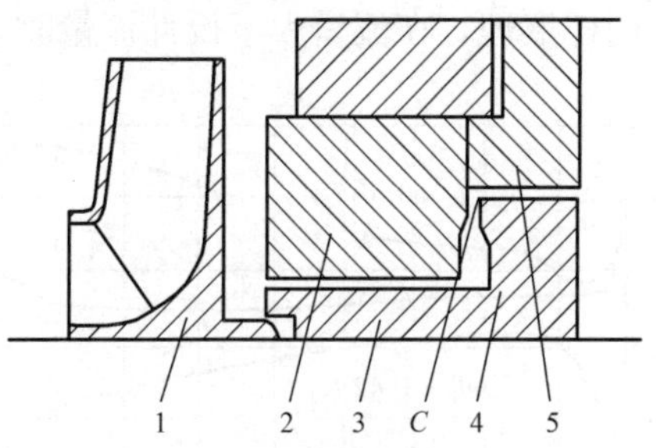

图 3 - 17 双平衡鼓装置

1—末级叶轮；2—节流套；3—平衡鼓 K_1；4—平衡鼓 K_2；5—节流套

力相反的平衡力。液力平衡装置约平衡轴向力的95%，推力轴承约平衡5%的轴向力。为防止推力轴承损坏泵转子滑出等，平衡装置还设置一个止推面C。所以，双平衡鼓结构，既体现了平衡盘与平衡鼓装置的优点，又避免了它们的不足。

3. 径向力的产生及其平衡

螺旋形压出室在设计流量下工作，压出室中叶轮周围液体的速度与压力是均匀分布、轴对称的。所以液体对叶轮的径向作用力的合力为零。

当泵工作的流量小于设计工况流量时，螺旋形压出室内液体的运动速度减慢。但是，由图3-18速度三角形可知，流量小了但液体从叶轮流出的绝对速度v'_2反而增大了，方向亦发生了变化。于是，从叶轮流出的液流不能平顺地与压出室内液体汇合，而是与压出室里的液体发生撞击。撞击的结果，使从叶轮流出的液体速度下降，动能下降，而在压出室内液体能量增加，压力增高。液体从泵舌开始到扩散管进口的流动中，压出室里的液体不断受到叶轮出口液体的撞击，所以它的压力不断升高，如图3-19所示。液体作用在叶轮周围的压力的合力为P，方向为自泵舌开始沿叶轮转向转90°的位置。

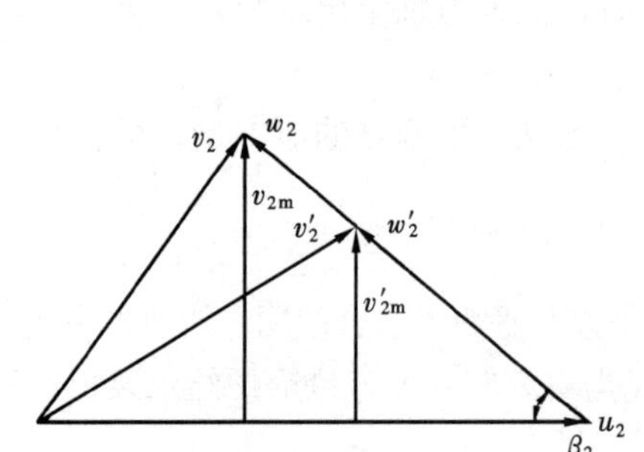

图3-18 小于设计流量叶轮出口速度三角形

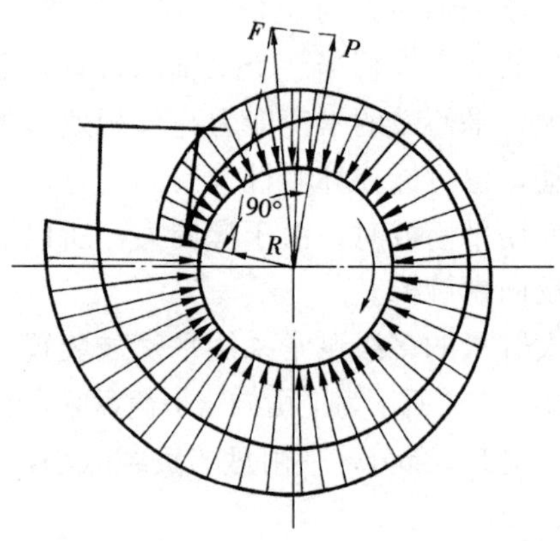

图3-19 径向力

另外，压出室里液体压力分布的不对称，使液体从叶轮里流出的量也不均匀。压出室里液体压力高的地方，叶轮里流出的液体量少；反之，压力低的地方，叶轮里流出的液体量多。因此，叶轮周围的液体流出时产生的动量的反作用力也不均匀，它们的合力为R，方向指向泵舌，且与P垂直。作用在叶轮上的径向力F为P与R的矢量和。

同样道理，在流量大于设计流量时，作用在叶轮上的径向力F，与图3-19中所示的方向相反。

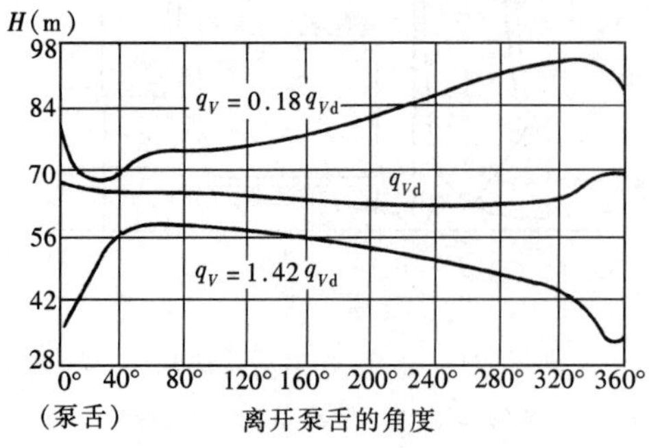

图3-20 压出室压力分布曲线

实测一台离心泵压出室内液体的压力，可得图3-20所示的压力分布曲线。当泵的流量等于设计工况流量q_{Vd}时，叶轮周围压力基本均匀分布，径向力大致为零。当泵的流量大于或小于设计流量时，叶轮周围的压力分布就不均匀，产生径向力。径向力可用斯捷潘诺夫公式计算，即

$$F=0.98KHD_2B_2 \tag{3-9}$$

式中　F——径向力，N；

H——泵扬程（设计工况），m；

D_2——叶轮出口直径，m；

B_2——包括前、后盖板的叶轮出口宽度，m；

K——实验系数。

螺旋形压出室有

$$K = 0.36\left[1-\left(\frac{q_V}{q_{Vd}}\right)^2\right] \tag{3-10}$$

环形压出室有

$$K = 0.36\frac{q_V}{q_{Vd}} \tag{3-11}$$

式中　q_V——工况流量；

q_{Vd}——设计工况流量。

泵在运转中，叶轮受到径向力的作用使泵轴产生交变应力，并且造成定方向的挠度，对泵的安全工作是不利的，必须设法消除。

平衡径向力的方法有三种。

(1) 采用双蜗壳。如图 3-21 (a) 所示，双蜗壳虽然在每个蜗壳里压力分布是不均匀的，但两个对称蜗壳作用的径向力基本上可以平衡。

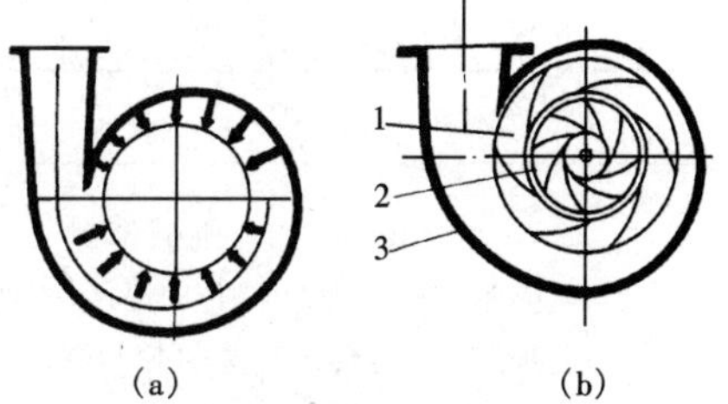

图 3-21　平衡径向力的方法

(a) 双蜗壳；(b) 蜗壳加导叶

1—导叶；2—叶轮；3—蜗壳体

(2) 大型单级泵在蜗壳内加装导叶。如图 3-21 (b) 所示，装置导叶后，叶轮在变工况下不再产生径向力。

(3) 多级蜗壳式泵，采用相邻两级蜗壳倒置布置。相邻两压出室错开 180°呈倒置状态，它们产生的径向力可以相互抵消，但由于两个径向力不在同一直线上，故将形成一个力偶。

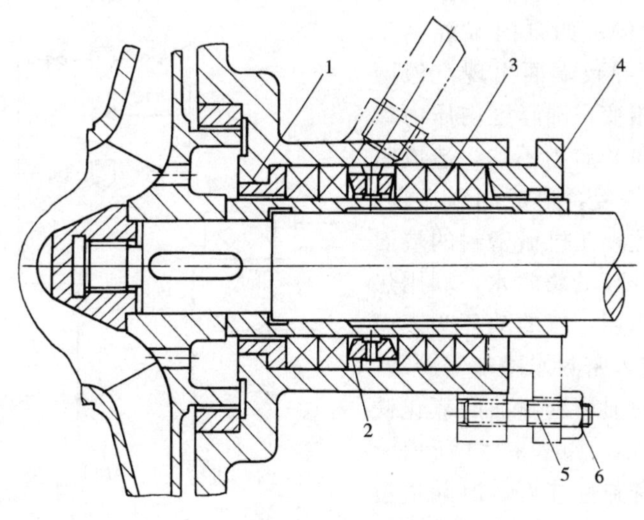

图 3-22　填料密封

1—填料套；2—填料环；3—填料；4—填料压盖；5—长扣双头螺栓；6—螺母

五、轴端密封装置

泵轴穿过泵壳的动、静之间有间隙存在，泵内液体会从间隙处泄漏至泵外。如果泄漏出的液体有毒、有腐蚀性，则会污染环境。倘若泵吸入端是真空，则外界空气要漏入泵内，严重威胁泵的安全工作。为了减少泄漏，一般在动、静间隙处装有轴端密封装置。目前采用的轴端密封装置有填料密封、机械密封、浮动环密封及迷宫密封等。

1. 填料密封

填料密封在泵中应用得很广泛。如图 3-22 所示，填料密封由填料套、填料、填料环、填料压盖、长扣双头螺栓和螺母组成。正常工作时，填料由填料压盖压紧，充满填料腔室，使泄漏减少。由于填料与轴套表面直接接触，因此填料压盖的压紧程度应该合理。如压得过紧，填料在腔室中被充分挤紧，泄漏虽然可以减少，但填料与轴套表面的摩擦迅速增加，严重时发热、冒烟，甚至将填料、轴套烧坏。如压得过松，则泄漏增加，泵效率下降。填料压盖的压紧程度应该使液体从填料函中流出少量的滴状液体为宜。

填料常用石墨油浸石棉绳，或石墨油浸含有铜丝的石棉绳。但它们在泵高温、高速运转的情况下，密封效果较差。国外某些厂家使用由合成纤维、陶瓷及聚四氟乙烯等材料制成的压缩填料密封，具有低摩擦性，并有较好的耐磨、耐高温性能，使用寿命较长，且价格与石棉绳填料不相上下。

填料与轴套的摩擦会发热，所以填料密封还应通有冷却水冷却。

高速大容量锅炉给水，由于轴封处的线速度大于 60m/s，填料密封已经不能满足要求。

2. 机械密封

机械密封最早出现在十九世纪末，目前国内已被广泛使用。图 3 - 23 所示的机械密封，是靠静环与动环端面的直接接触而形成密封。动环装在转轴上，通过传动销与泵轴同时转动；静环装在泵体上，为静止部件，并通过防转销使它不能转动。静环与动环端面形成的密封面上所需的压力，依靠弹簧的弹力造成。动环密封圈，防止液体的轴向泄漏。静环密封圈，封堵静环与泵壳间的泄漏。密封圈除了起密封作用之外，还能吸收振动，缓和冲击。动、静环间的密封实际上是由两环间维持一层极薄的流体膜起着平衡压力和润滑、冷却端面的作用。机械密封的端面需要通有密封液体。密封液体要经外部冷却器冷却，在泵启动前先通入，泵轴停转后才能切断。机械密封要得到良好的密封效果，应该使动、静环端面光洁、平整。

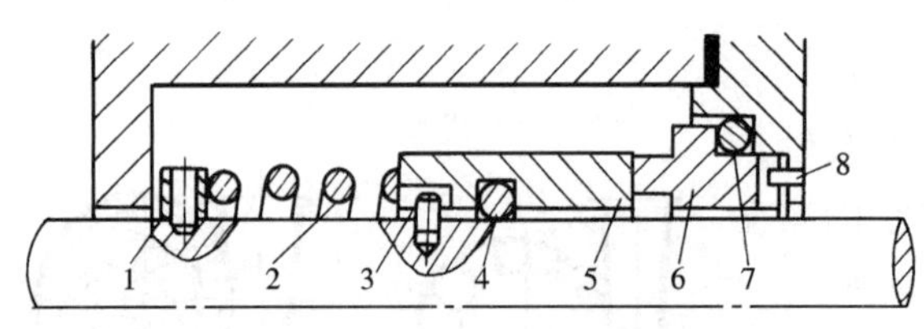

图 3 - 23　机械密封

1—弹簧座；2—弹簧；3—传动销；4—动环密封圈；5—动环；6—静环；7—静环密封圈；8—防转销

机械密封的间隙一般都是径向的，如泵内水温高于 100℃，密封面出口为大气压，则必导致端面出现汽液两相。在工况变化时，液体膜会发生相变，沸腾区内压力瞬时增加，使密封端面开启。如果周向开启力不均，造成密封端面不平行开启，则开启后较难恢复，形成间歇振荡、干运转、鸣叫并出现敲击声等。为此，在机械密封的端面通有密封水冷却，吸收热量。温度升高的密封水，利用热虹吸（冷却器装设在泵轴的上方）作用，有的动环套表面还具有泵水效能，使之压力升高，流入密封水冷却器冷却，再经过磁性过滤器，除去给水中容易损坏密封面的氧化铁粉，重新流入密封端面，如此不断循环，如图 3 - 24 所示。

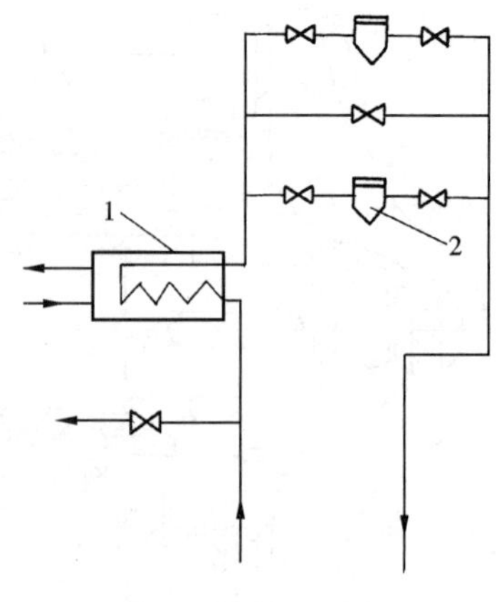

图 3 - 24　机械密封冷却水系统

1—冷却器；2—磁性过滤器

机械密封比填料密封寿命长，密封性能好，泄漏量很小，轴或轴套不易受损伤。机械密封摩擦耗功小，为填料密封的 10%～15%。但机械密封较填料密封复杂，价格较贵，需要一定的加工精度与安装技术。机械密封对水质的要求也较高，因为有杂质就会损坏动环与静环的密封端面。

机械密封的动环、静环材料可选用碳化硅、铬钢、金属陶瓷及碳石墨浸渍巴氏合金、铜合金、碳石墨浸渍树脂等。

3. 浮动环密封

输送高温、高压的液体如用机械密封有困难，可采用浮动环密封。

浮动环密封由浮动环、支承环（浮动套）、弹簧等组成，如图 3 - 25 所示。

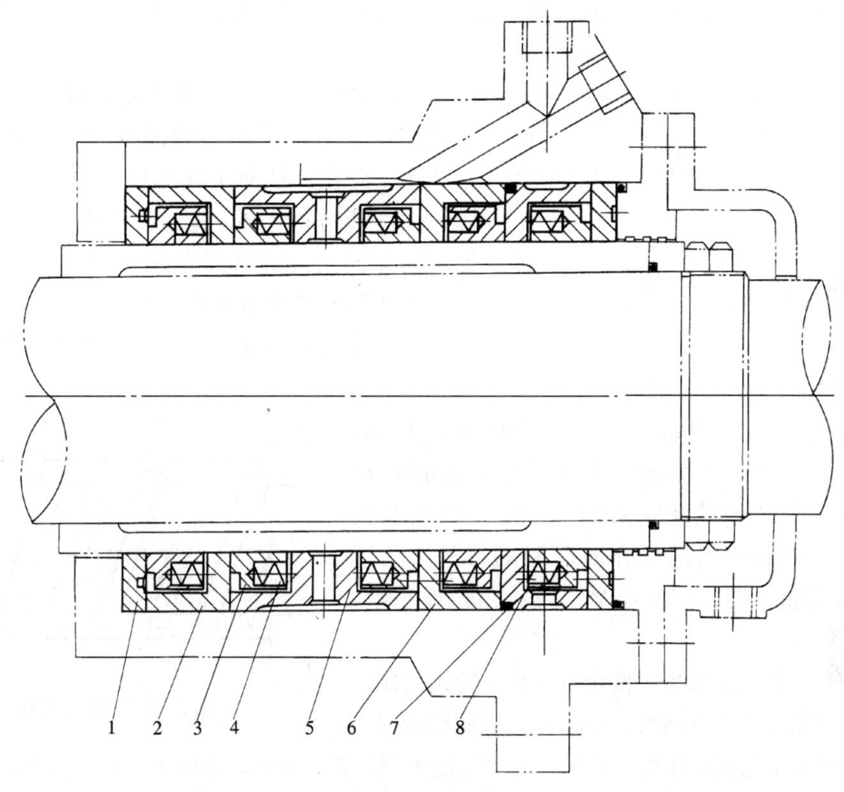

图 3 - 25　浮动环密封

1—密封环；2—支承环（甲）；3—浮动环；4—弹簧；5—支承环（乙）；6—支承环（丙）；7—密封圈；8—支承环（丁）

浮动环密封是借浮动环与支承环的密封端面在液体压力与弹簧力（也有的不用弹簧）的作用下，紧密接触使液体得到径向密封。浮动环密封的轴向密封是由轴套的外圆表面与浮动环的内圆表面形成的细小缝隙，对液流产生节流而达到密封。浮动环套在轴套上，由于液体动力的支承力可使浮动环沿着支承环的密封端面上、下自由浮动，使浮动环自动调整环心。当浮动环与泵轴同心时，液体动力的支承力消失，浮动环不再浮动。浮动环可以自动对准中心，所以浮动环与轴套的径向间隙，可以做得较小，减小泄漏量。

为了提高密封效果，减少泄漏，在浮动环中间还通有密封液体。密封液体的压力比被密封的液体压力稍高。为了保证浮动环安全工作，密封液体必须经过滤网过滤。

浮动环密封的弹簧力不能太大，否则浮动环不能自由浮动。另外，浮动环与支承环的接触端面加工要光洁，摩擦力要小。

浮动环密封相对于机械密封来说结构较简单，运行也较可靠。如果能正确地控制径向间隙与密封长度，可以得到满意的密封效果。泵在一定转速下，液体通过密封环间隙的泄漏量与液体的降压大小、径向间隙的大小、密封长度、轴颈大小以及介质温度的高低等因素有关。其中以径向间隙的大小影响最甚。

浮动环密封轴向尺寸较长，泄漏量也不小。

浮动环密封在锅炉给水泵、凝结水泵上使用效果较好。

4. 其他密封型式

除了上述三种主要的轴端密封外，还有迷宫密封、螺旋密封及副叶轮（副叶片）密封等。

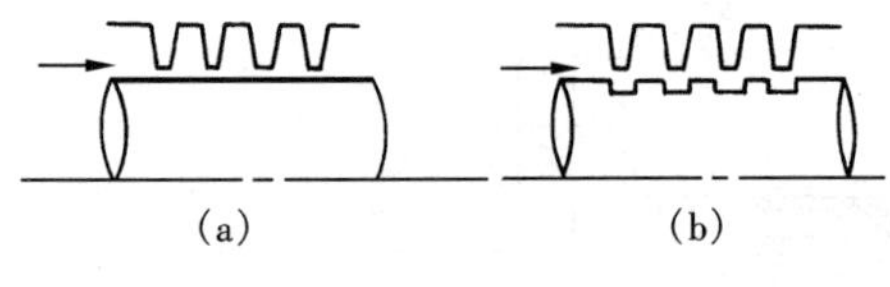

图 3-26 迷宫密封

迷宫密封是一种非接触型密封，工作寿命长。它利用转子与静子间的间隙变化，对泄漏流体进行节流、降压，从而实现密封作用，如图 3-26 所示。迷宫密封最大的特点是固定衬套与轴之间的径向间隙较大，所以泄漏量也较大。为了减少液体的泄漏，向密封衬套注入密封水。同时，可在转轴的轴套表面加工与液体泄漏方向相反的螺旋形沟槽，如图 3-26（b）所示。在固定衬套内表面车出反向槽，可使水中杂质顺着沟槽排掉，从而不致咬伤轴及轴套。

螺旋密封亦是一种非接触型的流体动力密封。在密封部位的轴表面上切出反向螺旋槽，泵轴转动时对充满在螺旋槽内的泄漏液体，产生一种向泵内的泵送作用，从而达到减少介质泄漏的目的。为了有好的密封性能，槽应该浅而窄，螺旋角也应小些，如图 3-27 所示。

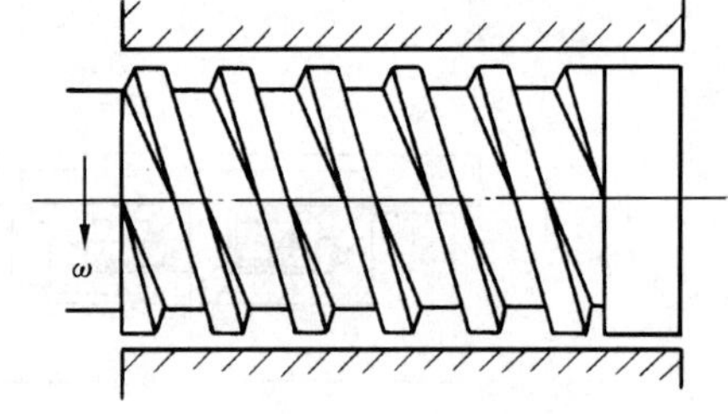

图 3-27 螺旋密封

螺旋密封工作时无磨损，使用寿命长，特别适用于输送含颗粒流体等条件苛刻的工作场合。但螺旋密封在低速或停车状态不起密封作用，需另外配置辅助密封装置。另外，螺旋密封轴向长度较长。

副叶轮密封亦称流体动力密封，它依靠副叶轮产生的扬程，抵制主叶轮出口液体的外泄。

第二节 离心泵的整体结构

离心泵由于在国民经济各部门得到广泛的应用，所以它的整体结构有多种型式，下面仅介绍几种典型结构。

一、单级单吸清水离心泵

IS 型泵系单级单吸清水离心泵。IS 型泵系列性能范围：转速为 1450～2900r/min，流量为 6.3～400m^3/h，扬程为 5～125m。适用于输送温度不高于 80℃的清水或其他液体。

图 3-28 所示 IS 型泵，为悬臂结构，轴承装于叶轮的同一侧，轴向力用平衡孔平衡。

二、单级双吸泵

S 型泵系单级双吸中开式离心泵。S 型泵系列性能范围：扬程为 12～125m，流量为 72～2020m^3/h，输送液体的温度不超过 80℃。S 型泵适用于工厂、矿山、城市的给水，亦用作中、小型火力发电厂循环水泵。

图 3-29 所示 S 型泵，为单级双吸结构，水平中开式，残余的轴向力由推力滚动轴承承受。

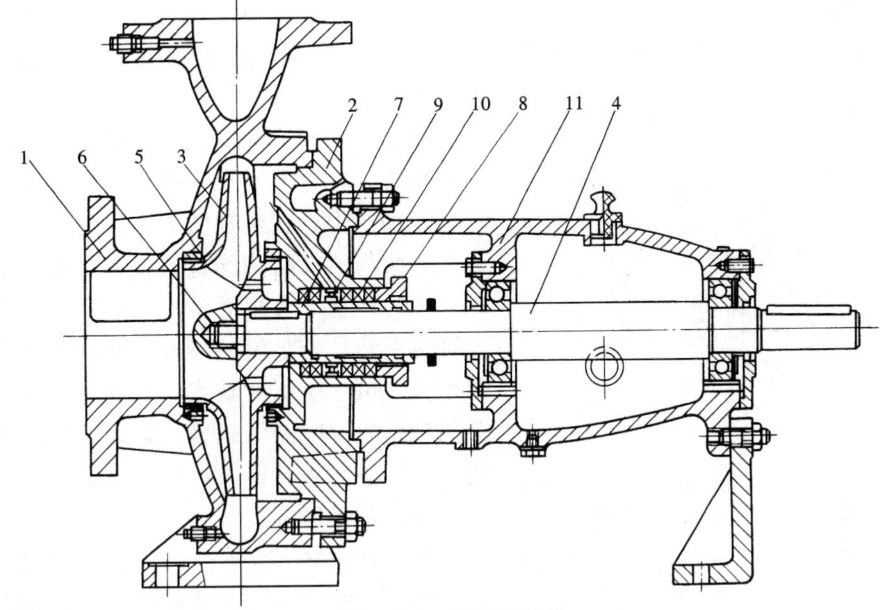

图 3-28　IS 型泵结构

1—泵体；2—泵盖；3—叶轮；4—轴；5—密封口环；6—叶轮螺母；7—轴套；8—填料压盖；9—填料环；10—填料；11—悬架轴承部件

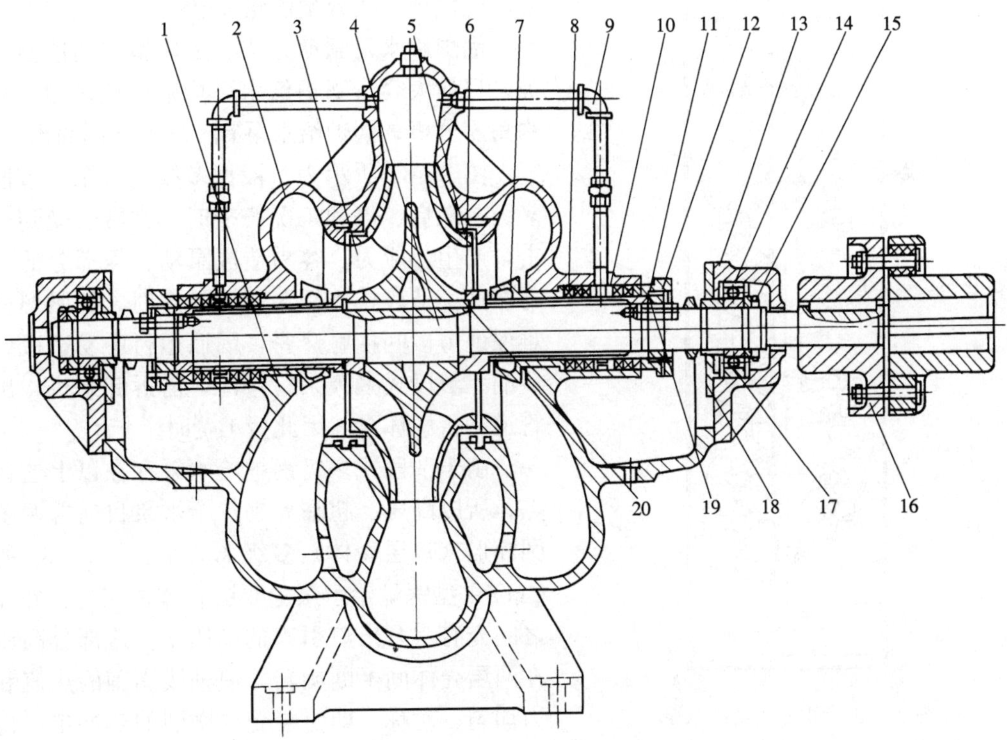

图 3-29　S 型离心泵结构

1—泵体；2—泵盖；3—叶轮；4—轴；5—密封口环；6—轴套；7—填料套；8—填料；9—水封管；10—水封环；11—填料压盖；12—轴套螺母；13—轴承体；14—单列向心球轴承；15—圆螺母；16—联轴器部件；17—轴承挡圈；18—轴承端盖；19—双头螺栓；20—键

三、凝结水泵

NLT型泵为筒袋型立式多级离心泵，它用作大容量火力发电厂汽轮机组的凝结水泵。输送介质温度小于80℃。

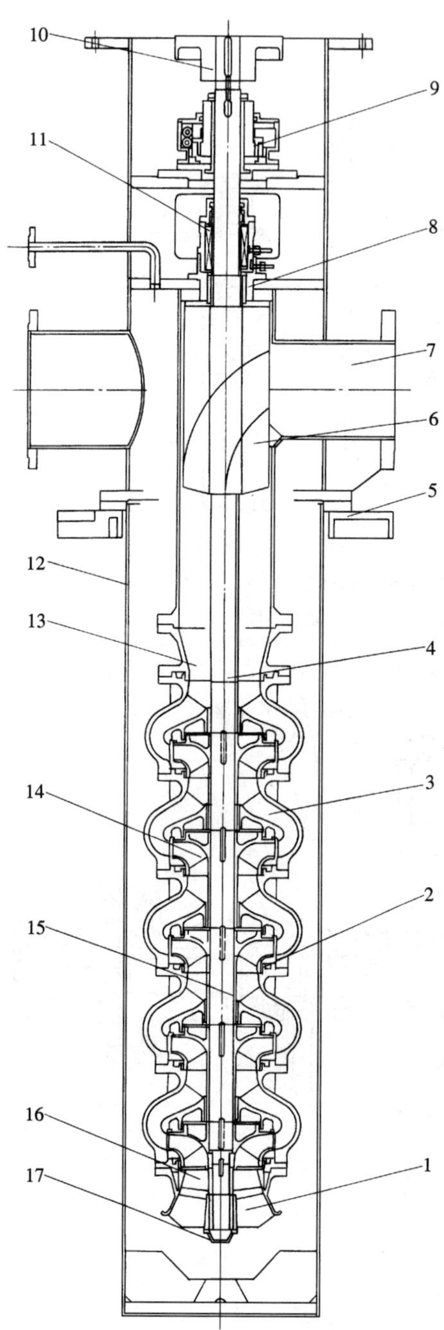

图3-30 NLT型凝结水泵

1—导轴承支座；2—口环；3—导叶壳体；4—轴；5—底座；6—导流片；7—进出水壳体；8—平衡室；9—推力轴承；10—联轴器；11—密封；12—筒体；13—导径壳体；14—叶轮；15—轴套；16—诱导轮；17—轴承端盖

图3-30所示为NLT型泵结构，整个泵为垂直悬吊式。叶轮上设置平衡孔及叶轮背口环以降低转子轴向力，剩余轴向力由泵自身带推力轴承承受。泵与电动机为弹性连接。在泵转子中设有（$n+2$）个径向水润滑轴承（n为叶轮的级数），保证轴系运转有足够的刚性。水润滑轴承材料有吸水性，可承受短时缺水；它还具有抗熔咬，不会与轴发生“咬煞”现象。首级叶轮前装置诱导轮，采用轴向导叶，以减少泵的径向尺寸。

四、锅炉给水泵

DG型锅炉给水泵被广泛地应用在不同容量的机组上。我国目前引进德国KSB公司制造技术生产的CHTA型、CHT型筒式锅炉给水泵、英国Sulzer公司制造技术生产的HPT型锅炉给水泵，能供现代大容量汽轮发电机组配套使用。

锅炉给水泵驱动方式有定速型与调速型两大类，目前大容量锅炉给水泵均采用调速型。从结构角度分析，锅炉给水泵有节段型与圆筒形。

图3-31所示为节段型多级离心泵。节段式多级泵在启、停和工况突变时，常常会受到热冲击，产生热应力，容易造成泵动、静部分的摩擦与振动。节段式多级泵级数较多时，拉紧螺栓很难保证节段间接触严密，因而运行中易造成级间泄漏。节段式多级泵检修时，需拆卸泵进、出水管道，再解体泵，因此费工费时。

由于节段式多级锅炉给水泵存在以上这些缺点，所以高压、超临界锅炉给水泵目前普遍采用圆筒形（双层壳体）多级离心泵。图3-32所示CHTA型锅炉给水泵为双层壳体。在内、外壳体之间充有水泵出口引来的高压水。这部分高压水在两层壳体间不断旋转，使轴线周围的热流和应力均匀、对称。即使泵受到剧烈的热冲击，也能保证泵部件的同心度。圆筒形多级泵由于内、外壳体间充满着最后一级叶轮送出的高压液体，所以它能自动地密封内壳体节段结合面，而不产生泄漏。圆筒形多级泵的进、出管口焊接在圆筒

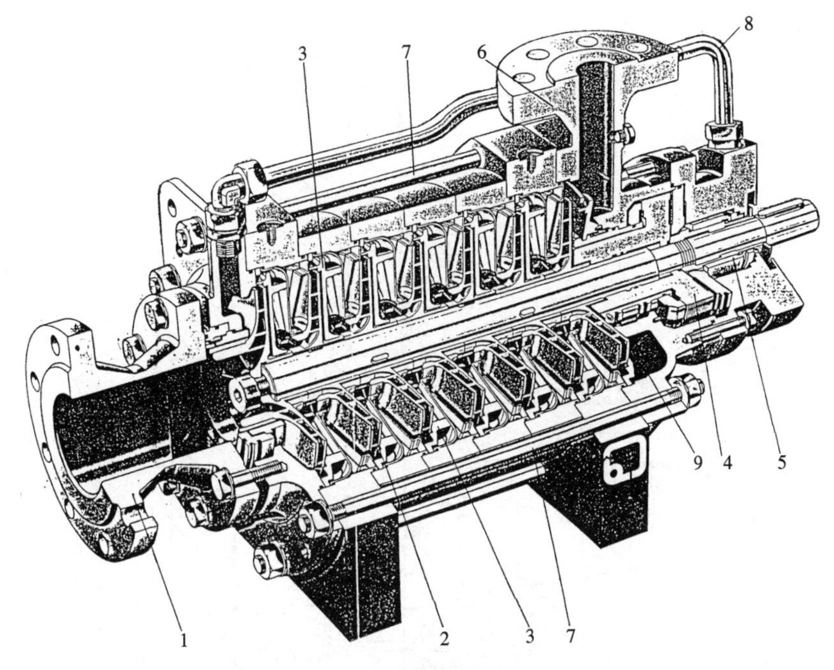

图 3-31　节段式多级离心泵

1—吸入室；2—叶轮；3—导叶；4—双平衡鼓装置；5—轴端密封；6—排出管；7—拉紧螺栓；8—回水管；9—压出室

上，圆筒与泵脚焊在一起，并放置在泵基础上。所以泵检修时不必拆卸进、出水管道，可直接将整个泵芯从圆筒的高压端取出，然后放入备用的内芯，泵就可在短时间内投入运转。

圆筒形泵的外壳体一般由韧性较好的碳钢锻制而成。筒体与液流相接触的内表面一般有防冲刷及防腐蚀的涂层如奥氏体不锈钢。圆筒形多级泵的泵芯可以是节段式多级泵，也可以是中开式的多级泵。泵芯放入圆筒体内，最后用泵盖将它封闭。泵盖与末级导叶之间置有膨胀补偿器，补偿运转温度波动时筒体与泵芯之间热膨胀的差异。热膨胀补偿器由数个缠绕垫组成，两个垫之间夹着一个奥氏体的间隔垫。泵盖与筒体的连接用螺栓。

在给水泵内部每级动、静部分（导叶和叶轮）间的密封环的环形间隙、出口端的双平衡鼓间隙中的水流均为紊流状态，对转子起着较好的水力轴承作用，有利于转子的稳定运行。

国内 200、300MW 以上的汽轮发电机组所配套的锅炉给水泵，已普遍采用圆筒形锅炉给水泵。美国 1300MW 汽轮发电机组配用的49 300kW 全容量给水泵也采用圆筒形结构，其性能参数：流量为 4400t/h，扬程为 30.24MPa，转速为 4160r/min，效率为 0.88。

我国 1000MW 超超临界压力火力发电机组锅炉给水泵，一般由两台 50%容量的汽动给水泵向锅炉供水。汽动给水泵进水温度 182.1℃，进水压力 1.26MPa。额定工况流量 1535t/h，扬程 3328m，转速 5161r/min，效率 85%，轴功率 15 594 kW，中间抽头流量 100t/h，叶轮级数为 6 级。泵转子在介质中的最低临界转速超过泵最大运行转速 150%。电动给水泵 40%容量，由液力耦合器联动。电动给水泵入口流量 1031t/h，扬程 1750m，转速 5404r/min，效率 83.5%，轴功率 5572kW，叶轮数为 4 级。1000MW 超超临界压力火力发电机组锅炉给水泵的结构与图 3-32 所示大致相同。

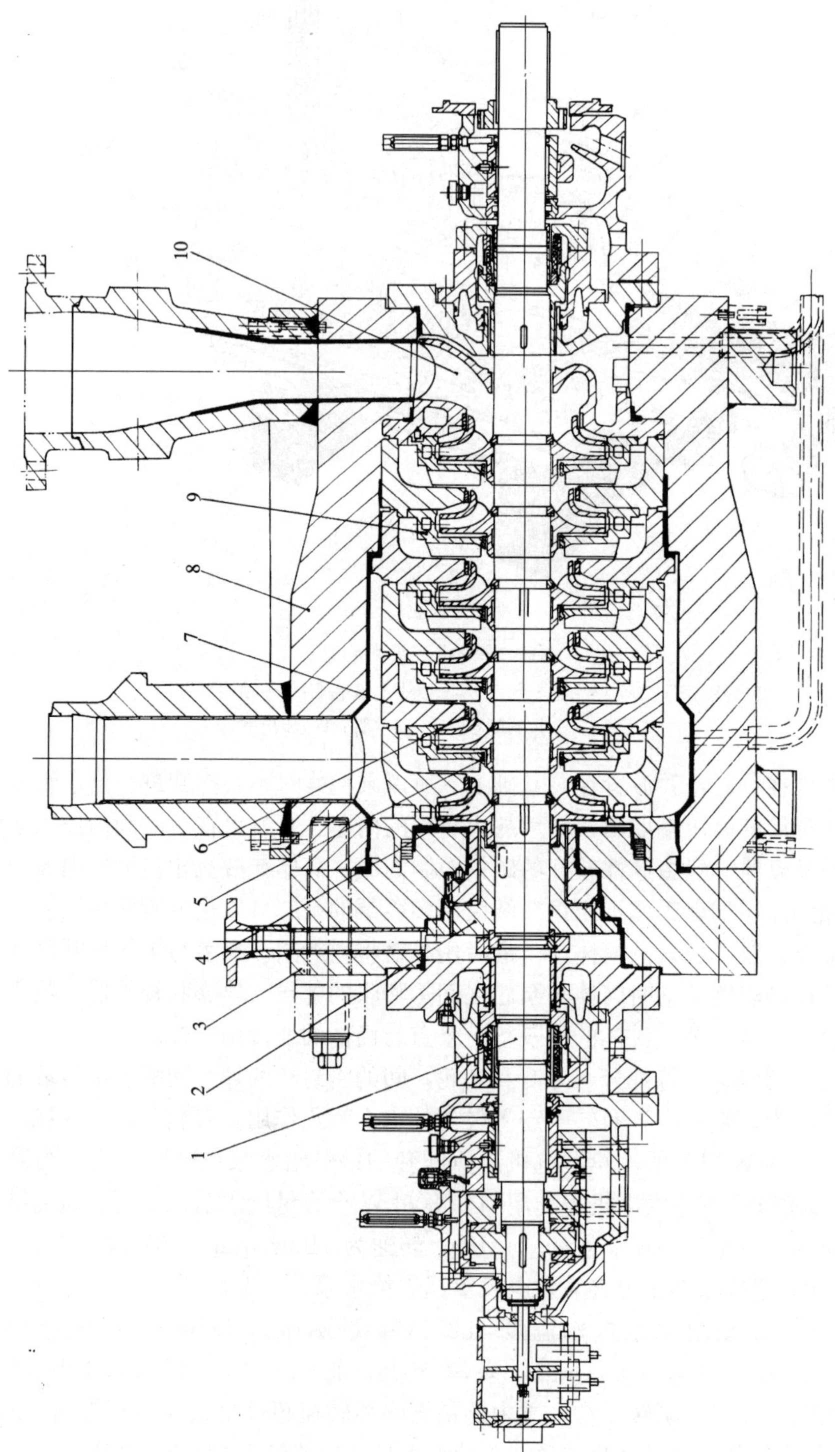

图 3-32 CHTA 型锅炉给水泵

1—轴；2—双平衡鼓；3—泵盖；4—叶轮；5—导叶衬套；6—叶轮密封环；7—内壳体中段；8—泵筒体；9—导叶；10—吸入段

图 3-33 所示为美国太平洋（PACIFIC）公司生产的五级叶轮锅炉给水泵，系圆筒形结构内芯为节段式。它由汽轮机驱动，转速 5900r/min。该泵首级叶轮双吸，再经三个单级叶轮增压，由泵出水管排出，然后经高压加热器向锅炉供水。但该泵最后还有一级单吸叶轮，其直径小于前三级单吸叶轮，称为升压级。它的出水由泵专设排水管排出至过热器作减温水，以调节过热蒸汽温度。

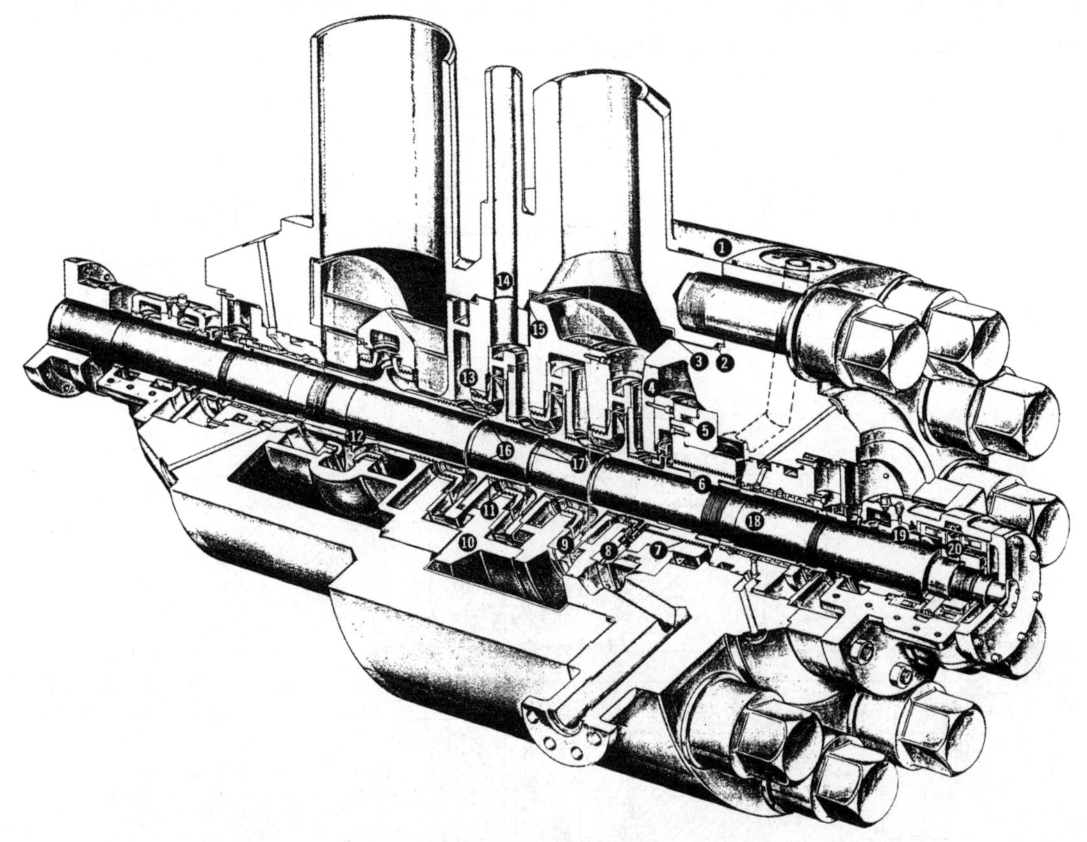

图 3-33　具有升压级的锅炉给水泵

1—外壳体；2—端盖密封圈；3—不锈钢衬垫；4—内芯；5—热膨胀补偿圈；6—平衡鼓；7—螺旋槽；8—升压级叶轮；9—导叶；10—级间盖板；11—密封环；12—首级叶轮；13—叶轮；14—中间抽头出流管；15—级间密封垫；16—轴环；17—轴；18—轴套；19—径向轴承；20—推力轴承

火力发电厂锅炉给水泵在运行过程中，往往由于煤质较差、燃烧调节不当、给水温度低以及炉墙漏风等缺陷引起过热蒸汽超温。为保证机组的安全运行，由锅炉给水泵提供的减温水必定大量增加，往往是设计值的 4 倍，甚至更多。减温水量的增加，管道阻力呈平方增大，故提供的减温水被迫升压。在这种情况下，调速泵如果用提高转速满足减温水压升高的要求，则向锅炉供水的压力又太高，必须节流降压。于是耗能增加，效率降低。但图 3-33 所示给水泵，最后一级装置升压级叶轮单独供给过热器的减温水，那么上述矛盾就迎刃而解，调速泵亦不必为之增速。

上海某电厂 600MW 机组由法国苏尔寿（SULZER）公司进口的锅炉给水泵，也有专向过热器提供减温水的升压级。

在给水泵后面添加升压级，国内一些火力发电厂也在泵改造中采用此结构。

五、核电厂锅炉给水泵

图3-34所示为国内1250MW核电厂二次回路给水泵。核电厂二次回路相当于火力发电厂的热力系统，所不同的是它没有锅炉。所以，给水泵的任务是将给水送入一次回路内的热交换器。在一次回路核反应堆内的水吸收核聚变产生的热量，亦进入热交换器而释放热量。释放了热量的蒸汽凝结成水，再回到核反应堆内，以此循环。而在热交换器内吸收了热量的给水，成为蒸汽回到二次回路进入汽轮机做功。

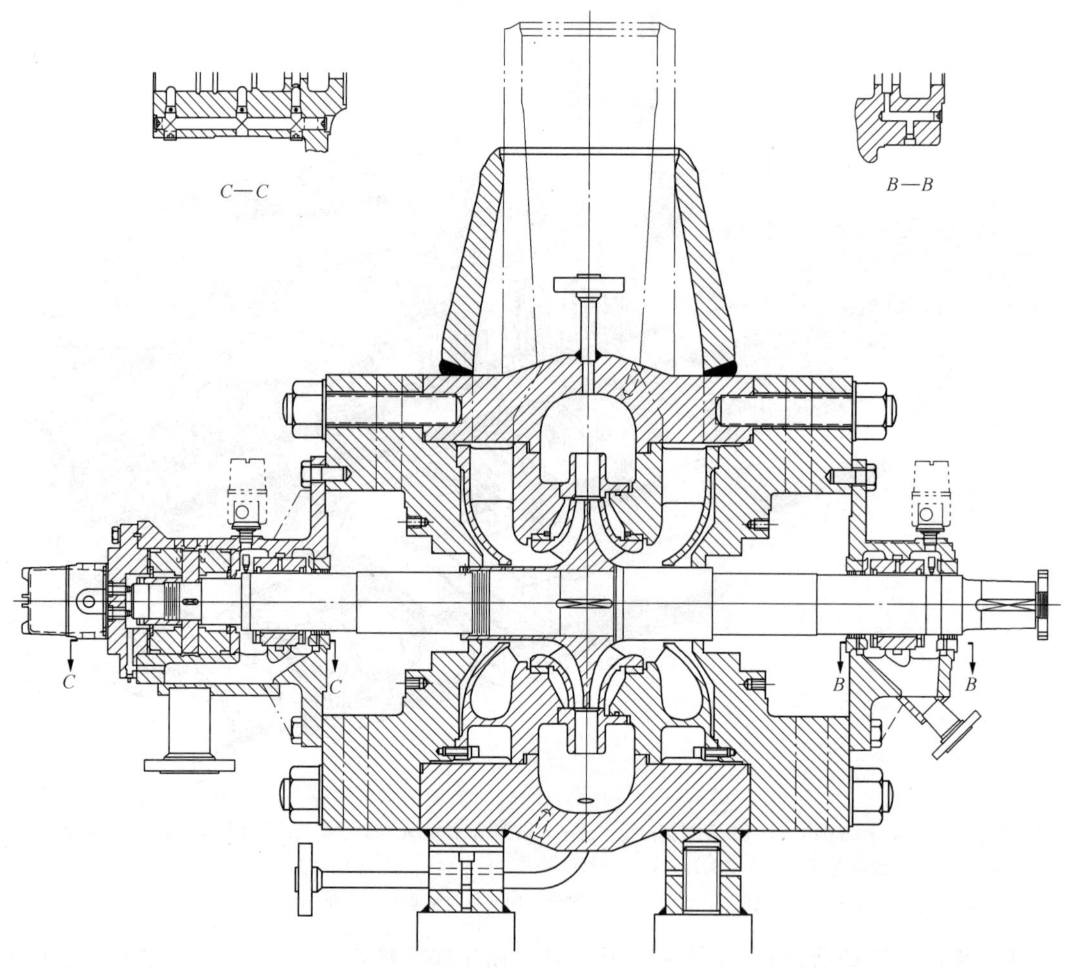

图3-34 核电厂1250MW给水泵剖面

核电厂二次回路给水泵的特点是，压力不是很高，但流量较大，同时对泵的可靠性要求极高。图3-34所示为给水泵为单级双吸壳体结构。短而粗的泵轴整体磨光和抛光，转子在介质中的第一临界转速高于额定工况点对应的转速125%，是刚性轴。检修时不需拆除泵的进出水管，打开端盖就可抽出泵的芯包。泵体为扩散圈设计，比传统的双蜗壳设计效率更高。桶体是高强度的锻造结构，能承受大的外力冲击和热冲击，为给水泵长期稳定运行提供保证。双吸叶轮残余的轴向力由推力轴承承受。给水泵无需暖泵系统。最小流量为额定流量的35%。

正常运行时，由三台 33.3%额定工况的给水泵并联运行，满足最大负载给水参数要求，无备用泵。如一台给水泵故障，另两台泵并联运行满足 70%负载需要。

给水泵出口流量 2279t/h，扬程 742.6m，转速 4800r/min，轴功率 5292kW，效率 87%。给水泵由电动机驱动，为定速泵。

单台给水泵在备用状态下接收到启动信号，从零转速升到给水泵最大流量时间只需 10s。

第三节　离心风机的主要部件

离心风机的主要部件和功用与离心泵类似。下面就风机本身的特点进行分析。

一、叶轮

叶轮是离心风机传递能量的主要部件，它由前盘、后盘、叶片及轮毂等组成，如图 3-35 所示。

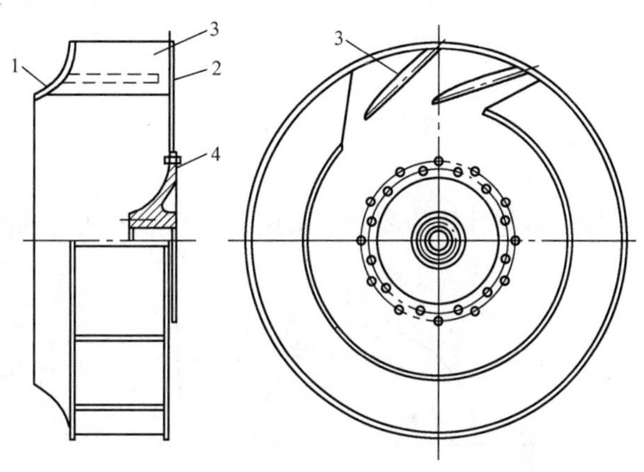

图 3-35　离心风机叶轮

1—前盘；2—后盘；3—叶片；4—轮毂

离心风机叶轮的后弯式叶片有机翼型、直板型及弯板型等三种，如图 3-36所示。机翼型叶片具有较高的效率，但若输送的气体中含有固体颗粒（灰粒、煤粒），则空心的机翼型叶片一旦被磨穿，在叶片内积灰或颗粒时，叶轮失去平衡引起风机的振动，甚至无法工作。直板型叶片制造方便，但效率低。弯板型叶片如空气动力性能设计优化，其效率会接近机翼型叶片，用作锅炉引风机效果良好。

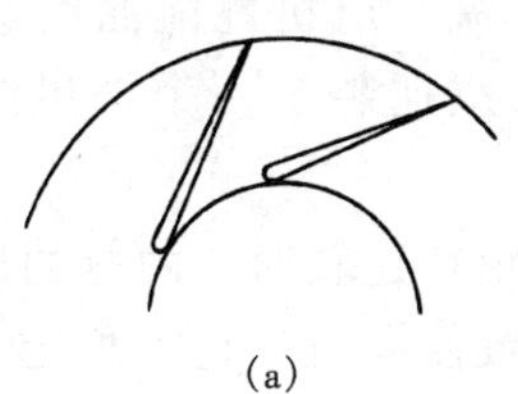

(a)

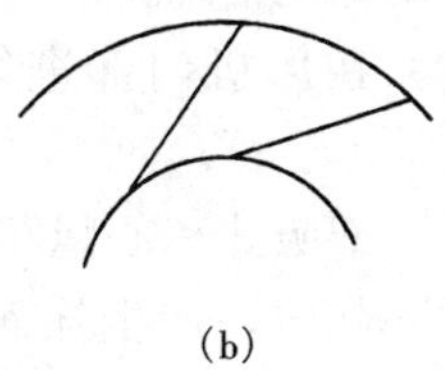

(b)

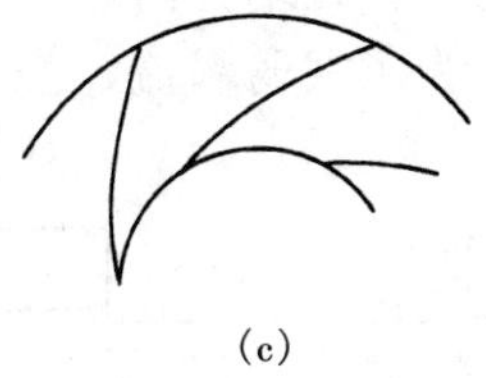

(c)

图 3-36　后弯式叶片形状

(a) 机翼型；(b) 直板型；(c) 弯板型

目前，在有些通风机中，为了弥补叶轮流道中叶片扩散角较大，因此在叶轮出口处装置短叶片，形成长、短叶片的工作叶轮，以减少边界层分离损失、减小滑移系数。

叶轮前盘的形式有平直前盘、锥形前盘及弧形前盘等三种，如图 3-37 所示。平直前盘制造工艺简单，但气流进口后分离损失较大，因而风机效率较低。弧形前盘制造工艺较复杂，但气流进口后分离损失很小，效率较高。锥形前盘介于两者之间。高效离心风机前盘采用弧形形式。

二、集流器

集流器装置在叶轮前，它应使气流能均匀地充满叶轮的入口截面，并且气流通过它时的阻力损失应该最小。集流器的形式如图 3-38 所示，有圆筒形、圆锥形、弧形、锥筒形及锥弧形等。比较这五种集流器，圆筒形集流器叶轮进口处会形成涡流区，直接从大气进气时效果更差。圆锥形好于圆筒形，但它太短，效果不佳。弧形集流器好于前两种，但锥弧形集流器最佳，高效风机基本上都采用此种集流器。

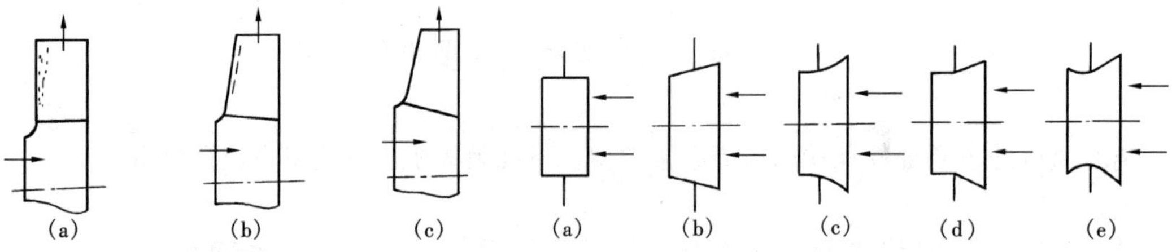

图 3-37 前盘形式

(a) 平直前盘；(b) 锥形前盘；(c) 弧形前盘

图 3-38 集流器的形式

(a) 圆筒形；(b) 圆锥形；(c) 弧形；(d) 锥筒形；(e) 锥弧形

集流器与叶轮的配合多采用套口间隙形式（见图 3-39），对口间隙形式一般较少采用。

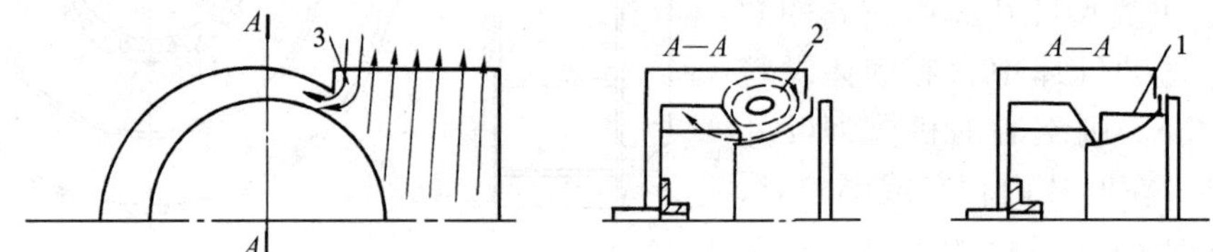

图 3-39 集流器的挡风圈

1—挡风圈；2—涡流区；3—倒流区

另外，后弯叶片离心风机在大流量区域里工作时，往往在机舌附近出现负压，产生倒流。同时，在蜗壳内靠近进气口附近会出现较强烈的涡流，风机性能曲线会出现截断现象。为了减弱涡流，控制倒流，在风机内部进气口部位加装了一个挡风圈，见图 3-39。

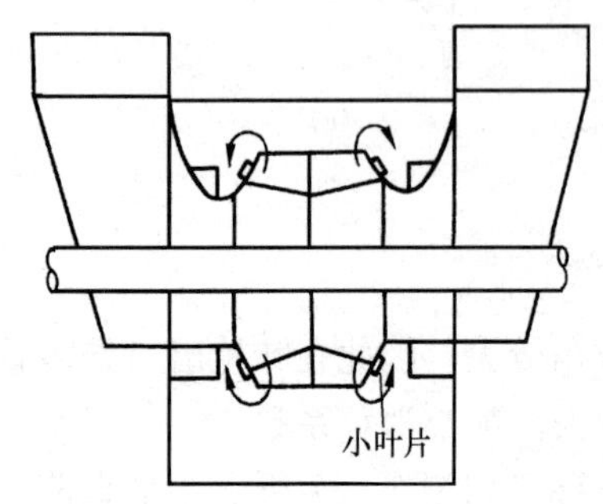

图 3-40 双吸叶轮上的小叶片

双吸式离心风机的叶轮在运转时，两侧的出气流速常不相等，产生强涡流，致使风机运行不稳定。如在叶轮两侧盖板上装上了小叶片（见图 3-40），则双吸叶轮出口强涡流消失，性能稳定，同时也减小了风机在小流量区运行时出现喘振的可能性。

三、进气箱

气流进入集流器有两种方式：一种方式是集流器直接从周围吸取气体，这种方式称为自由进气；另一种方式是集流器从进气箱吸取气体。有些通风机由于结构上的需要，如锅炉引风机及风机进风口前装接弯管（气流转弯流速分布不均匀），就要求在集流器前装有进气箱，以改善气流的流动状况。

进气箱的形状及尺寸，将影响风机的性能，因而对进气箱的形状与尺寸一般有以下的要求：

（1）进气箱的通流截面应该是不断缩小的，使气流在其中能加速。图 3-41（b）所示的进气箱通流截面是收敛的，进气室底端与进风口对齐，可减少涡流。图 3-41（a）所示的进气箱性能较差，箱内旋涡区大，进口气流不稳定。

（2）进气箱进口横截面积 A_i 与叶轮进口截面积 A_0 之比不能太小，太小会使风机压力和效率显著下降。一般$\frac{A_i}{A_0}\geqslant 1.5$，最好$\frac{A_i}{A_0}=1.75\sim 2.0$。

（3）进气箱与风机出气口的相对位置，$\alpha=90°$时最佳，而 $\alpha=180°$时最差，见图3-42。

为了进行风机的调节，一般在进风口前或进气箱流道内装设进口导流器。

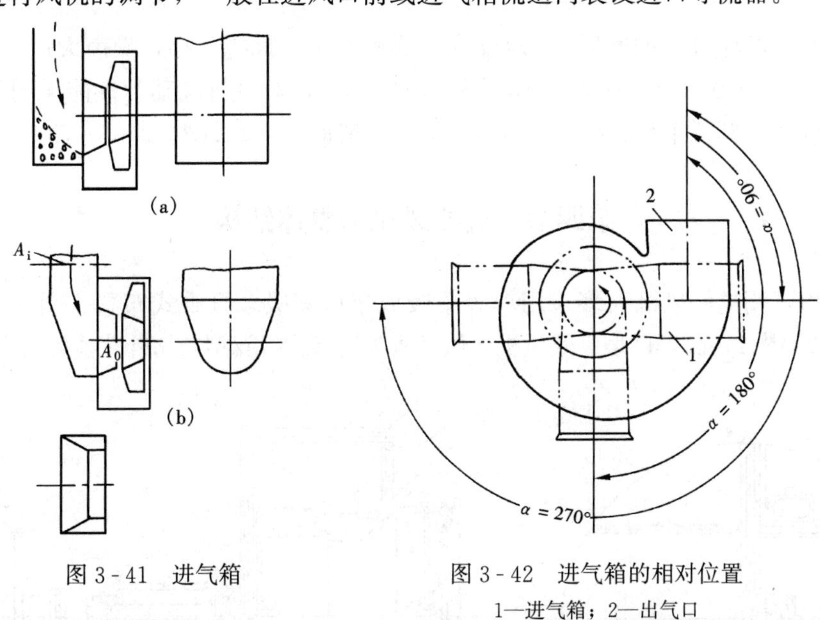

图 3-41　进气箱

图 3-42　进气箱的相对位置
1—进气箱；2—出气口

四、机壳

机壳的任务是汇集叶轮流出的气流，然后引向出口，与此同时将气流的一部分动能转变成压力能。机壳由蜗壳、进气口、扩压器等组成。蜗壳的外形，如采用阿基米德螺旋线或对数螺旋线时，效率最高。但为了加工方便，也常常将蜗壳的外形制作成近似阿基米德螺旋线。蜗壳的轴面为矩形，而且宽度不变。

蜗壳出口处气流速度一般仍然很大。为了有效利用这部分能量，在蜗壳出口装设扩压器。因为气流从蜗壳流出时向叶轮旋转方向偏斜，所以扩压器一般做成向叶轮一边扩大，其扩散角 θ 通常为 6°～8°，如图 3-43 所示。

离心通风机蜗壳出口附近有“舌状”结构，一般称作蜗舌。蜗舌可以防止气体在机壳内循环流动。一般有蜗舌的通风机效率、压力均高于无舌的离心通风机。

蜗舌可分为尖舌、深舌、短舌及平舌，如图 3-44 所示。具有尖舌的风机虽然最高效率较高，但效率曲线较陡，且噪声大，风机性能恶化，不能使用。深舌大多用于低比转速通风机，短舌大多用于高比转速通风机。具有平舌的风机虽然效率较尖舌的低，但效率曲线较平坦，且噪声小。

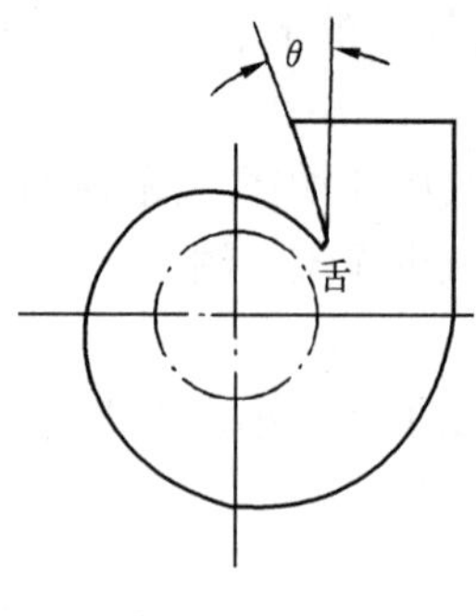

图 3-43 蜗壳

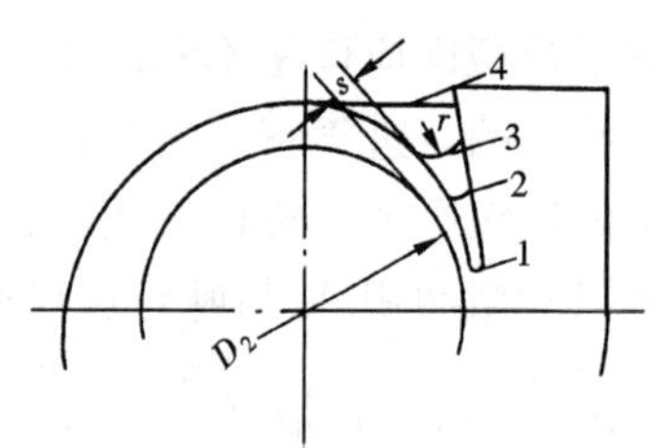

图 3-44 蜗舌

1—尖舌；2—深舌；3—短舌；4—平舌

蜗舌顶端与叶轮外径的间隙 s，对噪声的影响较大。间隙 s 小，噪声大；s 大，噪声减小。一般取 $s=(0.05\sim0.10)D_2$。蜗舌顶端的圆弧 r，对风机气动力性能无明显影响，但对噪声影响较大。圆弧半径 r 小，噪声会增大，一般取 $r=(0.03\sim0.06)D_2$。

第四节　离心风机的整体结构

火力发电厂用离心风机大多采用单级单吸或单级双吸，且卧式布置。图 3-45 所示为 4-13.2（4-73）[1]-11№.16D 型高效风机。该风机为后弯式机翼型斜切叶片，叶片焊接在弧形

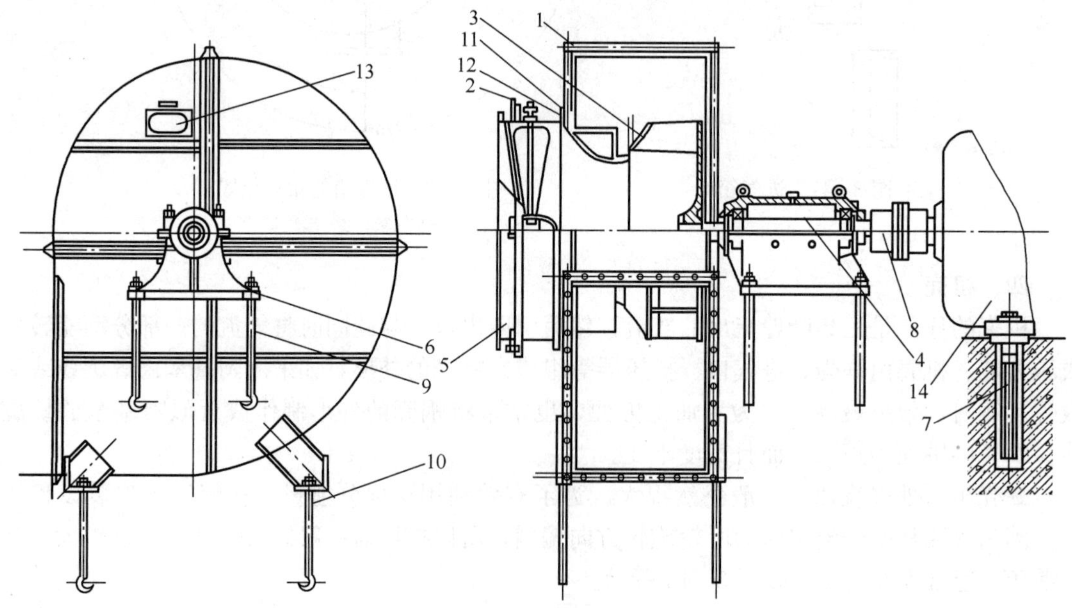

图 3-45 4-13.2（4-73）-11№.16D 型高效风机

1—机壳；2—进风调节门；3—叶轮；4—轴；5—进风口；6—轴承箱；7—地脚螺栓；8—联轴器；9、10—地脚螺钉；11—垫圈；12—螺栓及螺母；13—铭牌；14—电动机

[1] 括号内型号为工程单位制。

轮盖与平板形轮盘之间。风机具有效率高、低噪声、强度高等优点，最高效率可达 90%。该风机由叶轮、机壳、集流器、进气箱、调节门及传动机构等组成。叶轮由低合金板焊接而成。蜗形机壳用普通碳素钢板焊接而成。主轴由优质碳素钢制成。轴承采用滚动轴承，并承受叶轮所产生的轴向力。调节门由数片花瓣形叶片组成，轴向安装在进气口前。4-13.2 型风机可用作锅炉送风机，也可用作除尘效率大于 85%的锅炉引风机。

根据使用的条件不同，离心风机出风口方向，规定了“左”或“右”的回转方向，各有 8 种不同的基本出风口位置，如图 3-46 所示。如基本角度位置不够，还可补充 15°，30°，60°，75°，105°，120°…

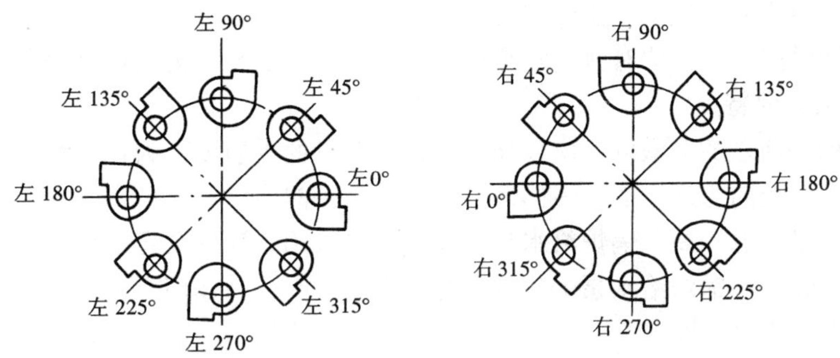

图 3-46　出风口位置

图 3-47 所示为烟气再循环风机。烟气再循环风机的任务是将锅炉省煤器出口的高温烟气抽出，然后送入炉膛，以调节过热蒸汽的温度。由于烟气再循环风机输送的烟气温度高达 300℃以上，而且含有大量烟灰，所以要求它能耐高温、耐磨损、耐腐蚀。为此，烟气再循环风机壳体内壁装有耐磨的锰钢衬板，叶轮选用径向机翼叶片，材料大多为耐高温高强度的钢

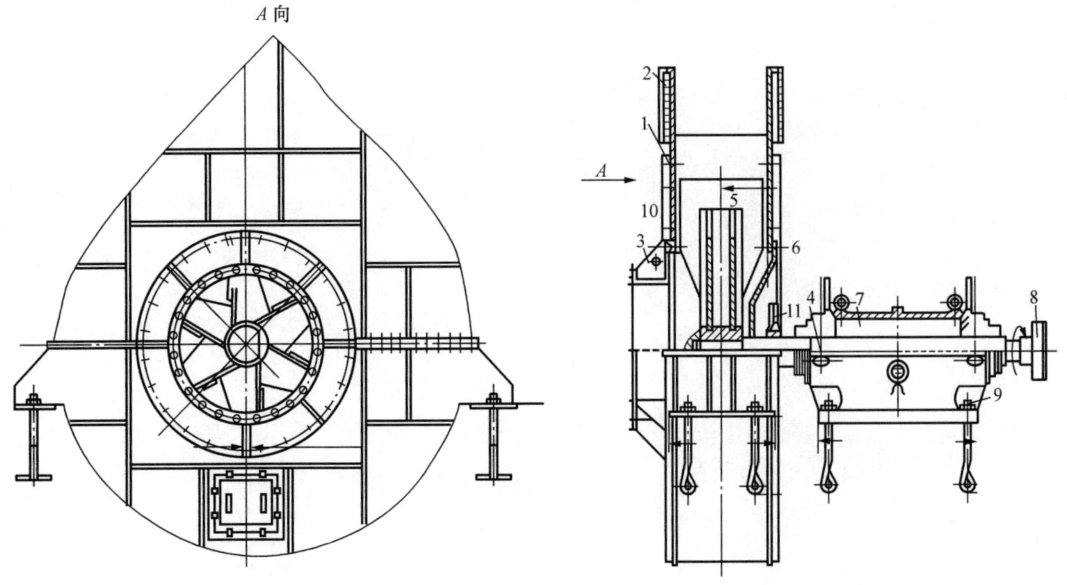

图 3-47　烟气再循环风机结构

1—机壳；2—衬板；3—进风口；4—轴；5—叶轮；6—后盖；7—轴承箱；
8—联轴器；9—地脚螺栓；10—填料；11—小叶轮

板，转轴用优质碳素钢或铬钼合金钢。为了使烟气再循环风机能安全工作，轴承箱带有冷却系统装置，在机壳与轴承之间还装有半开式小叶轮。小叶轮随风机转轴一起转动，进行通风，促进空气的对流，降低轴承的温度。

思考题

3-1 试述离心泵各主要部件的作用与要求。

3-2 试述离心风机各主要部件的作用与要求。

3-3 分析离心泵、风机产生轴向力的原因。

3-4 平衡轴向力的方法有哪些？平衡盘、平衡鼓平衡轴向力的原理是什么？使用双平衡鼓平衡轴向力有何特点？

3-5 何谓平衡盘的灵敏度？应该如何考虑平衡盘的灵敏度，为什么？

3-6 离心泵径向力产生的原因如何？怎样平衡径向力？

3-7 大容量高温、高压锅炉给水泵为什么大多采用圆筒形泵壳结构？

3-8 为何在有些锅炉给水泵中装置有升压级？它起什么作用？

第四章　泵与风机的性能

第一节　功率与效率

泵与风机的运行经济性往往用效率来评价。据统计，国内火力发电厂的厂用电占总发电量的8%～10%。火力发电厂中的锅炉给水泵、凝结水泵与循环水泵所耗电量（假如全部由电动机拖动），占大容量机组全部厂用电的50%左右。而锅炉送、引风机消耗的电量占厂用电的25%左右。所以，提高泵与风机的效率，尤其是提高锅炉给水泵的效率，对节约能耗有着重要作用。

一、功率

泵与风机的功率一般有有效功率、内功率、轴功率与原动机功率。

1. 有效功率

流体从泵或风机中实际得到的功率称为有效功率，其计算公式为

$$P_e = \frac{\rho g q_V H}{1000} \tag{4-1}$$

式中　P_e——有效功率，kW；

ρ——液体的密度，kg/m^3；

q_V——泵输送液体的流量，m^3/s；

H——泵给予液体的扬程，m。

风机全压 p 的单位是Pa，所以其有效功率为

$$P_e = \frac{q_V p}{1000} \tag{4-2}$$

离心通风机的静压有效功率 P_{est} 为

$$P_{est} = \frac{q_V p_{st}}{1000} \tag{4-3}$$

2. 风机内功率

风机的内功率是风机转子实际传递给气体的功率，即

$$P_i = P_e + \Delta P_i$$

式中　P_i——风机内功率，kW；

ΔP_i——风机内部损失的功率（包括流动损失、轮盘摩擦损失、泄漏损失消耗的功率），kW。

3. 轴功率

原动机传到泵或风机轴端上的功率，也称为泵与风机的输入功率。轴功率与有效功率的关系为

$$P = \frac{P_e}{\eta} \tag{4-4}$$

式中　P——轴功率，kW；

η——泵或风机的总效率。

风机的轴功率等于内功率与轴承、轴端密封摩擦损失功率之和。

4. 原动机功率

泵或风机在运转时，其原动机的输入功率为

$$P'_g = \frac{P_e}{\eta\eta_d\eta_g} \tag{4-5a}$$

式中 η_d——传动效率；

η_g——原动机效率。

原动机的输出功率为

$$P_g = \frac{P_e}{\eta\eta_d} \tag{4-5b}$$

而选择原动机的功率应为

$$P_M = K\frac{P_e}{\eta\eta_d\eta_g} \tag{4-6}$$

式中 P_M——选择原动机的功率，kW；

K——电动机的容量安全系数。

电动机的容量安全系数可查表4-1。传动效率与传动方式有关，如泵与风机由电动机直联传动，则 $\eta_d=1.0$；由联轴器直联传动，$\eta_d=0.98$；由三角皮带传动，$\eta_d=0.95$。

表4-1 电动机容量安全系数

电动机功率（kW）	K 值			
	离心式			轴流式
	一般用途	灰尘	高温	
<0.5	1.5	—	—	—
0.5～1.0	1.4	—	—	—
1.0～2.0	1.3	—	—	—
2.0～5.0	1.2	—	—	—
>5.0	1.15	1.2	1.3	1.05～1.1

二、效率

泵与风机在工作时会产生机械损失、容积损失和流动损失，这些损失的大小分别用机械效率、容积效率和流动效率来衡量。

1. 机械损失与机械效率

泵与风机的机械损失包括轴与轴承的摩擦损失，轴与轴端密封的摩擦损失及叶轮圆盘的摩擦损失。

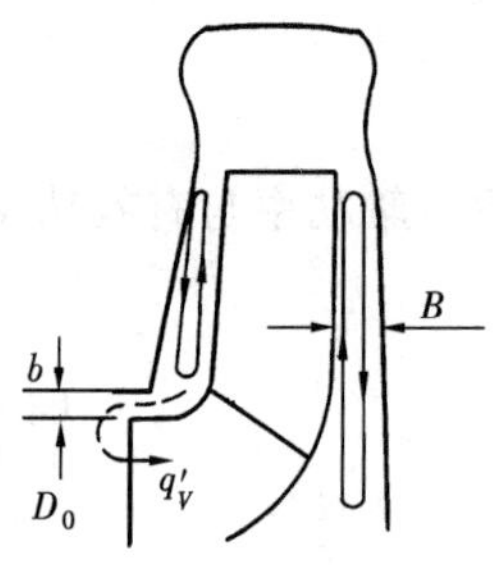

图4-1 叶轮圆盘摩擦损失

轴与轴承、轴端密封的摩擦损失与轴承的型式、轴端密封的型式和结构有关。但这项功率损失（ΔP）不大，占泵与风机轴功率（P）的1%～5%。

叶轮圆盘摩擦损失产生的原因，是叶轮的两侧与泵壳（蜗壳）间充有泄漏的流体，这些流体受到叶轮两侧的作用力后，产生从轴心向壳体壁的回流运动，如图4-1所示。作回流运动的流体旋转角速度 ω^* 约为叶轮旋转角速度 ω 的一半。作回流运动的流体要消耗叶轮给它的能量，因为流体在回流时要产生摩擦、改变流动方向，损耗能量。

叶轮圆盘摩擦损失与腔室形状、表面粗糙度、雷诺数及叶轮的宽度、叶轮流道宽度等因素有关。离心泵圆盘摩擦损失功率，可由斯托道拉公式计算，即

$$\Delta P_{df} = 4.9 \times 10^{-4} \rho u_2^3 D_2^2 \tag{4-7}$$

离心风机叶轮圆盘摩擦损失功率为

$$\Delta P_{df} = \beta \times 10^{-6} \rho u_2^3 D_2^2 \tag{4-8}$$

式中 ρ——流体密度，kg/m^3；

D_2——叶轮外径，m；

β——系数，它与雷诺数、相对侧壁间隙 B/D_2、表面粗糙度有关。根据斯托道拉公式推荐取 0.81～0.88。

泵与风机机械损失的大小，用机械效率来表示，即

$$\eta_m = \frac{P - \Delta P_m}{P} \tag{4-9}$$

式中 ΔP_m——机械损失功率，$\Delta P_m = \Delta P + \Delta P_{df}$。

离心泵机械效率一般为 0.90～0.97，离心风机机械效率一般为 0.92～0.98。

由式（4-7）和式（4-8）知，叶轮圆盘摩擦损失与 u_2 的三次方成正比，与 D_2 的平方成正比，而 u_2 又与 D_2 和转速成正比，所以叶轮圆盘摩擦损失功率与叶轮外径 D_2 的五次方成正比，与转速 n 的三次方成正比。因此，单纯用增大 D_2 的方法来提高叶轮所产生的扬程，是不足取的，尤其对比转速较低的离心泵更是如此。

在机械损失中，叶轮圆盘摩擦损失占据主要部分，尤其对低比转速的离心泵、风机，叶轮圆盘摩擦损失更需力求降低。降低叶轮圆盘摩擦损失的措施如下：

（1）降低叶轮与壳体内侧表面的粗糙度。叶轮外表面磨光后圆盘摩擦损失可下降 20%。而严重生锈的铸铁叶轮，圆盘摩擦损失增加 30%。

叶轮表面的静平衡槽对圆盘摩擦损失有影响，叶轮平衡槽处被液体冲刷、穿透的现象也有发生，所以应该用偏心车床去掉叶轮静不平衡的重量。

（2）叶轮与壳体间的间隙 B（见图 4-1）不要太大。间隙 B 大，回流损失大；反之，回流损失小。目前一般取 $B/D_2 = 2\% \sim 5\%$。

2. 容积损失与容积效率

在旋转与静止的部件之间不可避免地有间隙存在，高压区的流体会通过间隙流入低压区。从高压区流入低压区的这部分流体，虽然在叶轮中获得了能量，但却消耗在流动的阻力上，这种能量损失称为容积损失。

离心泵与离心风机的容积损失是由于泄漏所引起的，而泄漏主要发生在以下几处：

（1）叶轮入口处的密封间隙。由于叶轮出口的压力比叶轮吸入口处压力高，所以有一小部分流体经过密封环间隙流回至叶轮的入口，如图 4-1 中虚线所示。这部分的泄漏流体 q'_V 的能量消耗在密封环间隙的阻力上。

（2）平衡轴向力装置的间隙。液体通过平衡盘（平衡鼓）装置的间隙发生泄漏。泄漏的液体，一般回到叶轮的吸入口。泄漏的液体从叶轮获得的能量，也消耗在间隙及流动的阻力上。

（3）导叶隔板与轴（轴套）间隙。多级离心泵中都有导叶隔板，且导叶隔板的前后压力不等。液体经过导叶后，部分动能转换成压力能，所以液体的压力升高。这部分液体通过级

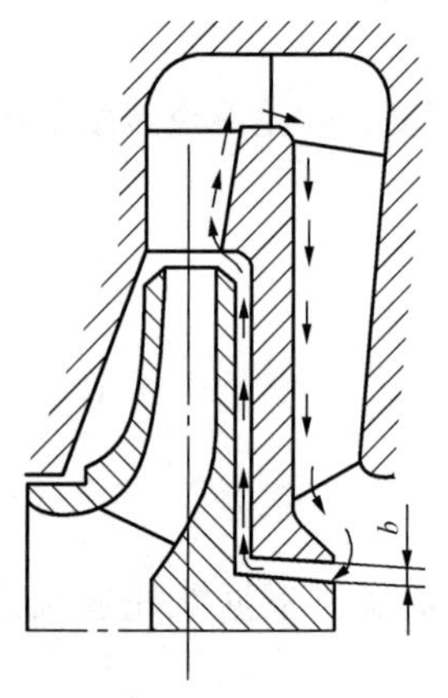

图 4-2　节段式多级泵导叶隔板处泄漏

间隔板与轴（轴套）间隙 b 流回前级叶轮的侧隙，如图 4-2 所示。因为这部分液体不经过叶轮，不影响泵的流量，所以它的能量损失不属于容积损失，而应属于圆盘摩擦损失❶。

（4）轴端密封间隙。无论是填料密封、浮动环密封还是迷宫密封，都存在泄漏。轴端密封间隙处的泄漏与上述泄漏相比较，其泄漏量一般较小。

离心泵叶轮密封环处的泄漏量 q'_V 计算公式为

$$q'_V = \mu A \sqrt{\frac{2\Delta p}{\rho}} \tag{4-10a}$$

式中　μ——流量系数；

A——间隙处的泄漏面积，图 4-1 中 $A=\pi D_0 b$（D_0 为密封直径，m；b 为密封间隙，m），m^2；

Δp——密封间隙前后的压力差，Pa。

流量系数 μ 可用下式计算：

$$\mu = \frac{1}{\sqrt{1+0.5\phi+\frac{\lambda l}{2b}}} \tag{4-10b}$$

式中　ϕ——密封环间隙的圆角系数；

λ——间隙的沿程阻力系数，可取 $\lambda=0.04\sim0.06$；

l——密封间隙长度。

密封间隙前后的压力差 Δp 可用式（3-1）计算：

$$\Delta p = p_{st} - \frac{\rho(u_2^2-u^2)}{8} \tag{4-10c}$$

式中　p_{st}——泵的势扬程，$p_{st}=p_2-p_1$，Pa；

u_2——叶轮出口圆周速度，m/s；

u——密封间隙入口处圆周速度，m/s。

实践证明，用式（4-10）计算泄漏量误差较大。因为流量系数的计算值与叶轮转动时的实际情况不太一致，如叶轮在安装时不一定同心，则 b 值就有变化。据有关资料介绍，叶轮的偏心度达到最大时，其泄漏量要比叶轮同心度正确时增加很多，紊流时不超过 30%，层流时可达 1.5 倍。

离心风机入口处的泄漏量可估算求得。假设间隙前后的压力差为风机全压的 2/3，差压转变为动能，可得

$$\frac{2}{3}p = \frac{\rho v^2}{2}$$

通过间隙的气流速度 v 为

$$v = 2\sqrt{\frac{p}{3\rho}}$$

❶　虽然它不属于容积损失，但习惯上都放在这里进行分析。

泄漏量 q'_V 为

$$q'_V = 2\pi D_0 b\mu\sqrt{\frac{p}{3\rho}} \tag{4-11}$$

式中　D_0——叶轮进口直径，m；

b——径向间隙（见图 4-4），m；

μ——流量系数，可取 $\mu=0.7$。

泵与风机容积损失的大小，用容积效率 η_V 表示，即

$$\eta_V = \frac{P-\Delta P_m-\Delta P_V}{P-\Delta P_m} = \frac{\rho g q_V H_T}{\rho g(q_V+q'_V)H_T} = \frac{q_V}{q_V+q'_V} = \frac{q_V}{q_{VT}} \tag{4-12}$$

式中　ΔP_V——容积损失所耗功率，kW；

q_{VT}——叶轮中通过的流量，m^3/s；

q'_V——泵与风机的泄漏量，m^3/s。

离心泵的容积效率 η_V 一般为 0.90～0.95，离心风机的容积效率还要低些。

为了提高泵与风机的容积效率，一般可采取如下减少泄漏量的方法。

(1) 减小泄漏面积 A。泄漏面积 $A=\pi D_0 b$，欲减小 A，首先要减小密封直径 D_0。但 D_0 受到结构限制，不能任意减小。有些泵不用轴套定位叶轮，在通过一定流量的前提下，叶轮的 D_0 直径可以减小。另外，减小密封间隙（b），也能使泄漏面积减小。但 b 不能太小，否则泵在运转时动、静部件要碰撞、磨损。密封间隙可根据轴的挠度在轴线上的变化来定。

泵在运行一段时间后其容积效率下降的原因之一是间隙增大。

(2) 增大密封间隙的阻力。从式（4-10b）可知，如果增大间隙处流体的阻力，则流量系数 μ 值下降，泄漏量下降。增大密封间隙阻力的方法：一是增加密封长度（增加沿程阻力）；二是增加流体入口、出口阻力（增加局部阻力）。密封环的主要形式，如图 4-3 所示。图 4-3（a）为平环式密封，它制造简单，但泄漏量大，从间隙中泄漏的流体具有较高的且与主流方向相反的速度，因此在叶轮入口形成旋涡。平环式密封一般适用于小型低扬程泵。但目前，大容量的锅炉给水泵为了安全也使用平环式密封。同时，为减少泄漏，可开挖环形槽或特定的阻尼槽，增加阻尼效应。图 4-3（b）为单齿迷宫密封，图 4-3（c）为多齿迷宫密封。迷宫密封能在轴向尺寸不增加的情况下，增加流体流动的阻力，所以泄漏量较小。但台阶形密封环易引发转子产生振动，特别是磨损时，泵转子受力复杂，转子临界转速亦会有较多的下降。图 4-3（d）为锯齿形密封，锯齿一般有 45°或 60°的倾角。锯齿的尖角如在运转中磨掉，泄漏量会增大。图 4-3（e）为螺旋槽密封，其螺旋槽方向与叶轮转动方向相反。螺旋槽对流体的作用是将液体往泵腔里送，这种密封能使流量系数 μ 减小 30%～35%。但螺旋槽易磨损，适用于输送黏性流体。

(a)

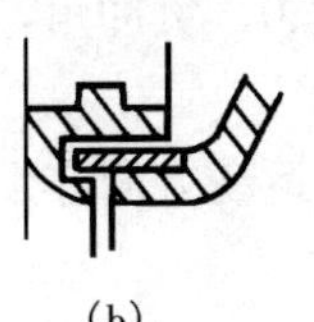
(b)

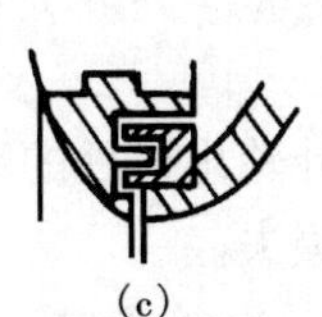
(c)

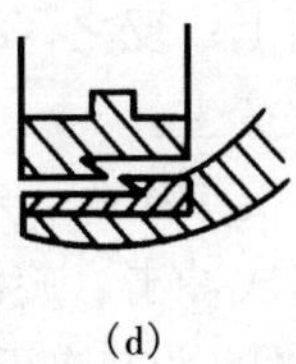
(d)

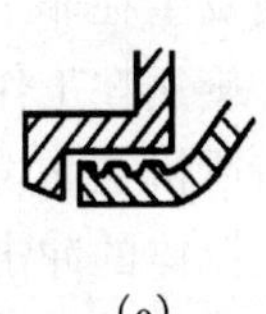
(e)

图 4-3　叶轮密封环形式

(a) 平环式密封；(b) 单齿迷宫密封；(c) 多齿迷宫密封；(d) 锯齿形密封；(e) 螺旋槽密封

风机吸入口的间隙形式，一般有对口与套口两种，如图 4-4 所示。对口形式的泄漏气流与主流垂直，破坏了主流的流动，产生涡流，因而较少采用。套口形式的泄漏气流不破坏主流的流动，因而被广泛应用。为了减小泄漏，应该使间隙尽量减小。试验表明，径向间隙 b 与叶轮外径 D_2 的比值从 0.5×10^{-2} 减小至 0.05×10^{-2}，风机的效率可提高 3%～4%。

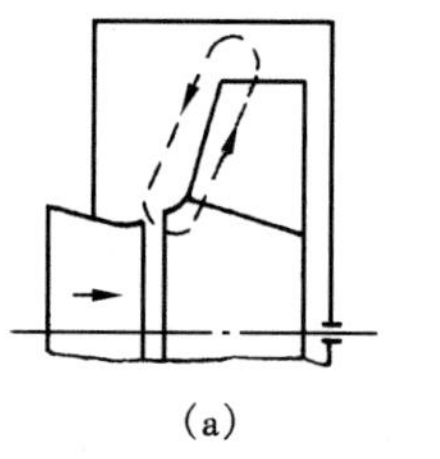

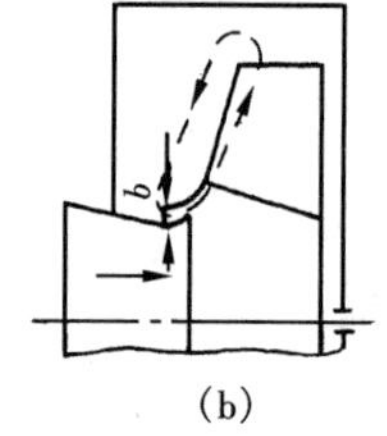

(a)　　(b)

图 4-4　风机吸入口间隙形式

(a) 对口；(b) 套口

3. 流动损失与流动效率

流体从泵或风机进口流至出口的过程中，会遇到许多流动阻力，产生流动阻力损失。流动阻力损失主要由两部分组成，一是摩擦阻力损失和局部阻力损失；二是工况变化而造成的冲击损失。

流体在泵与风机的吸入部分、叶轮流道、导叶及压出部分的流动过程中，由于流体的黏性而产生沿程阻力损失，一般计算公式为

$$h_f = \lambda \frac{l}{4R} \frac{\rho v^2}{2} \tag{4-13a}$$

式中　λ——沿程阻力系数；

l——流道的长道，m；

R——流道截面的水力半径，m。

实际上，测量长度 l 和计算水力半径 R，确定沿程阻力系数都非常困难。一般可用一个简单公式表示，即

$$h_f = K_1 q_V^2 \tag{4-13b}$$

式中　K_1——对给定的泵或风机，是一个常数。

流体在泵或风机中流动时，遇到转弯、截面积的变化造成流体边界层的分离，产生旋涡和二次流。简言之，流体运动速度的大小与方向的变化产生的损失，称为局部阻力损失。为简化起见，该损失可用下式表示：

$$h_j = K_2 q_V^2 \tag{4-13c}$$

式中　K_2——对已知的泵或风机，是一个反映局部阻力系数的常数。

沿程阻力损失和局部阻力损失之和 h_w 为

$$h_w = h_f + h_j = K_3 q_V^2 \tag{4-14}$$

冲击损失一般发生在泵或风机在非设计工况下工作时。如果泵或风机在设计工况下运转（$q_V = q_{Vd}$），则流体流入角 β_1 与叶片进口安装角 β_{1g} 一致，冲角 $i = \beta_{1g} - \beta_1 = 0$，如图 4-5 所示，无冲击损失。倘若 $q_V < q_{Vd}$，则 $\beta_{1g} > \beta_1, i > 0$，正冲角，流体冲击在叶片的工作面上，旋涡发生在非工作面上；反之，$q_V > q_{Vd}$，$\beta_{1g} < \beta_1$，$i < 0$，负冲角，流体冲击在叶片非工作面上，旋涡在工作面上产生。

泵与风机在非设计工况下工作，在叶轮出口处的流体运动方向亦发生变化，因此叶轮出口也产生流体的冲击，造成冲击、旋涡损失。

冲击损失 h_s 也与流量的平方成正比。叶轮进口、出口的冲击损失为

$$h_s = K_4 (q_V - q_{Vd})^2 \tag{4-15}$$

式中　K_4——冲击损失系数。

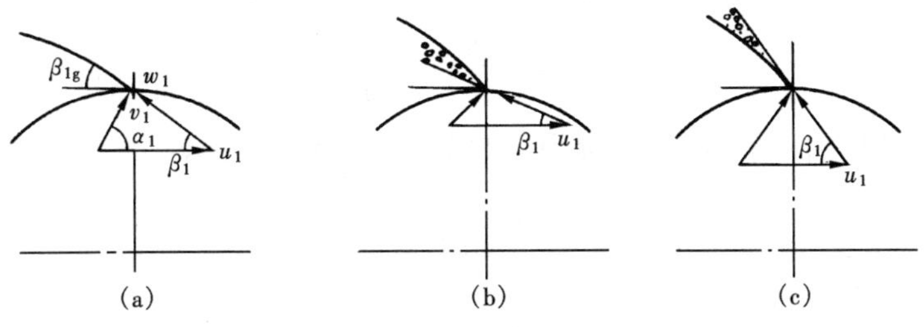

图 4-5　叶轮入口的冲击损失

(a) $q_V=q_{Vd}$；(b) $q_V<q_{Vd}$；(c) $q_V>q_{Vd}$

将泵或风机的流动损失 h_w、h_s 表示在图4-6上，同时相加两者，从中可看到泵或风机的最小流动损失的工况点在设计工况点的左侧，它们并不重合在一起。

泵与风机的流动损失的大小，用流动效率 η_h表示，即

$$\eta_h=\frac{P-\Delta P_m-\Delta P_V-\Delta P_h}{P-\Delta P_m-\Delta P_V}=\frac{P_e}{P-\Delta P_m-\Delta P_V}=\frac{\rho g q_V H}{\rho g q_V H_T}=\frac{H}{H_T} \tag{4-16}$$

式中　ΔP_h——流动损失的功率。

离心泵的流动效率一般在 0.80～0.95，离心风机的流动效率一般在 0.70～0.85。

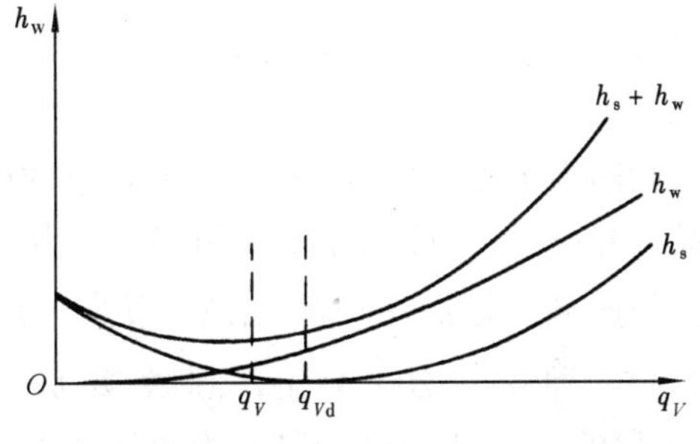

图 4-6　流动损失

流动损失比机械损失和容积损失大，为了提高泵与风机的流动效率，可采取以下措施：

(1) 合理设计叶片形状和流道、流体在过流部件各部位的速度要确定合理，变化要平缓。叶片（导叶）间的流道，尤其是叶片进、出口和导叶喉部，尽量采用合理的流道。选择适当的叶片进口几何角，减少冲击损失。

(2) 保证正确的制造尺寸，注意流道表面的粗糙度。有了优化的设计，还必须有正确的制造、良好的工艺来保证。目前泵的叶轮可以采用精密浇铸（失蜡铸造）、部分熔模法铸造。风机的叶轮一般采用钢板焊接制造。流道表面的粗糙度应该保证最低，不应该有粘砂，毛刺等铸造缺陷。有些制造厂为保证流道的低粗糙，用软轴砂轮伸入叶轮流道内打光。也有的制造厂将叶轮放在石英砂与水的容器内打转，叶轮正、反转，叶片工作面与非工作面均能磨光。

(3) 提高检修质量。如果叶轮与导叶的流道中心不对准，则泵的效率要受影响，可能降低 1%～2%，而且还要影响轴向力的大小。

(4) 注意离心风机的几个主要尺寸与形状。离心风机进气箱的形状要尽量使旋涡区减少。进风口的形状与尺寸要合理。蜗壳的宽度，蜗舌的形状与尺寸，进气箱进口与叶轮进口的面积比等都要仔细考虑，求得最佳配合。

4. 风机的静压效率与内效率

离心风机在最佳工况点附近工作时，动压占风机全压的 10%～20%。若风机在大流量区域工作，则动压的比例还要高。此时，风机出口的动压如果不加以利用，则损失更大。因此，在衡量风机性能时，既要分析它的总效率，还要看它的有用能如何。所以往往还要分析

风机的静压效率。静压效率以 η_{st} 表示，计算公式为

$$\eta_{st}=\frac{q_V p_{st}}{P}=\frac{P_{est}}{P} \tag{4-17a}$$

风机的有效功率与内功率之比，称为内效率，用符号 η_i 表示：

$$\eta_i=\frac{P_e}{P_i} \tag{4-17b}$$

式中 P_i——内功率，kW。

风机的总效率与内效率的最大值，不一定同在一个工况点上，其最高效率区亦不一定一致。因此，风机的总效率用作风机的经济性指标，而风机的内效率用作风机相似设计和相似换算的依据，因为机械传动损失不能进行相似换算。

5. 泵与风机的总效率

评定泵与风机运行经济性的优劣，应该是上述前三个效率的综合体现——总效率。泵与风机的总效率 η 为

$$\eta=\frac{P_e}{P}=\frac{P_e}{P-\Delta P_m-\Delta P_V}\frac{P-\Delta P_m-\Delta P_V}{P-\Delta P_m}\frac{P-\Delta P_m}{P}=\eta_h\eta_V\eta_m \tag{4-18}$$

离心泵与风机的总效率随容量、形式、结构而异。离心泵总效率 η 为 0.62～0.92。大容量高温、高压锅炉给水泵的总效率 η 可为 0.80～0.85。离心风机的总效率 η 为 0.70～0.90。

我国为了提高泵与风机的效率，节约能耗，自 1982 年以来，先后淘汰了数百种落后的产品，并设计、引进了替代的新节能产品。新产品无论在效率、性能、结构等方面都优于被淘汰的产品。如淘汰产品 3BA6 型泵，其效率 $\eta=0.65$，$P=12.3$kW，而替代的新品种 IS80-50、IS80-200 型泵，其效率 $\eta=0.74$，比原来提高了 9%，而轴功率降低了 1.496kW。又如用于 300MW 汽轮发电机组的锅炉给水泵，型号 DG500-240，其效率 $\eta=0.71$，$P=5500$kW（半容量），且为节段式单壳体结构。引进英国 Weir 泵厂专利技术生产的 300MW 汽轮发电机组的锅炉给水泵，型号 FK5D32，其效率 $\eta=0.829$，$P=3670$kW（半容量），且为圆筒形泵（双壳体结构）。引进 900MW 汽轮发电机组的锅炉给水泵，由德国 KSB 公司生产，其效率 $\eta=0.86$。

风机是用途广，批量大的产品。根据淘汰落后产品，设计高效、性能好的新产品原则，目前制造厂、科研单位更新了许多风机产品，如研制成功的节能产品，9-19 型与 9-26 型离心风机 $\eta=0.81$，比老产品提高了 16%。又如 Y5-47 型，$\eta=0.80$，比老产品提高 15%。应用广泛的 4-13（4-72）、4-13.2（4-73）型离心风机效率可达 90%。

第二节　离心泵与风机的性能曲线

泵与风机的工作是以输送流量 q_V、产生扬程 H、全压 p、所需轴功率 P 及效率 η 来体现的。这些工作参数之间存在着相应的关系。当流量 q_V 或转速 n 变化时，就会引起其他参数相应的变化。

为了正确选择、使用泵或风机，必须了解泵或风机这些参数之间的相互关系。凡是将泵

或风机主要参数间的相互关系用曲线来表达，即称为泵或风机的性能曲线。所以，性能曲线是在一定的进口条件和转速时，泵或风机供给的扬程或全压、所需轴功率、具有的效率与流量之间的关系曲线。这些曲线 $H-q_V$、$p-q_V$、$P-q_V$ 及 $\eta-q_V$ 中，以 $H-q_V$ 和 $p-q_V$ 为最重要。

泵与风机的性能曲线至今还不能用理论方法精确地绘制，这是因为泵与风机内的损失还难以精确计算，所以通常用试验方法绘制性能曲线。即使如此，对性能曲线的理论绘制方法还需分析，以便在设计、改进泵与风机时能了解影响其性能的多种因素。

一、理论方法绘制性能曲线

1. $H-q_V$ 性能曲线的绘制

由式（2-27）知

$$H_{T\infty}=\frac{u_2 v_{2u\infty}}{g}$$

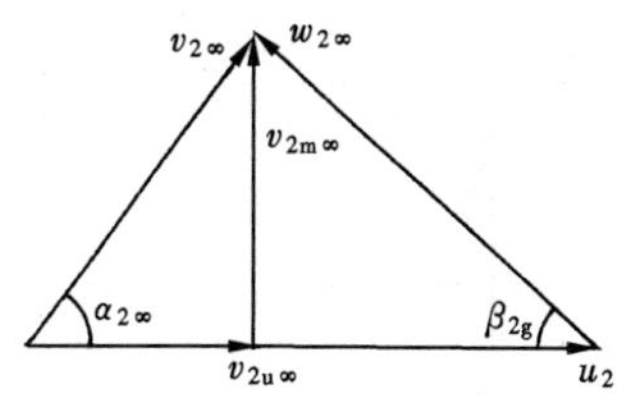

图 4-7 叶轮出口速度三角形

当泵与风机转速不变，则已定的泵或风机其圆周速度 u_2 是一个固定的值。故 $H_{T\infty}$ 只随着 $v_{2u\infty}$ 的改变而变化。由叶轮出口速度三角形（见图 4-7）可得

$$v_{2u\infty}=u_2-v_{2m\infty}\cot\beta_{2g}$$

而

$$v_{2m\infty}=\frac{q_{VT}}{\pi D_2 b_2}$$

$$H_{T\infty}=\frac{u_2^2}{g}-\frac{u_2 q_{VT}}{g\pi D_2 b_2}\cot\beta_{2g}$$

对于已定的泵或风机，其结构参数 D_2、β_{2g}、b_2 也固定不变，所以 $H_{T\infty}$ 只是 q_{VT} 的函数。令

$$A=\frac{u_2^2}{g},\quad B=\frac{u_2}{g\pi D_2 b_2}\cot\beta_{2g}$$

则上式为

$$H_{T\infty}=A-Bq_{VT} \tag{4-19}$$

式（4-19）说明了 $H_{T\infty}$ 是 q_{VT} 的一次方函数，即线性函数。不同的 β_{2g} 会产生不同的 $H_{T\infty}$ 与 q_{VT} 的关系。

若 $\beta_{2g}=90°$，叶片为径向式，因 $\cot\beta_{2g}=0$，则

$$H_{T\infty}=\frac{u_2^2}{g}$$

上式表达了 $H_{T\infty}$ 与 q_{VT} 无关，它是一条与横坐标轴平行的直线，如图 4-8 所示。

若 $\beta_{2g}<90°$，后弯式叶片，因 $\cot\beta_{2g}>0$，则

$$H_{T\infty}=A-Bq_{VT}$$

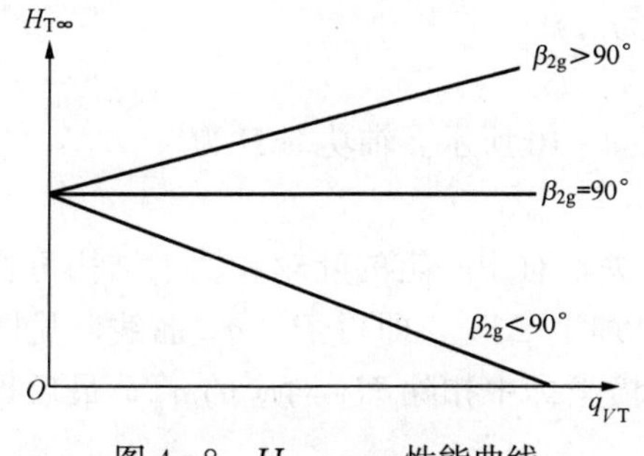

图 4-8 $H_{T\infty}-q_{VT}$ 性能曲线

上式表述了性能曲线为一条由左向右的倾斜直线。随着流量 q_{VT} 的增大，$H_{T\infty}$ 是逐渐下降的。它与坐标交于两点：

（1）$q_{VT}=0$ 时，$H_{T\infty}=\dfrac{u_2^2}{g}$。

（2）$H_{T\infty}=0$ 时，$q_{VT}=\dfrac{u_2\pi D_2 b_2}{\cot\beta_{2g}}$。

若$\beta_{2g}>90°$，前弯式叶片，因$\cot\beta_{2g}<0$，则

$$H_{T\infty}=A+Bq_{VT}$$

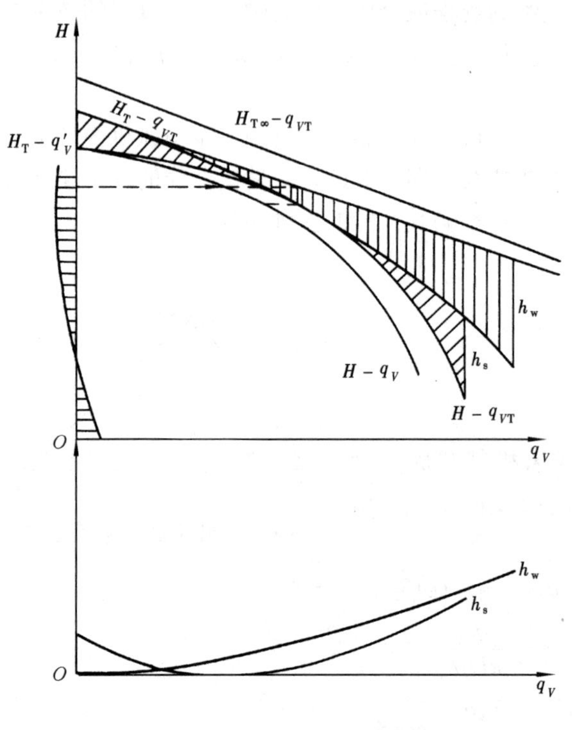

图 4-9　$H-q_V$ 性能曲线

上式表明了$H_{T\infty}$随着q_{VT}的增加而增加，性能曲线为自左向右上升的一根直线。

图 4-8 所示的$H_{T\infty}-q_{VT}$性能曲线为理想情况。在实际情况中，必须对它进行一系列的修正，才能得到实际的$H-q_V$性能曲线。以下仅以$\beta_{2g}<90°$后弯式叶片为例进行分析。

考虑叶片数有限数时，扬程因受轴向旋涡影响而下降的因素。式(2-42)已对这种情况作了考虑，但公式中的滑移系数K基本上与流量无关，所以将$H_{T\infty}-q_{VT}$直线上的各点纵坐标值均乘以小于1的K，即得H_T-q_{VT}曲线。H_T-q_{VT}也是一条直线，它与纵坐标的截距为KA，与横坐标的截距依然为B/A，如图 4-9 所示。

从叶片有限数的理论扬程H_T，扣除沿程阻力损失、局部阻力损失及冲击损失，就可得实际扬程。将沿程阻力损失、局部阻力损失的$h_w=K_3q_V^2$和冲击损失$h_s=K_4(q_V-q_{Vd})^2$的曲线画在$H-q_V$横坐标的下方，如图 4-9所示。在同一横坐标下，从H_T减去h_w和h_s就得H，连接不同的H点，可得$H-q_{VT}$性能曲线。

为了对$H-q_{VT}$性能曲线进行修正，作$H_T-q'_V$曲线，见图 4-9。容积损失在单级泵与风机中，主要是叶轮密封环处的泄漏，该泄漏量q'_V和叶轮的理论扬程H_T是平方根关系。在$H-q_{VT}$曲线的横坐标上减去H_T相对应的泄漏量q'_V，则得$H-q_V$曲线。

2. $P-q_V$ 性能曲线的绘制

根据q_{VT}与H_T的性能关系，求得泵与风机输入理论轴功率$P_T=\rho g q_{VT}H_T/1000$。由式(4-19)可知

$$H_T=KH_{T\infty}=KA-KBq_{VT}$$

$$P_T=\frac{\rho g q_{VT}(KA-KBq_{VT})}{1000}$$

以后弯式叶片为例，绘制P_T-q_{VT}性能曲线，如图 4-10 所示。轴功率P为

$$P=P_T+\Delta P_m$$

上式中机械损失功率$\Delta P_m=\Delta P+\Delta P_{df}$，几乎与流量无关，对于一定的叶轮和轴承结构可将$\Delta P_m$看作不变的值。在$P_T-q_{VT}$性能曲线的纵坐标上加上$\Delta P_m$，即得$P-q_{VT}$曲线，见图 4-10。如果知道$H_T-q'_V$关系，则在$P-q_{VT}$性能曲线横坐标中扣除$H_T$对应的$q'_V$，最后得到$P-q_V$性能曲线。

3. $\eta - q_V$ 性能曲线的绘制

有了 $H - q_V$ 性能曲线和 $P - q_V$ 性能曲线，可求得各流量值下的效率，绘制 $\eta - q_V$ 性能曲线。效率 η 可由下式计算：

$$\eta = \frac{\rho g q_V H}{1000P}$$

或

$$\eta = \frac{q_V p}{1000P}$$

$\eta - q_V$ 性能曲线如图 4-10 所示。

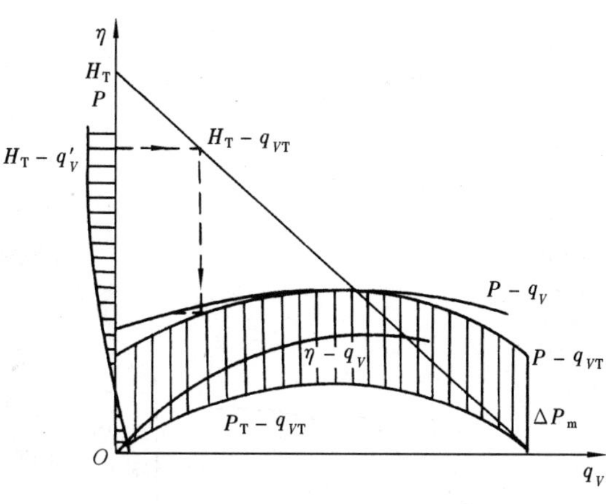

图 4-10　$P-q_V$、$\eta-q_V$ 性能曲线

二、实测绘制性能曲线

精确绘制泵与风机的性能曲线，只能通过实际测量才能得到。在实测时，须保持泵与风机在某一固定的转速，如果实测时泵与风机的轴转速是变化的，则应将它们的参数换算至某一转速，然后绘制性能曲线。

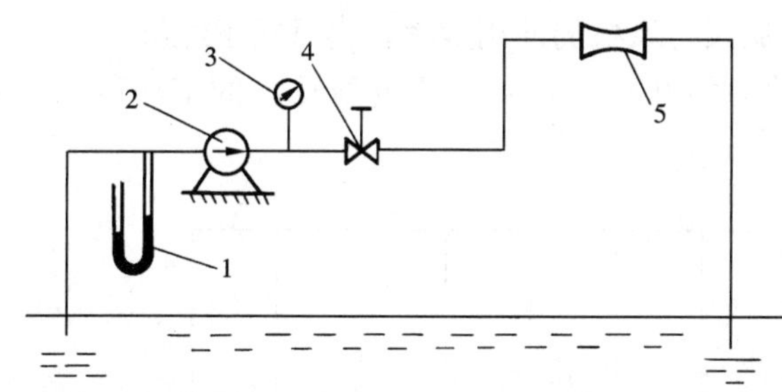

图 4-11　水泵性能曲线实测系统

1—U 形管测压计；2—泵；3—压力表；4—调节阀；5—流量计

图 4-11 所示为绘制水泵性能曲线的实测系统。图 2-23 所示为绘制风机性能曲线的进气及排气实测系统，也可采用进、排气联合系统。整个试验系统的安排标准、测定泵与风机的流量（孔板流量计、涡轮流量计或皮托管等）、装设测点的位置、距离和测试方法等应该符合或参照 GB/T 3216—2005《回转动力泵水力性能验收试验 1 级和 2 级》和 GB/T 1236—2000《工业通风机用标准化风道进行性能试验》等国家标准。扬程、全压计算可用式（2-62）或式（2-72）～式（2-74）。

轴功率根据实际测量仪表装置取得读数。效率根据 q_V、H、p 及 P 计算求得。

实测泵与风机性能曲线时，逐点变更泵或风机的流量（用改变调节阀开度达到），则相应的扬程、全压、功率、效率亦发生变化，从而得到在某一转速下扬程、全压、功率、效率与流量的对应关系。

通过以上的测量与计算，得到一系列相对应于每一阀门开度的流量、扬程、全压、功率及效率，将这些数据绘制在图上，可得 $H-q_V$、$p-q_V$、$P-q_V$ 及 $\eta-q_V$ 性能曲线。图 4-12 所示为 DG480-180 锅炉给水泵性能曲线，图 4-13 所示为 1600HLC6.5-14 型混流泵性能曲线（泵出水口直径 1600mm，H 表示混流泵，L 表示立式，C 表示抽芯式结构，设计点流量 6.5m^3/s，设计点扬程 14m），泵的转速 n=370r/min，轴功率 1009kW，效率 88.5%。

三、性能曲线形状分析

分析图 4-12 及图 4-13 性能曲线可知。

(1) $q_V=0$，$H=H_0$，$P=P_0$ 为阀门关闭时的工况，称空转状态。在空转状态时，泵与风机内存在大范围的旋涡，轴上输入的机械能全部转变为内能，使流体温度升高。$q_V=0$

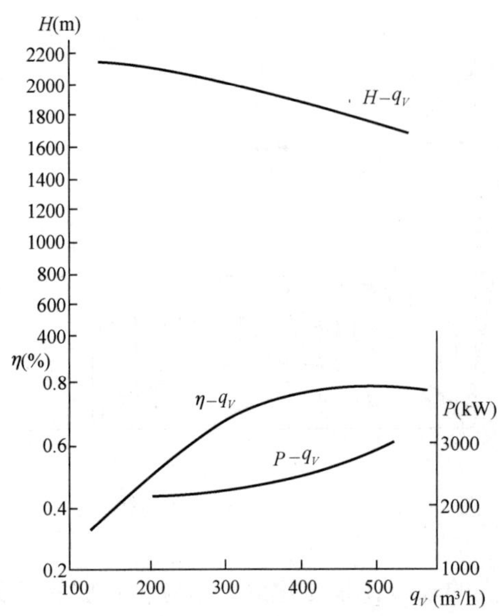

图 4-12 DG480-180 锅炉给水泵性能曲线

时，泵与风机出口压力不稳定，轴向力也呈现不稳定状态。锅炉给水泵及凝结水泵由于输送饱和液体，所以绝不允许泵在空转状态下运转。即便如此，仍然不能满足要求，还要规定它们的运行不能小于某一最小流量。空转状态下，泵与风机的效率自然为零。

（2）$\eta - q_V$ 曲线上有一最高效率 η_{max} 点。泵与风机在此工况下运转，经济性最佳。选择泵与风机时，应考虑它们将来经常运行在最高效率点及其附近的区域。要使得泵与风机的运行经济性高，制造厂应该提供高效率的产品。目前，从国外引进技术生产的泵与风机的效率均较高，用户在选用这些高效产品时，要特别注意使它们经常的工作点落在高效区内。否则，即便有高效率的泵与风机设备，因为选型不当，也会大幅度地降低泵与风机的使用效率，仍然很不经济。

一般规定工况点的效率应不小于最高效率的 0.92～0.95，据此所得出的工作范围，称为经济工作区，或最高效率区。

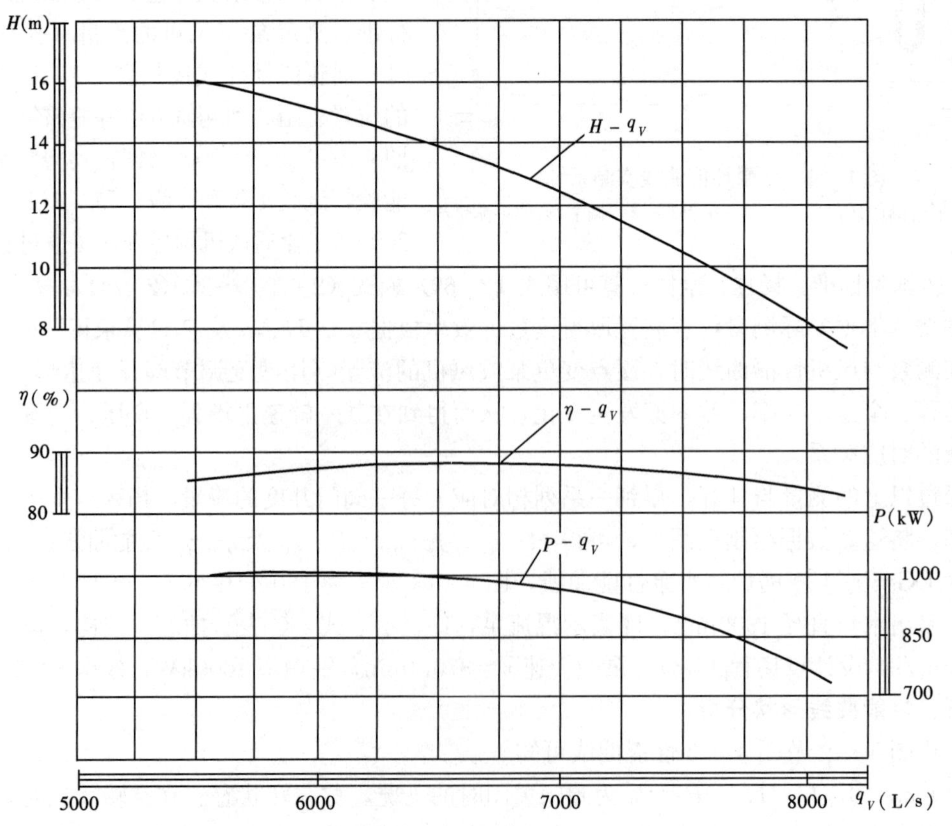

图 4-13 1600HLC6.5-14 型混流泵性能曲线

(3) 泵与风机的 $H-q_V$、$P-q_V$ 性能曲线形状有三类。如图 4-14 所示，曲线Ⅰ为平坦形状，即流量变化较大时，扬程、全压变化较小。锅炉给水泵最宜选用这种形状的性能曲线。因为锅炉给水泵要求在流量变化较大时，扬程变化较小。另外，当要求流量在较大范围内变化，而在小流量时能节能，也可选择平坦的 $H-q_V$ 性能曲线。

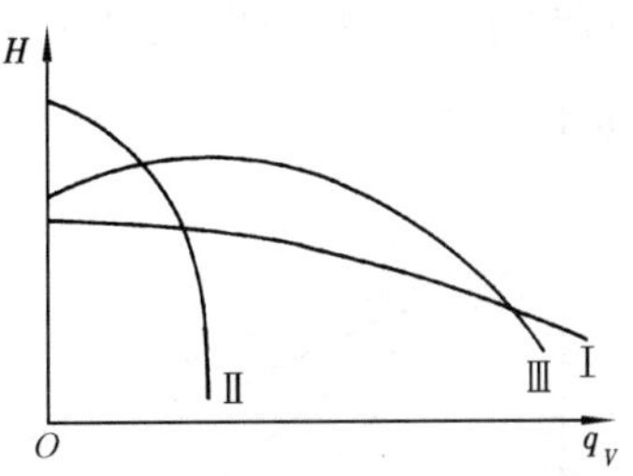

图 4-14 不同形状的 $H-q_V$ 曲线

曲线Ⅱ为陡降的性能曲线。这种性能曲线的特点是，流量变化不大，而扬程、全压变化较大。水位波动较大情况下的循环水泵，可选用这种性能曲线。

曲线Ⅲ是具有驼峰状的性能曲线。这种驼峰状性能曲线在上升段工作是不稳定的。希望 $H-q_V$ 性能曲线不出现上升段，或者虽出现但上升段的区域越窄越好。后弯式叶片的叶轮可避免出现上升段的 $H-q_V$ 性能曲线，但前弯式叶片的叶轮出现驼峰状的 $H-q_V$ 性能曲线基本上是不可避免的。

斜切叶轮出口边可改善 $H-q_V$ 性能曲线的稳定性。斜切后，加剧泵小流量运行时，叶轮出口的二次回流。二次回流使离开叶轮的部分液体又一次进入叶轮增加能量，从而提高小流量时泵的扬程，使 $H-q_V$ 曲线的驼峰形状消除或减小。斜切叶轮时，只切割后盖板，前盖板保留不动。切割量 $D_2'/D_2=0.9\sim1.0$，泵效率几乎保持不变。但流量、扬程稍有降低。

(4) 图 4-12 所示锅炉给水泵功率曲线 $P-q_V$ 随流量增大而上升，但图 4-13 所示混流泵的功率曲线 $P-q_V$ 随流量增大而下降。不同形状的功率曲线决定它们不同的启动方式。

(5) 图 4-12、图 4-13 所示性能曲线为泵输送的介质是清水，如果液体的黏度增加，则阻力损失增大，泵 $H-q_V$ 性能曲线下降，功率随黏度增加而上升，效率下降。如果液体中有悬浮的固体颗粒，因液体的速度高于固体的颗粒，较大颗粒由于惯性较大，不能像运载液体那样快地加速，所以流过泵时会造成附加的阻力损失，泵性能会下降。

第三节 叶轮结构参数对离心泵与风机性能的影响

离心泵与风机叶轮的结构参数对泵与风机的性能有着密切的关系。但是某种结构参数对性能的影响绝不是孤立的，而是互相联系的。

一、叶片进口安装角 β_{1g}

在泵与风机中，如果流体的流入角 β_1 等于叶片进口安装角 β_{1g}，则冲角 $i=0$，流体流入是无冲击的，对效率有利。但事实上，流体流动是有冲角的。在具有一定的正冲角时，风机进口处气流的阻力损失可减少；泵抗汽蚀性能可提高。

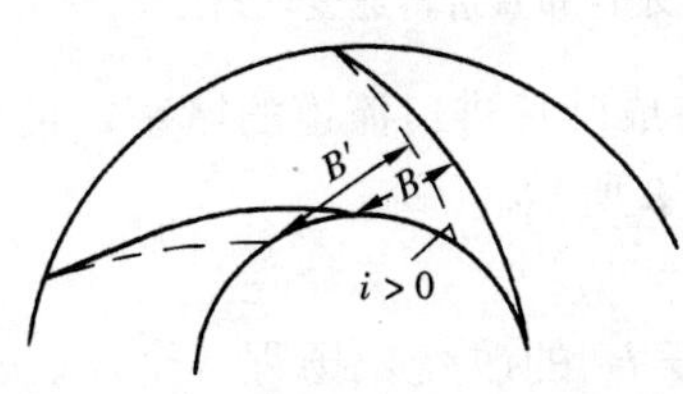

图 4-15 正冲角时的叶片通道

取正冲角 $i>0$，$\beta_{1g}=\beta_1+i$，它可增大叶片间的通流面积，如图 4-15 所示。当 $i>0$ 时流道宽度为 B'，而 $i=0$ 时流道宽度为 B，由图可见，$B'>B$。这样，当流量一定时，叶片进口流体速度就能降低。

泵与风机运行时流量会有变动。若流量下降，则冲角 i 将增大；反之，冲角将下降。为了保证泵与风机在大流量运行时冲角不为负值（运行中出现负冲角，效率会下降），一般选用 $i=2°\sim10°$，也有推荐 $i=5°\sim15°$。冲角如选得太大，效率会降低，影响使用的经济性。

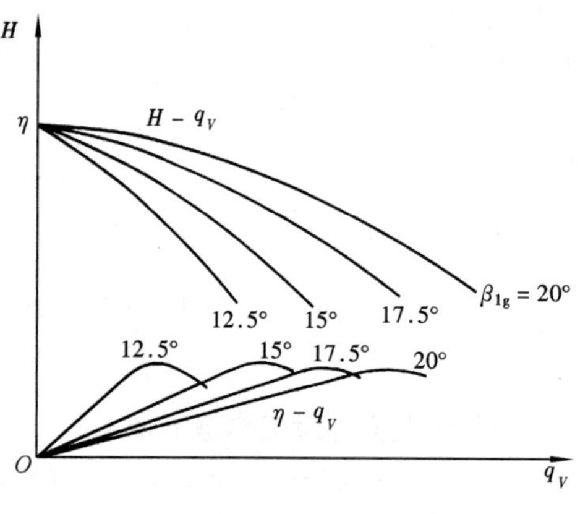

图 4-16 叶片进口安装角与扬程、效率的关系

叶片进口安装角的大小，不仅影响泵的抗汽蚀性能的好、坏，而且还将影响泵的扬程与效率。进口安装角增大时，扬程与流量性能曲线趋于平缓，效率曲线往大流量方向偏移，如图4-16所示。需要注意的是，叶片进口安装角不宜太大，否则会导致效率和泵抗汽蚀性能的下降。

二、叶片进口边的布置

叶片进口边的位置主要影响泵的抗汽蚀性能，同时对泵的扬程、功率也有一定的影响。

叶片进口边的布置有平行与延伸两类，如图 3-3 所示。叶片在进口延伸布置，一方面增大了叶片的做功面积，另一方面由于圆周速度的减小，对泵抗汽蚀是有利的。目前，国内外都倾向于叶片延伸布置，即使低比转速的泵也如此。

叶片延伸布置时，$H-q_V$ 性能曲线变得较陡；而叶片平行布置时，$H-q_V$ 性能曲线容易出现驼峰形状。因此，叶片延伸布置有利于 $H-q_V$ 性能曲线的稳定性。叶片延伸布置时，$\eta-q_V$ 曲线向小流量方向移动，最高效率稍有提高。图 4-17 中虚线为叶片延伸布置时的性能曲线。

叶片进口边延伸布置，使叶片进口的圆周速度沿叶片的进口边各不相同，造成叶片在前盖板处（u_{1a}）、后盖板处（u_{1c}）及中间流线处（u_{1b}）的液流流入角不等，如图 4-18 所示。因此，叶片进口边就成为扭曲形。扭曲的进口部分逐渐向出口过渡成圆柱形的叶片。但高比转速离心泵，叶片从进口扭曲至出口。

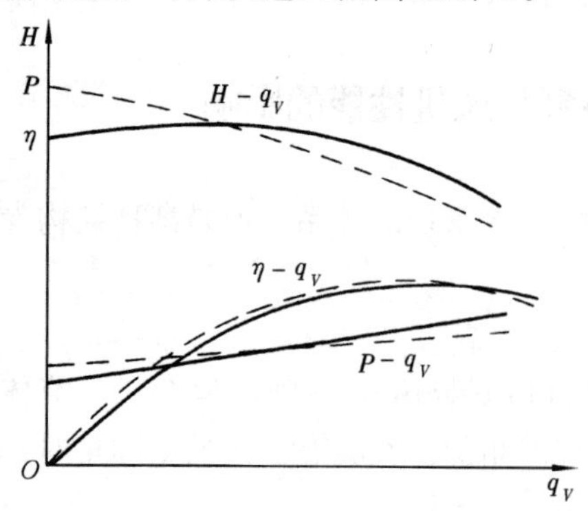

图 4-17 叶片进口边布置与性能

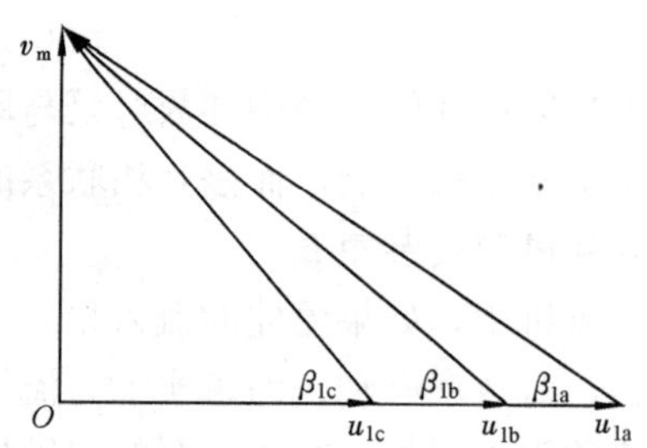

图 4-18 叶片延伸布置进口速度三角形

叶片进口边不能延伸太多，否则，叶片扭曲厉害，容易造成叶片进口流道的堵塞，且对铸造亦不利。一般取叶片与轴线的夹角 $\delta=25°\sim45°$，如图 3-3 所示。

三、叶轮出口宽度

叶轮出口宽度 b_2 对流量的影响较大，当然随着出口宽度 b_2 的改变，扬程、全压、功率、效率也都发生相应变化。

叶轮出口宽度的改变，对泵或风机性能的影响如图 4-19 所示。当叶轮出口宽度增加时，流量、扬程、全压、功率和效率都是增加的，且效率的最高点向大流量方向移动，反之亦然。当叶轮出口宽度减少得不多，则当 $q_V=0$ 时，H 与 P 近似保持不变。

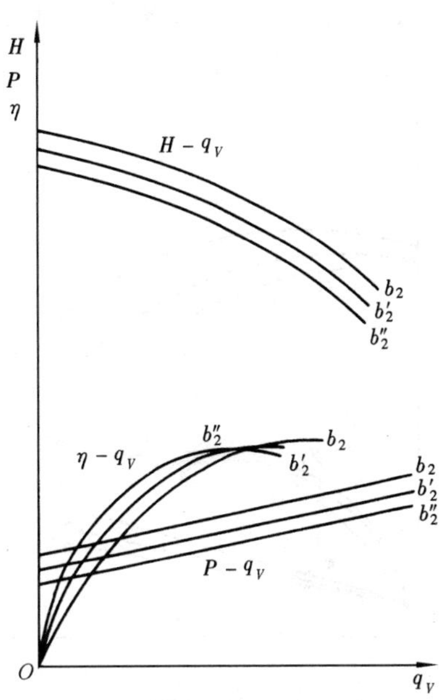

图 4-19　叶轮出口宽度变化时的性能曲线 $b_2>b'_2>b''_2$

倘若叶轮外径、叶片形状不变，只沿轴向平行移动后盖板，改变叶轮出口宽度，则宽度 b_2 与 q_V、H、η 的关系式为

$$\frac{q'_V}{q_V}=\left(\frac{b'_2}{b_2}\right)^{1/2},\quad \frac{H'}{H}=\left(\frac{b'_2}{b_2}\right)^{1/3},\quad \frac{\eta'}{\eta}=\left(\frac{b'_2}{b_2}\right)^{1/3} \tag{4-20}$$

式中：b'_2为变化后的叶轮出口宽度。q'_V、H'及η'分别为宽度b'_2时的流量、扬程及效率。

按照式（4-20）计算得到的流量、扬程和效率都偏大，在具体应用时须注意。

离心风机在全压相等时，流量与叶轮出口宽度的估算可用下式表示：

$$\frac{q'_V}{q_V}\approx\frac{b'_2}{b_2} \tag{4-21}$$

改变叶轮出口宽度时，要注意流道面积变化的合理性。而且叶轮出口宽度 b_2 如增加过多，则理论扬程曲线较平坦，而实际的扬程曲线就容易出现驼峰，导致性能不稳定。

四、离心叶轮与导叶的匹配

多级离心泵叶轮与导叶的配合对泵的运行稳定性很有关系。

叶轮叶片数与导叶数不能采用偶数与偶数的组合，否则，会产生较大的振动与压力的脉动。

叶轮盖板与导叶的径向间隙 A，是控制系统振动的重要参数之一。叶轮叶片与导叶片半径间隙 B，是控制高速离心泵的噪声级。间隙 A 与间隙 B 所表示的部位，如图 4-20 所示。选定正确的间隙 A、B 至关重要。试验研究表明，间隙 A 实际上起了"低通滤波器"作用，可滤出流道之间的相互作用。间隙 A 与 B 越小，冲击越大，且出现压力的脉动，产生噪声，损坏零件。间隙 B 大，液体的自由导向流动路程增加，液体就可能找到一条通向导叶的有利进口通路，改善泵的性能。一般而言，A 相对选小些，B 相对选大些。

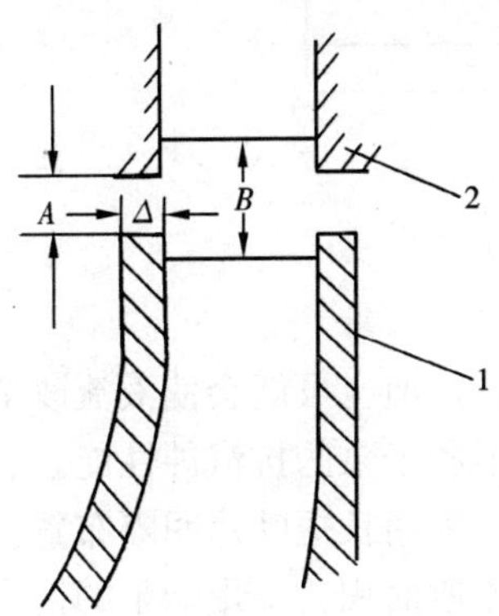

图 4-20　多级离心泵间隙 A、B 及重叠度 Δ

1—叶轮；2—导叶

叶轮盖板的重叠度 Δ 也很重要。重叠度小，或有些制造厂将叶轮盖板外径切成圆角，或将叶轮盖板切得很薄，将减少"低通滤波器"表面有用的、必需的宽度，使之作用减弱。间隙 A 的有效性，在很大程度上取决重叠度的大小。重叠度最好不小于 1/2 叶轮盖板的厚度。

五、叶片出口安装角 β_{2g}、叶片数和叶片包角

$\beta_{2g}<90°$的后弯式叶片，$H_{T\infty}-q_{VT}$是一条下斜的直线。β_{2g}越小，扣除了各种损失后的$H-q_V$性能曲线，是一条下斜的曲线。在后弯式叶片的范围里，随着β_{2g}的增大，$H-q_V$性能曲线向右上方移动，且曲线趋于平坦，叶片安装角偏大时$H-q_V$曲线将会出现驼峰，可能出现不稳定工况。同时，随着叶片出口安装角β_{2g}的增大，$P-q_V$曲线也会变陡。同一流量下，出口安装角β_{2g}大的叶轮所需轴功率比β_{2g}小的叶轮所需轴功率大，这是由于扬程增大的缘故。所以，适当增大β_{2g}可使泵、风机的效率变化不大，如图4-21所示。

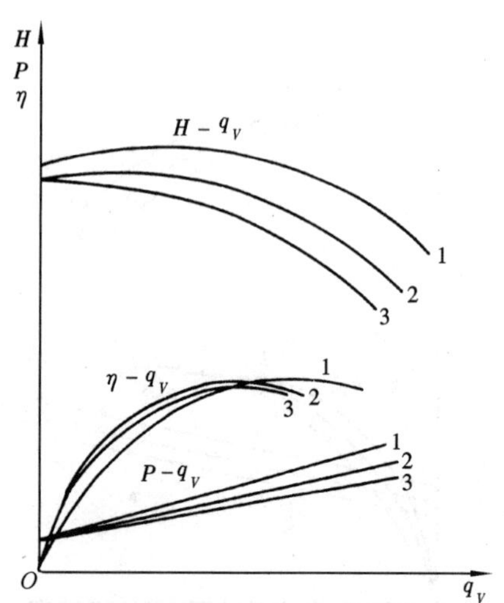

图4-21 叶片出口安装角对性能影响

1—β_{2g}；2—β'_{2g}；3—β''_{2g}（$\beta_{2g}>\beta'_{2g}>\beta''_{2g}$）

必须注意，叶片出口安装角β_{2g}不宜过度增加，因为β_{2g}的增大势必使扬程中的动扬程比例提高，泵与风机的效率会降低。

叶片数Z对泵与风机的扬程、全压影响较大，且还会影响泵的抗汽蚀性能。

叶片数少，流道相对长度缩短，增大了流道的扩散度，容易在流道中产生旋涡，使泵与风机的效率降低。反之，叶片数增加，以上情况会有所改善。但过多的叶片数，叶片表面的摩擦增加，流体相互间会出现干扰，使扬程、全压降低、效率下降。叶片数过多，还会使$H-q_V$性能曲线出现驼峰，如图4-22所示。

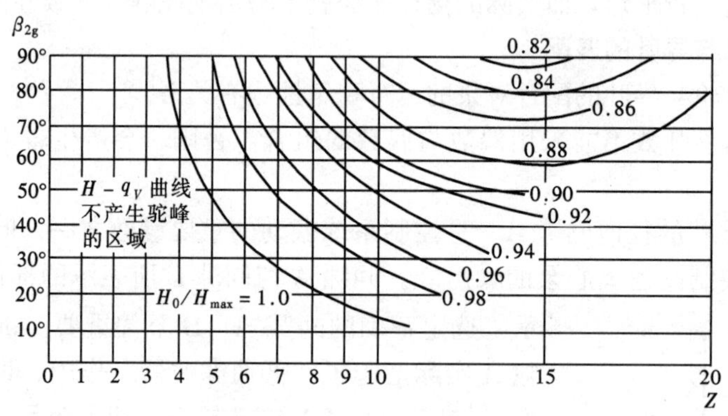

图4-22 β_{2g}、Z对性能的影响

H_0—空转扬程；H_{max}—最大扬程

叶片数少使叶轮进口处的流道拓宽，对泵的抗汽蚀性能有利，但也可能会使液流改变流动方向，降低效率。叶片数增多，叶轮进口处流道面积较小，不利于泵的抗汽蚀性能。有些叶轮由于要降低流道的扩散度，又不能使泵的抗汽蚀性能变差，采用长短叶片间隔布置。这样既保证了流道的扩散度不至太大，同时也扩大了液流的进口流道面积，不影响泵的抗汽蚀性能。

叶片数Z可按下式计算：

$$Z = 6.5\frac{D_2 + D_1}{D_2 - D_1}\sin\frac{\beta_{1g} + \beta_{2g}}{2} \tag{4-22}$$

按式（4-22）计算得到的叶片数可能过多，一般离心泵取叶片数5～8片。

叶片从进口到出口所对应的中心角，称为叶片的包角θ，如图4-23所示。离心泵叶片的包角通常为80°～150°，常用90°～120°。两相邻叶片的中心角为$\varphi=360°/Z$。根据统计，θ/φ在1.2～2.2之间可得较高效率。叶片出口角β_{2g}、叶片数Z和叶片包角θ都是相互关联的，因此必须综合起来考虑。叶片出口安装角β_{2g}小，叶片的包角就大，叶片长度l就增大；叶片数Z增多，叶片出口安装角β_{2g}减小，都会增加流体对叶片表面的摩擦，导致流动损失的增大。叶片数少以及叶片出口安装角增大，虽然流体对叶片表面摩擦减小了，但是对同一扬程而言，单位面积上所承受的压力就大了，有可能达不到所需求的扬程，或者可能使效率降低。

六、锉削叶片出口厚度

泵与风机的叶片厚度，使流体在叶片出口的尾迹区内速度、压力与主流不同，形成尾迹损失，降低效率。具有机翼型叶片的风机，由于本身流动状况较好，气流边界层较薄，叶片的尾缘较薄，所以叶片尾迹区的旋涡小。锉薄离心泵出口叶片及离心风机板型叶片的出口厚度，减小了叶片出口处的尾迹损失。同时，在有限叶片数时，也改善了流体流动方向的偏离和速度分布不均匀性。

锉削叶片出口厚度，$H-q_V$性能曲线稍有增高，轴功率虽然也有增加，但效率有所提高，且向大流量方向移动。如图4-24所示，实线为叶片出口原来厚度时的性能曲线，虚线为叶片出口厚度锉薄后的性能曲线。

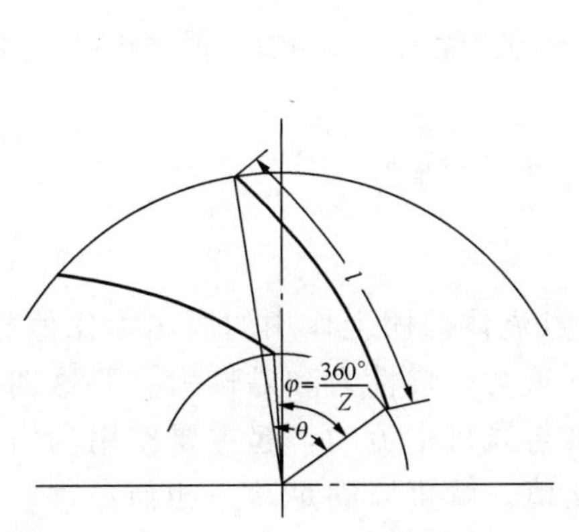

图4-23 叶片的包角θ

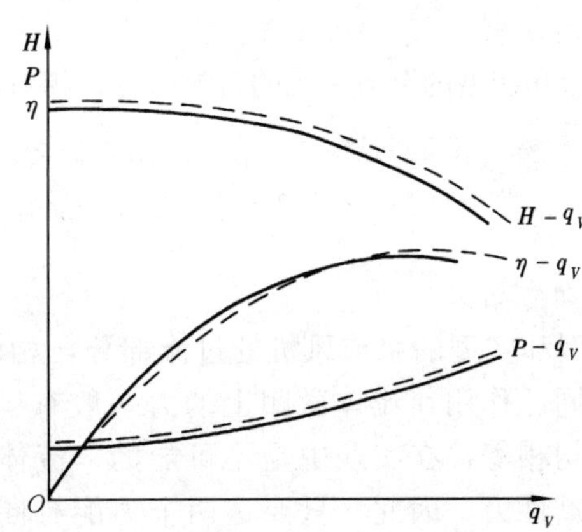

图4-24 锉薄叶片出口厚度性能的变化

一般情况下，只锉削叶片出口的非工作面（吸力侧）。如果锉削叶片的工作面，会使叶片出口角减小，影响泵与风机的性能。

锉削应伸入叶片流道一定的深度，使叶片厚度均匀过渡到正常厚度。为防止叶轮的开裂、破坏，应在叶片的周向至少保留2mm的厚度，如图4-25所示。

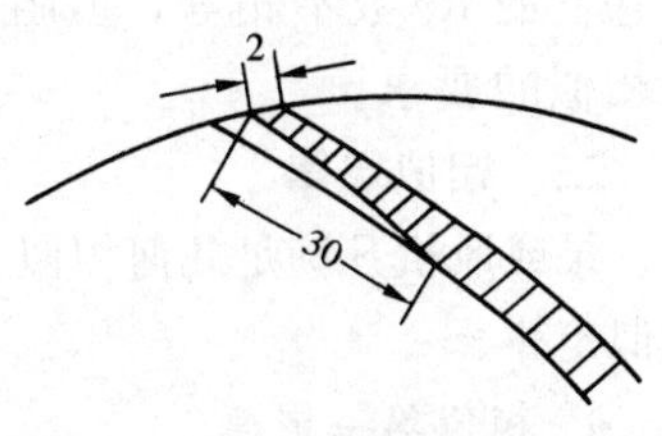

图4-25 锉削叶片方法

为了改善泵抗汽蚀性能，有时也可锉削叶片的进口处厚度。但此时，需锉削叶片的工作面，以增大叶片进口间通流面积。

第四节　泵与风机的相似定律

由于黏性流体在泵与风机中流动情况相当复杂，所以目前还无法进行精确计算。在设计泵与风机时，为了比较各种设计方案，以便选择最佳方案，需要进行试验。如果以实型泵或风机进行试验，往往难以进行。利用相似原理可以将模型的试验结果换算到实型泵或风机上，这样就经济可行了。另外，相似原理也是设计泵与风机的基础，是进行相似工况性能换算的根据。

一、相似条件

两台离心泵或风机，如果它们满足几何相似、运动相似及动力相似，则它们必定是相似的。

1. 几何相似

模型和实型的泵或风机的过流部分，相对应的线性尺寸有同一比值，对应的角度相等，则彼此间几何相似。若用下角标 p 表示实型泵或风机的参数，无下角标者表示模型泵或风机的参数，则几何相似应该满足

$$\angle\beta_{1gp}=\angle\beta_{1g}，\angle\beta_{2gp}=\angle\beta_{2g}，\angle\alpha_{1p}=\angle\alpha_{1}\quad\cdots \tag{4-23a}$$

$$\frac{b_{1p}}{b_1}=\frac{b_{2p}}{b_2}=\frac{D_{2p}}{D_2}=\cdots=\frac{D_p}{D} \tag{4-23b}$$

$$Z_p=Z \tag{4-23c}$$

2. 运动相似

模型和实型的泵或风机的过流部分，相对应点上的速度三角形相似。根据相似三角形的特点可得

$$\frac{v_{1p}}{v_1}=\frac{w_{1p}}{w_1}=\frac{v_{2p}}{v_2}=\cdots=\frac{u_p}{u}=\frac{D_p}{D}\frac{n_p}{n} \tag{4-24}$$

3. 动力相似

模型和实型的泵或风机的过流部分，相对应点流体微团上作用的同名力比值相等，方向相同。作用在流体微团上的力一般有压力、重力、惯性力和黏性力。要这四个力的比值均相等，在实践中是不可能的。流体在泵与风机中流动，起主要作用的力是惯性力和黏性力，因此，只要这两个力能有同一比值，就可以满足动力相似条件。惯性力与黏性力的相似判别数是雷诺数 Re，所以只要模型和实型的泵或风机中流体的 Re 数相等，就是动力相似了。即便如此，但要保证它们的 Re 数相等，实际上也难以实现。可是，在泵与风机中流体的 Re 数都很大（$Re>10^5$），往往处在阻力平方区内，这样即使它们的 Re 数不相等，但阻力系数仍不变，它们已落在自模区内，所以能自动满足动力相似的要求。

二、相似定律

泵或风机凡满足几何相似、运动相似和动力相似，它们间存在着相似的关系，必定满足相似定律。

1. 相似第一定律

泵或风机的流量 $q_V=\pi D_2 b_2 v_{2m}\psi_2\eta_V$，在相似工况下，它们之间的关系为

$$\frac{q_{Vp}}{q_V}=\frac{\pi D_{2p}b_{2p}v_{2mp}\psi_{2p}\eta_{Vp}}{\pi D_2 b_2 v_{2m}\psi_2\eta_V}$$

由于它们几何相似，所以 $\psi_{2p}=\psi_2$ ，则

$$\frac{q_{Vp}}{q_V}=\left(\frac{D_p}{D}\right)^3\frac{n_p}{n}\frac{\eta_{Vp}}{\eta_V} \tag{4-25}$$

2. 相似第二定律

泵的扬程公式为 $H=\frac{u_2v_{2u}-u_1v_{1u}}{g}\eta_h$ ，在相似工况下，它们之间关系为

$$\frac{H_p}{H}=\frac{u_{2p}v_{2up}-u_{1p}v_{1up}}{u_2v_{2u}-u_1v_{1u}}\frac{\eta_{hp}}{\eta_h}$$

$$u_{2p}v_{2up}=\left(\frac{D_p}{D}\frac{n_p}{n}\right)^2u_2v_{2u},\quad u_{1p}v_{1up}=\left(\frac{D_p}{D}\frac{n_p}{n}\right)^2u_1v_{1u}$$

因此

$$\frac{H_p}{H}=\left(\frac{D_p}{D}\frac{n_p}{n}\right)^2\frac{\eta_{hp}}{\eta_h} \tag{4-26}$$

风机的全压比为

$$\frac{p_p}{p}=\frac{\rho_p}{\rho}\left(\frac{D_p}{D}\frac{n_p}{n}\right)^2\frac{\eta_{hp}}{\eta_h} \tag{4-27}$$

3. 相似第三定律

泵的轴功率 $P=\frac{\rho g q_V H}{1000\eta}$，且 $\eta=\eta_m\eta_h\eta_V$ ，在相似工况下，轴功率之比为

$$\frac{P_p}{P}=\frac{\rho_p}{\rho}\left(\frac{D_p}{D}\right)^5\left(\frac{n_p}{n}\right)^3\frac{\eta_m}{\eta_{mp}} \tag{4-28}$$

风机轴功率之比与式（4-28）相同。

一般而言，相似的泵或风机的效率大型的要高于小型的，小型泵或风机与大型泵或风机表面的绝对粗糙度相差不多，但小型泵或风机相对粗糙度大，使得流动效率 η_h 较低。同理，小型泵或风机的相对动、静间隙高于大型泵或风机，因此小型泵或风机的容积效率 η_V 较低。

机械损失由圆盘摩擦损失、轴承和轴端密封摩擦损失组成。圆盘摩擦损失功率为 $k_1n^3D^5$（k_1 为系数），轴封与轴承的摩擦损失功率为 k_2nD。则机械效率为

$$\eta_m=\frac{P-k_1n^3D^5-k_2nD}{P}=\frac{kn^3D^5-k_1n^3D^5-k_2nD}{kn^3D^5}$$

$$=\frac{k-k_1}{k}-\frac{k_2}{kn^2D^4}=A-\frac{B}{n^2D^4}$$

由上式可知，大型泵或风机的机械效率也高于小型的，由于 D^4 在分母，所以 η_m 可近似认为不变。如线性尺寸不变，增加转速机械效率同样升高，因为 n^2 在分母，所以也可认为 η_m 不变。

总之，实型泵或风机的 η_m、η_V 及 η_h 均要大于模型的。

在实际应用时，如果 D_p/D 和 n_p/n 不太大时，可近似认为它们的效率相等。那么，相似三个定律为

$$\frac{q_{Vp}}{q_V}=\left(\frac{D_p}{D}\right)^3\frac{n_p}{n} \tag{4-29}$$

$$\frac{H_p}{H}=\left(\frac{D_p}{D}\frac{n_p}{n}\right)^2,\quad \frac{p_p}{p}=\frac{\rho_p}{\rho}\left(\frac{D_p}{D}\frac{n_p}{n}\right)^2 \tag{4-30}$$

$$\frac{P_p}{P}=\frac{\rho_p}{\rho}\left(\frac{D_p}{D}\right)^5\left(\frac{n_p}{n}\right)^3 \tag{4-31}$$

三、相似定律的特例

在应用相似定律时，会遇到两种特殊的情况。

(1) 两台相似的泵或风机，$D_p=D$、$\rho_p=\rho$，但 $n_p\neq n$。这种情况可以把它们看成一台泵或风机，在不同的转速下工作。它们之间的关系为

$$\frac{q_{V1}}{q_{V2}}=\frac{n_1}{n_2} \tag{4-32}$$

$$\frac{H_1}{H_2}=\left(\frac{n_1}{n_2}\right)^2,\quad \frac{p_1}{p_2}=\left(\frac{n_1}{n_2}\right)^2 \tag{4-33}$$

$$\frac{P_1}{P_2}=\left(\frac{n_1}{n_2}\right)^3 \tag{4-34}$$

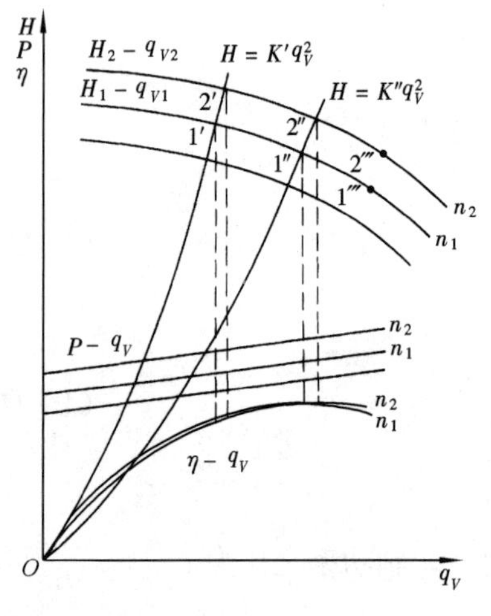

图 4-26 转速变化时的性能曲线

式中：q_{V1}、H_1、p_1 及 P_1 是转速为 n_1 时，泵或风机的流量、扬程、全压及功率；q_{V2}、H_2、p_2 及 P_2 是转速为 n_2 时，泵或风机的流量、扬程、全压及功率。

式(4-32)～式(4-34)称为比例定律。利用比例定律，可对泵或风机在不同转速下的性能进行换算。如已知泵或风机在转速 n_1 时的性能曲线 H_1-q_{V1}、P_1-q_{V1} 及 η_1-q_{V1}，欲求转速升高至 n_2 时的性能。只要在图 4-26 转速为 n_1 的 H_1-q_{V1} 曲线上，任意取若干点 1′、1″、1‴、…的流量、扬程及功率代入式(4-32)～式(4-34)中，即可求得转速为 n_2 时的相应值：

$$q_{V2}=\frac{n_2}{n_1}q_{V1},\quad H_2=\left(\frac{n_2}{h_1}\right)^2H_1,\quad P_2=\left(\frac{n_2}{n_1}\right)^3P_1$$

然后找到转速为 n_2 时，并与工况点 1′、1″、1‴、…分别相似的工况点 2′、2″、2‴、…，用曲线将它们光滑连接，便得到转速变化为 n_2 时的 H_2-q_{V2} 性能曲线。同理可得转速变化至 n_2 时的 P_2-q_{V2} 曲线。$\eta-q_V$ 曲线在转速变化不大时，基本上是平行移动。转速升高，往大流量方向移动；反之，向小流量方向移动。

由式(4-32)与式(4-33)可得

$$\frac{H_1}{H_2}=\left(\frac{q_{V1}}{q_{V2}}\right)^2,\quad \frac{H_1}{q_{V1}^2}=\frac{H_2}{q_{V2}^2}=\cdots=K$$

相似抛物线方程为

$$H=Kq_V^2 \tag{4-35}$$

符合相似抛物线方程的工况点，彼此相似。如图 4-26 所示，落在 $H=K'q_V^2$ 方程上的工况点 1′与 2′等彼此相似。同时，同一相似抛物线上各点的效率是相等的，所以相似抛物线又称为等效率线。泵与风机的通用性能曲线是根据上述原理绘制的，如图 4-27 所示。在转速为 n_2 时的效率曲线上，同一效率值时有两个不同的流量值。当转速降至 n_3 时，$\eta-q_V$ 曲线平行移动，又有两个不同流量值的工况点的效率与转速为 n_2 时的效率相同。所以转速变化

N 次，相等效率工况点有 $2N$ 个。将相同效率点连成光滑的曲线，就成为等效率曲线。当然，这些等效率的工况点，必定也是相似工况点。通用性能曲线表达了不同转速下的 $H-q_V$ 曲线。等效率曲线又标明了最佳工作区域。等效率曲线在转速变化不太大时，与相似抛物线（图中虚线）重合，而在转速偏大或偏小时，相似工况点效率不再相等，因此相似抛物线上的效率彼此也不相等，等效率曲线就自成封闭围线。

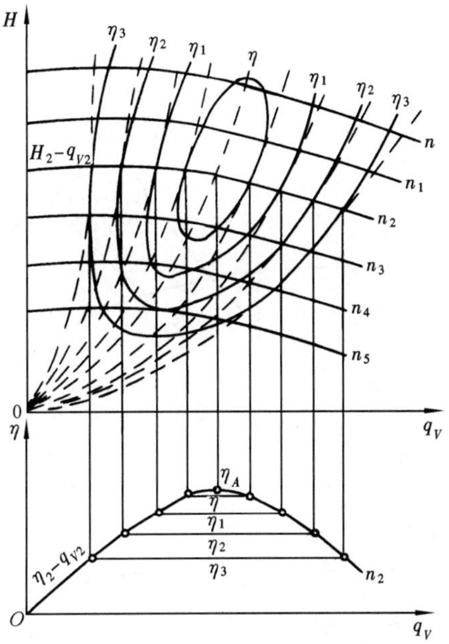

图 4 - 27 通用性能曲线

（2）若两台相似的泵或风机，$D_p/D=1$、$n_p/n=1$，但 $\rho_p\neq\rho$。这种情况可看成一台泵或风机，输送的流体密度变化了，它们的 q_V、H、p、P 的变化由式（4 - 29）～式（4 - 31）得

$$\frac{q_{Vp}}{q_V}=1,\quad \frac{H_p}{H}=1,\quad \frac{p_p}{p}=\frac{\rho_p}{\rho},\quad \frac{P_p}{P}=\frac{\rho_p}{\rho} \tag{4-36}$$

由式（4 - 36）可知，密度变化时泵或风机的体积流量不变化，泵扬程不变化；但是风机全压及轴功率均发生变化。根据 JB/T 4358—2008《电站锅炉离心式通风机》标准规定，送风机设计时取进口空气温度为 20℃，允许最大进口空气温度不超过 80℃；引风机设计进口气温为 165℃，允许最大进口气体温度不超过 250℃。但是用户使用的风机，一般与设计条件不相符合，为此须进行换算。以送风机为例

$$p_{20}=\rho_{20}\frac{p}{\rho} \tag{4-37}$$

式中 p_{20}、ρ_{20}——设计标准 20℃时，风机产生的全压与气体的密度，Pa，kg/m³；

p、ρ——风机使用条件下产生的全压与气体的密度，Pa，kg/m³。

根据气体状态方程

$$\frac{\rho_{20}}{\rho}=\frac{p'}{p_{amb}}\frac{T}{T_{20}}$$

式中 p_{amb}、ρ、T——风机在使用条件下的当地大气压，空气密度及当地大气温度；

p'、ρ_{20}、T_{20}——风机进口处空气的标准进气状态，绝对压力 $p'=1.013\times10^5$Pa、$\rho_{20}=1.2$kg/m³、$T_{20}=293$K、相对湿度 50%。

将上式代入式（4 - 37）得

$$p_{20}=p\frac{p'}{p_{amb}}\frac{T}{T_{20}}=p\frac{1.013\times10^5}{p_{amb}}\frac{273+t}{293} \tag{4-38}$$

式（4 - 38）可以将使用条件下的风机全压 p 换算至标准进气状态下风机产生的全压 p_{20}。当然，也可将标准进气状态下风机产生的全压 p_{20} 换算至使用条件下的全压 p，分析风机能否满足使用要求。

同理，功率的换算为

$$P_{20}=P\frac{1.013\times10^5}{p_{amb}}\frac{273+t}{293} \tag{4-39}$$

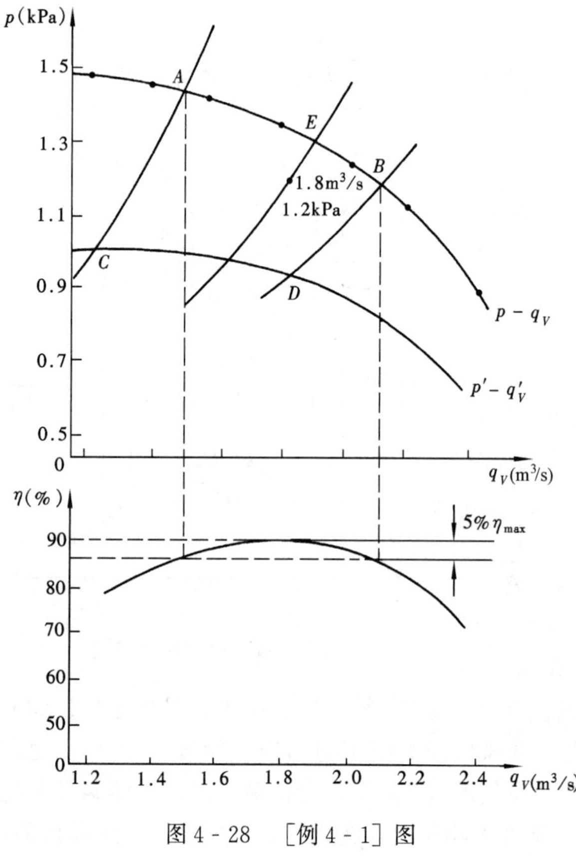

图 4 - 28 ［例 4 - 1］图

由式（4 - 39）可知，输送高温烟气的引风机，如在冷态运转时要注意原动机的过载。

【例 4 - 1】 离心通风机在额定转速 n=1450r/min 时的 $p-q_V$ 性能曲线，如图 4 - 28 所示。试求：

（1）绘出风机转速降为 1200r/min 时的高效率区范围（最高效率下降 5%）。

（2）在 q_V = 1.8m³/s、p = 1.2kPa 工况下，若叶轮出口直径 D_2 不变，则通风机应使用什么转速？

解 （1）由比例定律

$$\frac{q_V}{q_V'}=\frac{n}{n'},\quad \frac{p}{p'}=\left(\frac{n}{n'}\right)^2$$

在图 4 - 28 上，取 q_V 为 1.4、1.6、1.8、2.0、2.2、2.4m³/s 六个工况点，并从性能曲线 $p-q_V$ 上找到相应的六个工况点的全压 1.48、1.44、1.39、1.27、1.13kPa 及 0.9kPa。计算转速降为 1200r/min 时的 q_V' 及 p'，并列于表4 - 2中。

表 4 - 2

n=1450r/min	q_V（m³/s）	1.4	1.6	1.8	2.0	2.2	2.4
	p（kPa）	1.48	1.44	1.39	1.27	1.13	0.90
n'=1200r/min	q_V'(m³/s)	1.16	1.32	1.49	1.66	1.82	1.99
	p'（kPa）	1.01	0.98	0.95	0.87	0.77	0.62

由表 4 - 2 中 6 个 q_V'、p' 数据，绘出 n'=1200r/min 时的 $p'-q_V'$ 性能曲线，如图 4 - 28所示。

由图 4 - 28 效率曲线得 n=1450r/min 时，风机最高效率 η_{max}=0.9，则 $p-q_V$ 性能曲线的最佳工况（高效率）区下限为

$$0.9-0.9\times0.05=85.5\%$$

最佳工况区为 $\eta=85.5\%\sim90\%$

图 4 - 28 中，在 $\eta-q_V$ 曲线上找到 η=85.5%的两点，投影至 $p-q_V$ 曲线上。$\widehat{AB}$为 $p-q_V$性能曲线的高效率区。

求 n'=1200r/min 时 $p'-q_V'$曲线上的高效率区，分别过 A、B 两点作相似抛物线。B 点（2.1m³/s、1.2kPa）的常数 K_B 为

$$K_B=\frac{p_B}{q_{VB}^2}=\frac{1.2}{2.1^2}=0.272$$

根据相似抛物线方程 $p=K_Bq_V^2$，取五个 q_V 值，得相似抛物线上的值，列于表4-3中。

表 4-3

q_V (m^3/s)	1.8	1.9	2.0	2.1	2.2
p (kPa)	0.88	0.98	1.09	1.2	1.32

由表 4-3 所列数据作过 B 点的相似抛物线 $p=K_Bq_V^2$，交 $p'-q_V'$性能曲线于 D。

A 点（1.5m³/s，1.43kPa）的常数 K_A 为

$$K_A=\frac{p_A}{q_{VA}^2}=\frac{1.43}{1.5^2}=0.653$$

根据 $p=K_Aq_V^2$，取五个 q_V 值，列出相似抛物线上的值，见表 4-4。

表 4-4

q_V (m^3/s)	1.2	1.3	1.4	1.5	1.6
p (kPa)	0.94	1.10	1.28	1.47	1.67

由表 4-4 所列数据作过 A 点的相似抛物线 $p=K_Aq_V^2$，交 $p'-q_V'$曲线于 C 点。于是$\overset{\frown}{CD}$为 $n'=1200$r/min 时 $p'-q_V'$性能曲线的高效率区。

（2）由已知的 $q_V=1.8$m³/s、$p=1.2$kPa，求得通过该点的相似抛物线常数 K：

$$K=\frac{p}{q_V^2}=\frac{1.2}{1.8^2}=0.37$$

按 $p=Kq_V^2$，取五个 q_V 值，求得对应的全压值 p，并列于表 4-5 中。

表 4-5

q_V (m^3/s)	1.5	1.6	1.7	1.8	1.9	2.0
p (kPa)	0.83	0.95	1.07	1.2	1.34	1.48

根据上列数值，作相似抛物线 $p=Kq_V^2$ 交 $p-q_V$ 曲线于 E 点，由此得 E 点的 $q_{VE}=1.9$m³/s，$p_E=1.32$kPa

由比例定律求得通风机转速：

$$n=n_E\sqrt{\frac{p}{p_E}}=1450\sqrt{\frac{1.2}{1.32}}=1383(\text{r/min})$$

$$n=n_E\frac{q_V}{q_{VE}}=1450\times\frac{1.8}{1.9}=1373(\text{r/min})$$

以上计算相差 10r/min，为作图误差。

第五节　比转速与型式数

式（4-29）～式（4-31）分别给出了相似的泵或风机间流量、扬程、全压、功率的相互关系，但在具体的设计、选择及改造泵或风机时，应用这些公式感到不便，往往需要有一个包括这些参数在内的综合参数。这个综合的相似特征数，用比转速 n_s 或型式数 K 表示。

一、比转速公式的推导

若泵彼此相似，则必满足相似第一定律，将式（4-29）取平方得

$$\frac{q_{V\mathrm{p}}^2}{D_\mathrm{p}^6 n_\mathrm{p}^2}=\frac{q_V^2}{D^6 n^2} \tag{4-40}$$

若泵彼此相似，则必满足相似第二定律，将式（4-30）取立方得

$$\frac{H_\mathrm{p}^3}{D_\mathrm{p}^6 n_\mathrm{p}^6}=\frac{H^3}{D^6 n^6} \tag{4-41}$$

将式（4-40）除以式（4-41），得

$$\frac{q_{V\mathrm{p}}^2 n_\mathrm{p}^4}{H_\mathrm{p}^3}=\frac{q_V^2 n^4}{H^3}$$

或

$$\frac{n_\mathrm{p}\sqrt{q_{V\mathrm{p}}}}{H_\mathrm{p}^{3/4}}=\frac{n\sqrt{q_V}}{H^{3/4}}=\text{常数} \tag{4-42}$$

式（4-42）是根据相似第一、第二定律推导得到，凡是彼此相似的泵，式（4-42）的比值始终相等。因此，它可作为相似特征数，定义为比转速 n_s。我国泵的比转速公式习惯上在式（4-42）上乘以常数 3.65❶。

$$n_\mathrm{s}=3.65\frac{n\sqrt{q_V}}{H^{3/4}} \tag{4-43}$$

式中 n——泵转速，r/min；

q_V——泵的体积流量，m³/s；

H——泵的扬程，m。

风机比转速公式，也同样可从式（4-29）及式（4-30）推导得

$$n_\mathrm{p}\frac{\sqrt{q_{V\mathrm{p}}}}{\left(\frac{p_\mathrm{p}}{\rho_\mathrm{p}}\right)^{3/4}}=n\frac{\sqrt{q_V}}{\left(\frac{p}{\rho}\right)^{3/4}}=\text{常数} \tag{4-44}$$

当两台相似风机的进气状态相同或都为标准进气状态，且输送同一流体（$\rho_\mathrm{p}=\rho$）时，则

$$n_\mathrm{p}\frac{\sqrt{q_{V\mathrm{p}}}}{p_\mathrm{p}^{3/4}}=n\frac{\sqrt{q_V}}{p^{3/4}} \tag{4-45}$$

令比转速为

$$n_\mathrm{s}=\frac{n\sqrt{q_V}}{p^{3/4}},\quad n_\mathrm{s}=\frac{n\sqrt{q_V}}{p_{20}^{3/4}} \tag{4-46}$$

式中 n——风机的转速，r/min；

q_V——风机的体积流量，m³/s；

p——风机的全压，Pa；

p_{20}——标准进气状态（$t=20$℃、$p=101.3$kPa）时，风机的全压，Pa。

式（4-46）为风机的比转速公式。

二、比转速公式的分析

比转速不是转速，而是泵或风机相似的准则数。如 50ZLQ-50 型轴流泵，它的比转速

❶ 相似的泵中，将某水泵的几何尺寸相似缩小为标准泵，使之扬程为 1m，有效功率为 1 马力，并取水的重度为 1000kg/m³，此时标准泵的转速称为比转速。由此所得比转速公式，出现 3.65 的常数。

为 500，但它的转速 n=485r/min。又如 DG500－240 锅炉给水泵，它的比转速为 71，但它的转速却为 5000r/min 左右，且为调速泵。4－13.2 型离心风机，它的比转速 n_s=13.2，但它的转速却远远大于 n_s。

凡是泵或风机相似，它们的比转速相等；反之，则不然。如国产 7－5.25 型通风机的 n_s=5.25，6－5.41 型通风机的 n_s=5.41，两种通风机的比转速接近相等，但它们的几何形状却完全不相似。因此，比转速不是它们相似的条件，而是它们相似的结果。

同一台泵或风机，可以有许多的工况点，相应就可得到许多的比转速。为了能表达各种系列的泵或风机的性能，便于进行分析、比较，一般总是把最高效率点的比转速，作为某类型泵或风机的比转速。

泵的比转速公式中常数 3.65，有些国家不一定有，同时流量、扬程的单位也各不相同。表 4－6 为不同单位比转速的换算关系，也可以用如下关系式计算：

$$n_{s(中)}=\frac{n_{s(美)}}{14.16}=\frac{n_{s(英)}}{12.89}=\frac{n_{s(日)}}{2.12}=\frac{n_{s(德)}}{3.65} \quad (4-47)$$

表 4－6　　不同单位比转速的换算关系

公　式	$n_s=3.65\frac{n\sqrt{q_V}}{H^{3/4}}$	$n_s=\frac{n\sqrt{q_V}}{H^{3/4}}$					
国　家	中　国 俄罗斯	美　国	英　国	日　本	德　国	—	—
单　位	m^3/s m r/min	美 gal/min ft r/min	英 gal/min ft r/min	m^3/min m r/min	m^3/s m r/min	L/s m r/min	ft^3/min ft r/min
换算值	1	14.16	12.89	2.12	3.65	8.66	5.17
	0.070 6	1	0.91	0.15	0.26	0.61	0.37
	0.077 6	1.1	1	0.165	0.28	0.67	0.40
	0.470 9	6.68	6.079	1	1.72	4.08	2.44
	0.274 0	3.88	3.53	0.58	1	2.37	1.41

风机比转速公式中的全压 p，一般应该是在标准进气状态下风机产生的。当进口状态是非标准进气状态，风机产生的全压也会变化，所以应该进行换算，即

$$\frac{p_{20}}{\rho_{20}}=\frac{p}{\rho}$$

式中　p_{20}、ρ_{20}——在标准进气状态 t=20℃时，风机产生的全压与气体的密度；

p、ρ——使用条件下，风机产生的全压与气体的密度。

空气在标准进气状态下 ρ_{20}=1.2kg/m³，所以

$$n_s=\frac{n\sqrt{q_V}}{p_{20}{}^{3/4}}=\frac{n\sqrt{q_V}}{\left(1.2\frac{p}{\rho}\right)^{3/4}} \quad (4-48)$$

如果风机进气为标准状态，且气体介质为空气，ρ=1.2kg/m³，则式（4－48）变为

$$n_s=\frac{n\sqrt{q_V}}{p^{3/4}}$$

比转速是对单个叶轮而言的，如果泵与风机是多级的，则

$$n_s = 3.65\frac{n\sqrt{q_V}}{\left(\frac{H}{i}\right)^{3/4}},\quad n_s = \frac{n\sqrt{q_V}}{\left(\frac{p_{20}}{i}\right)^{3/4}} \tag{4-49}$$

式中 i——叶轮的级数。

若泵或风机的叶轮为单级双吸的，则

$$n_s = 3.65\frac{n\sqrt{q_V/2}}{H^{3/4}},\quad n_s = \frac{n\sqrt{q_V/2}}{p_{20}^{3/4}} \tag{4-50}$$

三、型式数

比转速 n_s 是有因次的，泵的比转速的单位是 $m^{3/4}\cdot s^{-3/2}$。国际上不少文献开始使用无因次比转速 n_{so}。无因次比转速的公式为

$$n_{so} = \frac{n\sqrt{q_V}}{(gH)^{3/4}} \tag{4-51}$$

式（4-51）右端各项含长度及时间的因次，计算时单位应一致。式中 g 为重力加速度，而比转速 n_{so}为无因次的。

国际泵试验标准 ISO 2548 中，在无因次的比转速公式中乘以 $2\pi/60$，称为型式数，以符号 K 表示。

$$K = \frac{2\pi}{60}\frac{n\sqrt{q_V}}{(gH)^{3/4}} \tag{4-52}$$

型式数也是无因次的，它与比转速的关系为

$$K = 0.005\,175\,9n_s$$

采用无因次的比转速 n_{so}或型式数 K，其最显著的优点是无因次，具有通用性。在具体计算中，只要公式中各量的单位取得统一，则型式数 K 值不变。

泵比转速公式 n_s，以水为标准，有较大的片面性。而无因次比转速或型式数与泵输送的液体密度无关，无论输送何种液体，泵的型式数不会因液体的密度不同而改变，作为相似准则要比 n_s 更好。

国际标准化组织 ISO/TC 在国际标准中定义了型式数，并取代过去的比转速。我国参照国际标准制定的现行国家标准 GB/T 3216—2005 也明确规定采用型式数 K，并允许在短期内可同时采用比转速 n_s。

型式数 K 的数值较小，在使用中可能会感到不习惯。

四、比转速的应用

比转速在泵与风机中有着重要的地位，它也是泵与风机的主要参数之一。比转速的应用主要有以下三个方面。

（1）根据比转速对泵或风机进行分类。比转速是泵或风机几何相似、运动相似的准则。彼此相似的泵或风机，它们的比转速是相等的，所以可以用比转速对泵或风机进行分类。不同的 n_s 代表了不同的结构特点和性能特点。

用 n_s 对泵分类，见表 4-7。n_s＝30～300 为离心泵，n_s＝300～500 为混流泵，n_s＝500～1000 为轴流泵。在离心泵中，n_s＝30～80 为低比转速离心泵，n_s＝80～150 为中比转速离心泵，n_s＝150～300 为高比转速离心泵。

表 4-7 **泵的比转速与叶轮形状和性能曲线的关系**

<table>
<tr><td rowspan="2">泵的类型</td><td colspan="3">离心泵</td><td rowspan="2">混流泵</td><td rowspan="2">轴流泵</td></tr>
<tr><td>低比转速</td><td>中比转速</td><td>高比转速</td></tr>
<tr><td>比转速</td><td>$30<n_s<80$</td><td>$80<n_s<150$</td><td>$150<n_s<300$</td><td>$300<n_s<500$</td><td>$500<n_s<1000$</td></tr>
<tr><td>叶轮形状</td><td>D_0 D_2</td><td>D_0 D_2</td><td>D_0 D_2</td><td>D_0 D_2</td><td>D_0 D_2</td></tr>
<tr><td>尺寸比</td><td>$\frac{D_2}{D_0}\approx3$</td><td>$\frac{D_2}{D_0}\approx2.3$</td><td>$\frac{D_2}{D_0}\approx1.8\sim1.4$</td><td>$\frac{D_2}{D_0}\approx1.2\sim1.1$</td><td>$\frac{D_2}{D_0}\approx1$</td></tr>
<tr><td>叶片形状</td><td>圆柱形叶片</td><td>入口处扭曲
出口处圆柱形</td><td>扭曲叶片</td><td>扭曲叶片</td><td>翼型叶片</td></tr>
<tr><td>性能曲线形状</td><td> 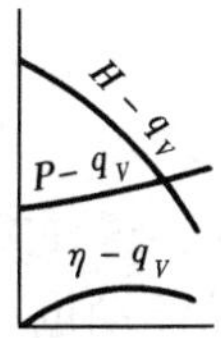$H-q_V$ $P-q_V$ $\eta-q_V$</td><td>$H-q_V$ $P-q_V$ $\eta-q_V$</td><td>$H-q_V$ $P-q_V$ $\eta-q_V$</td><td>$H-q_V$ $P-q_V$ $\eta-q_V$</td><td>$H-q_V$ $P-q_V$ $\eta-q_V$</td></tr>
<tr><td>扬程一流量曲线特点</td><td colspan="3">空转扬程为设计工况的1.1～1.3倍，扬程随流量减少而增加，变化比较缓慢</td><td>空转扬程为设计工况的1.5～1.8倍，扬程随流量减少而增加，变化较急</td><td>空转扬程为设计工况的2倍左右，扬程随流量减少而急速上升，又急速下降</td></tr>
<tr><td>功率一流量曲线特点</td><td colspan="3">空转点功率较小，轴功率随流量增加而上升</td><td>流量变动时轴功率变化较小</td><td>空转点功率最大，设计工况附近变化比较小，以后轴功率随流量增大而下降</td></tr>
<tr><td>效率一流量曲线特点</td><td colspan="3">比较平坦</td><td>比轴流泵平坦</td><td>急速上升后又急速下降</td></tr>
</table>

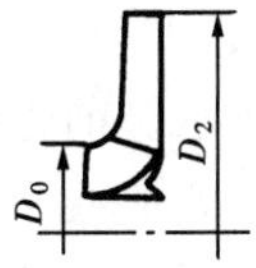

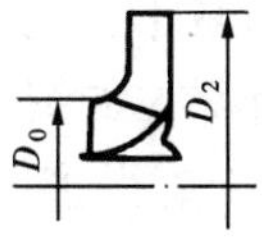

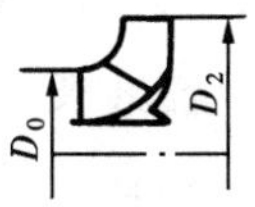

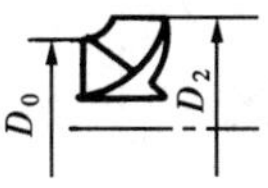

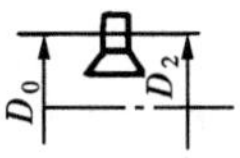

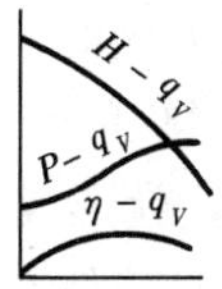

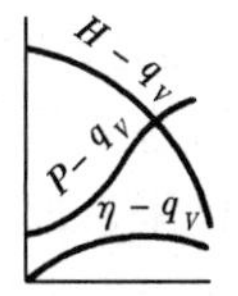

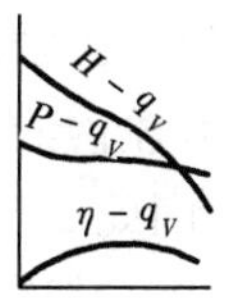

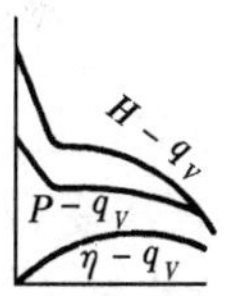

用 n_s 对风机分类：$n_s=2.7\sim14.4$（15～80）❶ 为离心通风机；$n_s=14.4\sim21.7$（80～120）为混流通风机；$n_s=18\sim90$（100～500）为轴流通风机。

分析比转速的公式，若转速 n 不变，比转速低，则必定是流量小、扬程、全压高；反之，比转速高，必定是流量大，扬程、全压低。也就是说，随着比转速由低到高，泵与风机的流量由小变大，扬程、全压由高变低。所以，离心式的泵或风机的特点是小流量，高扬程、高全压；轴流式泵或风机的特点是大流量、低扬程、低全压。

在比转速由低到高的变化过程中，要满足流量由小变大，扬程全压由高变低，叶轮的结构应该是 D_2 由大变小，b_2 由小变大。低比转速离心泵 $D_2/D_0\approx3$，混流泵 $D_2/D_0\approx1.2\sim$

❶ 括号内为工程单位制计算的比转速。括号外为国际单位制计算的比转速，是工程单位制计算比转速的1/5.54。

1.1，而轴流泵 $D_2/D_0 \approx 1$。所以比转速低，叶轮狭长；比转速高，叶轮短宽。

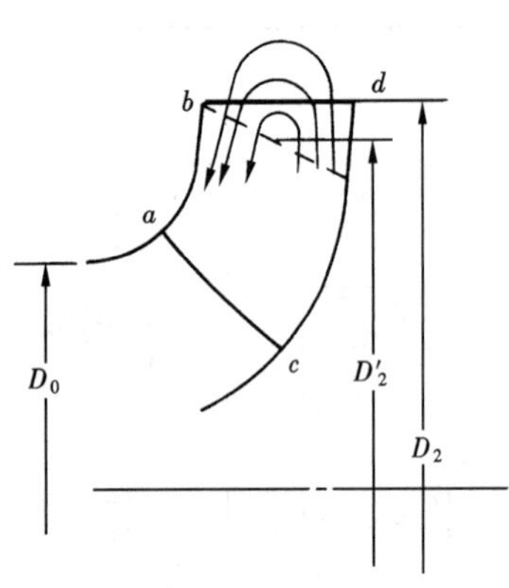

图 4-29 叶轮出口的二次回流

在比转速由低到高的变化过程中，流体在叶轮内的流动方向，由径向演变成轴向。离心泵或风机叶轮内流体的流动方向，沿轴向吸入，然后由径向排出，且流体在叶轮内的流动大部分是径向流动。然后，随着比转速的增加，叶轮出口直径不断减小，到一定程度时，叶轮前、后盖板上流线长短相差悬殊，如图 4-29 所示。前盖板处流线 ab 比后盖板处流线 cd 短得多，于是两条流线上产生的扬程不同，cd 流线上产生的扬程比 ab 流线上产生的扬程大得多。扬程不同，在叶轮出口处产生二次回流，增加能量损失。为了使 ab 流线与 cd 流线的长度大致相同，势必要缩短后盖板的直径，造成叶片出口边的倾斜，如图 4-29 虚线所示。出口边倾斜，使叶轮出口有较小的平均直径 D'_2。这种类型的泵或风机，称为混流泵或混流风机。其流体由轴向吸入，但从叶轮排出的方向既不是径向，也不是轴向，而是混流方向，且流体在叶轮内的流动一般也是混流方向。随着 n_s 再次不断增高，叶轮出口直径 D_2 再次受到限制，因此 D_2 减小到极限，即 $D_2 = D_0$，就形成了轴流式。这种类型的泵或风机称为轴流泵或风机。其流体由轴向吸入轴向排出，且流体在叶轮内的流动也基本是沿着轴向。综上所述，比转速由低到高的变化过程中，泵与风机的型式必然由离心式、混流式最后成为轴流式。

低比转速叶轮的叶片一般是圆柱形的。因为低比转速叶轮流道窄而长，叶片进口边一般平行布置，每条流线进口流入角都相同。圆柱形叶片便于设计、制造。比转速增高，叶片进口边位置外延，叶片进口边各条流线的直径不同，流体的流入角也不相同，于是叶片进口的安装角也不同，成为扭曲叶片。

比转速较低时，$H-q_V$ 性能曲线较平坦，也容易出现驼峰形状。因为低比转速叶轮为减小圆盘摩擦损失，便降低叶轮出口直径 D_2，为弥补扬程的不足，叶片出口安装角 β_{2g} 有所增加。β_{2g} 的增加，使流体的动能提高，冲击损失当然就增高。平坦的 $H-q_V$ 性能曲线减去冲击损失，容易出现驼峰形状 $H-q_V$ 性能曲线。随着比转速的增大，$H-q_V$ 性能曲线趋向于陡降，且出现 S 形。

n_s 较低时，$P-q_V$ 性能曲线随流量的增加而上升，最小功率发生在空转状态。为了保护电动机，离心泵与风机应该在出口阀门关闭时启动。随着 n_s 的增高，$P-q_V$ 曲线随流量的增加而下降。混流式泵与风机 $P-q_V$ 曲线有可能出现近乎水平或下降形状，但轴流泵与风机的 $P-q_V$ 性能曲线必定是下降的，其最大功率出现在空转状态。所以轴流泵与风机启动时，应该开启阀门，也称带负载启动。如果轴流泵与风机的动叶是可以转动（调节）的，也可在关闭动叶时启动。具有下降形状功率曲线的泵与风机，在正常工作时，其原动机一般均不在高效率区运行。原动机的功率是根据空转状态时的最大功率，再考虑一个容量安全系数而选择的。可是泵与风机在正常运转时的功率，小于原动机的额定功率，所以原动机不太会在高效率区域内运转。

n_s 较低时，泵与风机的效率曲线比较平坦，即上升与下降均较缓慢。这种类型的泵与风机，高效率区域较宽广，运行的经济性能好。随着比转速的增加，效率曲线变得陡降。换言之，效率曲线上升快，降得也快，高效率区域较窄。

比转速不同，形成不同的 $H-q_V$、$P-q_V$ 及 $\eta-q_V$ 性能曲线，由图 4-30 可得到鲜明的对照。

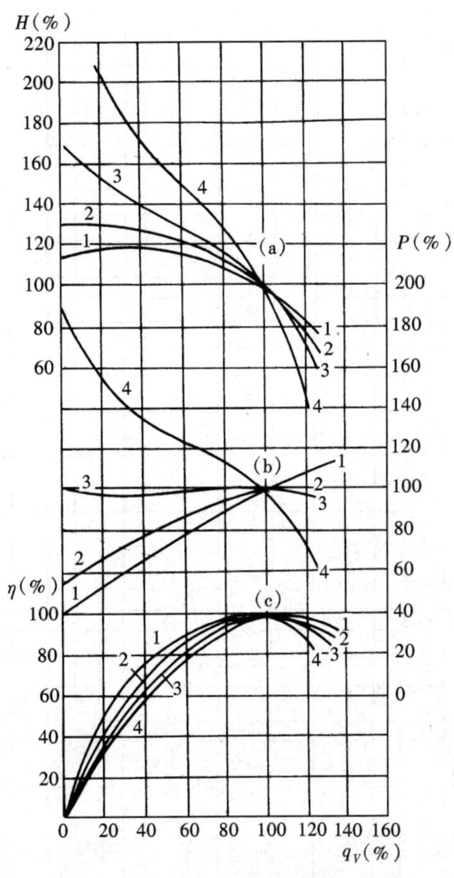

图 4-30　比转速与性能曲线的关系

(a) $H-q_V$ 曲线；(b) $P-q_V$ 曲线；(c) $\eta-q_V$ 曲线

1—离心泵（$n_s=100$）；2—离心泵（$n_s=200$）；3—混流泵（$n_s=400$）；4—轴流泵（$n_s=700$）

(2) 比转速是编制泵与风机系列的基础。系列是指同类结构泵或风机排列顺序。将许多泵的工作范围画在一张图上，称为型谱，如图 4-31 所示。每台泵有一个最佳的工作区域，它将 $H-q_V$ 曲线的左、右工作范围框好，$H-q_V$ 曲线的上、下工作范围由切割叶轮直径来定，得到一块块同类型结构泵的合理工作区域。图 4-31 为（ISO—2858）IS 型单级离心泵系列型谱。

在编制系列型谱时，如以比转速为基础安排系列，则可大大减少模型数目，节约人力和物力。每种系列可用一个或几个比转速的模型进行产品制造。系列型谱提供用户选择产品十分方便，同时又明确了开拓新产品的方向。

(3) 比转速还是泵与风机设计计算的基础。无论用相似设计，还是速度系数法设计，都需要利用比转速来选择优良的模型或合理的速度系数。

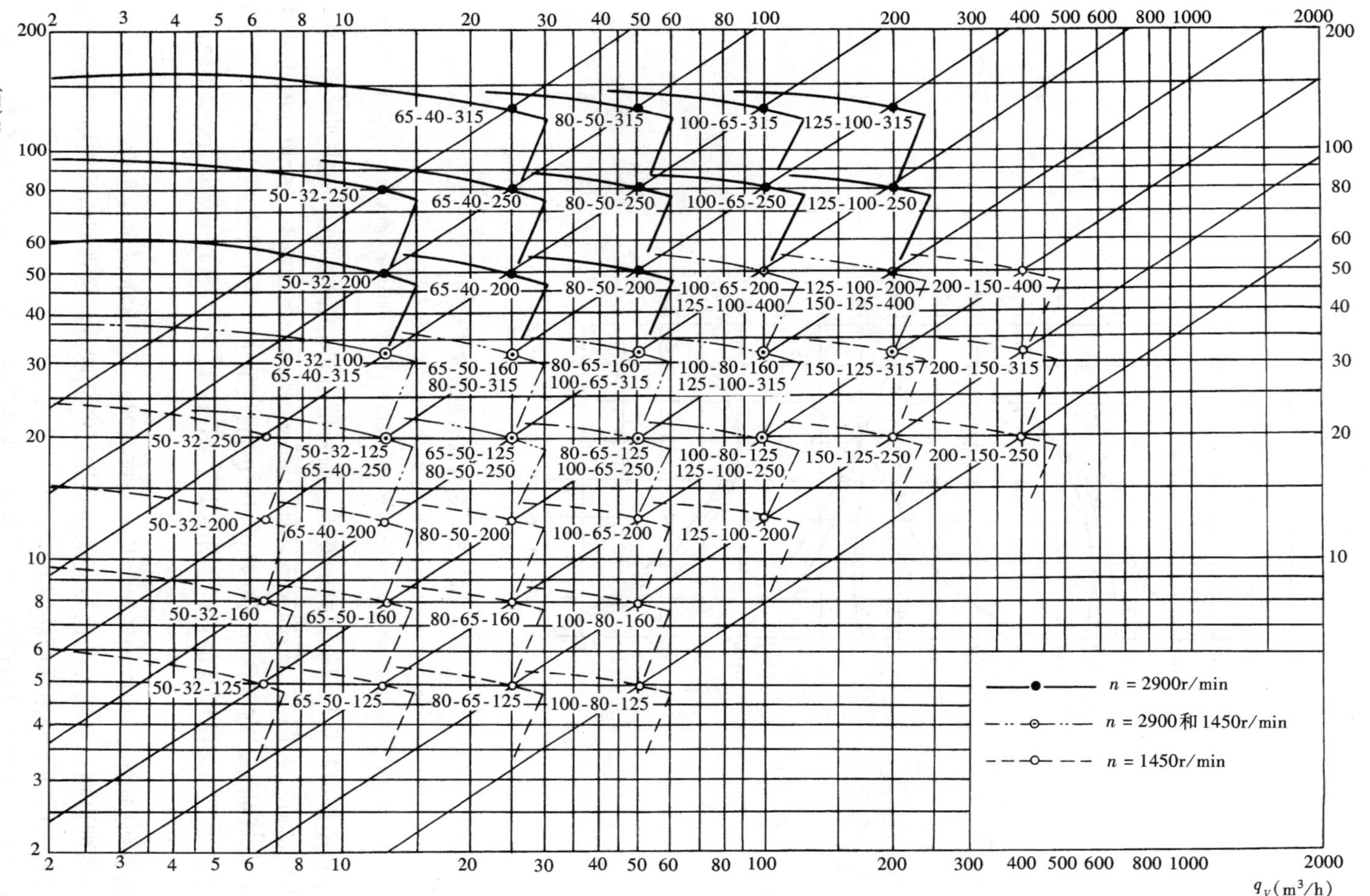

图 4-31 IS型单级离心泵系列型谱

第六节　泵与风机无因次性能曲线

为了选择、比较和设计泵或风机，采用一系列无因次的参数。无因次参数去掉了各种计量单位的物理性质。用无因次参数可画得无因次性能曲线。因为这些参数去除了计量单位的影响，所以对每一种型式的泵或风机，仅有一组无因次性能曲线。无因次性能曲线与计量单位、几何尺寸、转速、流体密度等因素无关，所以使用起来十分方便。无因次性能曲线，在风机的选型设计计算中应用得尤为广泛。

一、无因次参数

1. 流量系数$\bar{q}_V$

由式（4-29）可得

$$\frac{q_{Vp}}{D_p^3 n_p} = \frac{q_V}{D^3 n}$$

在上式两端各除以$\frac{\pi}{4}\frac{\pi}{60}$得

$$\frac{q_{Vp}}{A_p u_p} = \frac{q_V}{Au} = \bar{q}_V = \text{常数} \tag{4-53}$$

式中　A——叶轮侧面面积，$A=\pi D^2/4$，一般采用叶轮外径侧面面积A_2；

u——叶轮圆周速度，$u=\pi Dn/60$，一般采用叶轮出口圆周速度u_2。

相似的泵或风机，其流量系数$\bar{q}_V$应该相等，且是个常数。流量系数大，表示泵或风机所输送的流量大。

2. 压力系数$\bar{p}$

由式（4-30）可得

$$\frac{p_p}{\rho_p D_p^2 n_p^2} = \frac{p}{\rho D^2 n^2}$$

在上式两端各除以$\left(\frac{\pi}{60}\right)^2$得

$$\frac{p_p}{\rho_p u_p^2} = \frac{p}{\rho u^2} = \bar{p} = \text{常数} \tag{4-54}$$

同样，相似的泵或风机它们的压力系数$\bar{p}$应该相等，是一个常数。压力系数大，表示泵或风机所输送流体的压力高。

压力系数与比转速往往被用来标明风机的型式。如4-13.2型风机，其中4表示扩大五倍后取其整数的风机压力系数，13.2表示风机的比转速。

式（4-54）中流体的密度，对液体，一般可作为不可压流体，其密度为常数；对气体，其气体密度可用进口气体密度ρ，也可用进、出口气体密度的平均值。

3. 功率系数$\bar{P}$

由式（4-31）可得

$$\frac{P_p}{\rho_p D_p^5 n_p^3} = \frac{P}{\rho D^5 n^3}$$

在上式两边各除以$\frac{\pi}{4}\left(\frac{\pi}{60}\right)^3$，并乘以 1000 得

$$\frac{1000P}{\rho_p A_p u_p^3}=\frac{1000P}{\rho A u^3}=\overline{P}=\text{常数} \tag{4-55}$$

相似的泵或风机的功率系数 $\overline{P}$ 均相同，且为常数。功率系数大，表明了泵或风机所需的轴功率也大。

4. 效率 η

泵与风机的效率，虽然是一个无因次量，但如用无因次系数来计算，其计算式为

$$\eta=\frac{\overline{q}_V\,\overline{p}}{\overline{P}} \tag{4-56}$$

5. 比转速 n_s

用无因次参数也可计算风机的比转速 n_s。

因
$$n=\frac{60u_2}{\pi D_2},\quad q_V=\frac{\pi D_2^2}{4}u_2\,\overline{q}_V,\quad p=\rho u_2^2\,\overline{p}$$

所以，根据式（4-46）可得

$$n_s=\frac{60\,\frac{u_2}{\pi D_2}\sqrt{\frac{\pi D_2^2}{4}u_2\,\overline{q}_V}}{(\rho u_2^2\,\overline{p})^{3/4}}=\frac{30}{\sqrt{\pi}\rho^{3/4}}\,\frac{\sqrt{\overline{q}_V}}{\overline{p}^{3/4}} \tag{4-57}$$

对于标准进气状态，空气在大气压 101.3kPa，温度 $t=20℃$，相对湿度 50%时，密度 $\rho_{20}=1.2\text{kg/m}^3$，则

$$n_s=14.8\,\frac{\sqrt{\overline{q}_V}}{\overline{p}_{20}^{3/4}} \tag{4-58}$$

无因次系数$\overline{q}_V$、$\overline{p}$、$\overline{P}$ 也都是相似特征数，因此凡是相似的泵或风机，不论其几何尺寸的大小如何，在相应的最高效率工况点上，它们的无因次系数都相等。

二、无因次性能曲线

绘制无因次性能曲线时，首先用测试方法测得某一固定转速下，不同工况点的 q_V、p 与 P。然后，根据式（4-53）～式（4-56）计算相应的$\overline{q}_V$、$\overline{p}$、$\overline{P}$ 及 η。根据各组的$\overline{q}_V$、$\overline{p}$、$\overline{P}$ 及 η 的值，可以绘制无因次性能曲线$\overline{p}-\overline{q}_V$、$\overline{P}-\overline{q}_V$ 及 $\eta-\overline{q}_V$。图 4-32 所示为 6-5.42（6-30）型风机的无因次性能曲线。

无因次性能曲线还可以根据有因次的性能曲线，计算$\overline{q}_V$、$\overline{p}$、$\overline{P}$ 求得。

彼此相似的泵或风机，属于同一类型，它们的无因次性能曲线只有一组。不同类型的泵或风机，有不同的无因次性能曲线，选择时只需比较这些无因次性能曲线，择优而取。

离心风机在选型设计时，当选定风机型号后，即可确定风机叶轮的外径 D_2。由式（4-53）可得

$$\overline{q}_V=\frac{q_V}{Au_2}=\frac{q_V}{\frac{\pi D_2^2}{4}\,\frac{\pi D_2 n}{60}}$$

$$D_2=\sqrt[3]{\frac{24.32q_V}{\overline{q}_V n}} \tag{4-59}$$

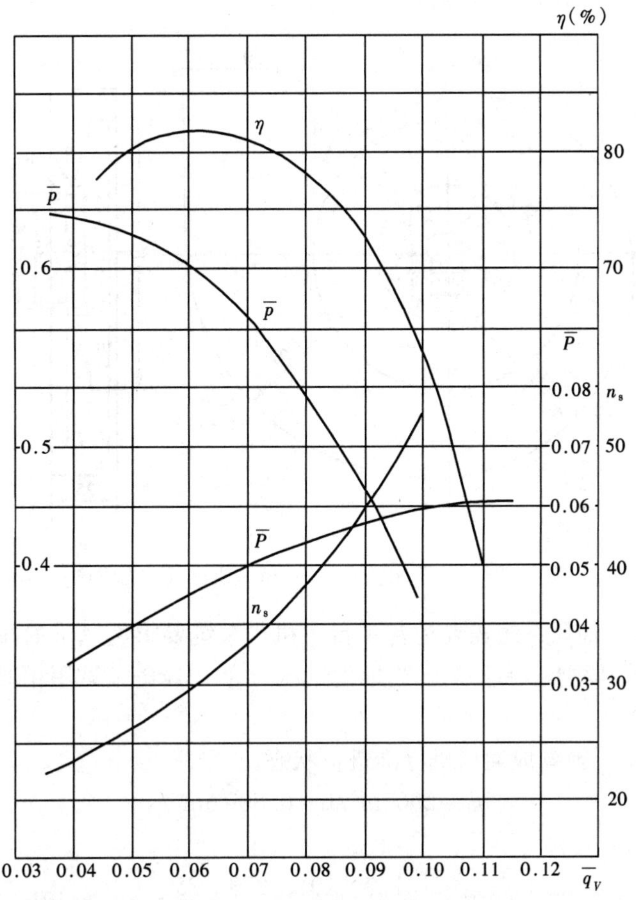

图 4-32　6-5.42（6-30）型风机无因次性能曲线

由式（4-54）可得

$$\bar{p}=\frac{p}{\rho u_2^2}=\frac{p}{\rho\left(\frac{\pi D_2 n}{60}\right)^2}$$

$$D_2=\frac{19.1}{n}\sqrt{\frac{p}{\bar{p}\rho}} \tag{4-60}$$

由式（4-59）与式（4-60）计算得到的叶轮外径 D_2，应该相等或者非常接近。确定了叶轮直径 D_2 后，按风机的空气动力学图上的比例，求得风机各部分结构尺寸。图 4-33 所示为 6-5.42（6-30)型风机的空气动力学图，图上各部分尺寸均取叶轮外径 D_2 的百分比。

选型设计后的风机，还需进行风机流量、全压和功率的校核计算：

$$q_V=A_2u_2\bar{q}_V=\frac{nD_2^3}{24.32}\bar{q}_V=0.04nD_2^3\bar{q}_V \tag{4-61a}$$

$$p=\rho u_2^2\bar{p}=\frac{n^2D_2^2\bar{p}\rho}{19.1^2}=2.74\times10^{-3}n^2D_2^2\bar{p}\rho \tag{4-61b}$$

$$P=\frac{\rho A_2 u_2^3}{1000}\bar{P}=1.13\times10^{-7}n^3D_2^5\bar{P}\rho \tag{4-61c}$$

必要时，选型设计后的风机还需进行强度校核。

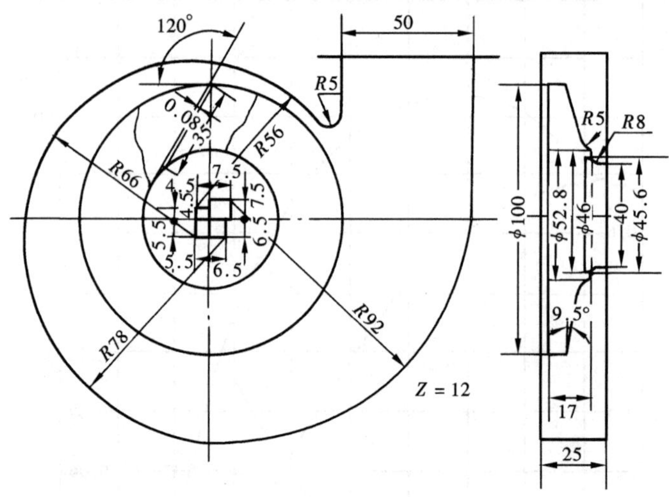

图 4-33　6-5.42（6-30）型风机空气动力学图

【例 4-2】　若一通风系统需要配备一台风机。系统要求通风机的流量 $q_V=2900\text{m}^3/\text{h}$，全压 $p=3.6\text{kPa}$，介质温度 $t=25℃$，当地大气压力为 101kPa。试用相似设计方法确定风机的型式与尺寸。

解　将流量、全压换算成通风机标准进口状态。

$$q_V=2900\text{m}^3/\text{h}=0.8056\text{m}^3/\text{s}$$

由式（4-38）得

$$p_{20}=3.6\times10^3\times\frac{101.3\times10^3}{101\times10^3}\times\frac{273+25}{273+20}=3.67\ (\text{kPa})$$

取风机的转速 $n=2900\text{r/min}$，其比转速 n_s 为

$$n_s=2900\times\frac{0.8056^{1/2}}{(3.67\times10^3)^{3/4}}=5.52$$

查比转速与 5.52 相近且效率较高，结构较简单的多种离心风机。决定选用 6-5.42（6-30）型风机。由 6-5.42 型风机无因次性能曲线（附图 2-4）和附表 2-2 查得 $\bar{q}_V=0.06$，$\bar{p}=0.6$，$\bar{P}=0.045$，$\eta=0.815$。

由式（4-59）计算风机叶轮的外径 D_2

$$D_2=\sqrt[3]{\frac{24.32q_V}{\bar{q}_V n}}=\sqrt[3]{\frac{24.32\times0.8056}{0.06\times2900}}=0.49(\text{m})$$

由式（4-60）计算风机叶轮的外径 D_2

$$D_2=\frac{19.1}{n}\sqrt{\frac{p}{\bar{p}\rho}}=\frac{19.1}{2900}\sqrt{\frac{3.67\times10^3}{0.6\times1.2}}=0.48(\text{m})$$

最后选取风机叶轮外径 $D_2=0.49\text{m}$。根据 $D_2=0.49\text{m}$，运用式（4-61a）得流量

$$q_V=0.04\times2900\times0.49^3\times0.06=0.8188\ (\text{m}^3/\text{s})$$

因而能满足系统所需的流量。

根据式（4-61b）校核风机的全压

$$p=2.74\times10^{-3}\times2900^{2}\times0.49^{2}\times0.6\times1.2=3.98\ (\text{kPa})$$

能满足系统所需之全压。

有了叶轮直径 D_2，根据图 4-33 可得到风机各部分的尺寸。例如，后弯式叶片的厚度

$$\delta=0.08D_2=0.08\times0.49=0.0392\ (\text{m})$$

风机的轴功率由式（4-61c）确定

$$P=1.13\times10^{-7}\times2900^{3}\times0.49^{5}\times0.045\times1.2=4.3\ (\text{kW})$$

利用无因次参数进行风机具体的相似设计时，还应注意：首先，在确定性能参数 q_V 及 p 时，应考虑一定的富余量。选择电动机容量时，也要根据计算的轴功率选取足够的富余量。其次，在选型时应多选取几种类型的风机，进行效率、功率、性能、结构、造价等方面的比较，择优选择其中的一种。最后，必要时还要对风机主要零件进行强度校核。风机叶轮在运转时，产生应力的大小与线速度的平方成正比，所以要求设计后新风机的圆周速度 u 不得超过允许的最大圆周速度 u_{max}。

利用无因次参数，根据已有风机的空气动力学图及无因次性能曲线设计风机，方法可靠，工作量也较小。

第七节　泵　内　汽　蚀

汽蚀一直是水力机械学科的一个重要研究课题。

1912 年，在英国万吨级海轮上，发现海轮的低速原动机被高速原动机替代后，只航行很短时间，其螺旋桨已经被汽蚀侵蚀得不能继续航行。差不多同时，德国和瑞典也都报道了水轮机被汽蚀破坏的情况。随着叶片泵转速的提高，泵内汽蚀也逐渐引起人们的注目。由于工业和科技的不断发展，汽蚀已成为水力机械发展的一个突出障碍。对于大容量高转速的泵，如何解决好汽蚀问题就至关重要了。

液体在某一温度下都有一个饱和蒸汽压力。液体的温度不同时，其饱和蒸汽压力也不同。由表 4-8 可知，当水温为 20℃时，饱和蒸汽压力 $p_v=2.334\times10^{3}$ Pa。此时，若水的压力低于饱和蒸汽压力，则水就会汽化。另外，如水的压力为 2.334×10^{3} Pa，而水温升高至 20℃时，水同样也会汽化。

表 4-8　　水温和饱和蒸汽压力的关系

水温（℃）	0	5	10	15	20	25	30
密度（kg/m³）	999.9	1000.0	999.7	999.1	998.2	997.0	995.6
饱和蒸汽压力 $p_v\times10^{-3}$（Pa）	0.608 0	0.872 8	1.225 8	1.706 4	2.334	3.167 6	4.236 5
水温（℃）	35	40	45	50	55	60	65
密度（kg/m³）	994.0	992.2	990.2	988.0	985.7	983.2	980.6
饱和蒸汽压力 $p_v\times10^{-3}$（Pa）	5.619 2	7.374 6	9.581 1	12.327 0	15.739 7	19.917 3	25.007 0
水温（℃）	70	75	80	90	100	110	120
密度（kg/m³）	977.8	974.9	971.8	965.3	958.1	950.6	942.9
饱和蒸汽压力 $p_v\times10^{-3}$（Pa）	31.155 7	38.550 0	47.3631	70.107 7	101.322 3	143.265 4	198.545 4

泵在运转时，从水池里吸水，水沿着吸水管进入吸入室，然后流入叶轮。水流在流动过程中，由于速度的增加、势能的提高及克服流动阻力，水流的压力越来越低。若水流流到泵叶轮进口某一位置时，水流的压力已经下降至该水温度的饱和压力，则水流汽化。同时，原来溶解于水中的气体也同时逸出，形成许多蒸汽、气体泡，并随着水流向前运动。当水流到达压力较高的地方时，充满着蒸汽和气体的空泡迅速凝缩、溃灭。空泡溃灭时，在多种因素作用下叶轮的过流部件损坏。根据高速摄影，空泡从生长至完全破灭，整个过程历时 0.003～0.005s。

综上所述，液体从汽化产生气泡至气泡的破裂，过流部件受到腐蚀、损坏，这就是汽蚀。

通过对汽蚀的机理研究，目前认为如果液体界面上的缝隙中存在着小的气核或汽核（以下统称气核），那么液体压力降低时，气核就迅速生长为肉眼可见的空泡，空泡在压力升高处破灭。当气核小时，液流的压力必须降得很低才能产生汽蚀；当气核大时，液流的压力即便大于饱和蒸汽压力也可能发生汽蚀。当液体中存在着杂质、微小固体颗粒时，也会产生类似情况。因此，汽蚀的初生压力并不一定要等于或小于饱和蒸汽压力，具体数值由核的数目、大小及液流经过低压区的时间等因素而定。

气泡的增长与溃灭还与液体的黏性有关。液体的黏性将使气泡的增长与溃灭的速度延滞。因此，黏性液体气泡的增长与溃灭所需的时间比非黏性液体长。

气泡尺寸较小时，还有表面张力的作用。气泡内是汽化压力 p_v，气泡外是液体压力 p，表面张力越大，气泡增长所需的压力差（p_v-p）就越大，而气泡溃灭所需的压力差却越小。表面张力有利于气泡的溃灭。因此，一般情况下，表面张力将阻碍汽蚀的发生，如已发生汽蚀，则将促使汽蚀尽快完成。

汽蚀危害泵的安全运行。首先它损坏泵的过流部件，对此主要有两种较合理的解释，并且得到了实验验证的观点。

一种观点认为当气泡溃灭时，从气泡中会辐射出来冲击波，冲击波作用在过流部件上，使金属材料的壁面形成球形凹坑。冲击波不断地作用，过流部件会疲劳损坏。

另一种观点认为，气泡溃灭时会从球形变成扁平形，最后导致分裂成两个小气泡，在气泡溃灭前的瞬间，周围的液体发生变形，形成一束流速很大的微细射流，从两个分裂的小气泡间通过，其速度可达 100～300m/s，作用时间为几微秒，产生数百兆帕的压力。射流如反复冲击过流部件表面，就会使金属材料疲劳而损坏。

这是对材料产生机械剥蚀。同时，气泡凝缩时放出大量的热，会使金属局部熔化造成破坏。逸出的气体中的氧气等会对金属产生化学腐蚀。在金属晶粒中有冷、热端存在，形成热电偶，产生电化学腐蚀。图 4-34 所示为叶轮因汽蚀被损坏的情况。汽蚀损坏部件的部位，恰是气泡消失处，图 4-35 所示为泵汽蚀损坏常见部位。

图 4-34 受汽蚀损坏的叶轮

一般情况下，叶轮叶片进口不远处的背部，液流压力最低，而汽蚀损坏出现在距进口稍远的地方，如图 4-35（a）和图 4-35（d）所示。如果叶轮叶片出口边没有削薄，则在叶片出口处出现汽蚀，如图 4-35（a)所示。倘若过流部分的外形设计不好，则在叶轮盖板附近的叶片和盖板上发生汽蚀损坏，如图 4-35（b)所示。图 4-35（c）所示为轴流泵和离心泵敞开式叶轮所发生的间隙汽蚀。因为液流经过间隙时，引起流速的局部升高，同时流速方向突然改变，以致造成脱流，产生汽蚀。图 4-35（d）表示入流角度和导向叶片角度不相适应而产生的导向叶片的汽蚀。泵如连续在大流量工况下运转，则蜗壳体泵舌处会产生汽蚀，见图 4-35（e）。图 4-35（f）为液流在进入叶轮前有过大预旋时，吸入室隔舌上发生的汽蚀。

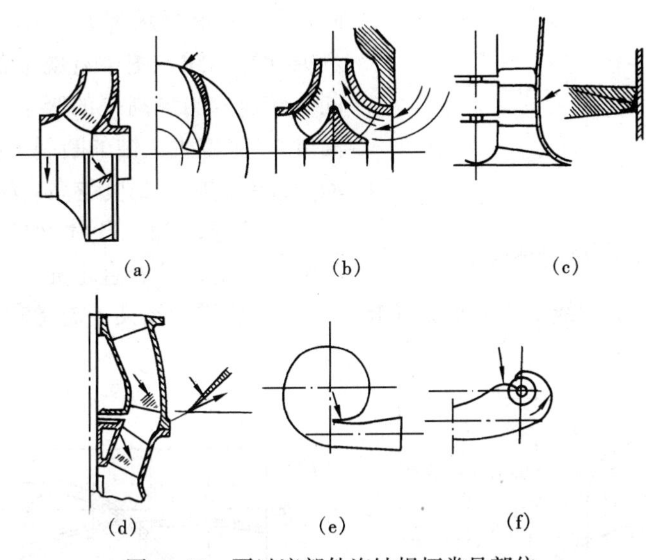

图 4-35　泵过流部件汽蚀损坏常见部位

其次，泵汽蚀会影响它的性能。泵内水在低压区刚开始汽化，形成气泡，可用肉眼或其他方法检测气泡的发生。这是汽蚀的初始阶段，称为初生汽蚀。初生汽蚀时，泵的性能曲线几乎不受影响。

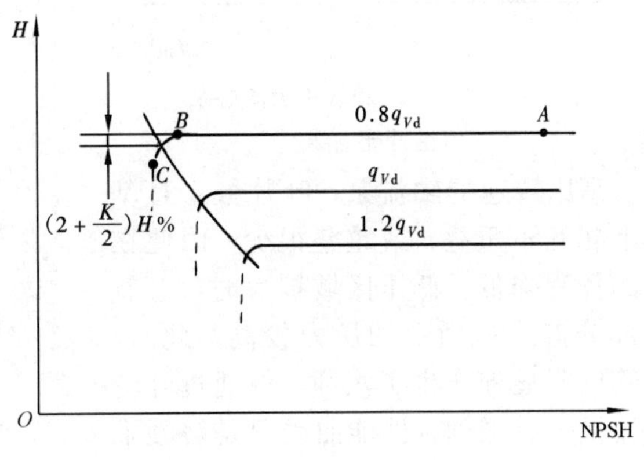

图 4-36　泵汽蚀断裂工况

初生汽蚀的发展，形成具有一定尺寸的空穴，改变叶轮流道的有效通道，降低液体流动的有效截面积。此时，泵的 $H-q_V$ 性能曲线开始恶化。汽蚀发展严重时，气泡充塞流道，泵的工作发生断裂。这个阶段称为泵的断裂工况，是汽蚀的发达阶段。断裂工况点是通过汽蚀试验确定的。进行泵汽蚀试验时，一般取三个不同的流量，通常是 $0.8q_{Vd}$、q_{Vd}、$1.2q_{Vd}$（q_{Vd} 设计工况流量）。试验时，泵的转速保持不变（如有变化，应换算至额定转速），对应于某一流量降低泵内压力，使汽蚀发生。如图4-36所示，随着泵内压力的不断降低（即图中的 NPSH 下降），泵在 A 点开始汽蚀，然后泵扬程略有下降。B 点为断裂工况开始点，C 点是完全断裂工况点，扬程直线下降。试验标准规定，断流工况临界点按该流量相应无汽蚀扬程（多级泵为第一级扬程）下降 $\left(2+\frac{K}{2}\right)H\%$（$K$ 为泵的型式数）的点来确定。

泵汽蚀出现“断裂”工况，性能曲线发生显著下降，扬程、功率、效率明显下跌，如图

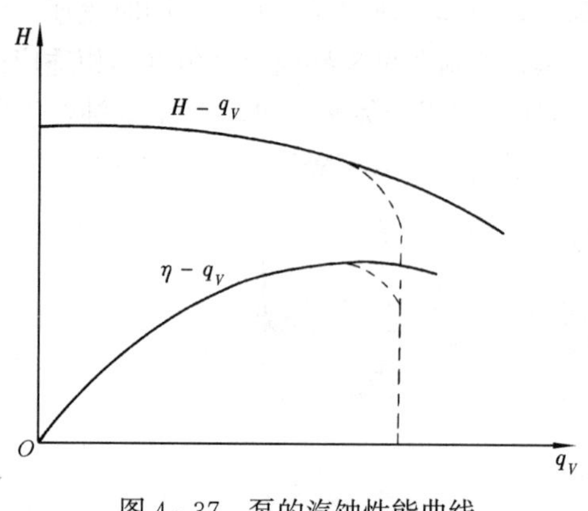

图 4-37　泵的汽蚀性能曲线

4-37 所示。但是不同比转速的泵，其汽蚀性能曲线下降的情况是不同的。

低比转速泵，流道较窄且长，一旦发生汽蚀，气泡易充满整个流道，使性能曲线突然下降，图 4-38 所示为 $n_s=70$ 单级单吸离心泵的汽蚀性能曲线，图中有明显的断裂点（黑点）。同一转速，当提高泵的吸上高度（泵安装几何高度），泵发生汽蚀的断裂工况往小流量方向移动，即泵的吸上高度越高，越容易发生汽蚀。

比转速增加，叶片间的流道宽了、短了，气泡的发生、发展直至充满整个流道需要一个过程。反映在泵的性能曲线上，开始是缓慢下降，以后增加到某一流量时，才出现急剧的下降趋势，如图 4-39 所示。

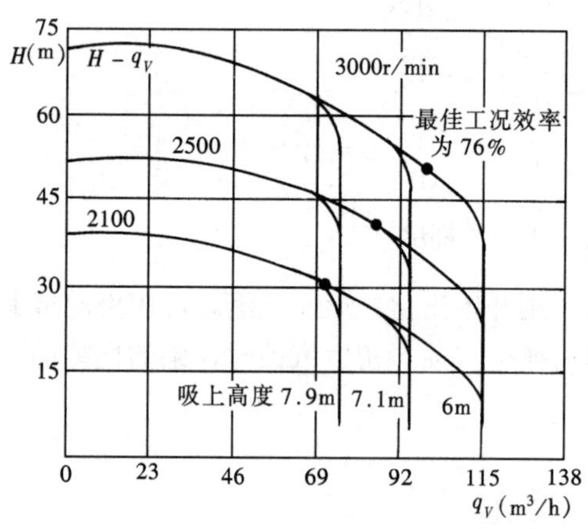

图 4-38　$n_s=70$ 单级单吸离心泵汽蚀性能曲线

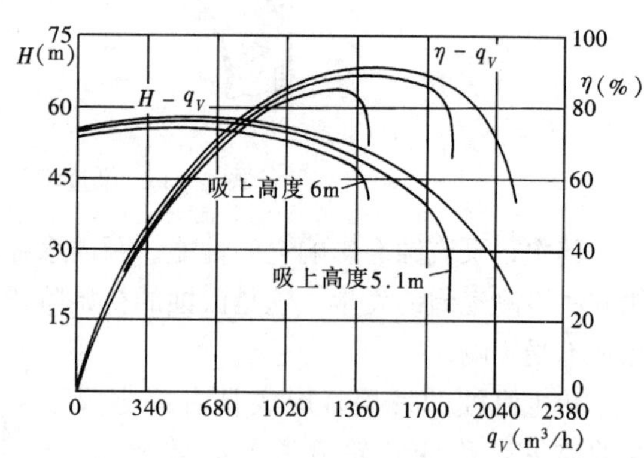

图 4-39　$n_s=150$ 双吸泵汽蚀性能曲线

高比转速的轴流泵，叶片数少且基本上相互不重叠，或重叠很少，因此在泵的扬程降低，低压区域扩大时，总有一部分流道截面上的压力较高。此时，尽管已明显地产生了汽蚀，但通过叶轮的流量仍有增加，性能曲线只是缓慢下降，不出现明显的断裂工况。图 4-40 所示为比转速 $n_s=670$，叶轮外径 $D_2=165$mm，转速 $n=2250$r/min 时轴流泵的性能曲线。

在多级泵中，汽蚀只影响首级叶轮。因此，多级泵汽蚀性能曲线的下降没有单级泵明显，且多级泵的断裂工况流量由首级叶轮来决定。

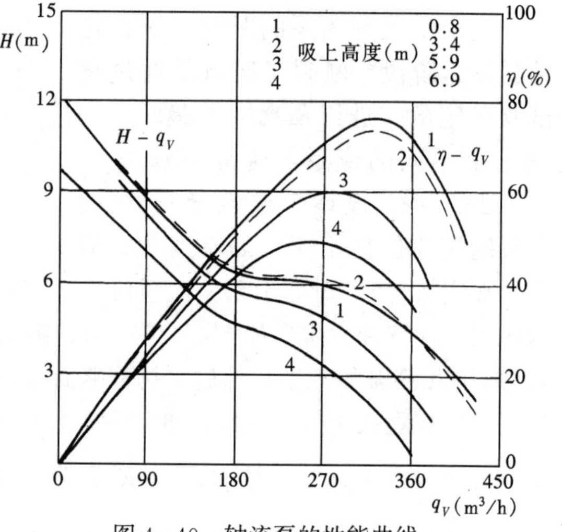

图 4-40　轴流泵的性能曲线

最后，泵的汽蚀会产生噪声与振动，这是由于气泡突然破裂造成的，泵越大，噪声与振动也就越大。泵组的振动又会促使空泡的发生与溃灭，两者的相互作用有可能引起汽蚀共振，乃至泵无法继续工作。

第八节　吸上真空高度

泵的吸上真空高度的高低，对于泵是否发生汽蚀是一个重要的因素。有些泵由于吸上高度较大，以至泵内发生汽蚀，甚至吸上高度过大，造成吸不上液体，使泵无法工作。所以，恰如其分地确定泵的吸上真空高度和吸上高度是必需的。

图 4-41 所示为离心泵从水池吸水，泵的几何安装高度即吸上高度为 H_g，泵的入口截面为 $S-S$，则液面及泵入口 $S-S$ 截面的伯努利方程为

$$\frac{p_0}{\rho g}=\frac{p_s}{\rho g}+\frac{v_s^2}{2g}+H_g+h_w \tag{4-62a}$$

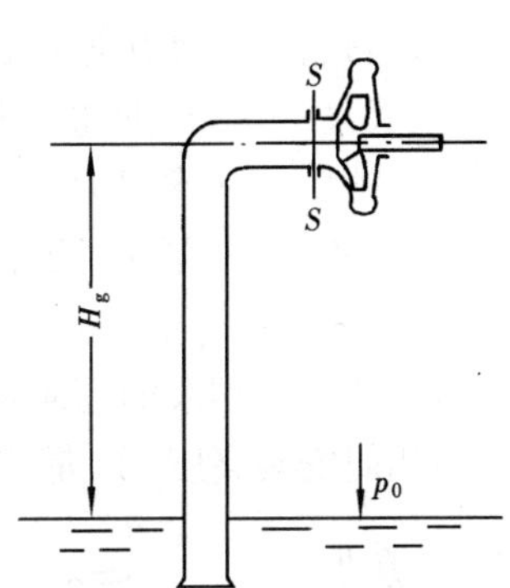

图 4-41　离心泵吸上高度

式中　p_0——泵吸入液面压力，Pa；

p_s——泵吸入口压力，Pa；

v_s——泵吸入口处液体的平均流速，m/s；

H_g——泵几何安装高度（吸上高度），m；

h_w——液体从吸入液面至泵入口处的阻力损失，m。

移项，得

$$\frac{p_0-p_s}{\rho g}=H_g+\frac{v_s^2}{2g}+h_w$$

若作用在吸入液面上的压力为大气压力，即 $p_0=p_{amb}$，则

$$\frac{p_{amb}-p_s}{\rho g}=H_g+\frac{v_s^2}{2g}+h_w$$

令 $(p_{amb}-p_s)/\rho g=H_s$，称为吸上真空高度，则

$$H_s=H_g+\frac{v_s^2}{2g}+h_w\quad \text{m} \tag{4-62b}$$

泵吸上真空高度 H_s 与泵几何安装高度 H_g、泵吸入口流速 v_s、吸入管路阻力损失 h_w 及吸入液面压力有关。若吸入液面压力不变，吸上真空高度 H_s 随着几何安装高度 H_g、泵进口流速 v_s、吸入管路内液体流动阻力的增大而降低。为保证泵的安全运行，需要规定泵的最大吸上真空高度 H_{smax}。为使泵运转时不产生气泡，同时又有尽可能大的吸上真空高度，一般规定留有一定的安全量 0.3m，即

$$[H_s]=H_{smax}-0.3 \tag{4-63}$$

式中　$[H_s]$——允许吸上真空高度，m。

泵在安装时的吸上真空高度，不能超过允许吸上真空高度 $[H_s]$。

最大吸上真空高度 H_{smax} 由制造厂试验求得，它是泵性能发生断裂工况时的吸上真空高度。泵安装时，根据制造厂样本规定的 $[H_s]$ 值，计算泵允许几何安装高度 $[H_g]$，即

$$[H_g]=[H_s]-\left(\frac{v_s^2}{2g}+h_w\right) \tag{4-64}$$

为了获得足够的允许几何安装高度，吸入管路内液体的流速不能太高，吸入管路阻力损失不能太大，管路内局部阻力的装置尽可能保持最少。

为了保证离心泵运转的可靠性，离心泵的几何安装高度应该以离心泵运行时可能出现的最大工况流量进行计算。

制造厂提供的［H_s］是在大气压力为101.3kPa、液体温度为20℃的条件下得到的。如果使用地的常年大气压力平均值、水温与规定条件不符，应对样本上提供的［H_s］值进行修正，修正公式为

$$[H_s]' = [H_s] + (H_{amb} - 10.33) + (0.24 - H_v) \quad (4-65)$$

式中　$[H_s]'$——修正后的允许吸上真空高度，m；

H_{amb}——使用地点的大气压，Pa，换算成水柱高度，即 $H_{amb}=p_{amb}/\rho g$，m；

10.33——标准物理大气压的水柱高度，m；

0.24——水温为20℃的饱和蒸汽压力，换算成水柱高度，m；

H_v——泵输送液体温度下的饱和蒸汽压力，Pa，换算成水柱高度，即 $H_v=p_v/\rho g$，m。

需注意，大型泵的几何安装高度 H_g，应该参考图4-42。不论是卧式布置还是立式布置的泵，几何安装高度 H_g 都应取叶片进口处最高的值。

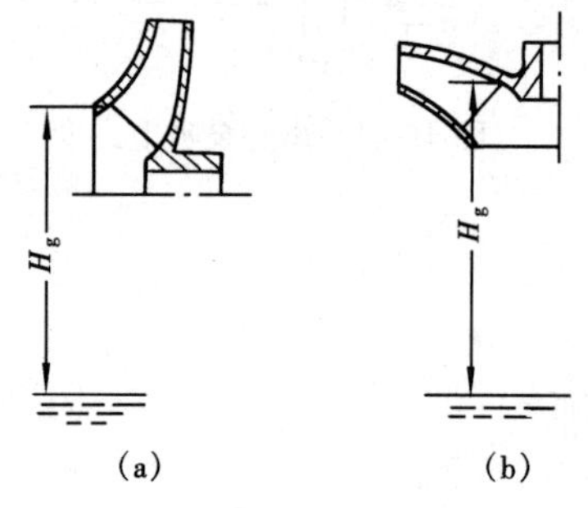

图4-42　大型泵几何安装高度
(a) 卧式泵；(b) 立式泵

【例4-3】　在高原大气压力为90 636Pa的地方，用泵输送水温为45℃的热水。吸入管路阻力损失 $h_w=0.8$m，等直径吸入管路内热水流速 $v=4$m/s。若泵的允许吸上真空高度［H_s］=7.5m，则泵允许几何安装高度为多少?

解　高原大气压力 H_{amb} 为

$$H_{amb}=\frac{90\,636}{990.2\times 9.81}=9.33\ (\text{m})$$

热水温度为45℃时的 H_v，可查表4-8得

$$H_v=\frac{9.581\,1\times 10^3}{990.2\times 9.81}=0.99\ (\text{m})$$

根据使用地大气压力及水温的修正，得

$$\begin{aligned}[H_s]' &= [H_s] + (H_{amb}-10.33) + (0.24-H_v)\\ &=7.5+9.33-10.33+0.24-0.99\\ &=5.75\ (\text{m})\end{aligned}$$

泵允许几何安装高度为

$$[H_g] = [H_s]'-\frac{v_s^2}{2g}-h_w=5.75-\frac{4^2}{2\times 9.81}-0.8=4.13\ (\text{m})$$

第九节　汽　蚀　余　量

泵在运转的时候，有时因换了一个吸入装置系统可能导致泵汽蚀；也有时在一个既定的吸入装置系统中，换了一台泵也可能导致汽蚀的发生。由此可见，研究汽蚀问题，应该分析吸入装置系统，当然还需研究泵本身的情况。

一、有效汽蚀余量

有效汽蚀余量也称装置汽蚀余量。它表示在泵吸入口（泵进口法兰）处，单位重力作用下的液体所具有的超过饱和蒸汽压力的富裕能量，用符号 $NPSH_a$ [1]表示。根据有效汽蚀余量的定义，可得

$$NPSH_a=\frac{p_s}{\rho g}+\frac{v_s^2}{2g}-\frac{p_v}{\rho g} \tag{4-66}$$

式中　p_s——液体在泵吸入口处所具有的压力，Pa；

v_s——泵吸入口处液体的流速，m/s；

p_v——液体的饱和蒸汽压力，Pa。

式（4-66）为有效汽蚀余量的定义式，但使用时不太方便。由式（4-62a）可得

$$\frac{p_s}{\rho g}=\frac{p_0}{\rho g}-\frac{v_s^2}{2g}-H_g-h_w$$

将上式代入式（4-66），得

$$NPSH_a=\frac{p_0}{\rho g}-\frac{p_v}{\rho g}-H_g-h_w \tag{4-67}$$

式（4-67）为有效汽蚀余量计算式。影响有效汽蚀余量 $NPSH_a$ 的因素有吸入液面的压力 p_0、被吸液体的温度、泵几何安装高度，还有吸入管路的阻力损失等。总之，有效汽蚀余量由泵吸入侧的管路系统决定，与泵本身无关。在给定的吸入装置系统与吸入条件下，有效汽蚀余量是容易求得的。

如果吸入液面在泵中心线以上时，则式（4-67）中的 H_g 为负值，有效汽蚀余量为

$$NPSH_a=\frac{p_0-p_v}{\rho g}+H_g-h_w \tag{4-68}$$

在吸入液面压力、泵几何安装高度和液体温度都不变时，有效汽蚀余量随流量的增加而下降。

有效汽蚀余量越大，出现汽蚀的可能性就越小，但不能保证泵一定不出现汽蚀。

二、必需汽蚀余量

有效汽蚀余量的大或小并不能说明泵是否会发生汽蚀。因为有效汽蚀余量仅指液体在泵吸入口处所具有的超过饱和蒸汽压力的富裕能量，但泵吸入口处的液体压力并不是泵内压力最低处的液体压力。液体从泵吸入口流至叶轮进口的过程中，能量没有增加，但它的压力却还要继续降低，其压力降低的原因如下：

（1）从泵吸入口至叶轮入口的截面积一般是逐渐收缩的，所以液体在其间的流速要升高，而压力却相应降低，如图 4-43 所示。

（2）液体进入叶轮流道时，以相对速度 w_1 绕流叶片头部，此时液流急剧转弯，流速加大，液体压力降低。这在叶片背部（非工作面）k 点更甚，液体在 k 点的压力 p_k 急剧下降至最低，如图 4-43 及图 4-44 所示。

（3）液体从泵吸入口流至叶片 k 点间，由于其速度大小及方向变化所产生的流动阻力，致使液体压力下降。

---

[1] NPSH 是 *net positive suction head* 的缩写，其译文为净正吸入压头。

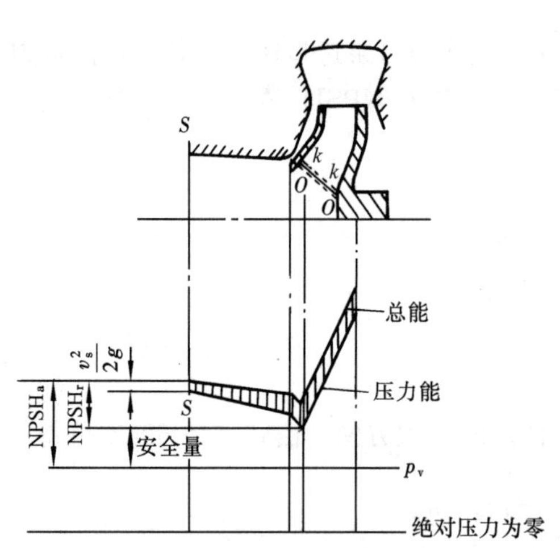

图 4-43 泵吸入口至叶轮入口压力分布

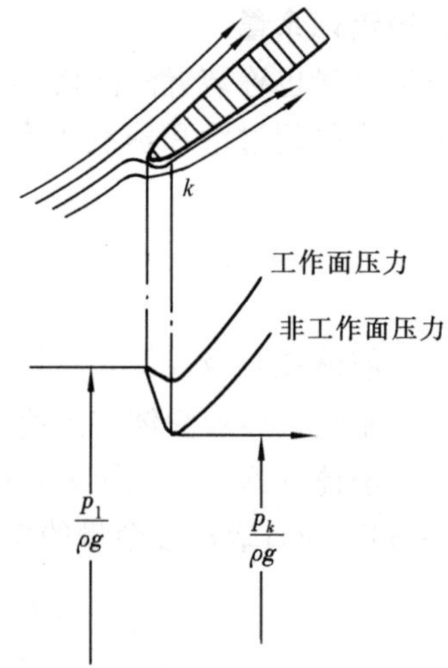

图 4-44 液体绕流叶片头部时压力分布

综上所述，单位重力作用下的液体从泵吸入口流至叶轮叶片进口压力最低处的压力降落量，称为必需汽蚀余量，也称泵的汽蚀余量，以符号 NPSH$_r$ 表示。

根据伯努利方程可推导得到必需汽蚀余量的公式。如图 4-43 所示，列出泵吸入口 $S-S$ 截面及叶轮叶片进口处稍前 $O-O$ 截面伯努利方程如下：

$$\frac{p_s}{\rho g}+\frac{v_s^2}{2g}+z_s=\frac{p_0}{\rho g}+\frac{v_0^2}{2g}+z_0+h_w$$

式中 z_s、z_0——$S-S$ 及 $O-O$ 截面至基准面（吸入液面）的距离；

h_w——单位重力作用下的液体从 $S-S$ 截面流至 $O-O$ 截面间的阻力损失。

为简化推导，假设 $z_s\approx z_0$，$h_w\approx 0$，则

$$\frac{p_0}{\rho g}=\frac{p_s}{\rho g}+\frac{v_s^2}{2g}-\frac{v_0^2}{2g} \tag{4-69}$$

再分析 $O-O$ 至 $K-K$ 截面相对运动伯努利方程，由式（2-31）得

$$\frac{p_0}{\rho g}+\frac{w_0^2}{2g}+z_0-\frac{u_0^2}{2g}=\frac{p_k}{\rho g}+\frac{w_k^2}{2g}+z_k-\frac{u_k^2}{2g}+h_w$$

式中 w_0、w_k——叶片进口前及叶片进口压力最低处液流的相对速度；

z_0、z_k——$O-O$ 截面与 $k-k$ 截面中心至基准面（吸入液面）的距离；

u_0、u_k——$O-O$ 截面与 $k-k$ 截面中心的圆周速度；

h_w——单位重力作用下的液体从 $O-O$ 流至 $k-k$ 截面间的阻力损失。

因为 $z_0\approx z_k$，$u_0\approx u_k$，$h_w\approx 0$，所以

$$\frac{p_0}{\rho g}=\frac{p_k}{\rho g}+\frac{w_k^2-w_0^2}{2g}=\frac{p_k}{\rho g}+\left[\left(\frac{w_k}{w_0}\right)^2-1\right]\frac{w_0^2}{2g}$$

令 $\left(\frac{w_k}{w_0}\right)^2-1=\lambda$，则

$$\frac{p_0}{\rho g}=\frac{p_k}{\rho g}+\lambda\frac{w_0^2}{2g}$$

式中 λ——液体绕流叶片头部的压降系数。

将上式代入式（4-69）得

$$\frac{p_s}{\rho g}+\frac{v_s^2}{2g}-\frac{v_0^2}{2g}=\frac{p_k}{\rho g}+\lambda\frac{w_0^2}{2g}$$

$$\frac{p_s}{\rho g}+\frac{v_s^2}{2g}-\frac{p_k}{\rho g}=\frac{v_0^2}{2g}+\lambda\frac{w_0^2}{2g}$$

上式等号左端即为必需汽蚀余量 $NPSH_r$。所以

$$NPSH_r=\frac{v_0^2}{2g}+\lambda\frac{w_0^2}{2g}$$

考虑到绝对速度因液流转弯而造成的不均匀，以及液流的流动阻力损失，所以在上式中引进压降系数 m，上式即为

$$NPSH_r=m\frac{v_0^2}{2g}+\lambda\frac{w_0^2}{2g} \tag{4-70}$$

式（4-70）称为汽蚀基本方程式。式中压降系数 m 一般情况下为 1.0～1.2；液体绕流叶片头部引起的压降系数 λ，在液体无冲击流入叶片的情况下为 0.3～0.4。研究表明，λ 与冲角有关，同时还和叶片数、叶片头部形状有关，对 $n_s<120$ 的叶轮，冲角为零时，λ 可用经验公式求得

$$\lambda=1.2\frac{v_0}{u_0}+\left(0.07+0.42\frac{v_0}{u_0}\right)\left(\frac{\delta_0}{\delta_{max}}-0.615\right) \tag{4-71}$$

式中 v_0——叶片进口边稍前的液体绝对速度，m/s；

u_0——叶片进口边稍前的圆周速度，m/s；

δ_0——叶片进口边厚度（圆弧直径），mm；

δ_{amx}——叶片最大厚度（见图 4-45），mm。

压降系数 λ 与泵的比转速 n_s 有关。若泵的转速不变，压降系数随流量而变化。如图 4-46 所示，在最高效率工况点附近，压降系数 λ 值最小。运转工况点离开最高效率工况点时，压降系数 λ 增大。此时相对速度方向与叶片入口安装角之间的冲角增大，脱流严重。

图 4-45 叶片厚片

必需汽蚀余量 $NPSH_r$ 是液体从泵吸入口流至叶轮叶片进口压力最低处 k 点的压力降，所以它不是一个富余量。必需汽蚀余量越大，表示压力降越大，泵抗汽蚀性能就越差；反之亦然。

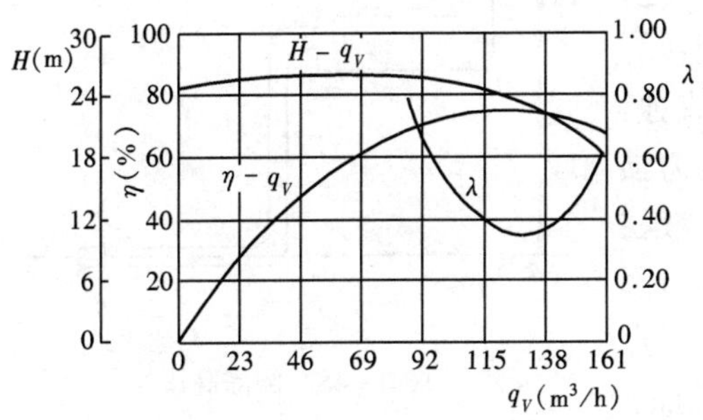

图 4-46 压降系数

必需汽蚀余量 $NPSH_r$ 与吸入管路装置系统无关，它只与泵吸入室的结构，液体在叶轮进口处的流速等因素有关。所以，必需汽蚀余量由泵入口各因素决定。

三、$NPSH_a$ 与 $NPSH_r$ 关系

分析有效汽蚀余量与必需汽蚀余量可知，$NPSH_a$ 与 $NPSH_r$ 虽然有着本质的区别，但是它们之间存在着不可分割的紧密联系。有效汽蚀余量是在泵吸入口处提供大于饱和蒸

汽压力的富余能量，而必需汽蚀余量是液体从泵吸入口流至 k 点所需的压力降，该压力降只能由有效汽蚀余量来提供。若使泵不产生气泡，就要使有效汽蚀余量大于必需汽蚀余量。

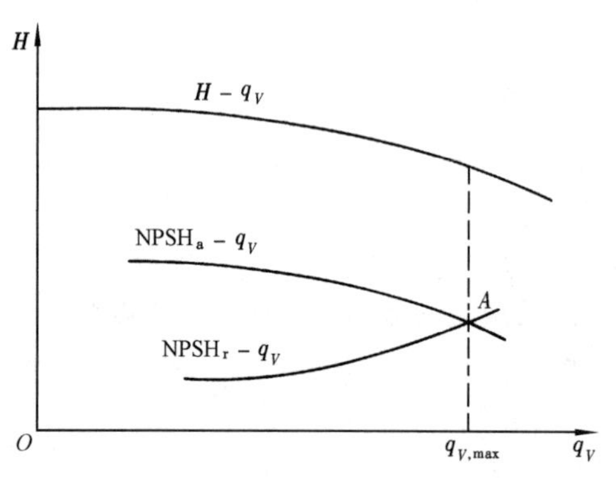

图 4-47　$\mathrm{NPSH_a}$ 与 $\mathrm{NPSH_r}$ 关系

在吸入管路系统确定后，有效汽蚀余量随流量增大而降低。在吸入室、叶轮入口形状已定情况下，必需汽蚀余量随流量的增大而升高。两条曲线交于 A 点，如图 4-47 所示。A 点是汽蚀界限点，即汽蚀临界状态点。

交点 A 左边的区域

$$\mathrm{NPSH_a} > \mathrm{NPSH_r}, \quad p_k > p_v$$

是泵的安全工作区域。

交点 A 右边的区域

$$\mathrm{NPSH_a} < \mathrm{NPSH_r}, \quad p_k < p_v$$

泵内产生汽蚀，是泵不安全工作区域。泵的工作点不应该落在该区域里。为了保证泵工作时不发生汽蚀，必须做到 $\mathrm{NPSH_a} > \mathrm{NPSH_r}$。

综上所述，汽蚀刚发生时

$$\mathrm{NPSH_a} = \mathrm{NPSH_r} = \mathrm{NPSH_c}, \quad p_k = p_v$$

此时的汽蚀余量称为临界汽蚀余量 $\mathrm{NPSH_c}$。为确保泵运转时不汽蚀，相对于 $\mathrm{NPSH_c}$ 应该放一个安全量。安全量的大小视系统及泵具体情况而定。一般取

$$[\mathrm{NPSH}] = (1.1 \sim 1.3)\ \mathrm{NPSH_c} \tag{4-72}$$

或

$$[\mathrm{NPSH}] = \mathrm{NPSH_c} + K \tag{4-73}$$

式中　[NPSH]——允许汽蚀余量；

K——汽蚀安全余量。国际标准草案 ISO/Dis 9905—1994：$\mathrm{NPSH_a}$ 必须超过 10%$\mathrm{NPSH_r}$，各种情况下不得小于 0.5m。

如果吸入液面的压力 p_0 恰为饱和蒸汽压力（$p_0 = p_v$），则式（4-67）为

$$\mathrm{NPSH_a} = -(H_g + h_w)$$

设此时处于汽蚀临界状态，则

$$\mathrm{NPSH_a} = \mathrm{NPSH_r} = -(H_g + h_w)$$

$$H_g = -(\mathrm{NPSH_r} + h_w) \tag{4-74}$$

式（4-74）说明了当泵吸取饱和液体时，泵的安装几何高度（吸上高度）必须为负值。换言之，泵的中心线应该在吸入液面以下，如图 4-48 所示。图中 H_g 被称为倒灌高度。为保证泵内不发生汽蚀，倒灌高度应该大于必需汽蚀余量与吸入管路阻力损失之和。有了足够的倒灌高度 H_g，产生相应的液柱压力，该压力除克服吸入管路阻力及泵内的压力降外，还要有余量，以保证液体流至图 4-44 所示 k 点处的液体压力仍大于饱和蒸汽压力，而不产生汽蚀。

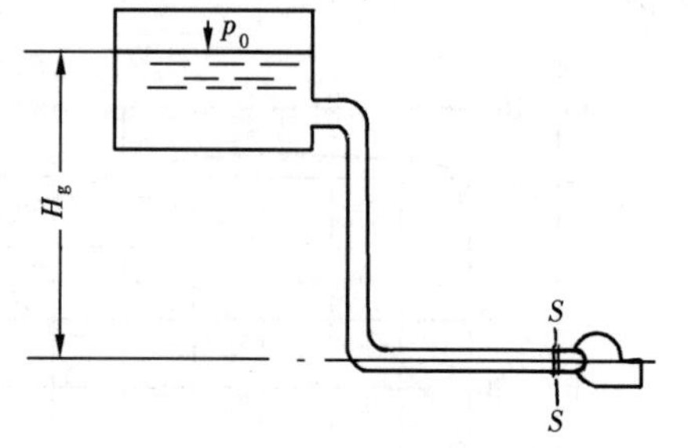

图 4-48　倒灌高度

火力发电厂中锅炉给水泵与凝结水泵，分别置于除氧器液面及凝汽器热井液面以下。

分析式（4-70），如在其他条件都相同时，叶轮圆周速度与泵汽蚀余量 $\mathrm{NPSH_r}$ 有如下

关系。为简化问题，在式（4-71）中，取 $\delta=0.615\delta_{max}$，则

$$\lambda = 1.2\frac{v_0}{u_0}$$

必需汽蚀余量为

$$NPSH_r = m\frac{v_0^2}{2g} + 1.2\frac{v_0}{u_0}\frac{w_0^2}{2g}$$

由图 4-49 可得，$w_0^2=u_0^2+v_0^2$

$$NPSH_r = m\frac{v_0^2}{2g} + 1.2\frac{v_0}{u_0}\frac{u_0^2+v_0^2}{2g} \tag{4-75}$$

将式（4-75）对 u_0 求偏导数，得

$$\frac{\partial}{\partial u_0}(NPSH_r) = \frac{\partial}{\partial u_0}\left(m\frac{v_0^2}{2g} + 1.2\frac{v_0}{u_0}\frac{u_0^2+v_0^2}{2g}\right) = 1.2\frac{v_0}{2g}\left[1-\left(\frac{v_0}{u_0}\right)^2\right]$$

分析上式可知，在 $u_0>v_0$ 的区域内，u_0 越大，则 $NPSH_r$ 也越大。在 $NPSH_a$ 相同的情况下，泵抗汽蚀性能恶化。对于 a—a 流线及 b—b 流线而言，v_0 相差不多，而 a—a 流线的 u_{0a} 大于 b—b 流线的 u_{0b}，因此 a—a 流线的 $NPSH_{ra}$ 要大于 b—b 流线的 $NPSH_{rb}$，如图 4-49 所示。所以在校核汽蚀性能时，最危险处在叶轮前盖板叶片进口处，如 a—a 流线是安全的不产生气泡，则其他流线问题就不大了。

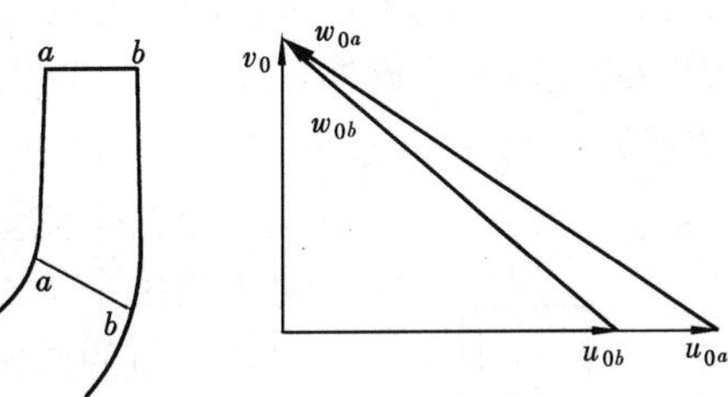

图 4-49　a—a 流线与 b—b 流线叶片入口前速度三角形

汽蚀余量与吸上真空高度也有一定的关系。根据式（4-66）

$$NPSH_a = \frac{p_s}{\rho g} + \frac{v_s^2}{2g} - \frac{p_v}{\rho g}$$

及

$$H_s = \frac{p_{amb}-p_s}{\rho g}$$

可得

$$H_s = \frac{p_{amb}-p_v}{\rho g} + \frac{v_s^2}{2g} - NPSH_a \tag{4-76}$$

如果 $NPSH_a=NPSH_r=NPSH_c$，则此时的吸上真空高度 H_s 应为 H_{smax}，它与临界汽蚀余量的关系为

$$H_{smax} = \frac{p_{amb}-p_v}{\rho g} + \frac{v_s^2}{2g} - NPSH_c \tag{4-77}$$

泵的汽蚀性能试验，就是从测得 H_{smax} 值，算得临界汽蚀余量 $NPSH_c$ 的。

有时也可作一种近似估算，假定 $\frac{v_s^2}{2g}\approx\frac{p_v}{\rho g}$，上述计算式可近似估算临界汽蚀余量

$$NPSH_c \approx 10 - H_{smax} \tag{4-78}$$

若用允许汽蚀余量替代式（4-77）中的 $NPSH_c$，则允许吸上真空高度为

$$[H_s] = \frac{p_{amb}}{\rho g} - \frac{p_v}{\rho g} + \frac{v_s^2}{2g} - [NPSH] \tag{4-79}$$

若从式(4-67)有效汽蚀余量 $NPSH_a$ 中直接求泵允许几何安装高度，则

$$[H_g]=\frac{p_0}{\rho g}-\frac{p_v}{\rho g}-h_w-[NPSH] \tag{4-80}$$

第十节　锅炉给水泵的最小流量

以上分析有效汽蚀余量 $NPSH_a$ 与必需汽蚀余量 $NPSH_r$ 的关系中，若 $NPSH_a=NPSH_r$，则所对应的流量 q_V，是泵运行的最大流量，泵要是在等于或超过最大流量时运行，就必定会产生汽蚀。所以泵的工作点一定要限制在最大流量以内。但是，泵在小流量工况下工作，泵的运转也会产生不稳定，以至于发生汽蚀。如当泵工作的流量减小到大约额定流量的 2/3 以下时，叶轮的入口将产生二次回流，随着流量继续下降，回流范围迅速扩大。这股回流在主流的冲刷下，又重回叶轮内时往往引起泵体和管路的振动。有时还会在吸入侧引起强烈的液柱喘振。同样，此时在叶轮出口也会产生二次流，形成出口不稳定的压力脉动，从而引起泵体与管路振动，如图 4-50 所示。

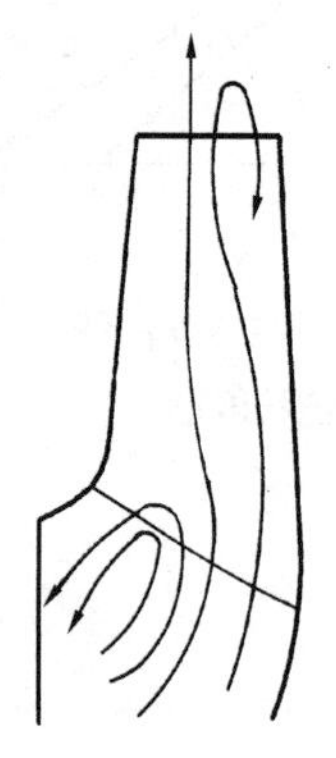

图 4-50　小流量时叶轮的二次回流

泵在小流量工况下运转时，由于流量低，v_0 与 w_0 也很小，因而必需汽蚀余量 $NPSH_r$ 应该较小，但实际情况则不然。泵小流量工作时，入口的二次流占据较大的叶片入口通流面积，液流真正的过流截面积很小，所以 v_0 与 w_0 不是下降，反而增加。另外，压降系数 λ 在额定工况附近值最小，离开这个工况 λ 值反而升高。由此可见，泵小流量工作时，从必需汽蚀余量的公式分析，它是增加的。

泵在小流量工况下运转，泵供给的扬程较大，而泵的效率却较低，所以泵内损失较大。泵内水流几乎在绝热下压缩，除了水流在泵中获得一定能量外，其余的耗功都转化为热能。当泵输送的流量较少，不能把热量带走时，就会导致水流的温度升高。首级叶轮密封环的泄漏返回叶轮入口，也会引起叶轮入口水温升高。同时，液流通过轴向力平衡装置间隙处，压力降较大，放出热量也大。而轴向力平衡装置的回水流入首级叶轮入口，又使水温升高。升高的水温，提高了饱和蒸汽压力，从而提高了总的必需汽蚀余量。把增大的必需汽蚀余量等于有效汽蚀余量时的流量称为最小流量。所以，最小流量是能连续保持而不使泵遭到汽蚀损害的最低流量。当泵的工作流量小于最小流量时，泵内水汽化。火力发电厂的锅炉给水泵与凝结水泵，本身输送饱和水，因为上述原因使水温升高，因而水泵的安全工作受到威胁，所以它们应该在大于最小流量值下工作。

综上分析可知，泵的安全工作区应该在最小流量与最大流量之间。如果是调速泵，用相似抛物线可给出泵安全工作的范围。如图 4-51 所示，泵在某转速下工作的性能曲线 $H-q_V$，B 为该转速下泵的最大流量。过 B 点的相似抛物线 OB 为泵在不同转速下的最大流量界限点。$H-q_V$ 曲线上的 A 点为该转速泵的最小流量。过 A 点的相似抛物线 OA 为泵在不同转速下的最小流量界限点。泵的安全工作范围在 OB 与 OA 相似抛物线范围内。泵在变速运行时，如果工作点落在 OB 曲线以右区域，则一定要通过相应措施（如关小泵出口阀门），使泵工作点移动至 OB 曲线以左。在锅炉点火等工况下，需要给水泵在小流量工况下工作，

若该流量小于泵的最小流量时，那么泵运行的工作流量必须调节到大于最小流量，将多余的流量通过再循环支路和节流阀门流回除氧器，如图 4 - 52 所示。

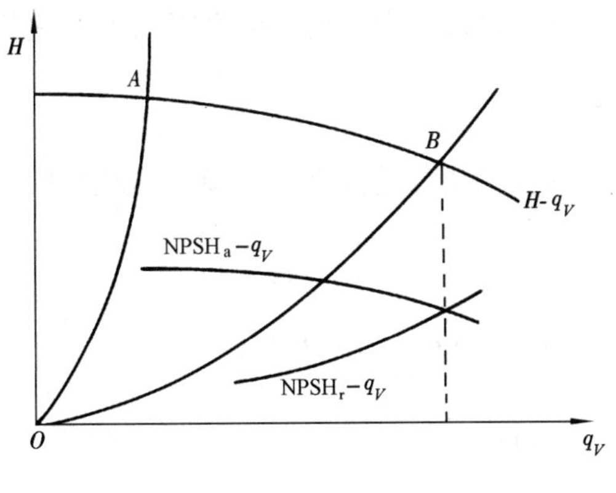

图 4 - 51　泵安全工作范围

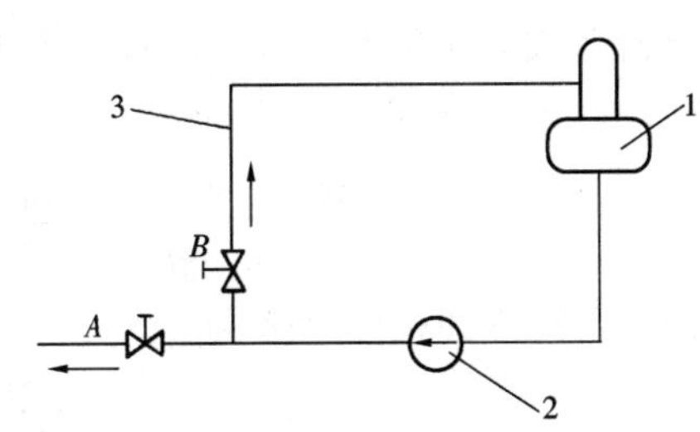

图 4 - 52　再循环支路

1—除氧器；2—给水泵；3—再循环支路

如果将泵内的液体作为不可压，泵内液体的压缩近似作为绝热过程考虑，则泵内水温升高 Δt_r 为

$$\Delta t_r = t_2 - t_1 = \frac{0.00981}{c_p} H\left(\frac{1}{\eta} - 1\right) \tag{4-81}$$

式中　H——某一流量 q_V 时泵的扬程，m；

η——某一流量 q_V 时泵的总效率；

t_1——水泵进口水温，℃；

t_2——水泵出口水温，℃；

c_p——水的比定压热容，4.18kJ/(kg·K)。

温升 Δt_r 是水在泵内由于泵的能量损失，而转换成热能，使水温升高。由式（4-81）及泵性能曲线可知，泵在小流量工况下工作，扬程 H 较大，而泵的效率 η 却很低，此时泵内水温升高值较大。

轴向力平衡装置间隙中的节流使水温进一步升高，计算式为

$$\Delta t_D = \frac{0.00981}{c_p} \frac{H}{\eta} \tag{4-82}$$

式中　Δt_D——轴向力平衡装置间隙中节流后水的温升，℃。

在确定最小流量时，必须考虑轴向力平衡装置后的温升。锅炉给水泵内的给水，一般温升可达 5～10℃。根据温升确定泵的最小流量，一般是其额定流量的五分之一左右。

第十一节　汽蚀相似定律和汽蚀比转速

汽蚀余量能够反映某台泵的抗汽蚀性能情况，但是却很难在泵中间比较抗汽蚀性能的优劣，因而需要研究一个既能表示泵抗汽蚀性能，又有与泵的性能参数有联系的综合参数作为比较泵抗汽蚀性能的依据。为此，利用相似原理，引出一个新的参数——汽蚀比转速 C。

一、汽蚀相似定律

由泵汽蚀基本方程式（4-70）可知，$NPSH_r$ 只与叶轮入口因素有关。因此，实型泵与模型泵的叶轮入口若彼此几何相似、运动相似，则实型泵与模型泵的必需汽蚀余量之比为

$$\frac{NPSH_{rp}}{NPSH_r}=\frac{(mv_0^2+\lambda w_0^2)_p}{mv_0^2+\lambda w_0^2}$$

分析上式，在泵入口运动相似的条件下，相应的速度比值相等，压降系数也相同，所以 $m_p=m$，$\lambda_p=\lambda$，于是

$$\frac{v_{0p}^2}{v_0^2}=\frac{m_p v_{0p}^2}{mv_0^2}=\frac{\lambda_p w_{0p}^2}{\lambda w_0^2}=\frac{mv_{0p}^2+\lambda_p w_{0p}^2}{mv_0^2+\lambda w_0^2}=\frac{(nD)_p^2}{(nD)^2}$$

由此可得汽蚀相似定律

$$\frac{NPSH_{rp}}{NPSH_r}=\frac{(nD)_p^2}{(nD)^2} \tag{4-83}$$

式（4-83）反映了 nD 与 $NPSH_r$ 的关系。nD 的变化直观地反映了泵叶轮外缘处的圆周速度 u。实际上它既反映了泵的能量，同时也显示泵的抗汽蚀性能。由于 nD 简单、实用，且易于比较和判断，所以工程上广泛使用它控制泵的汽蚀。目前，国外排水泵站 nD 一般取在 350～400。国内轴流泵与混流泵 nD 一般都控制在 400～500。

对于同一台泵，不同转速的相似工况，由于 $D_p=D$，所以式（4-83）为

$$\frac{NPSH_{rp}}{NPSH_r}=\left(\frac{n_p}{n}\right)^2,\quad \frac{NPSH_{r1}}{NPSH_{r2}}=\left(\frac{n_1}{n_2}\right)^2 \tag{4-84}$$

式（4-84）表述了一台泵当转速升高时，必需汽蚀余量随转速的平方增加，泵的抗汽蚀性能变差。因此，高转速泵的必需汽蚀余量较大，抗汽蚀性能较差。

【例 4-4】 一台输送 70℃热水的泵，吸入液面压力为 70kPa，$n=960$r/min，吸入管路阻力损失为 1.2m，汽蚀安全量 $K=0.5$m。选用小一倍尺寸的模型泵，在 20℃水温和标准大气压下，$n=1450$r/min，测得临界汽蚀余量 $NPSH_c=2$m。试求热水泵允许的几何安装高度为若干。

解 热水泵的临界汽蚀余量为

$$NPSH_{cp}=NPSH_r\frac{(nD)_p^2}{(nD)^2}=2\left(\frac{960\times 2}{1450}\right)^2=3.51(\text{m})$$

热水泵的允许汽蚀余量［NPSH］为

$$[NPSH]=NPSH_{cp}+0.5=4.01(\text{m})$$

查表 4-8 得水温在 70℃时，$\rho=977.8\text{kg/m}^3$，饱和蒸汽压力 $p_v=31.1557$kPa。将它们代入式（4-80）得

$$[H_g]=\frac{p_0}{\rho g}-\frac{p_v}{\rho g}-h_w-[NPSH]=\frac{70\times 10^3}{977.8\times 9.81}-\frac{31.1557\times 10^3}{977.8\times 9.81}-1.2-4.01$$
$$=-1.16(\text{m})$$

上述计算结果说明，泵的吸上高度为负值，即允许倒灌高度为 1.16m。

【例 4-5】 在大气压 $p_{amb}=97.8$kPa 的地方，泵吸上真空高度 $H_s=4.6$m。离心泵吸入口径 $D_s=210$mm，泵输送的流量 $q_V=80$L/s，输送水的温度 $t=20$℃，泵转速 $n=2950$r/min。试求：

(1) 泵转速降低至1450r/min时的临界汽蚀余量$NPSH_c$。

(2) 泵转速降低至1450r/min时的最大吸上真空高度H_{smax}。

解 (1) 泵入口处的流速

$$v_s=\frac{4q_V}{\pi D_s^2}=\frac{4\times 80\times 10^{-3}}{\pi\times 0.21^2}=2.31(m/s)$$

有效汽蚀余量$NPSH_a$为

$$NPSH_a=\frac{p_{amb}}{\rho g}-\frac{p_v}{\rho g}+\frac{v_s^2}{2g}-H_s$$
$$=\frac{97.8\times 10^3}{998.2\times 9.81}-\frac{2.334\times 10^3}{998.2\times 9.81}+\frac{2.31^2}{2\times 9.81}-4.6$$
$$=5.42(m)$$

因为 $NPSH_a=NPSH_r=NPSH_c$

所以 $NPSH_c=5.42(m)$

根据式(4-83)得

$$NPSH'_c=NPSH_c\left(\frac{n'}{n}\right)^2=5.42\times\left(\frac{1450}{2950}\right)^2=1.31(m)$$

泵转速下降，汽蚀余量平方下降更甚。

(2) 由泵相似定律式(4-32)得

$$\frac{q'_V}{q_V}=\frac{n'}{n}$$

$$q'_V=q_V\frac{n'}{n}=80\times\frac{1450}{2950}=39.3(L/s)$$

泵吸入口流速为

$$v_s=\frac{4\times 39.3\times 10^{-3}}{\pi\times 0.21^2}=1.13(m/s)$$

$$H_{smax}=\frac{p_{amb}}{\rho g}-\frac{p_v}{\rho g}+\frac{v_s^2}{2g}-NPSH'_c=\frac{97.8\times 10^3}{998.2\times 9.81}-\frac{2.334\times 10^3}{998.2\times 9.81}+\frac{1.13^2}{2\times 9.81}-1.31$$
$$=8.5\ (m)$$

实践表明，汽蚀相似定律的公式(4-83)的正确性是有范围的。在模型泵与实型泵的几何尺寸、转速相差不大时，式(4-83)的应用较正确，如两泵的转速改变不超过20%时计算结果较满意。若泵转速升高，根据试验得到的泵汽蚀余量$NPSH_r$的值，要比根据式(4-83)计算得到的值小。此时，按汽蚀相似定律进行换算是偏于安全的。相反，若泵转速降低，则试验得到的$NPSH_r$比式(4-83)计算得到的值大。这样汽蚀相似定律换算所得的$NPSH_r$的值，反而偏于不安全了。

式(4-83)应用于实际中的偏差，说明泵入口部分的完全相似有误差。因为几何相似与运动相似很难达到完全相似，所以按相似理论推导出的相似规律有近似性。泵转速降低时，泵内通过的流量减少，叶轮进口处出现二次回流，使主流中的压力降低。溶解于液体中的气体，随着主流的压力降低，从液体中逸出的气体增多，容易诱发汽化，使泵汽蚀余量增大。泵转速升高时，叶轮入口处的流速升高，使液体通过泵进口低压区的时间缩短，降低了气泡产生的概率，使$NPSH_r$降低，有利于泵抗汽蚀性能。

解释按汽蚀相似定律计算值与试验值偏差的另一种观点是，汽蚀相似只适用于性能开始下降点 B，如图 4－36 所示。B 点以后性能下降，汽蚀已发展到相当严重的程度，叶轮进口处的流动状态不能达到相似定律的要求。但是，汽蚀试验所确定的 $\mathrm{NPSH_r}$ 值是依照扬程下降$\left(2+\frac{K}{2}\right)H\%$（完全断裂工况点）来确定的。因此，根据相似定律换算的值与试验值不相吻合。

国内外对此问题研究，也提出一些换算公式：

$$\frac{\mathrm{NPSH_r}}{\mathrm{NPSH_{rp}}}=\left[1+\frac{n_p-n}{3(n_p+n)}\right]\left(\frac{n}{n_p}\right)^2 \tag{4-85}$$

$$\frac{\mathrm{NPSH_r}}{\mathrm{NPSH_{rp}}}=\left(\frac{nD}{n_pD_p}\right)^{1.84} \tag{4-86}$$

$$\frac{\mathrm{NPSH_{r1}}}{\mathrm{NPSH_{r2}}}=\left(\frac{n_1}{n_2}\right)^{1.5} \tag{4-87}$$

$$\frac{\mathrm{NPSH_{r1}}}{\mathrm{NPSH_{r2}}}=\left(\frac{n_1}{n_2}\right)^{1.6406+0.1064\frac{n_1}{n_2}} \tag{4-88}$$

二、汽蚀比转速

类似于比转速，相应可以推出汽蚀相似准则数——汽蚀比转速，用符号 C 表示。

叶轮入口几何相似、运动相似的泵，应用汽蚀相似定律得

$$\frac{\mathrm{NPSH_{rp}}}{n_p^2D_p^2}=\frac{\mathrm{NPSH_r}}{D^2n^2}=\text{常数} \tag{4-89}$$

同时，由泵相似定律得

$$\frac{q_{Vp}}{D_p^3n_p}=\frac{q_V}{D^3n}=\text{常数} \tag{4-90}$$

将式（4－89）两边平方，除以式（4－90）两边的立方，得

$$\frac{n_p^4q_{Vp}^2}{\mathrm{NPSH_{rp}^3}}=\frac{n^4q_V^2}{\mathrm{NPSH_r^3}},\qquad \frac{n_p\sqrt{q_{Vp}}}{\mathrm{NPSH_{rp}^{3/4}}}=\frac{n\sqrt{q_V}}{\mathrm{NPSH_r^{3/4}}}=\text{常数}$$

在上式两端乘以 5.62，则

$$5.62\frac{n_p\sqrt{q_{Vp}}}{\mathrm{NPSH_{rp}^{3/4}}}=5.62\frac{n\sqrt{q_V}}{\mathrm{NPSH_r^{3/4}}}=\text{常数}$$

令上式为汽蚀比转速 C，则

$$C=5.62\frac{n\sqrt{q_V}}{\mathrm{NPSH_r^{3/4}}} \tag{4-91}$$

我国习惯用式（4－91）计算汽蚀比转速，国外一般没有 5.62 的系数，用 S 表示，称为吸入比转速，即

$$S=\frac{n\sqrt{q_V}}{\mathrm{NPSH_r^{3/4}}} \tag{4-92}$$

汽蚀比转速 C 与吸入比转速 S 的本质是一致的，只是相差一个系数。同时，采用不同单位制所得的吸入比转速 S 也是不同的。我国汽蚀比转速的单位是：流量为 $\mathrm{m^3/s}$，泵汽蚀余量 $\mathrm{NPSH_r}$ 为 m，转速为 r/min。我国汽蚀比转速 C 与不同单位制国家吸入比转速 S 之间

的换算关系，见表 4 - 9。如用公式换算，即

$$C=\frac{S_{日}}{1.38}=\frac{S_{英}}{8.4}=\frac{S_{美}}{9.21} \tag{4-93}$$

表 4-9　汽蚀比转速与不同国家吸入比转速的换算

公　式	$C=5.62\frac{n\sqrt{q_V}}{\mathrm{NPSH}_r^{3/4}}$	$S=\frac{n\sqrt{q_V}}{\mathrm{NPSH}_r^{3/4}}$		
国　家	中　国 俄罗斯	日　本	美　国	英　国
单　位	m^3/s r/min m	m^3/min r/min m	美 gal/min r/min ft	英 gal/s r/min ft
换算值	1 0.725 0.108 0.119	1.38 1 0.15 0.164	9.21 6.68 1 1.10	8.4 6.08 0.91 1

汽蚀比转速 C 具有类似比转速 n_s 的性质。凡是泵的入口部分几何相似与运动相似，则汽蚀比转速必定相等。汽蚀比转速相等的泵抗汽蚀性能相同。

比转速 n_s 强调叶轮出口部分满足相似要求，因此 n_s 相等泵不一定相似。汽蚀比转速 C 强调叶轮入口部分满足相似要求，因此 C 相等泵也不一定相似。现在，若某些泵的比转速 n_s 与汽蚀比转速 C 都分别相等，即叶轮出口部分与入口部分都满足相似要求，那么这些泵必定相似。

汽蚀比转速与比转速一样是对单个叶轮而言的，如果叶轮是双吸的，汽蚀比转速公式中的流量应以双吸叶轮流量的一半代入，即

$$C=5.62\frac{n\sqrt{q_V/2}}{\mathrm{NPSH}_r^{3/4}} \tag{4-94}$$

汽蚀比转速公式中的参数，都以设计工况下的值代入，因此泵的汽蚀比转速是设计工况值。

汽蚀比转速是有因次的，与无因次比转速——型式数相类似，现在提出了无因次汽蚀比转速

$$k_s=\frac{2\pi}{60}\frac{n\sqrt{q_V}}{(g\mathrm{NPSH}_r)^{3/4}} \tag{4-95}$$

式中　g——重力加速度，m/s^2；

NPSH_r——设计工况下泵的汽蚀余量，m；

q_V——设计工况下泵输送的流量，m^3/s。

汽蚀比转速 C 是包含转速 n、流量 q_V 和泵的汽蚀余量 NPSH_r 在内的综合参数，是一个相似准则数。汽蚀比转速大的泵，抗汽蚀性能好。若必需汽蚀余量 NPSH_r 大，则汽蚀比转速小，泵抗汽蚀性能就差。所以汽蚀比转速的大小，可以显示泵抗汽蚀性能的优劣。目前，一般清水泵的汽蚀比转速

$$C=800\sim1000$$

对抗汽蚀性能要求高的泵

$$C=1000\sim1600$$

一些有特殊要求的泵，如火力发电厂中的凝结水泵、火箭中的燃料泵

$$C = 1600 \sim 3000$$

三、托马（Thoma）汽蚀系数

在水泵中，还常用托马汽蚀系数来评价泵的抗汽蚀性能。

由汽蚀相似定律公式（4-83）

$$\frac{\mathrm{NPSH_{rp}}}{\mathrm{NPSH_r}} = \frac{u_p^2}{u^2} = \frac{H_p}{H} = 常数$$

于是

$$\frac{\mathrm{NPSH_{rp}}}{H_p} = \frac{\mathrm{NPSH_r}}{H} = 常数$$

令上式常数为托马汽蚀系数 σ，则

$$\sigma = \frac{\mathrm{NPSH_r}}{H} \tag{4-96}$$

式中 H——最高效率点下泵的单级扬程，m。

托马汽蚀系数也是由泵相似关系推导得出，因而它与汽蚀比转速具有相同的性质。无论泵的尺寸怎样，只要它们工况相似，则托马汽蚀系数相等。托马汽蚀系数大，表示泵的抗汽蚀性能差；反之，表示泵的抗汽蚀性能好。

托马汽蚀系数 σ 与比转速 n_s 都是由相似理论推导而得，所以 σ 与 n_s 之间有相互关系。由式（4-43）得

$$H = \left(\frac{3.65n\sqrt{q_V}}{n_s}\right)^{4/3} \tag{4-97}$$

由式（4-96）得

$$\sigma = \frac{\mathrm{NPSH_r} \cdot n_s^{4/3}}{(3.65n\sqrt{q_V})^{4/3}} \tag{4-98}$$

由式（4-70）得

$$\mathrm{NPSH_r} = m\frac{v_0^2}{2g} + \lambda\frac{w_0^2}{2g} = k'\frac{u^2}{2g} = k''(nD)^2 \tag{4-99}$$

由式（4-29）得

$$\frac{q_V}{nD^3} = 常数 = k_0, \quad q_V = k_0 nD^3 \tag{4-100}$$

将式（4-99）、式（4-100）代入式（4-98），得

$$\sigma = \frac{k''(nD)^2 n_s^{4/3}}{[3.65n(k_0 nD^3)^{1/2}]^{4/3}} = kn_s^{4/3} \tag{4-101}$$

托马汽蚀系数 σ 与比转速的关系曲线，如图 4-53 所示。图中两段曲线，也可用方程表达。

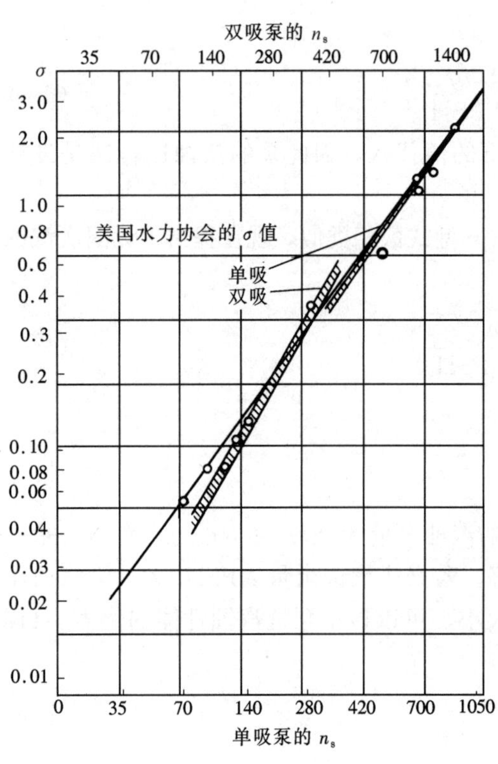

图 4-53 σ 与 n_s 的关系

对单吸叶轮泵

$$\sigma = 216 \times 10^{-6} n_s^{4/3} \tag{4-102}$$

对双吸叶轮泵

$$\sigma = 137 \times 10^{-6} n_s^{4/3} \tag{4-103}$$

托马汽蚀系数将泵的必需汽蚀余量与泵的扬程联系起来，是这个系数的不足之处。因为扬程的高低主要取决于叶轮的出口参数，而必需汽蚀余量却主要取决于叶轮的入口参数。因此，将汽蚀性能与叶轮出口参数相联系，显然不合理。但是托马汽蚀系数公式简单，在欧美国家的应用较多。

第十二节　输送高温水时泵的汽蚀

泵内汽蚀较复杂，影响的因素也很多。液体中固体颗粒的含量，对泵汽蚀余量有重要影响。试验表明水流含砂之后，增加了流动阻力，二相绕流等引起额外的压力降，造成泵临界汽蚀余量 $NPSH_c$ 增加，提早发生汽化。泵抽清水时，$NPSH_r$ 最小，随着含砂量的增加，泵必需汽蚀余量也增大，其增量与含砂量呈线性关系。

工程实践中，水温对泵抗汽蚀性能有着重要影响。现场试验和实验室试验表明，泵抽送热水或某些烃类液体时，其所要求的有效汽蚀余量可减少，这是因为泵的汽蚀余量下降的缘故。

分析有效汽蚀余量的公式

$$NPSH_a = \frac{p_0}{\rho g} - \frac{p_v}{\rho g} - H_g - h_w$$

如在吸入液面压力 p_0、泵吸上高度 H_g（倒灌高度 $-H_g$）及液流运动阻力 h_w 都不变的情况下，增加输送水的温度，饱和蒸汽压力 p_v 必增大，则有效汽蚀余量必降低。

而输送高温水时，必需汽蚀余量 $NPSH_r$ 不发生改变。因为 $NPSH_r$ 只与叶轮入口的流速等有关，不论液体的温度、物理性质如何，流经同一台泵入口时有相等的压力降，即 $NPSH_r$ 相同。由此可见，输送高温水泵抗汽蚀性能下降，水容易汽化。可是实验结果却与此不同。图 4 - 54 所示为某台离心泵输送不同水温时的汽蚀余量。温度较高的热水 $NPSH_r$ 是低的，温度越高 $NPSH_r$ 降得越多。如果对应相同的有效汽蚀余量，则输送水温越高，越不容易发生汽蚀。另外，同一台泵抽送不同液体，如水和某些特殊液体（丙烷、丁烷、甲醇等）在同一流量和同一转速下进行汽蚀试验，两者在扬程开始下降的 $NPSH_{rB}$ 大致相同，但是汽蚀发展的情况就不同了。特殊液体出现断裂点的汽蚀余量 $NPSH_{r2}$ 比水的断裂点的汽蚀余量 $NPSH_{r1}$ 小。由图 4 - 55 可得

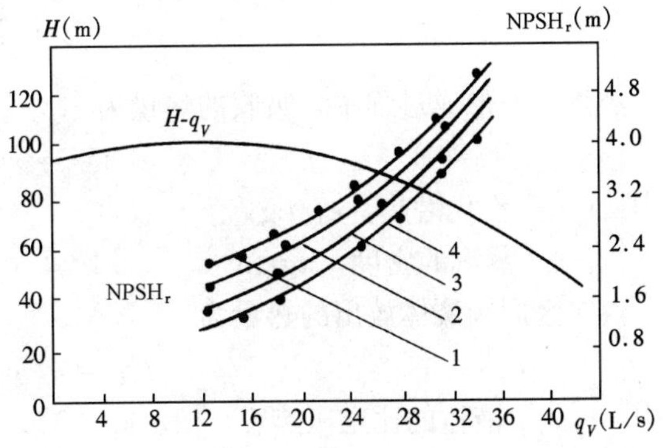

图 4 - 54　水温与 $NPSH_r$ 关系

1—水温 26℃；2—水温 115.5℃；3—水温 135℃；4—水温 145.5℃

$$NPSH_{r2} = NPSH_{r1} - \Delta h \tag{4-104}$$

式中 $NPSH_{r1}$——泵输送水的汽蚀余量；

$NPSH_{r2}$——泵输送其他特殊液体的汽蚀余量；

Δh——泵输送特殊液体汽蚀余量的下降值。

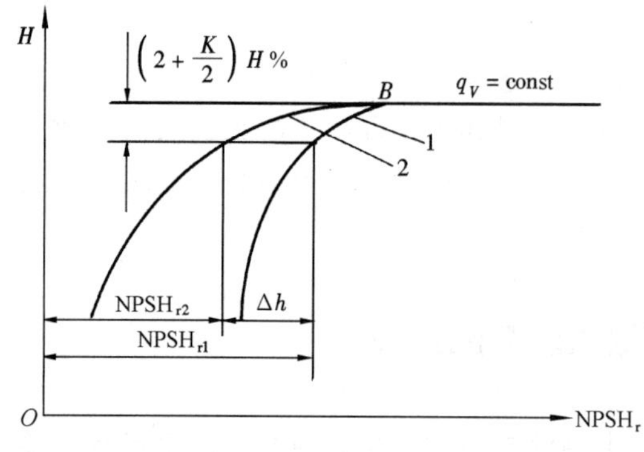

图 4 - 55 清水和特殊液体的断裂工况试验
1—水；2—特殊液体

这种现象用流体力学推导得出的汽蚀公式是无法解释的，需要用汽蚀热力学来分析。

根据液体热力学性质分析，当低压区的压力降到该温度下的饱和蒸汽压力时，液体开始汽化，汽化的同时还要从周围的液体中吸收热量，使周围液体温度下降。随着周围液体温度的下降，其饱和蒸汽压力也相应下降。因此，唯有在液体的压力进一步下降到新的饱和蒸汽压力时，才会继续发生汽化。这样就阻止了汽化的进一步发展。已经形成的空泡，流至压力高于饱和蒸汽压力区域内，空泡凝缩、溃灭放出热量，使周围液体的温度升高，饱和蒸汽压力相应提高，空泡的凝缩、溃灭过程又被延迟了。

汽蚀过程与热力学因素有关，其中之一就是汽蚀时产生蒸汽越多的液体（即蒸汽比体积大），汽蚀发展越严重。水的蒸汽比体积随温度升高而下降，因而温度越高，蒸汽比体积就越小，汽蚀发展较弱。在同一温度下，烃等液体的蒸汽比体积比水的蒸汽比体积小，有利于泵抵抗汽蚀。

为了用热力学原理说明泵的汽蚀过程，设蒸汽的体积为 V_1，汽穴区液体的体积为 V_2。汽蚀热力学准则 B 定义为

$$B = \frac{V_1}{V_2} \tag{4-105}$$

蒸汽气泡形成过程中，吸收的热量为

$$Q_1 = r\rho_1 V_1$$

式中 r——汽化潜热，kJ/kg；

ρ_1——蒸汽的密度，kg/m^3。

汽穴区周围液体放出的热量为

$$Q_2 = c_p\ \rho_2 V_2 \Delta T$$

式中 c_p——液体的比定压热容，kJ/(kg·℃)；

ρ_2——汽穴区周围液体的密度，kg/m^3；

ΔT——蒸汽气泡形成过程中，周围液体的温度降低值，℃。

由热平衡条件得

$$Q_1 = Q_2,\quad r\rho_1 V_1 = c_p\ \rho_2 V_2 \Delta T$$

将上式代入式（4 - 105）得汽蚀热力学准则

$$B = \frac{\rho_2 c_p}{\rho_1 r}\Delta T = \frac{v_1}{v_2}\frac{c_p}{r}\Delta T \tag{4-106}$$

式中 v_1——蒸汽比体积，$v_1 = 1/\rho_1$，m^3/kg；

v_2——液体比体积，$v_2=1/\rho_2$，m^3/kg。

计算饱和蒸汽压力和温度关系的热力学第二定律中的克拉贝隆—克劳修斯（Claperon-Clausius）方程

$$T\frac{\Delta p}{\Delta T}=\frac{r}{v_1-v_2} \tag{4-107}$$

式中　T——气泡发生时的初始温度；

Δp——气泡吸收热量使周围液体温度降低 ΔT 时，饱和蒸汽压力的降低值；

v_1、v_2——蒸汽和液体的比体积。

饱和蒸汽压力下降值 Δp，也可以理解为汽蚀余量的改变量 Δh，所以

$$\Delta p=\rho_2 g\Delta h=\frac{1}{v_2}g\Delta h \tag{4-108}$$

将式（4-107）和式（4-108）代入式（4-106），得

$$B=\frac{v_1}{v_2}\frac{c_p}{r^2}\Delta pT(v_1-v_2)=\frac{v_1(v_1-v_2)}{(v_2r)^2}c_pTg\Delta h$$

考虑到液体的比体积 v_2 比蒸汽的比体积 v_1 小得多，略去 v_2 得

$$B=\left(\frac{v_1}{v_2r}\right)^2c_pTg\Delta h \tag{4-109}$$

汽蚀热力学准则 B 是蒸汽体积与汽穴区液体体积之比，其大小表示液体蒸发的程度。B 值小，说明汽蚀发展的倾向性较弱；B 值大，说明汽蚀发展倾向性较强。同一台泵，在相同流量和转速下，输送不同温度的水或其他液体时，若 B 值相同，则说明汽蚀发展的倾向性相同，汽蚀发生的状态相同，离心泵抗汽蚀性能恶化的程度也相同。

由热力学关系可知蒸汽比体积、液体比体积、汽化潜热等数值，计算汽蚀热力学准则 B，然后按 B 与饱和蒸汽压力的关系，确定汽蚀余量的改变量 Δh。这样，知道泵输送常温清水时的 $NPSH'_r$，减去 Δh，可获得输送热水时的 $NPSH''_r$，即

$$NPSH'_r-\Delta h=NPSH''_r \tag{4-110}$$

推导汽蚀热力学准则过程中，从一个热平衡状态至另一个热平衡状态，不可能瞬时完成，有一个过渡过程，所以式（4-109）计算值不能充分表示热力学因素对汽蚀的影响。弥补的办法是，查图 4-56 得出的汽蚀余量改变量较可靠些。在图 4-56 的横坐标上找到输送液体的温度，由此向上作垂线与相应的液体斜线相交，交点的纵坐标即为该温度下液体的饱和蒸汽压力。过交点作与修正曲线平行的斜线，与右侧坐标轴相交，交点的读数即为必需汽蚀余量的改变量 Δh。再由式（4-110）和式（4-104）求出输送热水或输送其他液体在不同温度时的必需汽蚀余量。

如果修正值 $\Delta h<\frac{1}{2}NPSH'_r$（清水的必需汽蚀余量），则用式（4-104）和式（4-110）计算其他特殊液体的必需汽蚀余量或热水的必需汽蚀余量。如果 $\Delta h>\frac{1}{2}NPSH'_r$，则用 $\frac{1}{2}NPSH'_r$ 作它们的汽蚀余量，即

$$NPSH_{r2}=\frac{1}{2}NPSH_{r1}，\quad NPSH''_r=\frac{1}{2}NPSH'_r$$

图 4-56 为美国水力学会标准，根据实验数据绘制。

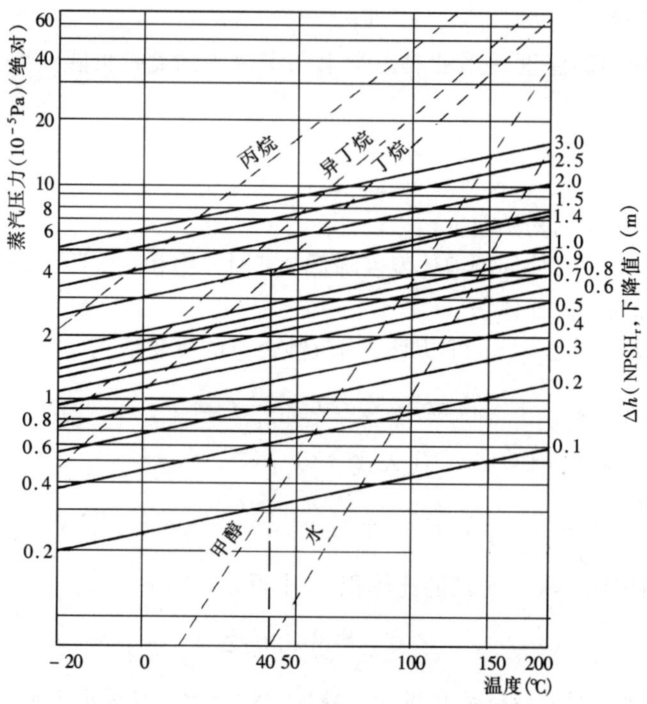

图 4-56　输送热水和碳氢化合物时汽蚀余量改变量

同一台泵在相同条件下输送热水时，泵本身抗汽蚀性能得以改善，这已为理论与实验所证实。但是，水温升高有效汽蚀余量是下降的［如 20℃ 与 90℃ 水的饱和蒸汽压力相差 7.16mH_2O 柱。在式（4-67）中的 p_0、H_g、h_w 都不变时，意味着水温从 20℃ 升至 90℃，$NPSH_a$ 下降 7.16m。］，而且有些泵使用的环境较复杂，如火力发电厂中的锅炉给水泵在变工况状态下工作，所以温度对汽蚀的影响要综合分析，不可简单套用上述结论。

第十三节　提高泵抗汽蚀性能措施

改善泵的吸入性能，提高泵抗汽蚀性能的措施，可以从提高泵有效汽蚀余量 $NPSH_a$，降低必需汽蚀余量 $NPSH_r$ 及其他的措施着手研究。

一、提高有效汽蚀余量的措施

分析有效汽蚀余量的公式 $NPSH_a=\frac{p_0}{\rho g}-\frac{p_v}{\rho g}-H_g-h_w$ 可知，提高 $NPSH_a$ 的措施有四种。

1. 减少吸入管路的阻力损失

为减少吸入管路的阻力损失，吸入管路内的液体流速不能选取太高。一般情况下，阻力损失与流体速度的平方成正比，所以在允许增大管道直径的情况下，尽量降低吸入管路内液体的流速。

降低阻力损失的另一种措施是，尽量去掉不必要的局部阻力装置，如阀门、弯头等。有时，虽然局部阻力装置是必要的，但是选取合理形状的局部阻力装置，也能降低局部阻力损失。

2. 装置前置泵

目前大容量的汽轮发电机组，需要大容量的锅炉给水泵。为了达到大容量、高扬程的性能参数，同时减少给水泵的级数、缩小给水泵的尺寸，锅炉给水泵的转速均较高。但转速升高后，给水泵的汽蚀余量 $NPSH_r$ 近似为二次方的增加，给水泵的抗汽蚀性能大为恶化。为改善给水泵的吸入性能，降低泵的倒灌高度，目前国内外广泛采用在大容量给水泵前装置前置泵，如图 4 - 57 所示。除氧器内的给水首先由前置泵增压，然后再进入给水泵。由于给水泵进口处的液流压力增高，泵的有效汽蚀余量增大，所以泵的抗汽蚀性能有所提高，一般不会再发生汽蚀。为提高前置泵的抗汽蚀性能，设置的前置泵转速较低，一般每分钟只有一千多转，而且前置泵的叶轮一般又是单级双吸式，也有的前置泵叶轮吸入口尺寸，按大流量设计，小流量使用。另外，前置泵叶轮采用能抗汽蚀的材料，如不锈钢。目前采用抗汽蚀性能较好的低速的前置泵与高速的给水泵串联工作，可提高整台泵组的抗汽蚀性能。

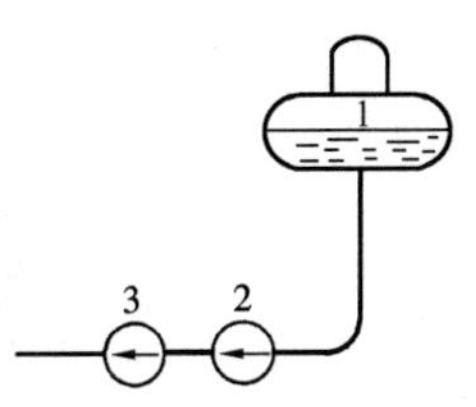

图 4 - 57　前置泵与给水泵串联工作

1—除氧器；2—前置泵；3—给水泵

图 4 - 58 所示为核电厂 1250MW 前置泵的剖面，该泵为单级双吸，两端轴承支撑，双蜗壳泵，径向中开。叶轮有较大的进口面积，较小的进口液体流速。泵转子是刚性轴设计。轴直径较大，轴的跨度较小，保证轴的静挠度也小。双吸叶轮残余的轴向力，由推力轴承承受。前置泵壳体采用高强度抗汽蚀材料。叶轮采用抗汽蚀不锈钢。轴端密封采用机械密封。

前置泵由电动机的一端驱动，转速为 1485r/min。电动机的另一端直接拖动人字形增速齿轮，使齿轮箱输出转速为 4800r/min，如图 3 - 34 所示的直联给水泵。

前置泵入口水温 177.9℃，流量 2279t/h，入口压力 1.006MPa，泵扬程 144mH_2O 柱，泵效率 86.6%，轴功率 1031kW。

3. 装置诱导轮

诱导轮装置在叶轮前，若为多级泵则装置于首级叶轮前，且与叶轮同轴安装，如图 4 - 59所示。

诱导轮类似于轴流泵的叶轮，液体通过诱导轮后压力升高。增压后的液体流入泵首级叶轮，由于有效汽蚀余量的提高，叶轮一般不会发生汽蚀。诱导轮本身应该有较大的通流面积，较少的叶片数（一般取 2、3 片）和较小的轮毂直径，这样诱导轮本身就具有较好的抗汽蚀性能。同时，诱导轮外缘相对速度较大，如果有气泡产生，这些气泡受到轮毂中心液体的压缩（离心力作用），在沿轴向运动的过程中凝缩、溃灭。这个过程基本发生在诱导轮内，所以诱导轮作为轴流式叶轮，可在一定程度的汽蚀下工作，而性能曲线无突然下降。

加装诱导轮后，对泵 $H-q_V$ 性能曲线影响不大。虽然诱导轮是增压的，但是诱导轮又使进入叶轮的液流增加了预旋，而预旋的增大使泵的扬程略有下降。于是诱导轮的增压与预旋的增加促使扬程下降相互制约，其结果对 $H-q_V$ 性能曲线影响不大。

为了消除诱导轮对液体的预旋作用，同时诱导轮出口轮缘处压力大于轮毂处压力，形成轮毂出口附近的涡流区，降低泵的效率，降低泵抗汽蚀性能，造成不稳定工况，因此有些凝结水泵在诱导轮后再装静止的导叶，使流体旋绕的速度分量，转换成压力能量，并且对流体进行整流。

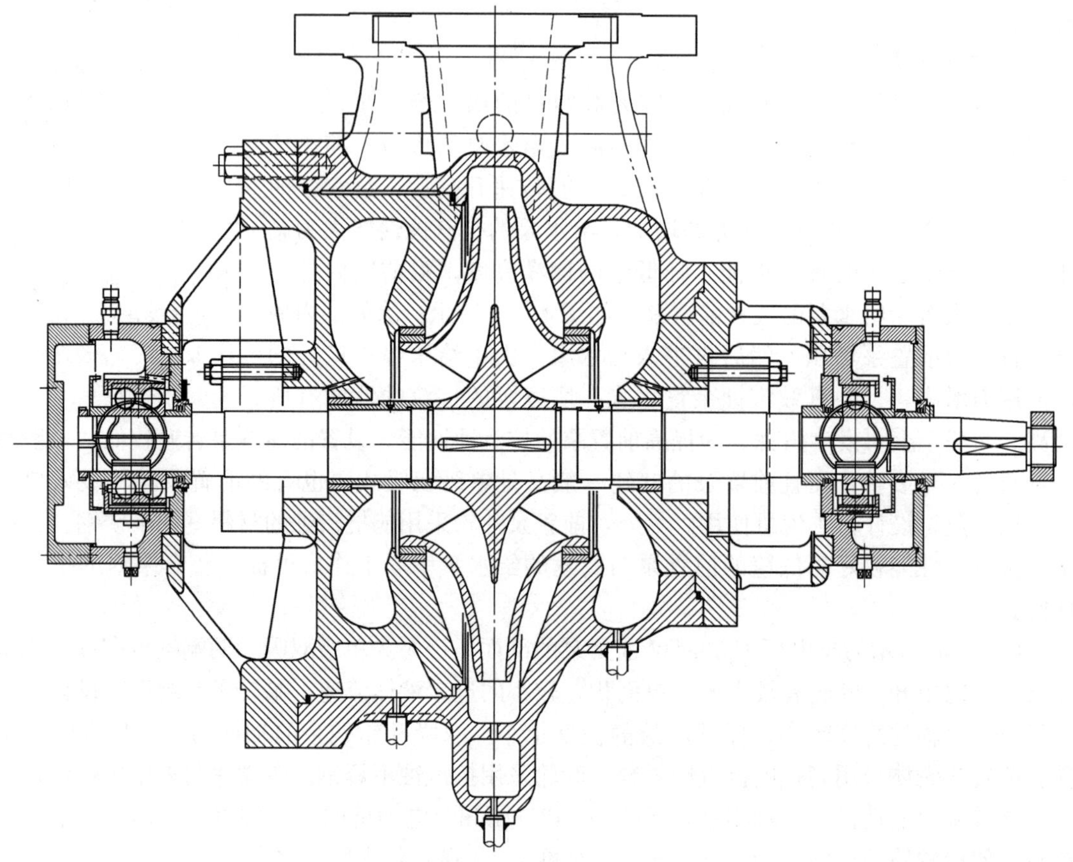

图 4-58 核电厂 1250MW 前置泵剖面

目前，国内的凝结水泵几乎都装有诱导轮。国外也有在锅炉给水泵上装有诱导轮的。装有诱导轮的离心泵，如果诱导轮与叶轮配合恰当，汽蚀比转速 C 可达 3000 左右。

4. 采用双重翼叶轮

装置诱导轮的缺点是轴向尺寸增加，且诱导轮出口液流与叶轮配合要恰当，否则效率将下降。而双重翼叶轮可避免诱导轮的缺点。双重翼离心泵结构如图 4-60 所示。它有两个叶轮，一个是前置叶轮，另一个是离心型主叶轮。前置叶轮只有两三片叶片，组成斜流形式。这种结构形式轴向尺寸小，而且可以不设吸入端轴承，构造简单。

前置叶轮与主叶轮非常靠近。图 4-60 所示两种叶片断面间隔 n，圆周方向的相对位置 h/t，是影响泵性能和抗汽蚀性能的一个因素。另一个影响因素是主叶轮的液流入口角与前置叶轮液流入口角的关系。为了进行性能比较，一台双重翼的离心泵性能参数 $H=155\text{m}$，$q_V=1.55\text{m}^3/\text{min}$，$n=2950\text{r/min}$，$P=85\text{kW}$，主叶轮 6 个叶片，前置叶轮 3 个叶片，两叶片间隔 $n=4\text{mm}$，相对位置 $h/t=0.75$。另一台一般离心泵，在同样条件下进行试验。试验得图 4-61（a）泵性能曲线，实线是双重翼离心泵性能曲线，虚线是一般离心泵性能曲线。分析泵性能曲线，在最佳工况附近两种泵 $H-q_V$ 性能相近，在一部分流量区域里双重翼离心泵比一般离心泵 H 稍大；轴功率稍小，最高效率高 2%。图 4-61（b）为泵汽蚀性能曲线，实线为双重翼离心泵汽蚀性能曲线，虚线为一般离心泵汽蚀性能曲线。在 $q_V=1.55\text{m}^3/\text{min}$，而扬程下降$\left(2+\frac{K}{2}\right)H\%$的工况点上，双重翼离心泵 $C=3040$，而离心泵 $C=1750$。

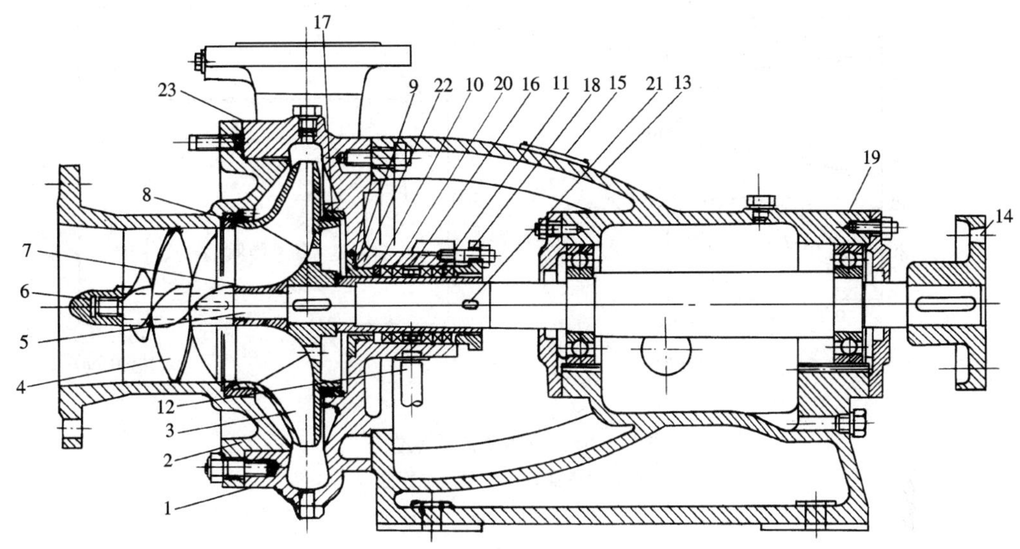

图 4-59 装有诱导轮的离心泵

1—泵壳；2—泵盖；3—叶轮；4—诱导轮；5—轴；6—叶轮螺母；7—叶轮挡套；8—泵盖密封环；9—辅助轴承；10—填料垫环；11—轴套；12—水封管；13—托架部件；14—弹性联轴器；15—铭牌；16—水封环；17—密封环；18—填料压盖；19—转向牌；20—填料；21—平键；22—垫；23—油浸石棉垫

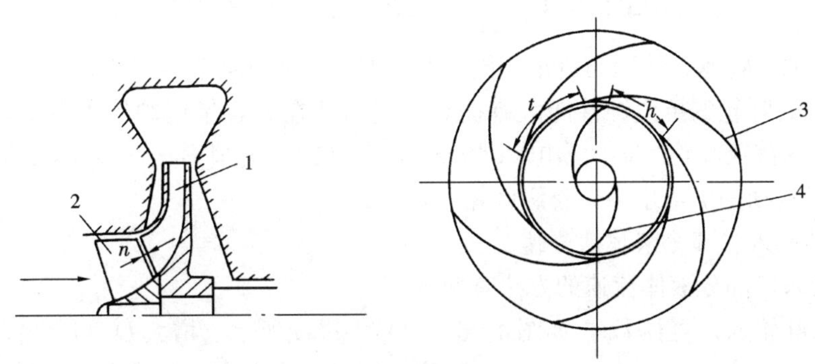

图 4-60 双重翼叶轮

1—主叶轮；2—前置叶轮；3—主叶片；4—前置叶片

以上试验说明了双重翼离心泵不会降低泵原来的性能，而抗汽蚀性能却大为改善。

二、降低必需汽蚀余量的措施

分析必需汽蚀余量公式

$$\mathrm{NPSH_r} = m\frac{v_0^2}{2g} + \lambda\frac{w_0^2}{2g}$$

可知，降低 $\mathrm{NPSH_r}$ 的方法主要使 v_0 与 w_0 降下来。

1. 首级叶轮采用双吸式

采用双吸式叶轮在这里并不是为了增加流量，而是使叶轮入口的液体流速降低一半。从必需汽蚀余量公式分析，因为

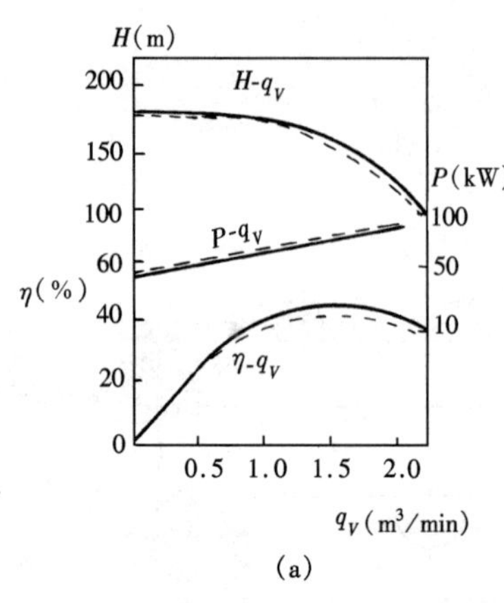

(a)

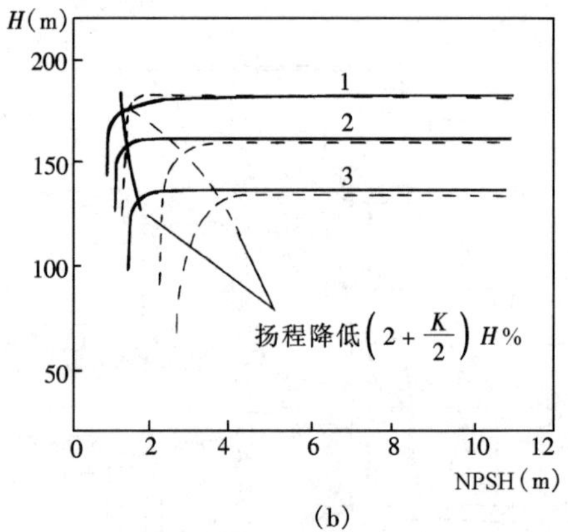

(b)

图 4-61 双重翼离心泵性能

(a) 泵性能；(b) 泵汽蚀性能

1—q_V=1.06m³/min；2—q_V=1.58m³/min；3—q_V=1.85m³/min

$$C = 5.62\frac{n\sqrt{q_V/2}}{\mathrm{NPSH'}_{\mathrm{r}}^{3/4}} = 5.62\frac{n\sqrt{q_V}}{\mathrm{NPSH}_{\mathrm{r}}^{3/4}}$$

所以，汽蚀比转速、转速与流量相同的两台泵，双吸叶轮的$\mathrm{NPSH}'_{\mathrm{r}}$与单吸叶轮的$\mathrm{NPSH}_{\mathrm{r}}$的关系为

$$\mathrm{NPSH'}_{\mathrm{r}} = \left(\frac{1}{1.414}\right)^{4/3}\mathrm{NPSH}_{\mathrm{r}} = 0.63\mathrm{NPSH}_{\mathrm{r}}$$

可见，汽蚀比转速、转速与流量相同的两台泵，双吸式叶轮的必需汽蚀余量是单吸叶轮的 63%，双吸式叶轮的抗汽蚀性能大有提高。国内外在大容量锅炉给水泵上，经常用双吸叶轮作多级泵的首级叶轮。某大型电站 600MW 机组进口美国 Byron Jackson 公司生产的两台 50%半容量汽动锅炉给水泵，首级叶轮为双吸式。

2. 降低叶轮入口部分液体的流速

降低叶轮入口部分液体流速的方法有两种。

一是增大叶轮入口直径 D_0，如图 4-62（a）中虚线所示。增大 D_0 可使叶轮入口速度下降，则必需汽蚀余量公式中的 $v_0^2/2g$ 下降，泵抗汽蚀性能提高。但是增大叶轮入口直径 D_0，会使吸入口密封环处泄漏量增大，降低泵的容积效率。另外，D_0 增大相对地缩短了流道的长度，使得流道扩散严重，降低了泵的流动效率。所以增大叶轮入口直径必须兼顾泵的效率。一般确定 D_0 时，可参考下式：

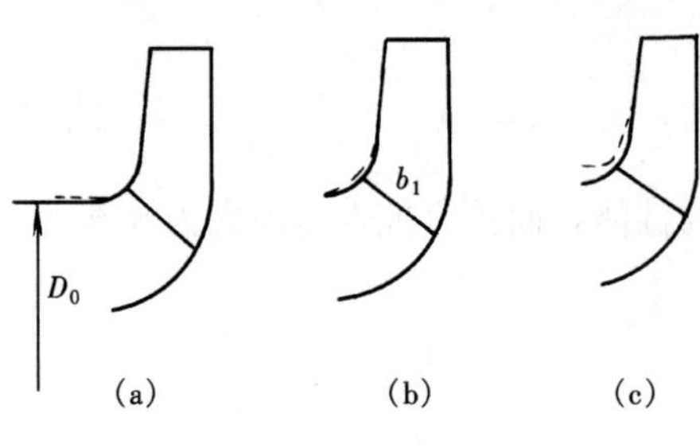

图 4-62 增大 D_0 与 b_1

$$D_0 = k_0\sqrt{\frac{q_V}{n}} \qquad (4-111)$$

式中 k_0——系数；

n——泵转速，r/min；

q_V——泵流量，m³/s。

要求具有高抗汽蚀性能的叶轮，取 $k_0=4.5\sim5.5$；

兼顾抗汽蚀性能和效率的叶轮，取 $k_0=4.0\sim4.5$；

主要考虑提高效率的叶轮，取 $k_0=3.5\sim4.0$。

另一个方法是增大叶轮叶片进口的宽度 b_1，如图 4-62（b）中虚线所示。增大 b_1 可使过流面积增大，降低必需汽蚀余量公式中的 v_0 与 w_0。但 b_1 也不能过分增大，否则会使前盖板处的圆周速度增大，抗汽蚀性能反而恶化。在有些泵上，采用既增大 D_0 又增加 b_1 的联合方法，使液体流速降低，如图 4-62（c）中虚线所示。

叶片进口宽度增加程度，可以用轴面图上叶片进口边处通流面积与叶轮进口面积之比来表示。根据试验研究的结果，其比值在如下范围内为好：

$$1.2<\frac{\pi D_1 b_1}{\frac{\pi D_0^2}{4}}<2.5 \tag{4-112}$$

3. 选择适当的叶片数和冲角

叶片数不能太多，否则容易在叶轮的叶片进口处造成阻塞，使流速增加，压力降低，必需汽蚀余量增大。

为了降低必需汽蚀余量，叶轮入口处叶片安装角 β_{1g} 比液流流入角 β_1 大一个冲角 i，即 $\beta_{1g}-\beta_1=i$。一般取正冲角 $i=3°\sim10°$。选择一定的冲角，使叶片的进口流道面积增大，降低液流的速度，如图 4-15 所示。在一定流量下，液流进口流速下降，必需汽蚀余量当然降低了。

采用正冲角，在设计流量下，脱流限制在叶片非工作面。非工作面是叶片间流道的低压侧，脱流引起的旋涡不易向压力侧扩散，因而旋涡被控制在局部范围，对汽蚀影响较小。此外，脱流发生在叶片非工作面，对叶片传递能量的影响也较小。因为工作面是传递能量的表面，所以对泵的效率无显著影响。

泵流量增大时，液流进入叶片的流入角 β_1 也增大，采用正冲角可以避免在大流量下运转时出现负冲角。

4. 叶片在叶轮入口处延伸布置

叶片在叶轮入口处延伸布置，对抗汽蚀性能的提高是有利的。叶片延伸应该取多少为宜，现取 $\delta=0°$及 $\delta=90°$两种极端情况分析。图 4-63 所示，叶片如延伸到 $\delta=90°$时，液流均匀地进入叶片。整个叶片除 A 点外，其余各点的圆周速度均逐渐下降。由于在高圆周速度处容易产生气泡，所以即使在 A 点处产生气泡，也只是较小的局部区域。另一方面，叶片进口边上各点所在半径减小，使圆周速度降低，相应地会使相对速度降低，因此对泵的抗汽蚀性能的提高是有利的。而叶片平行布置 $\delta=0°$，液流进入叶片需要先行转弯，引起流体流动速度分布不均匀，产生阻力损失。所以流体流到叶片进口处本身的压力要降低，容易产生气泡。而且平行布置叶片每点的圆周速度都很大，液体容易普遍汽化，造成流道堵塞。

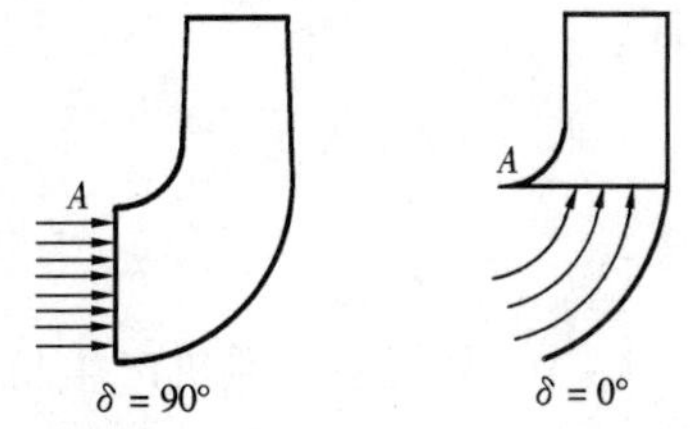

图 4-63　叶片延伸与汽蚀

所以，叶片延伸布置 $\delta=90°$比 $\delta=0°$叶片平行布置抗汽蚀性能好。但是若取 $\delta=90°$，则由于叶片上、下两端直径相差太大，造成圆周速度差，从而使液流流入角不同，需把叶片进口边做成扭曲形。扭曲的叶片会使液流流道严重堵塞，吸入性能反而恶化。所以叶片延伸布置时，延伸量不能过大。

另外，叶片入口边形状做成尖形头部，特别是最大厚度离进口边远些，这样对泵的抗汽蚀性能是十分有利的。

5. 适当增大叶轮前盖板处液流转弯半径

前盖板转弯半径处，液流由于惯性的缘故容易造成脱流。而增大前盖板的转弯半径，能减小脱流，降低局部阻力损失。对泵抗汽蚀是有利的，而且对提高泵的效率也有益。

三、其他措施

由于受到使用、安装条件的限制，有些泵较容易产生气泡，造成汽蚀。因此，采用抗汽蚀性能好的材料作叶轮或过流部件，可大大提高泵的使用寿命。选用的材料如果强度高、韧性好、硬度高、化学稳定性好，则抗汽蚀性能也好。国内最常用的材料是含铬不锈钢，它在抗腐蚀、抗冲刷、抗汽蚀等方面均有良好的性能。另外，铝青铜、青铜、磷青铜等材料的抗腐蚀、抗侵蚀、抗汽蚀性能也较好。试验表明，在材料中含有化学元素 Ni、Cr、Si、Mn 都是有益的，尤其是 Ni、Cr、铬元素或铬离子。在它们的化合物或合金中，表面形成氧化态薄膜具有较强的阻蚀作用。

叶轮表面粗糙的程度对气泡的初生影响很大。不粗糙的叶轮表面，对气泡的诱发能力最差。而粗糙的叶轮表面，容易诱发气泡，汽蚀时容易产生应力集中，加速破坏。

超汽蚀泵是近年来研究的成果。超汽蚀泵的叶片翼型截面具有薄而尖锐的前缘，逐渐向出口端加厚（翼型的出口边与翼弦垂直），以诱发一种固定型的空泡。空泡发生在叶片翼型背面，并扩展至它的后部，使原来的叶片翼型和空穴组成新的翼型，如图 4-64 所示。超汽蚀泵的空泡是在叶片翼型后部的液流中溃灭，所以不损坏叶片。因为空穴要堵塞一部分流道，泵流动损失会增大，而且泵体仍有可能受到汽蚀的损坏。

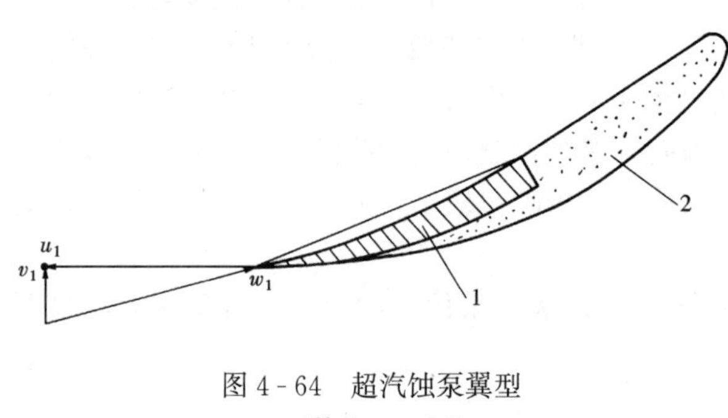

图 4-64 超汽蚀泵翼型
1—翼型；2—空泡

思考题

4-1 分析泵与风机产生机械损失、容积损失和流动损失的原因，及其提高机械效率，容积效率和流动效率的措施。

4-2 如何绘制泵与风机的性能曲线，并分析性能曲线形状的特点。

4-3 泵结构参数改变时，对泵性能有何影响？

4-4 如何根据已有的泵或风机的性能曲线绘制转速变化后的性能曲线？

4-5 已有某台泵或风机不同转速下的性能曲线，如何找到它们相似的工况点？

4-6 某台风机如果被输送的气体温度发生了变化，则风机的流量、全压、功率如何变化？

4-7 比转速的意义是什么？它有何用途？

4-8　分析比转速的变化所引起的泵或风机参数、流体流动方向、叶轮结构尺寸、性能、启动方式的变化。

4-9　泵或风机无因次性能曲线是如何绘制的，它的使用价值如何？

4-10　泵的型谱图是如何得到的？

4-11　试述泵内汽蚀发生的过程。

4-12　如何确定泵的安装几何高度？锅炉给水泵的吸水高度为什么必须是倒灌的，倒灌高度如何确定？

4-13　试述 $NPSH_a$ 与 $NPSH_r$ 的含义，分析它们的联系与不同。

4-14　泵为什么不能在低于最小流量下工作，火力发电厂中的锅炉给水泵的安全工作区是怎样规定的？

4-15　水温、泥砂、黏性对泵汽蚀影响如何？

4-16　什么是汽蚀相似定律？什么是汽蚀比转速？

4-17　提高泵抗汽蚀性能的措施有哪些？其原理如何？

习　题

4-1　输送20℃清水的离心泵，在转速为1450r/min时，总扬程为25.8m，$q_V=170\ m^3/h$，$P=15.7kW$，$\eta_V=0.92$，$\eta_m=0.90$，求泵的流动效率 η_h。

4-2　离心风机叶轮外径 $D_2=460mm$，转速 $n=1450r/min$，流量 $q_V=5.1m^3/s$，$v_{1u\infty}=0$，$v_{2u\infty}=u_2$，$(1+P)=1.176$，流动效率 $\eta_h=0.90$，气体密度 $\rho=1.2kg/m^3$。试求风机的全压及有效功率。

4-3　离心风机 $n=2900r/min$，流量 $q_V=12\,800m^3/h$，全压 $p=2630Pa$，全压效率 $\eta=0.86$，求风机轴功率 P 为多少？

4-4　离心泵转速为480r/min，扬程为136m，流量 $q_V=5.7m^3/s$，轴功率 $P=9860kW$。设容积效率、机械效率均为92%，$\rho=1000kg/m^3$，求流动效率。

4-5　若水泵流量 $q_V=25L/s$，泵出口处压力表读数为320kPa，入口处真空表读数为40kPa，吸入管路直径 $d=100cm$，出水管直径为75cm，电动机功率表读数为12.6kW，电动机效率为0.90，传动效率为0.97。试求泵的轴功率、有效功率及泵的总效率。

4-6　离心风机转速 $n=1450r/min$，流量 $q_V=1.5m^3/min$，风机的全压 $p=1.2kPa$，$\rho=1.2kg/m^3$。今用它输送密度 $\rho=0.9kg/m^3$ 的烟气，风压不变，则它的转速应为多少？实际流量为若干？

4-7　有一只可把15℃冷空气加热到170℃热空气的空气预热器，当它的流量 $q_m=2.957\times10^3kg/h$ 时，预热器及管道系统的全部阻力损失为150Pa，如果在该系统中装一只离心风机，问从节能的角度考虑，是把它装在预热器前，还是预热器后（设风机效率 $\eta=70\%$）？

4-8　某系统中离心风机可在以下两种工况下工作：一种 $q_V=20km^3/h$，$p=1700Pa$，$P=60kW$；另一种 $q_V=100km^3/h$，$p=980Pa$，$P=65kW$。问在哪种工况下工作较经济？

4-9　单级离心泵，性能参数 $n=1420r/min$，$q_V=73.5L/s$，$H=14.7m$，$P=15.3kW$。现若改用转速为2900r/min的电动机驱动，工况仍保持相似，则其各参数值将为多少？

4-10　有台离心风机在转速 $n=1000\mathrm{r/min}$ 时，能输送 $0.3\mathrm{m^3/min}$ 空气（$\rho=1.2\mathrm{kg/m^3}$），全压 $p=600\mathrm{Pa}$。今用它来输送燃气（$\rho=1.0\mathrm{kg/m^3}$），在相同转速时，产生的流量不变，但全压却降为 500Pa，试证之。

4-11　4-13.2（4-73）型离心通风机转速 $n=1450\mathrm{r/min}$，叶轮外径 $D_2=1200\mathrm{mm}$ 时，全压 $p=4609\mathrm{Pa}$，流量 $q_V=71\ 100\mathrm{m^3/h}$，轴功率 $P=99.8\mathrm{kW}$，空气密度 $\rho=1.2\mathrm{kg/m^3}$。若风机的转速和直径都不变，但改为输送 200℃的锅炉烟气，大气压力 $P_{amb}=1.013\times10^5\mathrm{Pa}$，试计算密度变化后的风机全压、流量和轴功率。

4-12　叶轮外径 $D_2=600\mathrm{mm}$ 的通风机，当叶轮出口处的圆周速度 60m/s，流量为 $300\mathrm{m^3/min}$。有一与它相似的风机 $D_2=1200\mathrm{mm}$，以相同圆周速度运转，求其风量为多少？

4-13　水泵转速 $n=2950\mathrm{r/min}$，$H=128\mathrm{m}$，输送流量 $q_V=1.23\mathrm{m^3/min}$。为满足该流量拟采用 $n_s=85\sim133$ 的多级泵，试计算要用几级叶轮。

4-14　在泵吸水的情况下，当泵的安装几何高度 H_g 与吸入管路的阻力损失之和大于 60kPa 时，发现泵刚开始汽蚀。吸入液面的压力为 101.3kPa，水温为 20℃，试求水泵装置的有效汽蚀余量为多少。

4-15　离心水泵在 $n=1450\mathrm{r/min}$ 下，扬程 $H=19.5\mathrm{m}$，流量 $q_V=2.6\mathrm{m^3/min}$。将该泵装在地面抽水，问水面距泵中心线几米时泵发生汽蚀。设吸入液面压力为 101.3kPa，水温为 80℃，吸入管路阻力损失为 $10^4\mathrm{Pa}$。汽蚀比转速 $C=850$。

4-16　设除氧器内压力为 $11.76\times10^4\mathrm{Pa}$，饱和水温为 104℃，吸入管路阻力损失为 15kPa，给水泵必需汽蚀余量 $\mathrm{NPSH_r}$ 为 5m，试求给水泵的倒灌高度。

4-17　单级双吸式泵的吸入口径 $d=600\mathrm{mm}$，输送 20℃的清水，在 $n=970\mathrm{r/min}$，$q_V=0.3\mathrm{m^3/s}$，$H=47\mathrm{m}$，$C=900$，吸入管路阻力损失 $\rho gh_w=8000\mathrm{Pa}$，试求：

①吸入液面为 101.3kPa 时，泵的安装几何高度 H_g；

②在吸入液面压力为 86kPa，水温为 40℃时，泵的安装几何高度 H_g。

4-18　一单级离心泵，转速 $n=1450\mathrm{r/min}$ 时，流量 $q_V=2.6\mathrm{m^3/min}$，该泵的汽蚀比转速 $C=700$。现将这台泵安装在地面上抽水，求吸水面距地面多少距离时发生汽蚀。设吸水面压力为 98kPa，水温 $t=80℃$，吸入管路阻力损失为 $10^4\mathrm{Pa}$。

4-19　单级双吸泵吸入口径 $d=600\mathrm{mm}$，输送 20℃清水时，$q_V=0.5\mathrm{m^3/s}$，$n=970\mathrm{r/min}$，$H=45\mathrm{m}$，汽蚀比转速 $C=950$。试求：

①在吸入液面压力为大气压时，泵的允许吸上真空高度 $[H_s]$ 为多少？

②吸入液面压力为 90kPa，输送 45℃清水时，泵的允许吸上真空高度 $[H_s]$ 为多少？

4-20　离心泵 $q_V=4000\mathrm{L/s}$，$n=495\mathrm{r/min}$，倒灌高度 2m，吸入管路阻力损失 6kPa 吸入液面压力为 101.3kPa，水温 35℃。试求水泵的汽蚀比转速 C 为多少？

第五章　轴流泵与风机

第一节　概　　况

轴流泵与风机具有高的比转速，因而它输送的流体流量大、扬程低、全压低。在工程实际中，若在需要大流量而管路阻力系统的阻力值又小的场合，大多选用轴流泵与风机作为输送流体的设备。如果仍然选用离心泵与风机，则只能增大叶轮尺寸或增加泵与风机运行的台数。如美国帕达拉斯电厂 650MW 微正压锅炉配置 4 台离心风机，俄罗斯斯拉维扬斯克电厂 800MW 锅炉配置离心送、引风机各 6 台。增加运转泵与风机的台数，虽然在变工况工作时，多数的泵与风机在高效率工况区运行，但是管路系统、调节系统复杂，投资大，占地面积大等缺点仍制约了它。增大叶轮的尺寸，虽然能增加离心泵与风机的流量，但是叶轮直径的增大，受到材料强度的限制。目前风机叶轮已用高强度合金钢取代碳钢，叶轮外径也增大至3～4m。离心风机常因焊接问题，引起叶片断裂损坏。

目前，轴流泵与风机已被广泛地使用。例如，"南水北调"工程使用轴流泵来输送长江水；船舶通航利用轴流泵提升或降低航道的水位；大型火电厂的循环水泵用轴流泵输送凝汽器的冷却水。火电厂大容量锅炉的送引风机、再循环风机需要轴流风机输送空气或烟气；地铁、隧道、矿井采用轴流风机输送新鲜空气；车间、影剧院使用轴流风机通风；大型火电厂直接空冷用轴流风机输送冷空气。

火电厂的凝汽器，以往一直用冷却水冷凝汽轮机的排汽。它需要大量的冷却水，而且它的排水对环境又产生热污染。我国是一个缺水的国家，北方地区更甚。近年来，许多电厂采用轴流风机输送空气，冷却汽轮机的排汽代替水的冷却，称为直接空冷。我国在 2003 年投运了第一台 200MW 直接空冷机组，2005 年投运了 600MW 级直接空冷机组。目前，我国火电空冷机组装机已超过 71 台，装机容量超过 2300 万 kW。到目前为止，全世界已投入运行的空冷机组超过 800 台。

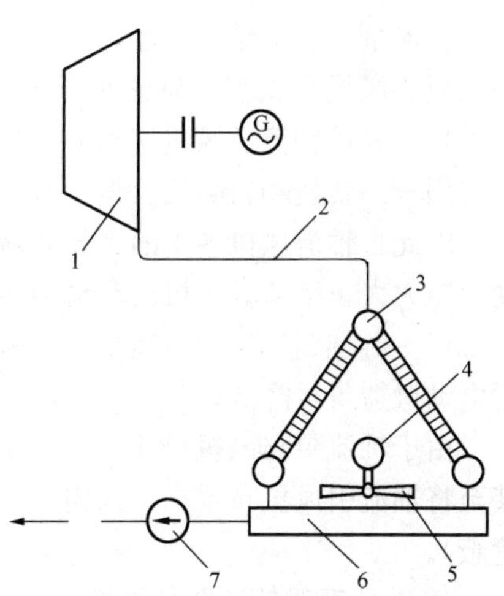

图 5 - 1　凝汽器直接空冷示意
1—汽轮机；2—汽轮机排汽管道；3—配汽管；4—电动机；5—轴流冷却风机；6—凝结水箱；7—凝结水泵

图 5 - 1 所示为直接空冷示意。图中汽轮机的排汽直接进入空冷凝汽器的配汽管，蒸汽再由配汽管进入冷却管束，冷却管束的排列组成 A 字形，冷却管束下装有轴流风机。一台空冷凝汽器由许多 A 字形排列的冷却管束及轴流风机所组成。要求空冷轴流风机低转速、低噪声。空冷轴流风机叶轮直径较大，如 8.91m，风机台数需有几十台，如某 600MW 空冷机组电厂用到 56 台，它们的耗电量约占机组出力的 2%。

工程中使用轴流泵与风机的特点如下所述。

1. 动叶可调轴流泵与风机变工况时经济性好

轴流泵与风机在额定负载时，效率可达 90%左右，与离心泵与风机差别不大。可是当机组工况变动时，尤其在低负载状态下工作时，动叶可调轴流泵与风机的运行效率大大高于具有入口导流器调节的离心风机和出口阀门调节的离心泵。表 5 - 1 表明，机组带 100%负载时，动叶可调轴流风机与离心风机的效率相差不大，可是当机组带 50%负载时，动叶可调轴流风机的效率高于入口导流器调节的离心风机 45%，输入功率约小 509kW。

表 5 - 1　　375MW 机组两种风机运行经济性比较

风机类型 / 性能比较	动叶可调轴流风机		离心风机	
	100%负载	50%负载	100%负载	50%负载
风机效率（%）	86	70	84	25
输入功率（kW）	1815	327	1858	836

2. 动叶可调轴流泵与风机对管道、烟风道系统流量、扬程、全压变化的适应性强

目前管道、锅炉烟风道的阻力不能计算得很精确，尤其是锅炉烟道侧的阻力计算误差较大；实际运行时，煤种变化也会造成所需流量、全压的变化；除尘器的改进、改造或增设烟气脱硫装置等使系统阻力变化。这些变化的因素要求泵与风机的流量及扬程、全压有相应的改变。离心泵与风机应对上述情况较困难，如果容量选得大，则效率显著降低；如容量选得小，则不能满足上述要求。而动叶可调轴流风机，只需改变动叶安装角就可达到上述目的。

3. 体积小、质量小、启动力矩小

轴流泵与风机结构紧凑，体积小。如与相同性能的离心风机比较，轴流风机的空间尺寸约比离心风机小 30%。轴流泵与风机质量小，所以基础重量也可减小。美国 600MW 负压燃煤锅炉，采用轴流送风机比离心送风机轻 30t；轴流引风机可比离心式轻 35t。轴流风机可以采用较高转速和较高的流量系数，所以在相同流量及全压参数下，轴流风机的转子质量较小，因此，轴流风机转子的飞轮效应（转动惯量）比离心风机小得多。于是，轴流风机的启动力矩大大小于离心风机的启动力矩。如一般轴流送引风机的启动力矩只有离心送引风机的 14.2%～27.8%。启动力矩小，可减小电动机功率的富余量和对电动机启动性能的要求，同时电动机造价可降低。

由于轴流泵与风机尺寸小、质量小，因此容易布置。它可以卧式布置，也可立式布置；甚至将轴流引风机布置在烟囱内，节省空间，而且还可省去消声装置和隔声罩（烟囱外壳可遮蔽）。

4. 动叶可调轴流泵与风机转子结构复杂、制造精度高

动叶可调的轴流泵与风机，转子结构复杂、精密，转动部件多，造价较高。但是，经过数十年不断地在设计、结构、材料和工艺上改进、提高，目前动叶可调轴流泵与风机运行的可靠性大为提高，并不亚于离心泵与风机。

5. 噪声高

轴流风机由于叶片多，叶轮圆周速度高，所以产生的噪声高于同性能的离心风机。离心送风机的噪声为 90～110dB（A），而轴流送风机的噪声可达 110～130dB（A）。但是轴流风机的噪声频率发生在较高的倍频程频带，消除较容易。对性能相同的两种风机，如把噪声降

到允许标准 85dB（A），则它们所花费用基本相同。

第二节　轴流泵与风机的工作原理

一、叶型、叶栅等名词解释

轴流泵与风机主要由叶轮、叶轮外壳、扩压器、进气箱、集流器等组成。图 5-2 所示为轴流风机简图。设叶轮外径为 D，叶轮轮毂直径为 d。现用小于 $D/2$，大于 $d/2$ 的任意半径 r 的圆柱面切割叶轮，然后将圆柱截面在平面上展开，得到图 5-3 所示的直线叶栅。叶栅中叶片截面称为叶型。相同叶型作等距离排列称为叶栅。叶栅展开后排列在一直线上，称为直线叶栅。流体微团在圆柱面上流动，圆柱面就是流面。同时，各相邻圆柱面上流体微团的运动互不相关，且不存在径向流动，这就是所谓的圆柱面无关性假设。

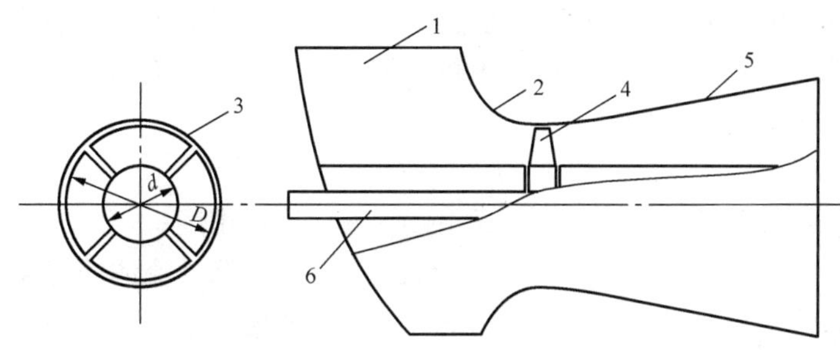

图 5-2　轴流风机简图

1—进气箱；2—集流器；3—叶轮外壳；4—叶轮；5—扩压器；6—轴

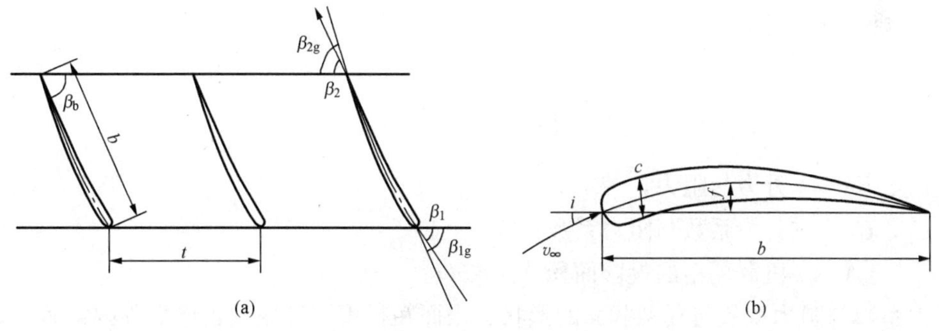

图 5-3　直线叶栅

(a) 叶栅；(b) 翼型

图 5-3（a）所示的翼型前端称为前缘，后端称为后缘。连接前缘与后缘的直线，称为翼弦，其弦长记为 b。通过翼型中心的线，即翼型上表面与下表面内切圆中心连线称为翼型中弧线或中线。从翼弦到中线的距离称为挠度，其最大值 f 称为最大挠度。在弦长法线方向上，翼型上下表面之间的距离称为厚度，其最大值 c 称为最大厚度。来流的气流速度 v_∞ 与翼弦间的夹角 i，称为冲角。垂直于翼型方向叶片的长度 l 称为翼展。

在叶栅中，两相邻翼型在圆周方向上的距离 t，称为栅距。t 应该等于 $2\pi r/z$，其中 r 为圆柱截面的半径，z 为叶片数。弦长与栅距之比 b/t，称为叶栅稠度，从叶片外缘向轮毂方向的叶栅稠度一般是逐渐增加的。翼弦与叶轮圆周方向之间的夹角 β_b，称为叶片安装角。轴流风机沿叶片高度方向，安装角是变化的，所以安装角是指叶轮平均半径 r_m 处的值。

翼型前缘点中线的切线与圆周速度方向间的夹角 β_{1g}，称为叶片进口安装角。翼型后缘点中线的切线与圆周速度反方向间的夹角 β_{2g}，称为叶片出口安装角。叶片出口安装角与叶片进口安装角之差 θ，称为翼型的弯曲角（$\theta=\beta_{2g}-\beta_{1g}$）。气流流入叶栅的方向与圆周速度方向间的夹角 β_1，称为气流进口角，而叶片进口安装角 β_{1g} 与 β_1 之差 i，称为气流的冲角（$i=\beta_{1g}-\beta_1$）。气流流出叶栅方向与圆周速度反方向间的夹角 β_2，称为气流出口角。叶片出口安装角 β_{2g} 与 β_2 之差 δ，称为气流出口落后角（$\delta=\beta_{2g}-\beta_2$）。气流出口角 β_2 与进口角 β_1 之差 ε，称为气流折转角（$\varepsilon=\beta_2-\beta_1$）。

二、流体绕流翼型产生的升力与阻力

轴流泵与风机叶片大多采用机翼的翼型，流体绕流叶片的流动与飞机在大气中飞行的情况雷同。

在二元流场中，来流速度 v_∞ 绕流一机翼时，只要有适当的冲角 i，就会产生绕机翼的速度环量，于是机翼获得了升力。若流体是不可压缩的，并作定常有势流动，则无黏性流体绕机翼所产生的单位长度的升力为

$$F=\rho v_\infty \Gamma \tag{5-1}$$

式中 ρ——流体密度；

v_∞——无穷远处流体的速度，即来流速度；

Γ——速度环量。

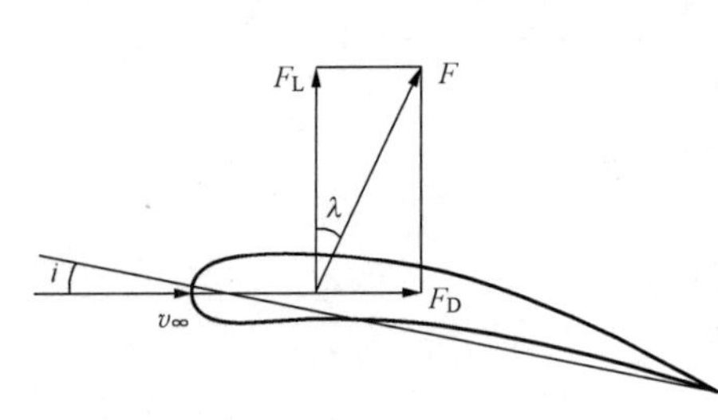

图 5-4 机翼上的升力与阻力

黏性流体绕流机翼时，除了产生升力外，还会产生阻力，如图 5-4 所示。如用试验公式来计算，则

$$F_L=C_L\frac{\rho v_\infty^2}{2}A$$

$$F_D=C_D\frac{\rho v_\infty^2}{2}A \tag{5-2}$$

式中 F_L、F_D——升力与阻力；

C_L、C_D——升力系数与阻力系数；

A——机翼翼型的投影面积（$A=bl$）。

升力系数与阻力系数与翼型截面的形状、表面粗糙度、冲角及雷诺数等因素有关。各个翼型的升力系数与阻力系数，都是在风洞中试验而得的。对于已定的翼型，升力系数与阻力系数是冲角 i 的函数，如图 5-5（a）所示。随着冲角的增大，升力系数与阻力系数均增大。典型的翼型当冲角增大至 16°附近时，升力系数达到最大。当冲角大于 16°时，升力系数急剧下降，而阻力系数不断增加，这种情况称为失速。此时，流体在翼型的上表面处发生边界层的分离，如图 5-6 所示。边界层的分离，使翼型所获得的升力骤然下降。为了使翼型能安全地工作，必须使它的工作点不落在失速区。

优良的翼型应该具有大的升力、小的阻力，即具有较大的升阻比 F_L/F_D。目前所用翼型的升阻比可达 20 以上。

图 5-5（b）所示的翼型极曲线，它用 $C_L=f(C_D)$ 表示，并标出相对应的冲角值。通过坐标原点的极曲线的切线，切点附近的区域为翼型的最高质量区。将 $1/\tan\lambda$ 称为翼型的

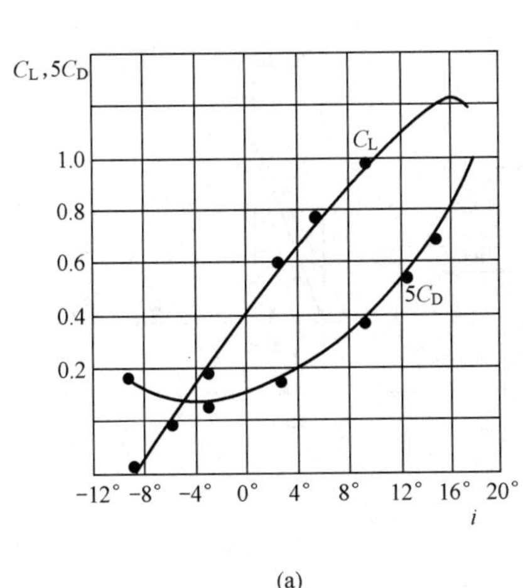

(a)

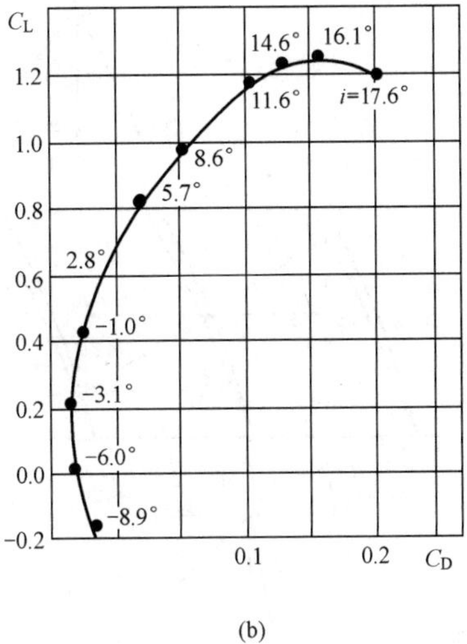

(b)

图 5-5 翼型空气动力性能

(a) 翼型性能曲线；(b) 翼型极曲线

质量，则

$$\frac{1}{\tan\lambda}=\frac{F_L}{F_D}=\frac{C_L}{C_D} \tag{5-3}$$

式中 λ——流体对翼型的升力与合力间的夹角。

λ 越小，则 $1/\tan\lambda$ 越大，升阻比也越大，翼型的质量就越好。

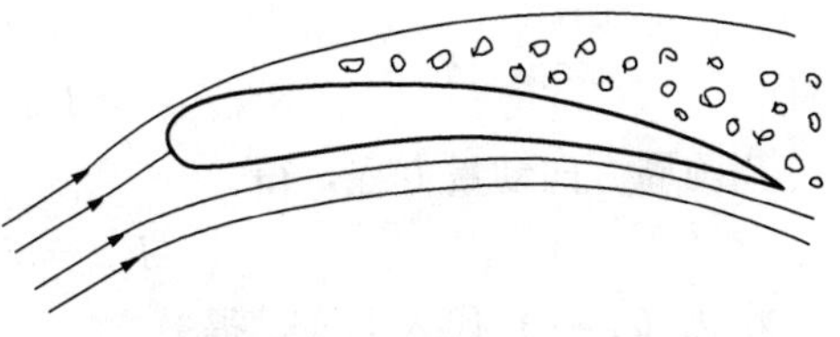

图 5-6 翼型的失速

轴流泵与风机的翼型应该满足升阻比大而失速性能平缓的要求，使泵与风机在所需的流量、扬程、全压的情况下具有较高的效率和较宽的流量调节性能。薄翼型的叶片，当轴流泵与风机偏离设计工况点时，效率可能急剧下降。较厚的翼型叶片，能在宽的流量调节范围内，具有较高的效率。

三、流体绕流叶栅产生升力与阻力

设无黏性流体绕流一直线叶栅。取翼型流道中心流线组成的封闭曲线 $ABCD$，其中包含叶栅中的一个叶片，如图 5-7 所示，以 $ABCD$ 为控制体，列动量方程求解流体绕流叶栅对翼型的作用力。

流体绕流翼型时，对翼型的作用力为 F，力 F 分解为轴向力 F_z 与圆周力 F_u。轴流泵与风机可以被圆周方向力 F_u 驱动，但是轴流泵与风机从原动机输入功率，以速度 u 推动叶栅，所以叶栅给予流体的反作用力 F'，大小等于 F，方向与 F 相反。反作用力分解为圆周力 F'_u 与轴向力 F'_z。轴向力 F'_z 使流体沿轴向流动，产生流量，增加动能。圆周力 F'_u 使流体沿圆周方向运动，获得能量。

设流体以相对速度 w_1 流入控制面 AB，而以相对速度 w_2 流出控制面 CD。流体在 AB 面与 CD 面上的圆周速度是相同的。应用连续性方程，可得

$$\rho w_{1z}t=\rho w_{2z}t$$

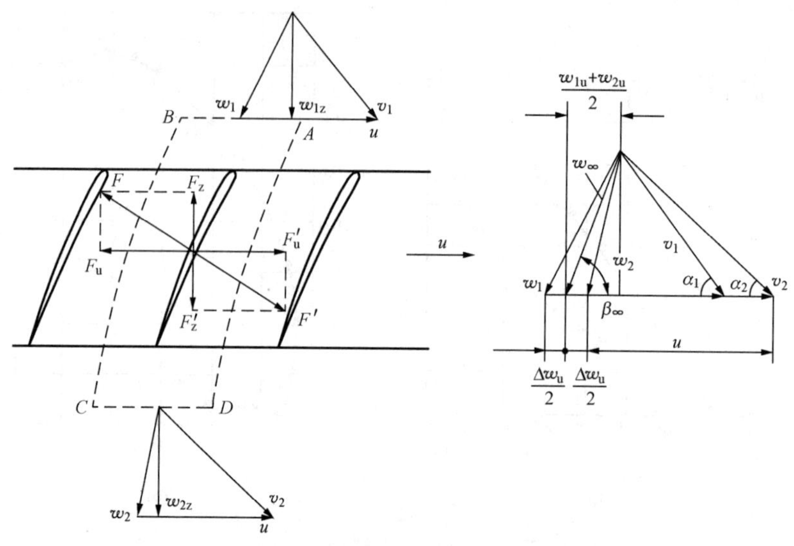

图 5-7 流体绕流叶栅的速度三角形

由此得到

$$w_{1z}=w_{2z}$$

计算封闭周线的速度环量，即

$$\Gamma_{ABCDA}=\Gamma_{AB}+\Gamma_{BC}+\Gamma_{CD}+\Gamma_{DA}$$

中间流线 AD 与 BC 上的速度、压力分布相同，所以

$$\Gamma_{AD}=\Gamma_{BC}$$

因此

$$\Gamma_{ABCDA}=\Gamma_{AB}+\Gamma_{CD}=(w_{1u}-w_{2u})t \tag{5-4}$$

列圆周方向动量方程，得

$$F'_u=\rho w_{1z}t(w_{1u}-w_{2u})$$

将式（5-4）代入上式，得

$$F'_u=\rho w_{1z}\Gamma$$

其次，在叶栅进、出口之间应用伯努利方程，得到

$$p_1-p_2=\frac{\rho}{2}(w_{2u}^2-w_{1u}^2)$$

列轴向动量方程，得

$$F'_z=(p_2-p_1)t=\frac{\rho}{2}(w_{1u}^2-w_{2u}^2)t=\rho\Gamma\frac{w_{1u}+w_{2u}}{2}$$

式中 p_1、p_2——AB 面与 CD 面上流体的压力。

由图 5-7 可知

$$w_{\infty u}=\frac{w_{1u}+w_{2u}}{2}$$

因此

$$F'_z=\rho w_{\infty u}\Gamma$$

翼型给流体的合力为

$$F'=\sqrt{F'^2_u+F'^2_z}=\rho w_\infty\Gamma \tag{5-5}$$

速度 w_∞ 表示流体流入翼型前和流出翼型后的相对速度的向量平均值。

比较流体绕流单个机翼的升力公式（5 - 1），与流体绕流叶栅对单个翼型的升力公式（5 - 5），基本是一致的。唯一的差别是，绕流单个翼型速度是 v_∞，无穷远处的来流速度；绕流叶栅中翼型的速度是叶栅进、出口流体相对速度的向量平均值 w_∞。

w_∞ 与圆周速度的夹角为 β_∞，由图 5 - 7 可得

$$\tan\beta_\infty = \frac{w_z}{w_{\infty u}} = \frac{2w_z}{w_{1u} + w_{2u}} \tag{5 - 6}$$

$$w_\infty = \sqrt{v_z^2 + \left(\frac{w_{1u} + w_{2u}}{2}\right)^2} \tag{5 - 7}$$

黏性流体绕流叶栅的情况，也与绕流孤立翼型的情况一样，要产生阻力。黏性流体对叶栅翼型产生的升力和阻力可由下述试验公式表述，即

$$F_L = C_L \frac{\rho w_\infty^2}{2} A, \quad F_D = C_D \frac{\rho w_\infty^2}{2} A \tag{5 - 8}$$

流体绕流翼型的流动，是孤立翼型的问题。在孤立翼型中，离开翼型一定距离，流体的流动就维持原来的方向翼型对流场的干扰也消失。而绕流叶栅则不然，即使距叶栅相当远，仍存在一定量的流体偏转角。因而，对翼型的作用力，要由叶栅前后相对速度向量的平均值 w_∞ 决定。同时，叶栅的翼型具有厚度，使流道面积减小，流速加快。另外，叶栅边界层中，摩擦力使边界层增厚，流道的通流面积还要缩小。这些因素，如果叶栅稠度 $b/t<1$ 时（轴流泵与风机大多在此范围内），翼型间相互干扰就较小，孤立翼型的升力系数与阻力系数能应用于叶栅中。所以，轴流泵与风机的叶栅绕流可以简化为孤立翼型的绕流。如果 $b/t>1$，由于翼型间的相互影响及叶栅的扩压性等，实际翼型在叶栅中的升力系数不等于孤立翼型的升力系数，而需要进行叶栅试验，确定升力系数，然后进行轴流泵与风机的计算。

第三节　轴流泵与风机的基本方程式

如图 5 - 7 所示，取控制体 $ABCD$，流体在动叶栅进、出口处，沿圆周速度方向的动量矩变化为

$$\rho q_V (v_{2u} r - v_{1u} r)$$

设作用在流体上的外力矩为 M，由动量矩方程得

$$M = \rho q_V r (v_{2u} - v_{1u})$$

式中　r——圆柱截面的半径；

q_V——流体的体积流量；

v_{1u}、v_{2u}——叶轮进口与出口处，绝对速度的圆周分量，即 $v_{1u}=v_1\cos\alpha_1$，$v_{2u}=v_2\cos\alpha_2$。

设叶轮旋转角速度为 ω，则上式乘以 ω 得

$$M\omega = \rho q_V u (v_{2u} - v_{1u})$$

若无黏性流体从轴流泵中获得的扬程为 H_T，则它从泵中获得的功率为 $\rho g q_V H_T$，等于轴流泵给予流体的功率 $M\omega$。由此可得

$$H_T = \frac{u}{g}(v_{2u} - v_{1u}) \tag{5 - 9}$$

轴流风机全压

$$p_t = \rho u(v_{2u} - v_{1u}) \tag{5-10}$$

式（5 - 9）和式（5 - 10）即为轴流泵与风机的基本方程式。

由速度三角形可得

$$v_2\cos\alpha_2 = u - v_{2z}\cot\beta_2, \quad v_1\cos\alpha_1 = u - v_{1z}\cot\beta_1$$

泵与风机在轴向的通流面积相等，则 $v_{1z} \approx v_{2z}$，因而

$$H_T = \frac{uv_z}{g}(\cot\beta_1 - \cot\beta_2), \quad p_t = \rho uv_z(\cot\beta_1 - \cot\beta_2) \tag{5-11}$$

分析式（5 - 11）可知：

首先，增加叶轮的圆周速度可提高轴流泵与风机的扬程、全压。然而，增大叶轮的圆周速度，主要受到叶片材料强度的限制。目前轴流风机的叶轮外径已达 5.3m，叶顶的圆周速度已达 162m/s。

其次，流体的 β_2 必须大于 β_1，此时泵与风机的扬程、全压才能大于零。所以，欲增加泵与风机的扬程、全压也可以采用增大流体折转角 $\varepsilon = \beta_2 - \beta_1$ 的方法。可是太大的流体折转角，易产生边界层分离，导致流动情况恶化。为了能得到高的叶栅效率，一般考虑轴流风机最大的气流折转角 $\varepsilon = 40° \sim 45°$。

再次，增加轴向速度 v_z 可增高泵与风机的扬程与全压，但 v_z 的增大主要是增加了泵与风机中流体的动压。

综上所述，单级轴流泵与风机所产生的扬程、全压不是很大，为了获得较高的全压，就需要采用多级轴流风机。

H_T 与 p_t 是无黏性流体在轴流泵与风机中所获得的能量。考虑流体流动时的各种损失，黏性流体所获得的扬程与全压为

$$H = H_T\eta, \quad p = p_t\eta \tag{5-12}$$

式中　η——轴流泵与风机的效率。

第四节　叶栅的流体动力基本方程式

图 5 - 8 所示黏性流体绕流叶栅，叶栅进口流体的相对速度为 w_1，出口的流体相对速度为 w_2。流体对翼型产生的升力为 F_L，阻力为 F_D。由图可得

$$w_\infty = \frac{w_{\infty z}}{\sin\beta_\infty} \tag{5-13}$$

将式（5 - 13）代入式（5 - 8），得

$$F_L = C_L \frac{\rho A}{2} \frac{w_{\infty z}^2}{\sin^2\beta_\infty}$$

若翼展取单位长度，则上式变为

$$F_L = C_L \rho b \frac{w_{\infty z}^2}{2\sin^2\beta_\infty} \tag{5-14}$$

取 $ABCD$ 为控制面，列圆周方向的动量方程，得

$$F_u = \rho t w_{\infty z}(w_{1u} - w_{2u}) = \rho t w_{\infty z}\Delta w_u \tag{5-15}$$

升力 F_L 为

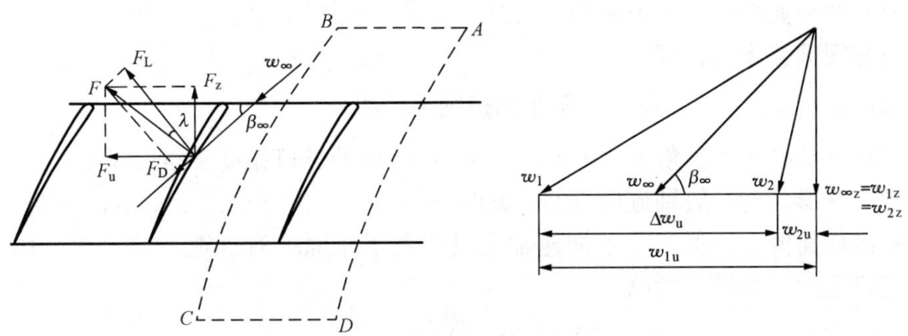

图 5-8　流体绕流叶栅的作用力

$$F_L = F\cos\lambda, \quad F_u = F\cos[90^\circ - (\beta_\infty + \lambda)]$$

$$F_L = \frac{F_u}{\sin(\beta_\infty + \lambda)}\cos\lambda \tag{5-16}$$

角 λ 为合力 F 与升力 F_L 之间的夹角，它的大小与叶栅效率有关。在现代轴流泵与风机中，$\tan\lambda$ 一般为 1/20，所以 $\lambda=3^\circ\sim5^\circ$。因此，可近似取 $\cos\lambda\approx1$。

将式（5-15）代入式（5-16），得

$$F_L = \frac{\rho t w_{\infty z}\Delta w_u}{\sin(\beta_\infty + \lambda)}$$

再将式（5-14）代入上式，得

$$C_L\frac{b}{t} = \frac{2\sin^2\beta_\infty}{\sin(\beta_\infty + \lambda)}\frac{\Delta w_u}{w_{\infty z}} \tag{5-17}$$

式（5-17）即为叶栅流体动力基本方程。它建立了流体动力（C_L 表征），叶栅主要几何参数 b/t 与流体在叶栅中的扭速 Δw_u 之间的关系式。它是轴流泵与风机叶栅基本方程。当选用某种翼型并确定冲角 i 时，可由翼型性能曲线查出 λ 及 C_L，于是叶栅稠度就可求得。而翼型的安装角 $\beta_b=i+\beta_\infty$ 也可求得。

如令 $\lambda=0$，$\Delta w_u=\Delta v_u$，则式（5-17）可近似为

$$C_L\frac{b}{t} = 2\frac{\Delta v_u}{w_{\infty z}}\sin\beta_\infty$$

第五节　子午加速轴流风机

子午加速轴流风机是一种好的轴流风机型式，近年来引起人们的关注，有了较大的发展。子午加速轴流风机与一般轴流风机的不同之处在于，气流在通流部分沿着子午面加速，轴向速度得到了增大。轴向速度增大，静压梯度减小，可避免气流的边界层分离，并能得到较高的压力系数。因而子午加速轴流风机的流量系数比离心风机大，压力系数比一般的轴流风机高。另外，子午加速轴流风机噪声小，效率高，其叶轮的叶片及导叶片可用钢板压制而成，无须采用机翼型，所以制造方便，费用低，适用于大容量锅炉的引风机。

图 5-9 所示为子午加速轴流风机的示意。叶轮进、出口处的轮毂直径是不同的，且沿着气流的流动方向不断增加，所以子午面上的流道呈收敛型。气流的轴向速度 v_z 沿着子午面加速，$v_{2z}>v_{1z}$（由于流体沿轮毂锥面流动，所以严格说应为沿锥面流动的轴向分速）。

下面分析两种典型的子午加速轴流风机。为了与一般轴流风机进行比较，取它们的进口速度三角形与圆周速度都相同。

一、轴向速度 $v'_{2z}>v_1$，$w'_2=w_2$ 子午加速轴流风机

图 5 - 10 所示的速度三角形，由 w_1、u 及 v_1 组成的进口速度三角形和 w_2、u 及 v_2 组成的出口速度三角形，为一般轴流风机的，此时 $v_{2z}=v_{1z}=v_1$。由 w'_2、u 及 v'_2 组成子午加速轴流风机的出口速度三角形。子午加速轴流风机在子午面上有加速，$v'_{2z}>v_1$。由于它们具有共同的进口速度三角形，所以

$$\varepsilon'>\varepsilon,\quad \Delta v'_u>\Delta v_u$$

因为 $p_t=\rho u\Delta v_u$，因此子午加速轴流风机能使全压增加，压力系数 $\bar{p}$（$\bar{p}=p_t/\rho u^2$）也增大。

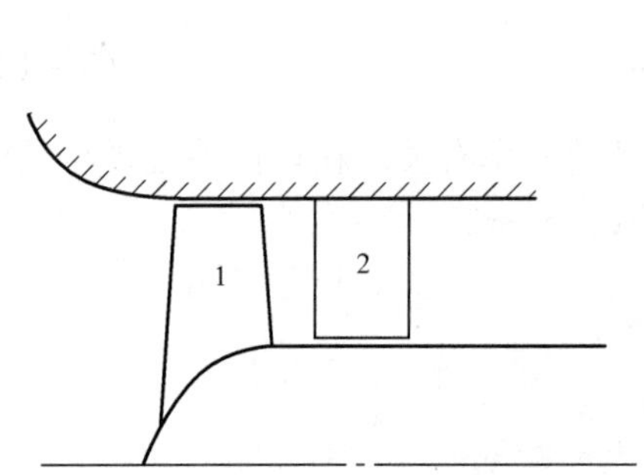

图 5 - 9　子午加速轴流风机简图
1—叶轮动叶片；2—导叶叶片

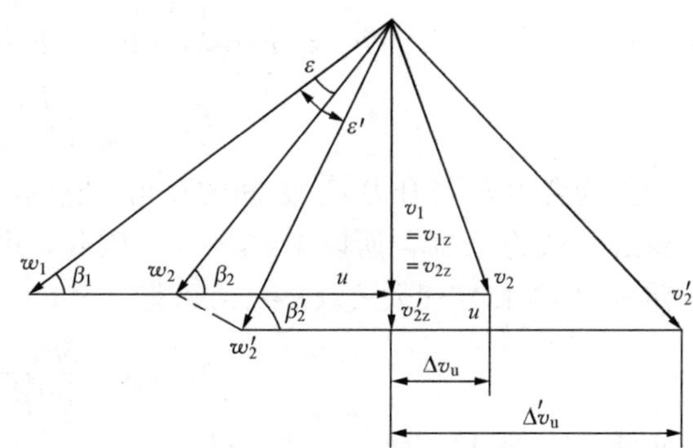

图 5 - 10　$v'_{2z}>v_1$，$w'_2=w_2$ 时的速度三角形

一般的轴流风机，虽然也可以利用增加 ε 来增高 Δv_u，但这样必然使 w_2/w_1 降低许多，结果可能造成气流边界层分离，使风机效率降低。但子午加速轴流风机在增加 ε′时，相对速度比 w'_2/w_1 并未降低。所以，在 $w'_2=w_2$ 的情况下，子午加速轴流风机在增加压力系数时，不致引起动叶栅中气流的边界层分离。

子午加速轴流风机的全压为

$$p'_t=\rho\left(\frac{v'^2_2-v^2_1}{2}+\frac{w^2_1-w'^2_2}{2}\right)$$

一般轴流风机的全压为

$$p_t=\rho\left(\frac{v^2_2-v^2_1}{2}+\frac{w^2_1-w^2_2}{2}\right)$$

由于 $w'_2=w_2$，所以两种轴流风机的全压之差为

$$\Delta p_t=p'_t-p_t=\rho\frac{v'^2_2-v^2_2}{2} \tag{5 - 18}$$

由此可见，在 $w'_2=w_2$ 时，子午加速轴流风机全压增加的原因是动压增加。

采用 $w'_2=w_2$ 的子午加速方案是比较好的，它在提高压力系数时，还可保持较高的效率。此种型式的子午加速轴流风机又称为爱克（ECK）型风机，它的效率可达 88%～89%。图 5 - 11 所示为该型轴流风机的性能曲线。

二、轴向速度 $v'_{2z}>v_1$，$w'_2=w_1$ 子午加速轴流风机

在图 5 - 12 中，由 w_1、u 及 v_1 组成轴流风机与子午加速轴流风机共同的叶轮进口速度

三角形，且进口处气流无预旋。而 w'_2、u 及 v'_2 组成子午加速叶轮出口速度三角形。根据假设 $w'_2=w_1$，则子午加速轴流风机的全压为

$$p'_{\mathrm{t}}=\rho\frac{v'^2_2-v_1^2}{2} \tag{5-19}$$

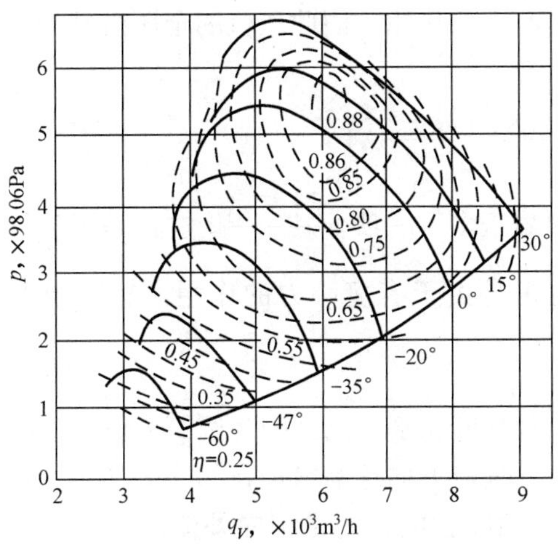

图 5 - 11 导流器调节的 ECK 型子午加速轴流风机性能曲线

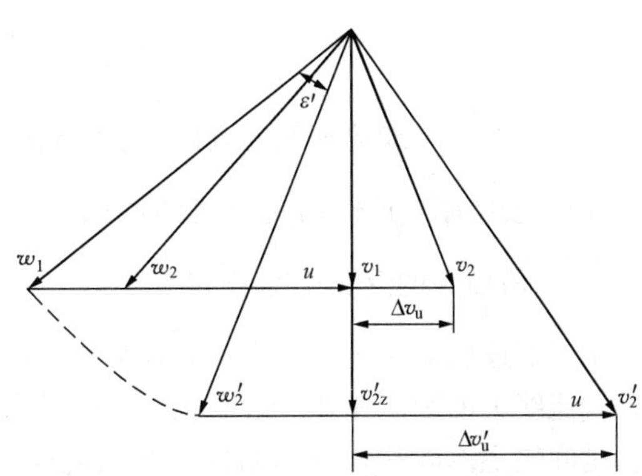

图 5 - 12 $w'_2=w_1$，$v'_{2z}>v_1$ 时的速度三角形

该种型式的子午加速轴流风机，由于 $w'_2=w_1$，因此动叶栅的进口与出口压力不变，称为冲动式或等压式子午加速轴流风机。冲动式子午加速轴流风机，虽然压力系数是高的，但由于气流在叶轮内获得的能量全部是动能，因此扩压器将气流的部分动能转变成压力能时，伴随较大的能量损失。所以，扩压器性能的优、劣至关重要。等压式轴流风机又称斯席特（Schicht）风机，它的效率一般不超过 80%。图 5 - 13 所示为冲动式子午加速轴流风机性能曲线。

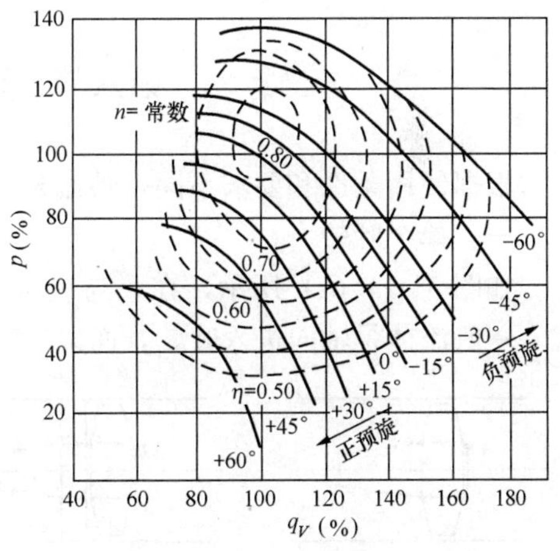

图 5 - 13 导流器调节冲动式子午加速轴流风机性能曲线

冲动式子午加速轴流风机由于叶轮进、出口压力相等，因此对风机的径向间隙不敏感。另外，冲动式风机性能曲线较平坦，压力系数高。近年来，冲动式子午加速轴流风机也在一些国家得到广泛应用。

根据以上分析，子午加速轴流风机与一般轴流风机相比较，具有下列特点：

(1) 子午加速轴流风机气流折转角 ε 较大，它所产生的扭速 Δv_{u} 比一般轴流风机的大，因此风机的全压就高。

(2) 子午加速轴流风机的轴向速度 $v_{2z}>v_{1z}$，即使减速比 w_2/w_1 比一般轴流风机的大，而叶轮内的扩压效应还是减小的，从而保证了在气流折转角 ε 增大的情况下，不致造成气流的边界层分离，风机效率也不会下降。

（3）子午加速轴流风机出口气流的动能比一般轴流风机的大，为了有效地利用这部分动能，使其中的部分动能转变成压力能，要求子午加速轴流风机的扩压器性能必须优于其他的轴流风机。

（4）以上分析子午加速轴流风机时，假定叶轮进、出口的圆周速度 u 不变。实际上，由于叶轮出口直径大于叶轮的进口直径，气流受到离心力的作用，因此风机的全压由基本方程式可得

$$p_t = \rho\left(\frac{u_2^2 - u_1^2}{2} + \frac{w_1^2 - w_2^2}{2} + \frac{v_2^2 - v_1^2}{2}\right)$$

很明显，子午加速轴流风机比一般轴流风机的静压多了一项 $\rho\frac{u_2^2 - u_1^2}{2}$。这正是子午加速轴流风机全压高于其他轴流风机的原因之一。也正是由于有离心力的作用，静压增加了 $\rho\frac{u_2^2-u_1^2}{2}$，所以它的反作用度 Ω 较大。

子午加速轴流风机的结构一般有两种型式。一种是叶轮部位的外壳为圆筒形设计，叶轮最外端流线上的圆周速度没有变化，而轮毂直径沿着气流方向逐渐增加，如图5－9所示；另一种是叶轮上的叶片也是倾斜的，所以流线不再是轴线方向，而是稍向外流出。一般情况下，倾斜叶片子午加速轴流风机的压力系数高于筒形外壳子午加速轴流风机。

子午加速轴流风机具有气流的流动效率高、噪声低等优点，目前它在国内的使用范围逐渐扩大。火电厂的轴流引风机较多选用导流器调节的子午加速轴流风机。

第六节　轴流泵与风机的型式

根据使用条件和要求不同，轴流泵与风机有多种型式。以下分析常见的五种基本型式。

一、单个叶轮

如图 5－14（a）所示，在泵与风机中，只有一个叶轮。它是轴流泵与风机最简单的型式。一般流体是轴向进入叶轮，而以绝对速度 v_2 流出叶轮，由图 5－15 速度三角形知

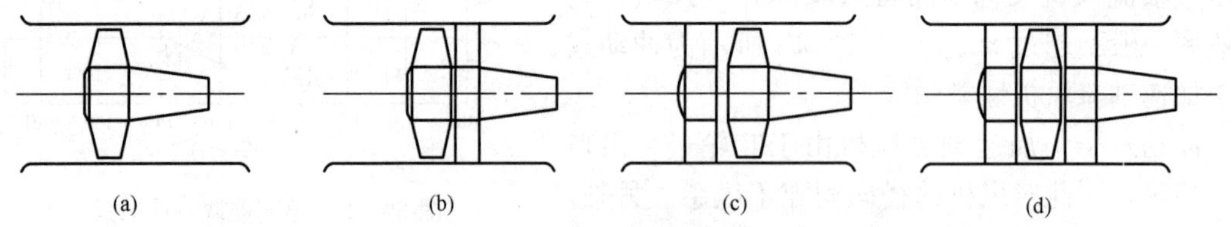

图 5－14　单级轴流泵与风机型式

（a）单个叶轮；（b）单个叶轮后置导叶；（c）单个叶轮前置导叶；（d）单个叶轮前后置导叶

$$v_2^2 = v_{2u}^2 + v_{2z}^2$$

流体流动时，由于黏性作用，旋绕速度 v_{2u} 在叶轮后一段路程内会降低至很小。因此，v_{2u}的几乎耗尽，实际上是一种损失，其值为

$$\Delta H = \frac{v_{2u}^2}{2g}, \quad \Delta p = \frac{\rho v_{2u}^2}{2}$$

如图 5－15 所示，若 $v_{1u}=0$，且不计流体流动时的其他损失，则

$$H'_t = H_t - \Delta H = \frac{uv_{2u}}{g} - \frac{v_{2u}^2}{2g} = H_t\left(1 - \frac{v_{2u}}{2u}\right) \tag{5-20}$$

$$p'_t = p_t\left(1 - \frac{v_{2u}}{2u}\right)$$

由式（2-82）可知

$$\Omega = 1 - \frac{H_d}{H_t} = 1 - \frac{v_{2u} - v_{1u}}{2u} \tag{5-21}$$

因为 $v_{1u}=0$，所以 $\Omega=1-\frac{v_{2u}}{2u}$，因此

$$H'_t = \Omega H_t, \quad p'_t = \Omega p_t$$

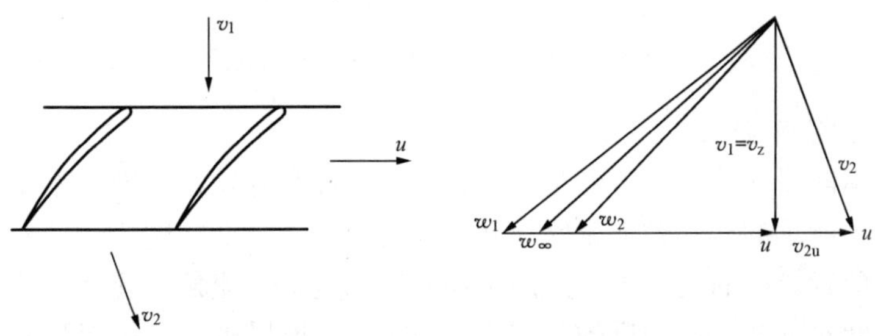

图 5-15　单个叶轮轴流泵与风机速度三角形

在不计流体流动的其他损失的情况下，泵与风机的理论效率 η_t 为

$$\eta_t = \frac{H'_t}{H_t} = \Omega \tag{5-22}$$

单个叶轮的轴流泵与风机的理论效率等于反作用度 Ω。要提高它的效率，必须提高其反作用度 Ω；而由于 $\Omega = 1 - \frac{v_{2u}}{2u} < 1$，又考虑到黏性流体的各种损失，所以这种型式的轴流泵与风机的效率不会很高，一般 $\eta=0.7\sim0.8$。

此外，为了提高效率，增加反作用度 Ω，在圆周速度 u 不变的情况下，必须使 v_{2u}尽可能小。但是 v_{2u}的降低，意味着泵与风机扬程、全压的减小。所以单个叶轮的轴流泵与风机适宜用作低扬程、低全压的场合。单个叶轮轴流泵与风机结构简单、制造方便，大多用于通风、降温和冷却装置中。

二、单个叶轮后置导叶

图 5-14（b）所示为在动叶轮后设置导叶，它的速度三角形如图 5-16 所示。流体轴向进入叶轮，则 $v_1=v_z$，叶轮出口的流体绝对速度为 v_2。由于叶轮出口存在 v_{2u}的旋绕速度，所以装置后导叶将 v_{2u}转化为压力能，后置导叶出口的流体速度为 v_3 沿轴向流动，$v_{3u}=0$。所以单个叶轮后置导叶的轴流泵与风机，它的理论效率 $\eta_t=1$。考虑到流动的各种损失，轴流泵与风机的实际效率小于 1。叶轮的反作用度 Ω 与单个叶轮轴流泵与风机一样小于 1，一般 $\Omega=0.75\sim0.90$。

单个叶轮后置导叶的轴流泵与风机具有较高的效率，一般可达 0.82～0.88。为了提高轴流泵与风机在低负荷时的运行效率与调节效率，一般可采用动叶可调的轴流泵与风机。目前火力发电厂的轴流送、引风机大多采用这种型式，轴流式的循环水泵也采用此种型式。

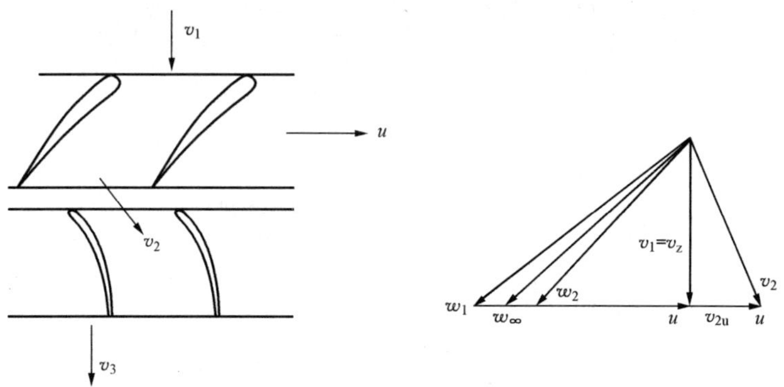

图 5 - 16　单个叶轮后置导叶轴流泵与风机的速度三角形

三、单个叶轮前置导叶

轴流泵如采用前置导叶，只可能是为了整流，保证泵叶轮进口处的流体沿轴向进入。

图 5 - 14（c）所示的动叶轮前设置导叶，它的速度三角形如图 5 - 17 所示。气流沿轴向进入前导叶，而前置导叶的气流出口角即是动叶轮的进口气流角。前置导叶使叶轮进口的气流，产生一个与叶轮旋转方向相反的负旋绕 $v_{1u}<0$（在通风机中，正旋绕 $v_{1u}>0$，几乎不采用）。在设计工况下，负的旋绕速度被叶轮整流，使叶轮出口的气流速度 v_2 没有旋绕分量，即 $v_{2u}=0$。这种轴流风机的全压为

$$p_t = \rho u v_{1u}$$

由式（5 - 21）得

$$\Omega = 1 + \frac{v_{1u}}{2u}$$

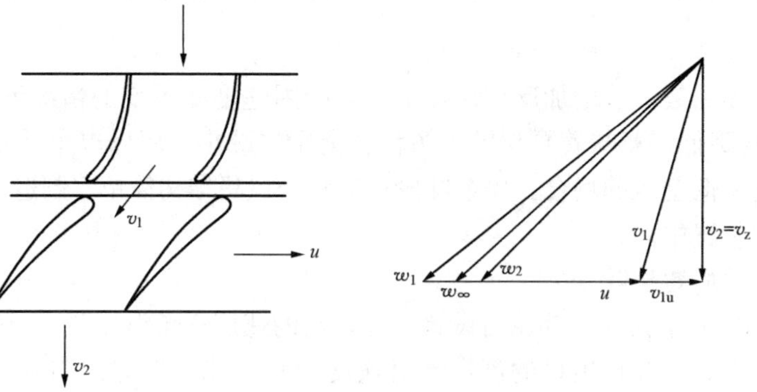

图 5 - 17　单个叶轮前置导叶轴流风机速度三角形

由于前置导叶产生负的旋绕速度，所以这种风机的反作用度将大于 1，一般为 1.25～1.50。

反作用度大于 1，说明了风机叶轮产生的静压大于风机所产生的全压。这是由于气流经过前置导叶被加速，在叶轮前产生负压的缘故。

另外，由于气流在前置导叶中被加速，压力系数较高，因此，在产生相同全压的情况下，可以减小风机的尺寸和重量。如果前置导叶做成可调节的导流叶片，则能提高风机在变

工况时的效率。单个叶轮前置导叶的轴流风机效率可达 0.78～0.82。

单个叶轮前置导叶风机产生的噪声大于后置导叶的风机。因为气流在前导叶中加速，则动叶片相对流入速度增大。另外前置导叶会引起涡流及流动的紊乱。

该种型式的轴流风机常用于要求风机体积小的场合。在火力发电厂中，子午加速轴流风机常采用此种型式。

四、单个叶轮前后置导叶

图 5－14（d）所示的单个叶轮前后置导叶轴流泵与风机，实际上是第二、三种轴流泵与风机型式的组合，其性能也应是它们的组合反映。

单个叶轮前后置导叶的速度三角形，如图 5－18 所示。

实际应用中，有可能出现三种情况：

（1）前置导叶只起导向、整流作用，保证叶轮进口流体的速度 $v_1=v_z$，$v_{1u}=0$。叶轮后置导叶也只起整流的作用，将叶轮出口的旋绕速度 v_{2u} 转换成压力能。该种型式的轴流泵与风机实质上与单个叶轮后置导叶的泵与风机性能差不多，所不同的就是前者比后者多了进口导向、整流的导叶。所以，它的反作用度 Ω 与单个叶轮后置导叶一样，$\Omega=0.75$～0.90。

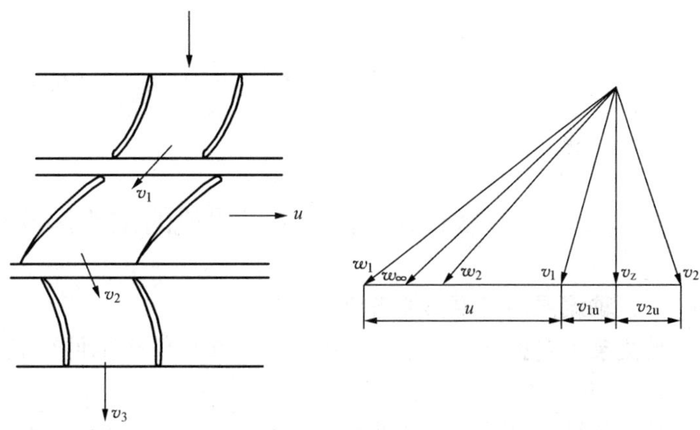

图 5－18　单个叶轮前后置导叶轴流泵与风机速度三角形

轴流泵如果有前置导叶，那它就符合上述情况。

（2）前置导叶产生负旋绕速度（$v_{1u}<0$），而叶轮出口的流体速度产生正的旋绕速度（$v_{2u}>0$），如图 5－18 所示。由速度三角形可知，叶轮进出口流体速度往往是相等的，即 $v_1=v_2$。而它们的旋绕速度方向则相反。此时，轴流风机的全压为

$$p_t = 2\rho u v_{1u} = 2\rho u v_{2u}$$

此种类型的轴流风机 $\Omega=1$，说明了轴流风机产生的全压全都是静压。

叶轮的后置导叶仍然起将叶轮出口流体的旋绕速度整流成轴向速度的作用，从而使流体的压力能增加。

这种型式的轴流风机其效率可为 0.82～0.85。

（3）若叶轮前置导叶的角度可以变动，轴流风机在某工况运行时，只需改变前置导叶的角度，叶轮进口气流的旋绕速度就可变化，达到调节流量的目的。

前置导叶可调的轴流风机在变工况状态下工作，有较好的效果。火力发电厂中的锅炉引风机大多采用该型式的轴流风机。

五、多级轴流风机

大容量火力发电厂锅炉，由于烟风道阻力较大，需要有较高压力的轴流风机。而单级轴流风机，由于受到叶轮尺寸、转速等因素的限制，它的全压不可能很高。为此，需要用多级轴流风机来满足锅炉送风、引风的要求。多级轴流风机为两至四级，两级应用最广泛。多级

轴流风机一般是一个叶轮和一个导叶组成一级，图5-19所示为两级轴流风机示意。

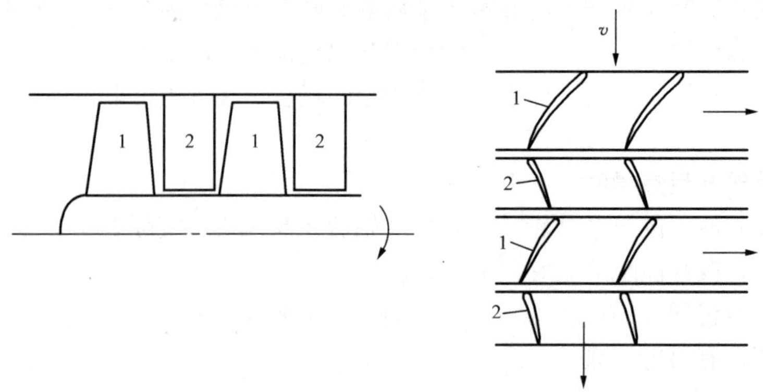

图5-19 两级轴流风机
1—动叶片；2—导叶

第七节 轴流泵与风机的主要部件及整体结构

一、轴流泵的主要部件与整体结构

轴流泵主要由叶轮、导叶、吸入室与扩压管等部件组成。

1. 叶轮

叶轮是轴流泵的主要部件之一。原动机驱动叶轮，将能量传递给液体，液体获得能量后沿轴向运动，速度、压力都有提高。

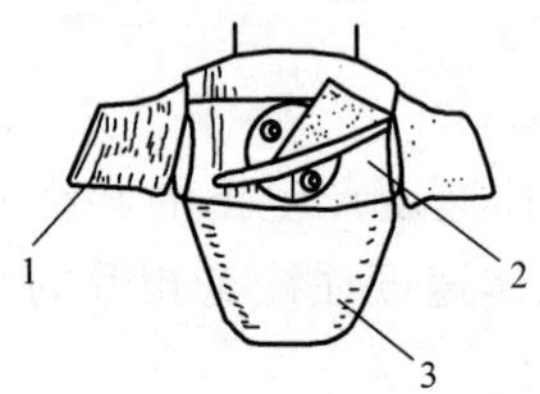

图5-20 轴流泵叶轮
1—叶片；2—轮毂；3—动叶头

叶轮一般由叶片、轮毂及动叶头组成，如图5-20所示。有些小型轴流泵将轮毂与动叶头组成一体。动叶头的外形做成流线型，以减少水流的阻力。

叶片的叶型对轴流泵的性能有着重要的影响。一般都选用优良的翼型作为轴流泵的叶片叶型。优良的翼型应该具有较大的升阻比，失速性能平缓，使轴流泵在所需的流量、扬程的情况下，具有较高的效率和较宽的流量调节性能。

轴流泵的叶片数根据比转速的高低来选取。低比转速轴流泵叶片数一般取5或6，高比转速轴流泵叶片数一般取3或4。

为了提高轴流泵的效率，叶片采用扭曲形的。叶片的材料要求能抗腐蚀、抗汽蚀，因而可以用青铜、铸钢或铬不锈钢。

2. 导叶

从叶轮流出的流体除了轴向运动，还有旋绕运动。导叶的作用是把流体的旋绕运动的能量转换成压力能。导叶片的入口角应与叶轮出口流体的流出角一致。导叶片的进口边一般与叶轮叶片的出口边平行。导叶片的进口边与叶轮叶片的出口边的距离一般等于叶轮直径的10%左右。这个距离如太小，则轴流泵运转时将不稳定；如距离太大，会降低泵的效率。

如图5-21所示的轴流泵纵剖面，图中标号12即为导叶，整个装置称为导叶体。

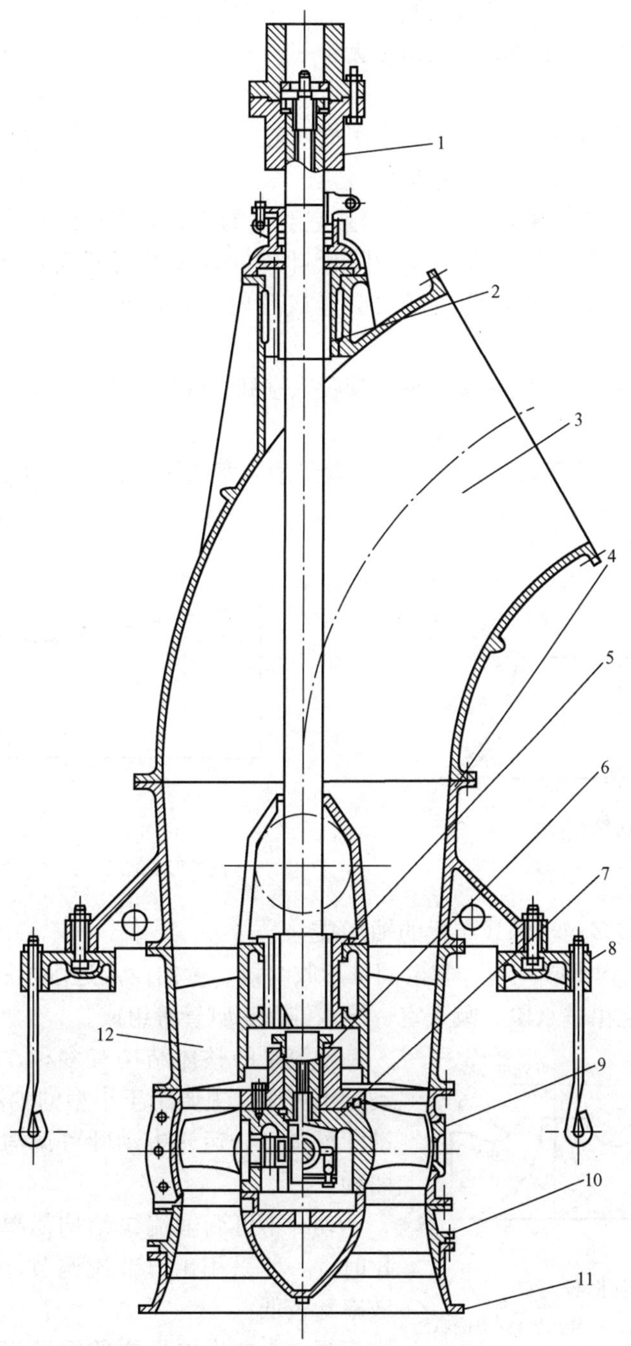

图 5-21　轴流泵

1—联轴器；2—橡胶轴承；3—出水弯管；4—中间接管；5—橡胶轴承；6—拉杆；7—叶轮；8—底板；9—叶轮外壳；10—进水喇叭管；11—底座；12—导叶

3. 扩压管

流体经过导叶后，流入扩压管（图 5-21 中的中间接管 4）。扩压管是一个面积逐渐扩大的圆锥形管，流体在其中流动时，由于面积扩大，速度下降，压力升高。流体在之后的流动中，由于动能降低，所以阻力减少，效率提高。

扩压管的扩散角影响流体的流动效率。当扩压管的扩散角由6°增大至12°时，效率降低10%～13%。所以要求扩压管的扩散角不大于8°。

4. 吸入室

轴流泵的吸入室直接将吸水池中的水引向叶轮入口。吸入室应该在最小的阻力情况下，使叶轮入口处的液体流速、压力分布均匀。

液体流过吸入室的阻力是不大的，但是它对泵的汽蚀和安全运行有直接影响。如果叶轮入口液体流速分布不均匀，将会大大降低叶轮的效率并恶化泵的抗汽蚀性能。此外，在吸入室中的液体不应产生旋涡，否则会造成叶轮进口流体的紊乱，导致泵效率下降，机组振动。

中、小型轴流泵常用的吸入室是喇叭管吸入室和直收缩管吸入室，大型轴流泵常用的是肘形和钟形吸入室。

图5-22所示为喇叭管形吸入室。喇叭管形吸入室结构简单，水力性能好。

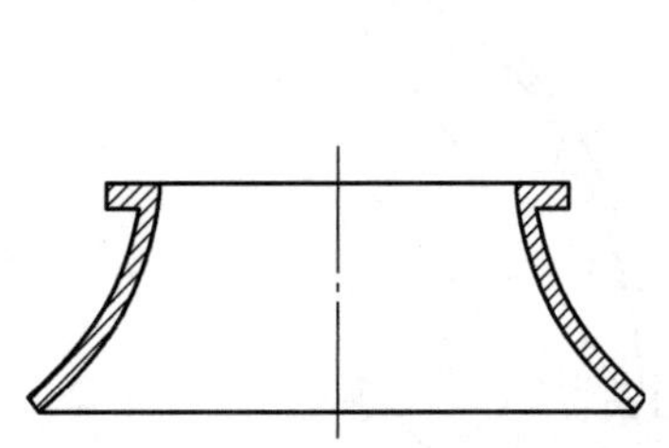

图5-22 喇叭管形吸入室

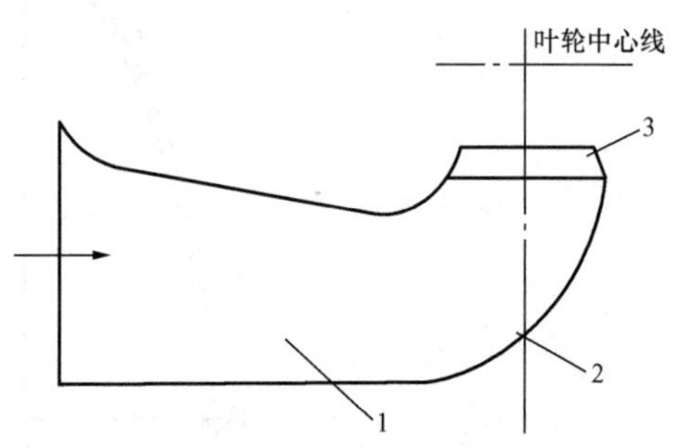

图5-23 肘形吸入室

1—圆锥形收缩段；2—弯曲段；3—进水段

直收缩管吸入室多用于卧式布置的轴流泵。

图5-23所示为肘形吸入室，它由圆锥形收缩段、弯曲段及进水段所组成。图5-24所示为钟形吸入室，它由进水段、吸入室、导水锥及喇叭管等组成。

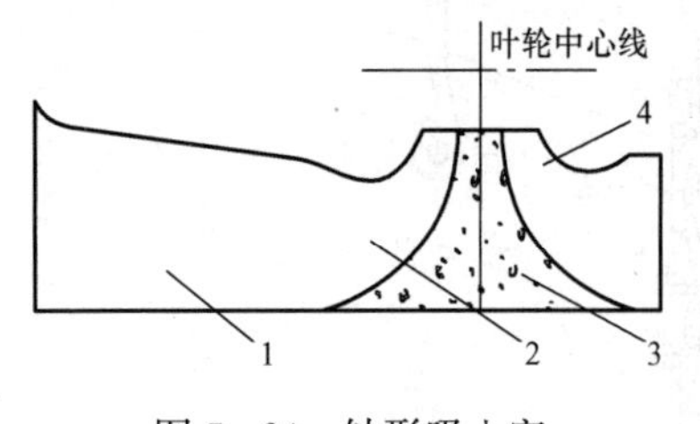

图5-24 钟形吸入室

1—进水段；2—吸入室；3—导水锥；4—喇叭管

轴流泵的整体结构有多种，其主要的差别在于动叶不可调（主要用于小型的轴流泵）与动叶可调。动叶可调又分运转中动叶可调与泵停转才动叶可调两种。

动叶不可调轴流泵结构简单，造价低。工况变化时，一般采用出口节流调节，但调节效率与运行效率均较低。

国内火力发电厂中的循环水泵，原来广泛地采用图5-21所示轴流泵，但轴流泵抗汽蚀性能较差，所以目前已有不少被混流泵取代。混流泵所输送的流量低于轴流泵，但扬程高于轴流泵。

二、轴流风机的主要部件与整体结构

轴流风机主要由进气箱、叶轮、导叶、扩压器、叶轮外壳等组成。

1. 叶轮

叶轮是轴流风机的主要部件之一。气体通过旋转的叶轮获得能量，沿着转轴作螺旋形的轴向运动。

图 5 - 25 所示为动叶可调轴流风机剖面图。它由动叶片、轮毂、叶柄、叶柄轴承及平衡重等组成。

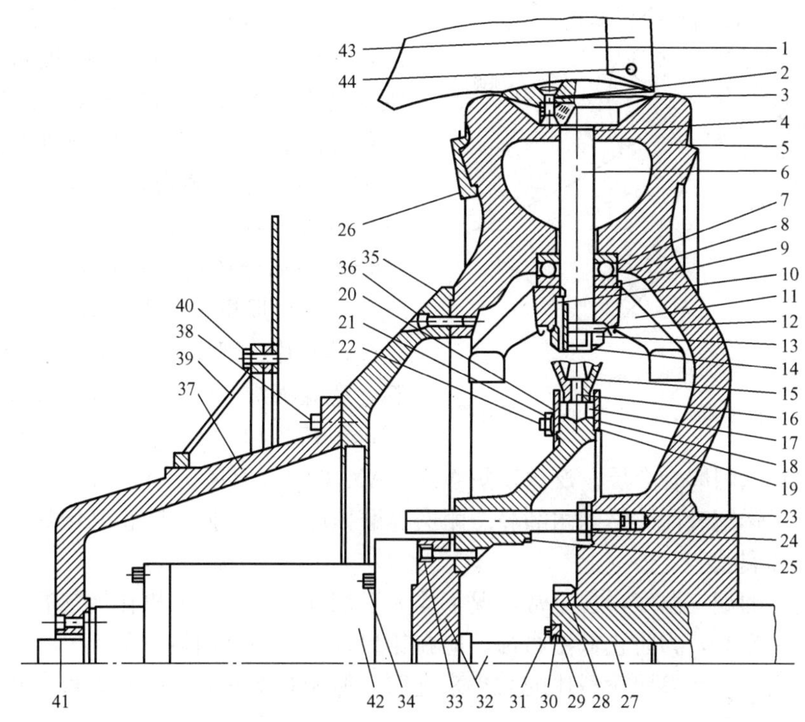

图 5 - 25　动叶可调轴流风机剖面图

1—叶片；2—叶片螺钉；3—聚四氟乙烯密封垫；4、9、27—衬套；5—轮毂；6—叶柄；7—推力轴承；8—紧环；10—键；11—平衡重；12、29—垫圈；13、15、28—锁紧螺母；14—弹簧垫圈；16—销；17—滑片；18—锁紧环；19、20—导环；21—螺母；22—螺栓；23—衬圈；24—导柱；25—调节圆盘；26—平衡块；30—毡环；31、33、34、36、38、40、41、44—螺钉；32—支撑轴颈；35—轮壳盖；37—支撑轴盖；39—圆盘；42—液压缸；43—耐磨鼻

轴流风机动叶片截面形状，应考虑到气动性能与运行性能，也需要兼顾到叶片的强度。动叶片的截面形状应该有较大的升阻比，而失速性能平缓，且风机在运行时有较高的效率，且效率曲线平缓。薄翼型动叶片可以达到较高的升阻比，但偏离设计工况点时，效率可能会急剧下降。厚翼型动叶片能在较宽的流量调节范围内具有较高的效率。

轴流风机近轮毂处叶片的工作条件特别不利，由于它的圆周速度最低，所以只能用加大叶片的翼弦和增加叶片的冲角来补偿。动叶片从叶根向叶顶处扭曲，叶根处的叶片安装角大于叶顶处的叶片安装角，叶片根部的冲角增大，从而增大叶片根部的升力系数。另外，增大气流折转角，也能增加叶根处的全压，但折转角过大容易引起边界层分离。所以，折转角不宜过大且叶片扭曲应尽量平缓。

一般从性能、结构、强度等方面考虑，从动叶片的叶顶至叶根的翼型的厚度是逐渐增大的，而且翼弦也是逐渐增加的，图 5 - 26 是动叶片的俯视图。动叶片用螺栓固定在叶柄上，叶柄装入轮毂的圆孔内，并用全密封的轴向止推滚动轴承固定在轮毂上，承受叶片旋转时所

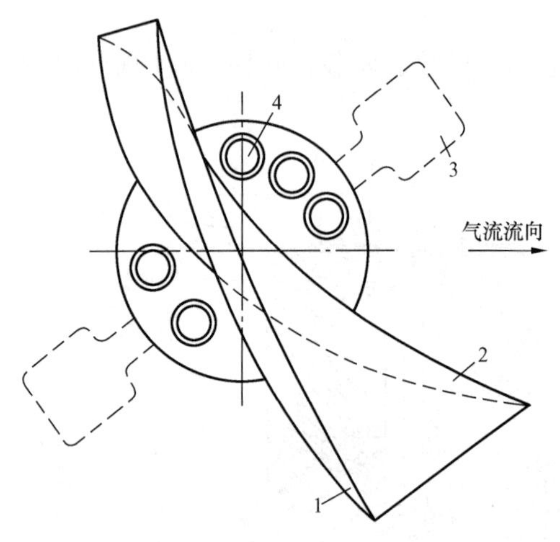

图 5-26 动叶片的俯视
1—叶顶翼型；2—叶根翼型；3—平衡重；4—叶片螺栓

产生的离心力。叶柄轴承是动叶可调轴流风机的最关键部件之一。为了保证动叶片在调节范围内能转动自如，叶柄轴承的尺寸、润滑和密封就特别重要。锅炉引风机由于输送的烟气中含有烟灰，这些烟灰如果沾污叶柄轴承就会影响动叶调节效果。所以它的密封显得更为重要。VARIAX 型风机利用冷却空气进行动叶叶根的密封，不使烟气中的烟灰进入轮毂内部，同时冷却空气从缝隙中流出还带走一部分热量，起降温作用。因冷却空气量少，对风机主流干扰不大。

动叶片一般采用铸铝合金或锻铝合金材料。燃煤锅炉 TLT 公司轴流引风机采用铸钢或球墨铸铁叶片，当介质中含尘量过大时，在叶片表面再喷涂耐磨合金层。燃煤锅炉 VARIAX 型轴流引风机动叶采用铝合金材料，在叶片前缘嵌装不锈钢表面镀铬的耐磨鼻。耐磨鼻磨损后可以更换，防止采用焊接修补引起叶片变形、变脆和裂纹。

引风机输送的烟气温度，在正常情况下均大于烟气露点。当风机在烟气温度低于露点的不正常情况下工作时，为防止低温腐蚀，应在轮毂背面加装电加热设备。

轴流风机的叶片数参照轮毂比的大小来选取，但相对于轴流泵叶轮而言，叶片数较多。

2. 导叶与扩压器

子午加速轴流风机基本上采用前置导叶，起调节风机流量的作用。前置导叶与离心风机导流器的结构差不多。

锅炉送、引风机大多采用后置导叶，后置导叶整流叶轮流出的带有旋绕速度的气流，提高风机的效率。但气流流过后置导叶后动能仍然过大，在最高效率点时约占全压的 30%以上。因此，为了进一步将部分动能转化为压力能，提高风机效率，必须在后置导叶后再设置扩压器。

扩压器的形式主要有以下几种：

（1）内扩压扩压器。如图 5-27（a）所示，扩压器的外筒为等直径，内芯为收缩的锥筒，这样流体的流通面积可以增加。此种扩压器制造方便，适用于排气管直径与风机外径相同的场合。

（2）内外扩压扩压器。如图 5-27（b）所示，扩压器具有扩散形外筒和收敛形的芯筒，由于扩散面积较大，所以扩压效果较好。它适用于排气管直径大于风机外径的场合。

（3）外扩压扩压器。如图 5-27（c）所示，扩压器具有等直径的内芯与扩散形的外筒。它的扩压效应不如（b）型，但它结构工艺简单，也适用于排气管直径大于风机外径的场合。

气流通过扩压器由于流通面积扩大，会产生阻力损失，用效率 η_d 来衡量。扩压器效率 η_d 等于实际的压力增量与无阻力损失时理论的压力增量之比，即

$$\eta_d = \frac{p_4 - p_3}{\frac{\rho}{2}(v_3^2 - v_4^2)} \tag{5-23}$$

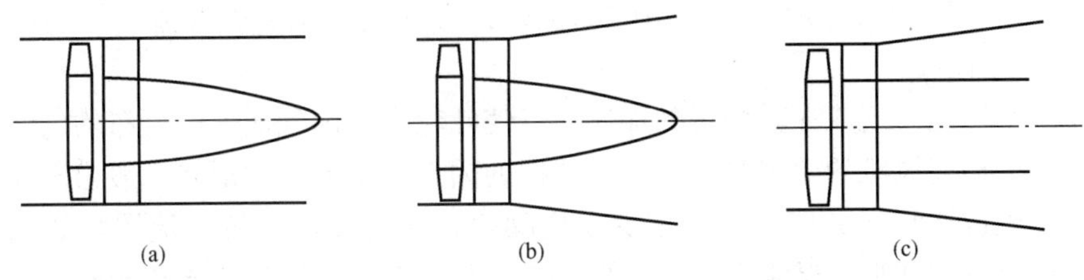

图 5-27 扩压器的形式

(a) 内扩压；(b) 内外扩压；(c) 外扩压

式中 v_3、p_3——扩压器进口截面处的气流速度与压力；

v_4、p_4——扩压器出口截面处的气流速度与压力。

由不可压缩的伯努利方程得

$$p_4-p_3=\frac{\rho}{2}(v_3^2-v_4^2)-\Delta p_d \tag{5-24}$$

式中 Δp_d——扩压器阻力损失。

将式（5-24）代入式（5-23），得

$$\eta_d=1-\frac{\Delta p_d}{\frac{\rho}{2}v_3^2\left[1-\left(\frac{A_3}{A_4}\right)^2\right]} \tag{5-25}$$

式中 A_3、A_4——扩压器进口、出口截面积。

为减少扩压器阻力，尽量避免边界层的分离，扩压器的扩散角不能太大。一般取当量扩压角 $\theta\leqslant 8°\sim 12°$。当量扩散角就是将扩压器环形通流面积换算成当量圆锥的圆锥角，则当量扩散角 θ 为

$$\tan\frac{\theta}{2}=\frac{d_4'-d_3'}{2l} \tag{5-26}$$

式中 d_3'、d_4'——当量圆锥进出口直径；

l——扩压器长度，$l=$（1.5～2.2）D_3，D_3 为扩压器进口直径。

为了改善风机的性能，提高风机的效率，目前一些大型轴流风机，将整流罩与扩压器的芯筒做成一个流线型整体，如图 5-28 所示。流线型体的最大直径 d_{max} 即为风机的轮毂直径 d，位于流线型体全长的 $0.4l$ 处。则整流罩为头部开始的 $0.4l$，尾部 $0.6l$ 为扩压器芯筒。流线型体长度 l 为（2.5～3.4）D，D 为叶轮的外径。

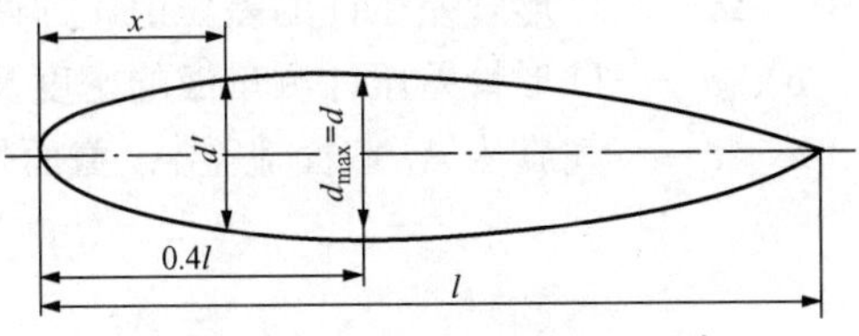

图 5-28 流线型体内芯

采用流线型体内芯后，扩压器效率可提高至 0.80～0.85，且风机性能曲线较平坦，高效区较宽。图 5-27（c）所示的芯筒尾部如不设尾风筒，气流在芯筒后急速膨胀，造成强烈的旋涡，形成较大的涡流损失，且增加了风机的噪声。

3. 进气箱、集流器

轴流风机并不都设有进气箱，但火力发电厂锅炉送、引风机均设置进气箱。进气箱的尺寸与形状应该保证气流在阻力最小的情况下，平顺地充满整个流道，然后进入叶轮。轴流风

机进气箱的入口一般为长方形，进气箱的侧板是弧形曲线，能减少气流的旋涡区，提高效率，如图 5-29 所示。

集流器的作用是使气流在其中得到加速，以使叶轮进口前气流速度分布均匀。良好的集流器形状，对于提高风机的效率是一个不可忽视的因素。集流器的形状一般为圆弧形。

为了使风机进气状态更佳，同时减少风机噪声，在叶轮前装置整流罩，如图 5-29 所示。整流罩可以是圆球形、椭圆形或流线型，也可与芯筒一起设计成流线形状。

伐列克斯（VARIAX）型轴流风机利用进气箱面积的变化，进行风机流量的测量，这样免除了在风道中为测量流量所需的变截面风道，减少流动阻力。如图 5-30 所示，在集流器的进出口装设 U 形管差压计，测得 U 形管差压计的数值，便可算得流量。

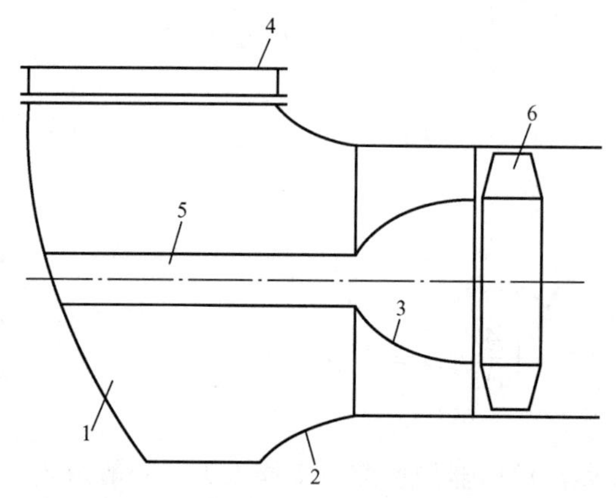

图 5-29　进气箱、集流器与整流罩

1—进气箱；2—集流器；3—整流罩；4—膨胀节；5—保护罩；6—叶轮

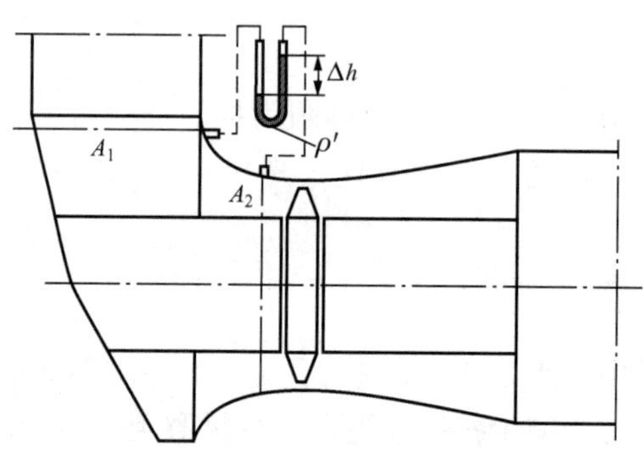

图 5-30　利用进气箱测量流量

列 U 形管两侧点截面的伯努利方程，得

$$2\frac{\rho'}{\rho}\Delta h=\frac{v_2^2}{g}\left[1-\left(\frac{A_2}{A_1}\right)^2+\zeta\left(\frac{A_2}{A_1}\right)^2\right]$$

式中　Δh——U 形管差压计的差压值，即两截面测点的静压差；

ρ'、ρ——U 形管差压计测量液的密度及气体的密度；

ζ——气流从 A_1 截面流至 A_2 截面处的阻力系数。

$$q_V=A_2\sqrt{\frac{2g\frac{\rho'}{\rho}\Delta hg}{1-\left(\frac{A_2}{A_1}\right)^2+\zeta\left(\frac{A_2}{A_1}\right)^2}}$$

令流量系数

$$k=A_2\sqrt{\frac{1}{1-(1-\zeta)\left(\frac{A_2}{A_1}\right)^2}}$$

则

$$q_V=k\sqrt{2\frac{\rho'}{\rho}g\Delta h}\tag{5-27}$$

为了使风机流量测量的误差减少到最小，可以根据 Δh 及测量通过的流量 q_V，精确地确定流量系数 k。在生产实际中，有流量系数 k，则对应一个工况就有一定的 Δh 值，相应就可算得通过的流量。具体计算时，还需对式中的ρ进行温度与压力的修正。

我国通过消化、吸收引进的技术，目前生产的火力发电厂锅炉送引轴流风机主要有：丹麦的 VARIAX 型 ASN（单级）与 AST（双级）轴流风机，及德国的 TLT 公司的 FAF 送风机系列，SAF 引风机系列、德国的 KKK 公司静叶可调的子午加速轴流风机。

VARIAX 型与 TLT 公司轴流风机均为动叶可调，它们的运行效率可保持在 0.83～0.88。

图 5-31 为 VARIAX 型锅炉引风机的剖面图。图 5-32 为 TLT 公司锅炉送风机的剖面图。

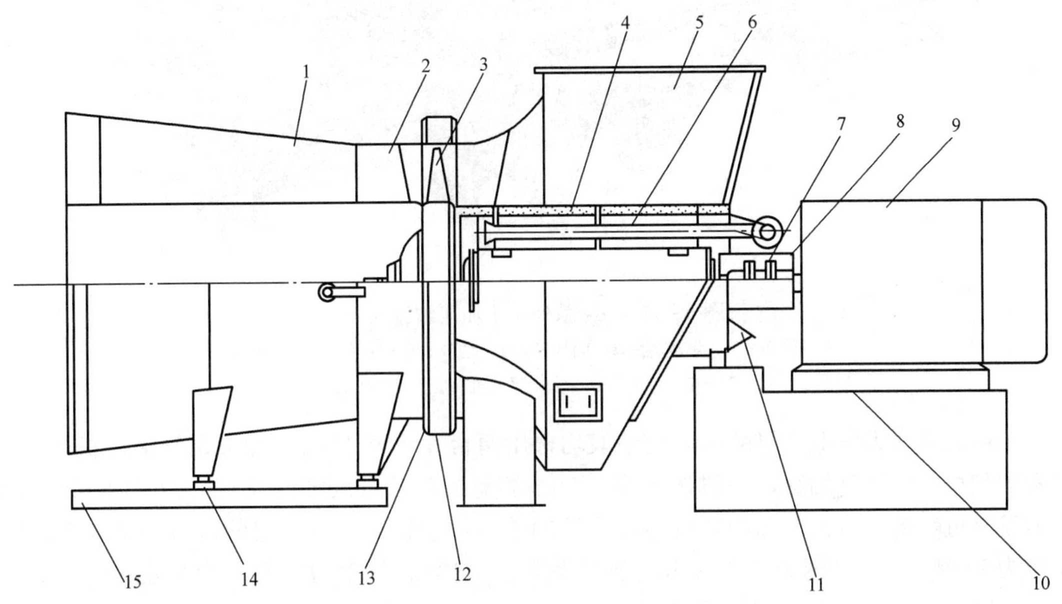

图 5-31　VARIAX 型锅炉引风机

1—扩压器；2—导叶；3—动叶；4—进气箱保护层；5—进气箱；6—空气冷却装置；7—联轴器；8—联轴器保护罩；9—电动机；10—电动机座架；11—冷却气滤网；12—转子外壳；13—Gore-Tex 法兰密封；14—移动导机；15—牵引导机

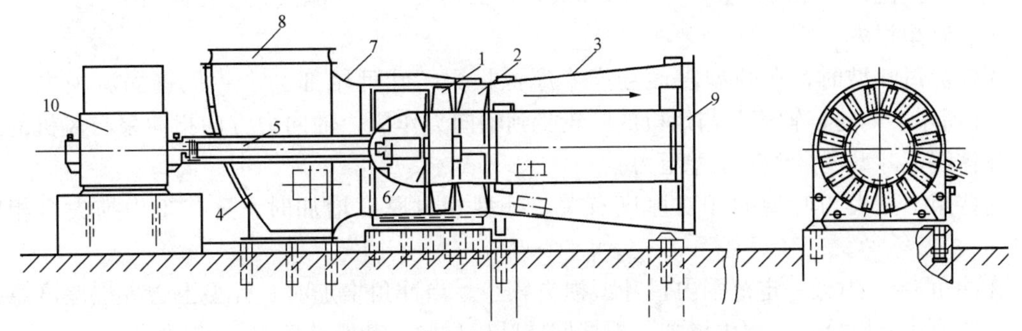

图 5-32　TLT 公司锅炉轴流送风机

1—动叶；2—导叶；3—扩压器；4—进气箱；5—轴；6—整流罩；7—集流器；8—进气膨胀节；9—压力端膨胀节；10—电动机

从德国 KKK 公司引进 AN 系列的轴流风机，是进口静叶可调的子午加速轴流风机。AN 系列静叶可调轴流风机气动性能好，对烟气含尘量不敏感。图 5 - 33 所示的 AN 系列子午加速轴流风机，拆卸叶轮方便，最高效率可达 86.5%。

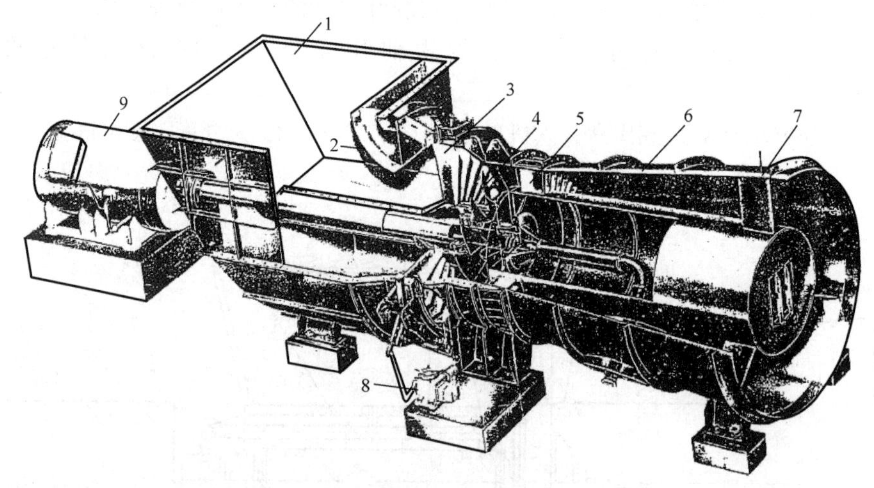

图 5 - 33 AN 系列子午加速轴流风机

1—进气箱；2—集流器；3—前导叶；4—动叶；5—导叶；6—扩压器；7—支撑叶片；8—导叶调节机构；9—电动机

国内大型火力发电机组的送风机一般均选用两台 50%容量的动叶可调轴流风机，引风机考虑到烟气中含有烟灰，一般选用两台 50%容量的静叶可调轴流风机。如国内 1000MW 火力发电机组的引风机，选用两台静叶可调的子午加速轴流风机。它的流量为 753.7m^3/s，全压为 7312.7Pa，转速为 590r/min，轴功率为 6230kW，效率为 87%（介质温度为 129℃，介质密度为 0.899kg/m^3，大气压力为 101 480Pa）。

第八节 轴流泵与风机的损失

黏性流体流过叶栅时，会产生叶型损失、环面损失、二次流损失及径向间隙损失。

一、叶型损失

流体流过叶型时，在叶型表面会产生摩擦损失，叶型尾部会产生尾迹涡流损失，如图 5 -34 所示。同时，轴流泵与风机的叶轮受到轴向力作用，轴向力方向指向泵与风机的入口，流体绕流叶型还会产生压差阻力。

这些阻力损失与叶型的相对厚度有关，叶型相对厚度增加时，这些阻力损失也相应上升。

在冲角 $i=0°$附近一定范围内，叶型损失较小。当冲角增加时，叶型上边界层厚度急剧增加，造成边界层分离，损失增加。根据回转叶栅试验，叶栅冲角 $i=\pm5°$为宜。

总之，叶型损失的大小与翼型的形状、翼型表面粗糙度、安装角、叶栅稠度及冲角等因素有关。叶型损失用叶型损失系数 C_{DP}表示，即

$$C_{DP}=0.022-0.006\frac{t}{b} \tag{5-28}$$

二、环面损失

在叶片两端的圆环通道表面上，流体摩擦和涡流引起的损失，称为环面损失，如图 5 - 35 所示。环面损失的大小与叶片高度 l 和叶栅节距 t 有关。环面损失系数 C_{DA} 可近似取为

$$C_{DA} = 0.02\frac{t}{l} \tag{5-29}$$

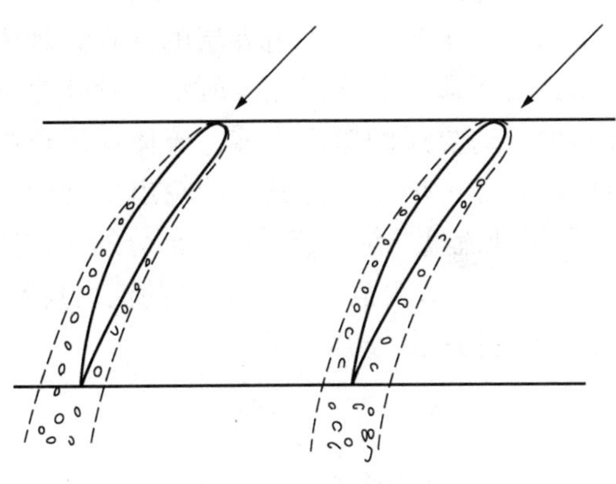

图 5 - 34　叶型损失

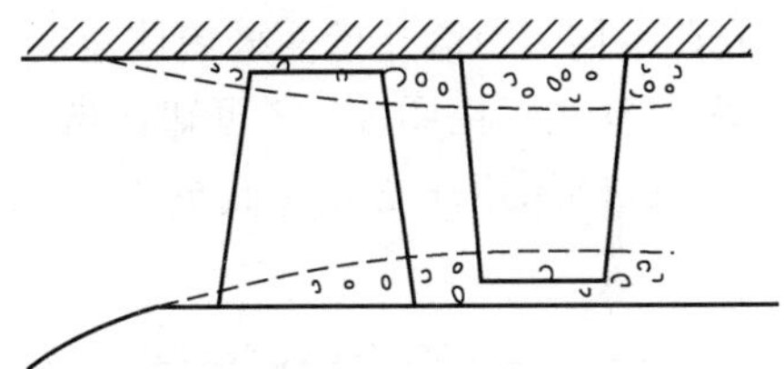

图 5 - 35　环面损失

三、二次流损失

流体流过叶栅流道时，在叶片的凹面（工作面）与凸面（非工作面）上存在压力差，而且叶片凹面的压力要大于叶片凸面的压力，如图 5 - 36所示。叶片凹面与凸面的压力差与叶片的负荷（升力系数 C_L）的大小有关。在流道的中间部分（沿叶高方向），这个压力差恰与由于流体折射所产生的惯性力相平衡。可是在叶片的根部与顶部的端面，因为有边界层存在，靠近壁面的流体压力与主流的压力相同，而速度趋于零。因而流体折转所产生的惯性力几乎消失。此时，在端部区域存在的横向压力梯度使流体从凹面流向凸面，形成二次流。形成的二次流被主流带走，在叶片后面逐渐变成热能损耗掉。

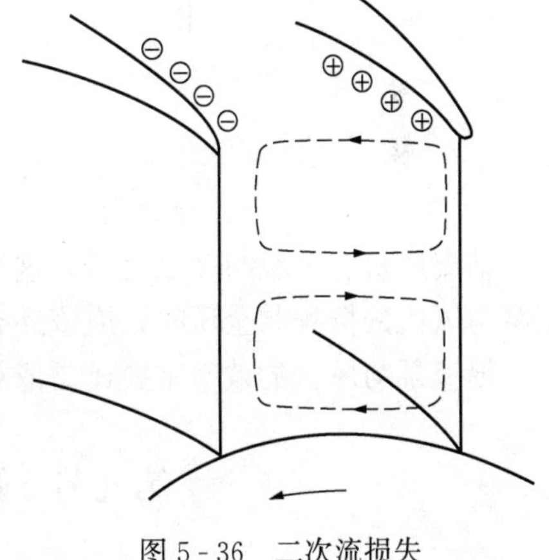

图 5 - 36　二次流损失

二次流损失较复杂，目前主要用经验公式计算二次流损失系数 C_{DS}，即

$$C_{DS} = 0.018C_L^2 \tag{5-30}$$

四、径向间隙损失

转动的叶轮与叶轮外壳之间存在一定的径向间隙 δ_r，如图 5 - 37 所示。径向间隙的值对轴流泵与风机的性能有所影响。

叶轮旋转时，因为叶片工作面上的流体压力大于非工作面上的压力，所以其中有部分流体通过径向间隙流回到叶片的低压区（非工作面），并随之产生旋涡，形成诱导损失，这与有限长孤立翼型情况类似。诱导损失的涡流将随主流一起流出叶栅，形成复杂的三元流动。

同时，叶栅出口流体的压力高于叶栅进口流体的压力，于是出口处高压流体，通过径向间隙流回叶栅的进口，逆着主流的流动方向，产生冲击，增加了流动的阻力。

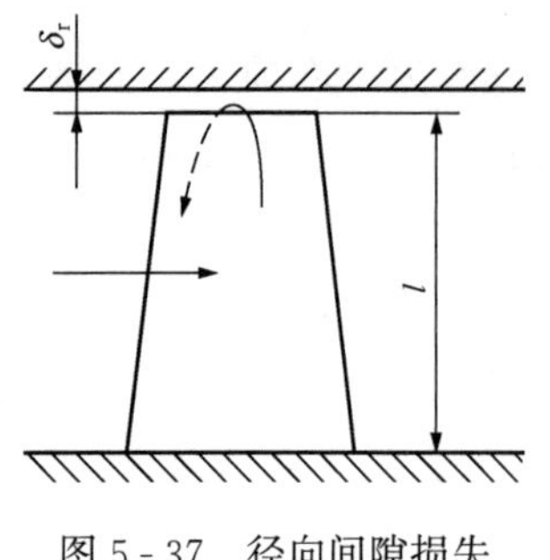

图 5-37 径向间隙损失

径向间隙所产生的损失降低了泵与风机的扬程与全压，降低了泵与风机的效率。

实践证明，当 $\delta_r/l<0.01$ 时（其中 l 为叶片高度），径向间隙对泵与风机效率的影响很小，这是由于黏性流体在机壳壁面形成了边界层，阻碍了上述两种通过径向间隙时的泄漏。

叶栅除了有以上四种损失外，由于边界层的存在，轴流泵与风机的扬程、全压还要下降。如图 5-38 所示，设叶轮进口流体速度是均匀分布的，边界层的厚度为零。流体在流道中流动时，形成了边界层，且逐渐增厚，造成在叶轮出口处的流体速度分布不均匀，静止壁面处流体速度为零。为了保证流量连续，流道中心部分的流体速度从 v_z 增大至 v_z'。由图 5-38 可知，当 v_z 增大至 v_z'时，w_2 增大至 w_2'，而流体的流出角不变，结果流体的圆周扭速 Δv_u 降低至 $\Delta v_u'$，轴流泵与风机的扬程、全压降低。

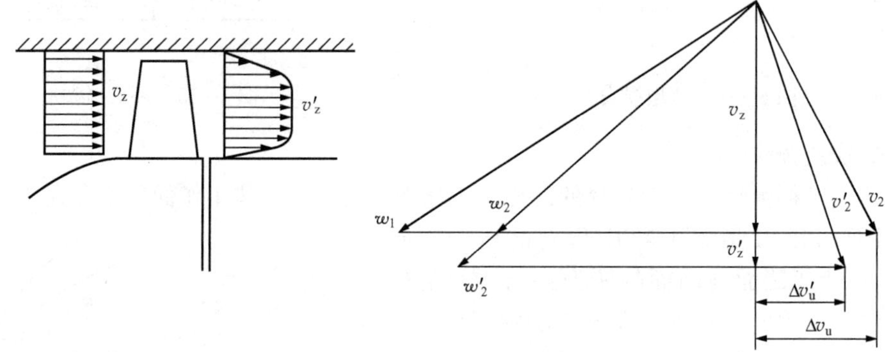

图 5-38 流道中边界层对速度的影响

轴流风机有单级与多级之分，这里分析的损失以级为出发点，如果考虑黏性流体通过轴流泵与风机的扬程与全压时，应该还有前置导叶、后置导叶及扩压器等阻力损失。

轴流泵与风机的效率主要还是依靠试验求得。

第九节 轴流泵与风机的性能曲线

轴流泵与风机的性能曲线是在一定的进口条件和转速时，扬程、全压、功率、效率与流量之间的关系曲线。

图 5-39 所示为轴流泵与风机性能曲线的一般形状。首先分析 $H-q_V$ 性能曲线。轴流泵与风机的 $H-q_V$、$p-q_V$ 性能曲线呈 S 形。随着泵或风机流量的不断减少，轴流泵与风机的扬程、全压先逐渐增加，当到达性能曲线 a 点后，扬程、全压开始下降，但是当流量减小到 b 点后，扬程、全压又开始上升，直到 c 点。

轴流泵与风机的 $H-q_V$、$p-q_V$ 性能曲线的 S 形状对泵与风机的正常、安全运转大有影响。

若轴流泵与风机在性能曲线 d 点运转（见图 5-39），此时泵与风机的效率 η 为最大值，称为最佳工况。流体在动叶片中的流动是平稳的，流线平直且均匀，如图 5-40（a）所示。

轴流泵与风机如在大于最佳工况状态下工作时，动叶内的流线稍向内挤（轮毂方向），并出现较小的涡流区，如图 5-40（b）所示。由于流体偏向内侧，所以轴流泵与风机的扬程、全压下降。

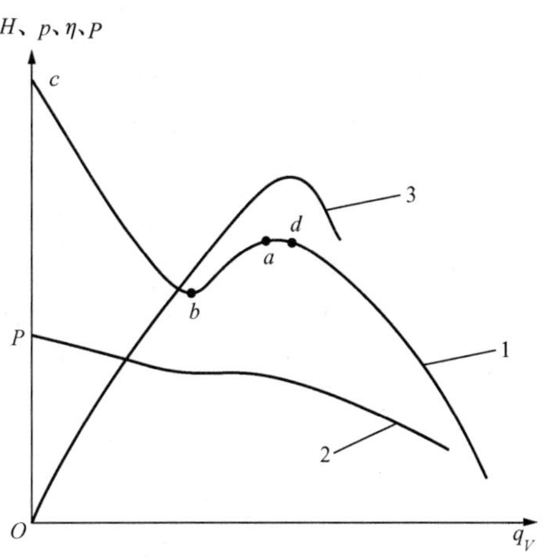

图 5-39　轴流泵与风机性能曲线

1—$H-q_V$、$p-q_V$；2—$P-q_V$；3—$\eta-q_V$

轴流泵与风机流量减少，若在 a 点附近工作，$H-q_V$、$p-q_V$ 性能曲线出现峰值（见图 5-39）。此后，在轮毂处附近，叶片的根部出现了一个旋涡区，这是由叶片背部流体边界层分离所致，如图 5-40（c）所示。旋涡区的产生使流体挤向叶顶，导致流体的轴向速度 v'_z 的增加（见图 5-41），造成流体出口绝对速度的圆周分速 v'_{2u} 的减小。由图 5-41 速度三角形可知，w_2、v_2 及 u 组成 a 工况点的速度三角形，而 w'_2、v'_2 及 u 组成了 a 点至 b 点工况区的速度三角形。由此可见，$v_{2u}>v'_{2u}$，所以泵与风机的扬程、全压是下降的。这是轴流泵与风机的失速区。

(a)
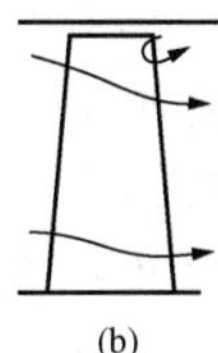
(b)
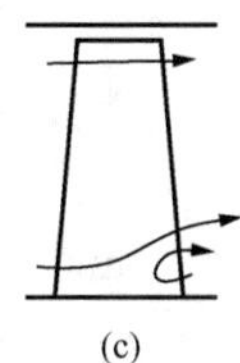
(c)
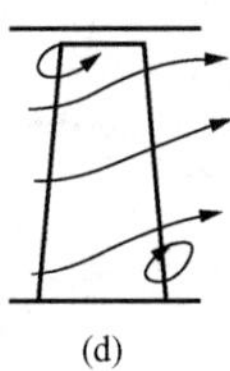
(d)

(e)

图 5-40　动叶内五种流态

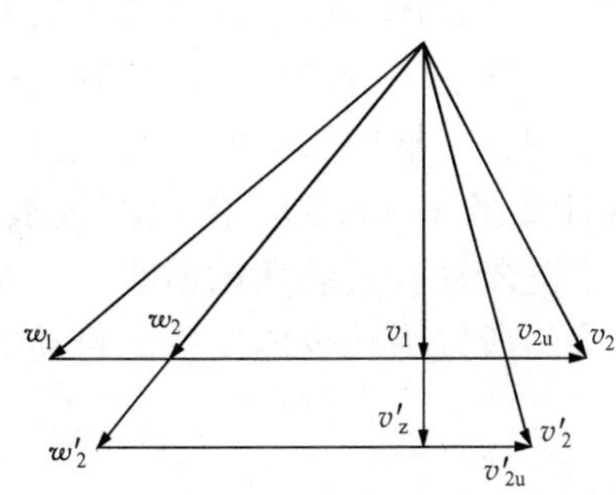

图 5-41　叶根失速速度三角形

在性能曲线的谷底 b 点，根部的旋涡区更大，同时在叶片进口处的叶顶部分也出现旋涡，流体不再沿着轴向流动，而开始斜着通过叶轮，如图 5-40（d）所示。

若流量继续减少，在性能曲线 bc 段内，由于叶顶与叶根处的旋涡增长很快，动叶片前后的吸入空间与压出空间几乎被旋涡所阻塞，流体在离心力作用下，沿径向流向壳体，于是扬程、全压得到了提高，如图 5-40（e）所示。

整个轴流泵与风机的 $H-q_V$、$p-q_V$ 性能曲线，在 a 点以右的区域内，属于稳定工作区。要求轴流泵与风机的工作点落在稳定工作区内，机组能安全、平稳地工作。在 a 点以左的 $H-q_V$、$p-q_V$ 性能曲线出现凹形区域，属于不稳定工作区域。泵与风机的工作点如落在这个区域内，就会出现流量、扬程、全压的脉动或大幅度波动的情况，泵与风机和管道系统产生强烈的振动，噪声也会大增，这种不稳定现象称为喘振。轴流泵与风机在运转时的工作点不能落在喘振区。

为了缓和或消除轴流泵与风机性能曲线的不稳定工况，可以采取一些措施。如将动叶片进口安装角减小，性能曲线变成单一的斜率，不出现凹形区域。采用较多的叶片数，较大的轮毂比，可以减少局部负荷区域性能曲线的峰值，在零流量时尤为显著。在叶轮进口前加装径向导流叶片，可以破坏叶片进口处的旋涡，使性能稳定。

其次分析轴流泵与风机的功率与流量的 $P-q_V$ 性能曲线。一般随着流量的增大，轴流泵与风机的轴功率不断下降，它与离心泵和风机的 $P-q_V$ 性能曲线截然不同，如图 5-39 所示。轴流泵与风机在流量为零的工况下，所耗轴功率最大，因此它们不宜在关闭调节挡板的状态下启动。如果是动叶可调的轴流泵与风机，则可以在关闭动叶片的状态下启动。

轴流泵与风机的轴功率在零流量时功率最大，使原动机的工作点经常落在低效率区，这是很不经济的。因为选择原动机功率的原则是，根据轴流泵与风机的最大功率再考虑一个安全系数。可是轴流泵与风机经常的工作点却在较低的功率区域内，导致原动机的经常性工作点落在低效率区内。

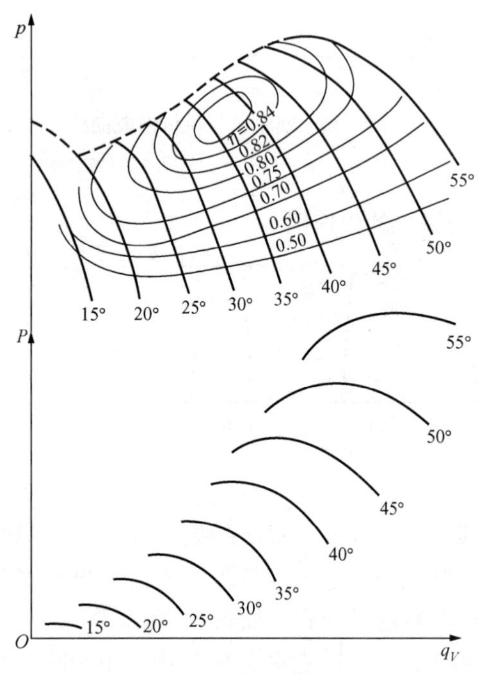

图 5-42 改变动叶安装角时的性能曲线

最后分析轴流泵与风机的效率与流量的 $\eta-q_V$ 性能曲线。该性能曲线上升与下降均较快，即曲线较陡，所以高效率区较窄。同时，轴流泵与风机的最高效率点与图 5-39 中 $H-q_V$、$p-q_V$ 性能曲线上的 a 点相邻近，因此对正确配置轴流泵与风机带来很大困难。

制造厂从实用角度出发，他们给用户的性能曲线只是从 a 点之后的一段稳定工作的曲线。

动叶可调的轴流泵与风机，如果运行中改变它的安装角，则 $p-q_V$、$P-q_V$ 及 $\eta-q_V$ 会发生相应的变化。图 5-42 所示为轴流风机的动叶安装角从 15°变化至 55°相应的风机全压、轴功率及效率的变化情况。图中的虚线为失速线，也就是在失速线右下方的区间，是轴流风机稳定运转的工况区。椭圆形的曲线是风机的等效率线。从外圈的 $\eta=0.50$，向里圈发展，效率是升高的。随着动叶安装角的减小，功率曲线也不断下降。所以为减少电动机的启动电流，动叶可调的轴流泵与风机应该关闭动叶安装角启动。

第十节 轴流泵的汽蚀

轴流泵属于高比转速泵，叶轮的流道较宽，在汽蚀不严重时，对泵的工作性能几乎无影响。只有当汽蚀发展到严重阶段时，才会影响到泵的工作性能，最后导致工况的断裂。

动叶片外缘与壳体之间存在径向间隙，叶片工作面上的压力液体通过径向间隙流向非工作面的低压区。在叶片进、出口两侧的压差作用下，通过间隙的液体具有很高的流速，从而形成局部降压而产生汽蚀。汽蚀随着叶片的转动而沿壳体表面移动。这种类型的汽蚀称为间隙汽蚀。间隙汽蚀对泵性能影响不大，但汽蚀使间隙增大，将使泄漏量增加。经验表明，如将叶片压力面棱边倒圆，或者叶片沿圆周向前弯曲，可减轻间隙汽蚀。

轴流泵叶片的翼型头部较厚，液体绕流翼型时将在叶片的非工作面形成低压，此外，这种低压也可能是由翼型与来流之间有较大的冲角而引起的。翼型头部叶片低压造成的汽蚀，称为翼型汽蚀。

轴流泵的汽蚀基本理论与离心泵相同，为防止轴流泵的汽蚀关键是控制 nD 值。大型轴流泵的 nD 都取得较低。

轴流泵叶轮的抗汽蚀性能与翼型的升力系数有关，升力系数越大，翼型工作面与非工作面间的压差就越大，翼型的抗汽蚀性能就越差。因此，翼型的升力系数与轴流泵抗汽蚀性能两者是矛盾的。

设翼型前无穷远处的流速为 w_∞，压力为 p_∞。液体绕流翼型时，翼型下部（工作面）压力升高，翼型上部（非工作面）的压力降低。翼型工作面与非工作面的压差分布，如图5-43所示。翼型下部与上部的压力差，就是流体对翼型的升力。如果把沿翼弦的压差分布换算成沿翼弦的平均值，则得

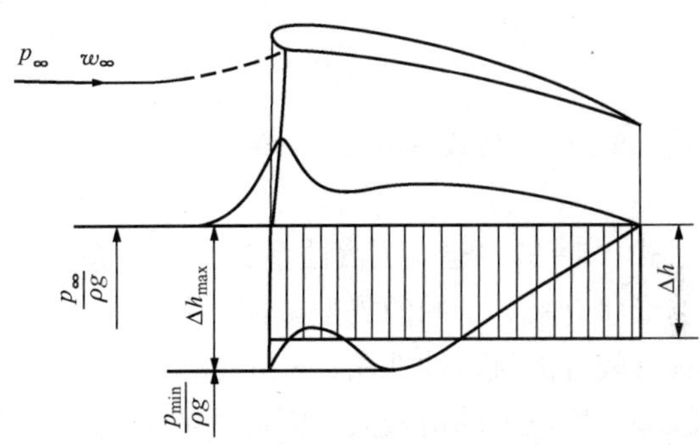

图 5-43 翼型上的压力分布

$$\Delta p = \rho g \Delta h$$

式中 Δh——以液柱高度表示的平均压差；

Δp——翼型工作面与非工作面上压差的平均值。

翼型上作用的升力应为

$$F_L = \Delta p A = \rho g \Delta h b \tag{5-31}$$

式中 b——翼弦的长度；

A——翼型在流体来流方向上的投影面积，因翼展为单位长度，所以 $A=b$。

由升力公式（5-8）得单位长度翼型上的升力为

$$F_L = C_L \frac{\rho w_\infty^2}{2} b$$

上式应该与式（5-31）相等，则

$$\Delta h = C_L \frac{w_\infty^2}{2g} \tag{5-32}$$

可是，汽蚀与翼型的平均压力差没有直接关系，而只与翼型非工作面的最小压力 p_{min} 有关。从翼型工作面与非工作面上压力分布情况分析，压力最小的部分是翼型的头部靠近前缘处。但是这个低压区很狭小，液流还来不及汽化就很快通过。所以，这个低压区对泵的汽蚀性能影响不大。在该区后面的第二个低压区，虽然其绝对压力高于第一个低压区，但因其区域宽，对汽蚀的影响大。

列出来流与第二个低压区域中最低压力点之间的伯努利方程

$$\frac{p_\infty}{\rho g} + \frac{w_\infty^2}{2g} = \frac{p_{min}}{\rho g} + \frac{w_{max}^2}{2g}$$

式中 w_{max}——最低压力处的液体流速。

来流流体压力 p_∞ 与最低压力的压差为

$$\Delta h_{max} = \frac{p_\infty - p_{min}}{\rho g} = \frac{w_{max}^2 - w_\infty^2}{2g} = \frac{w_\infty^2}{2g}\left[\left(\frac{w_{max}}{w_\infty}\right)^2 - 1\right]$$

令
$$\lambda = \left(\frac{w_{\max}}{w_{\infty}}\right)^2 - 1 \tag{5-33}$$
式中 λ——翼型的汽蚀系数。
$$\Delta h_{\max} = \lambda \frac{w_{\infty}^2}{2g} \tag{5-34}$$
为了把平均压差 Δh 与泵抗汽蚀性能联系起来，令 $\Delta h_{\max}$与 Δh 之比等于k，即
$$k = \frac{\Delta h_{\max}}{\Delta h} \tag{5-35}$$
则
$$\Delta h_{\max} = k\Delta h = kC_{\mathrm{L}} \frac{w_{\infty}^2}{2g} \tag{5-36}$$
由式（5-34）与式（5-36）得
$$\lambda = kC_{\mathrm{L}} \tag{5-37}$$
式（5-37）建立了汽蚀系数与升力系数的函数关系。系数 k 的值与翼型上压力分布曲线的形状有关，不同的翼型 k 值不相同，但一般为 1.1～1.6。最大厚度靠近翼型中间的翼型具有较好的抗汽蚀性能，k 值较小；反之，翼型较厚，最大厚度靠近头部的翼型抗汽蚀性能较差，所以 k 的值较大。因此，翼型的最大厚度应该较薄，同时最大厚度与翼型的前缘点之间距离不能太靠近，通常在（0.4～0.5）b 范围内较好。

由式（5-37）可知，如要求翼型有较高的升力系数 C_{L}，在相同的 k 系数值下，则汽蚀系数 λ 就越大，泵的抗汽蚀性能就越差。所以为提高轴流泵的抗汽蚀性能，首先应减小叶片的单位载荷，即增大叶片面积，其次应研究 k 值小的翼型。

进行叶栅计算时，可先求得叶栅内翼型的升力系数 C_{L}，再经修正计算求得单翼型的升力系数，然后代入式（5-37）即可求得叶栅的汽蚀余量，即
$$\mathrm{NPSH_r} = \frac{v_0^2}{2g} + \lambda \frac{w_{\infty}^2}{2g} \tag{5-38}$$
为了提高轴流泵的抗汽蚀性能，可以选择抗汽蚀性能较高的翼型，同时为了降低叶片上的载荷，可以增加叶片数或增大叶栅稠度 b/t。叶栅稠度增加，意味着叶片面积增加，减少叶片上的单位载荷，对抗汽蚀有利。

思考题

5-1 试比较轴流泵与风机和离心泵与风机的不同点。

5-2 试分析轴流泵与风机的工作原理。

5-3 提高轴流泵与风机的扬程与全压，可采用哪些方法？它们又受到什么限制？

5-4 何谓子午加速轴流风机？它有什么特点？

5-5 轴流泵与风机有哪些基本型式？生产实践中常采用何种型式？为什么？

5-6 试分析轴流泵与风机主要部件的功能。

5-7 流体通过轴流泵与风机会产生哪些损失？产生这些损失的原因是什么？

5-8 试分析轴流泵与风机的性能曲线特点及产生这些特点的原因。

5-9 动叶可调轴流泵与风机在改变动叶安装角时，$H-q_V$、$p-q_V$、$P-q_V$ 及 $\eta-q_V$ 如何变化？

5-10　试分析轴流泵产生汽蚀的原因。

习　题

5-1　有一台转速为580r/min的单级轴流泵，在直径为0.7m的叶栅处，观察到水流以$v_1=5.8\text{m/s}$的速度由轴向流入叶轮，又以圆周分速$v_{2u}=2.3\text{m/s}$从叶轮流出，试求$C_L\dfrac{b}{t}$（设$\cos\lambda\approx1$）。

5-2　在转速$n=375\text{r/min}$时，测得轴流泵叶轮直径为0.9m处的轴向流速$v_z=v_1=3.65\text{m/s}$，叶轮出口流速$v_2=4.1\text{m/s}$。试求液体在泵进、出口角β_1、β_2的变化值$\Delta\beta$。

5-3　单级轴流风机，转速$n=1450\text{r/min}$，在半径为25cm处，空气沿轴向以24m/s的速度流入叶轮，并在叶轮入口和出口相对速度之间偏转20°，求此时风机的理论全压。设空气的密度$\rho=1.2\text{kg/m}^3$。

5-4　单级轴流风机在叶轮半径为38cm处，当转速$n=1200\text{r/min}$时，气流以轴向流入叶轮，流速为33.5m/s，风机全压为932.5Pa，求该半径处的平均相对速度w_∞（设空气密度$\rho=1.2\text{kg/m}^3$）。

第六章　泵与风机的调节和运行

第一节　管路性能曲线和泵与风机的工作点

泵与风机性能曲线上每一个工作点都对应一个工况。但是，当泵或风机在管路系统中运行时，它究竟在哪一点工作，这不取决于泵或风机本身，而取决于与其工作的管路系统。因此，为确定泵与风机的实际工作点，还需要研究管路性能曲线。

一、管路性能曲线

管路性能曲线就是流体在管路系统中通过的流量与所需要的能量之间的关系曲线。在第二章中已讨论过，当流体在管路中流动时，通过的流量与所需要的能量之间的关系已分别由式（2-56）和式（2-57）表达。

将式（2-56）和式（2-57）分别表示在图6-1中，得到泵和风机的管路性能曲线。A-E 曲线为泵的管路性能曲线，O-F 为风机的管路性能曲线。可见，泵的管路性能曲线的起点为 $A=H_{\mathrm{p}}+(p''-p')/\rho g$，从这点开始扬程 H 将随流量 q_V 按二次抛物线规律变化。对于风机，管路输送气体，若管路入口压力为大气压，气体通过风机之后仍排入大气，或者风机前后两个容器的压力差很小，则 $p''-p'\approx 0$，管路性能曲线只取决于管路阻力损失 $\rho g h_{\mathrm{w}}=Mq_V^2$，则管路性能曲线为通过坐标原点的二次抛物线。

管路性能曲线表明：对一定的管路系统来说，通过的流量越多，需要外界提供的能量越大；管路性能曲线的形状、位置取决于管路装置、流体性质和流动阻力。

二、泵或风机的工作点

如果将某一转速下泵或风机性能曲线和管路性能曲线按同一比例绘于同一坐标图上，则两条曲线相交于 M 点。M 点就是泵或风机在该管路系统中运行的工作点，如图6-2和图6-3所示。泵或风机在交点处工作，所产生的能量恰好等于管路系统输送这些流量所需要的能量，达到了能量的供需平衡。以泵为例，若泵不在 M 点，而在 A 点工作，此时流量为 q_{VA}，泵产生的能量为 H_A，而管路在此流量下所需要的能量为 H'_A，由于 $H_A>H'_A$ 供给的能量多于需求，多余的能量必使管内流体加速，流量增大，直到工作点移至 M 点，才达到能量的供需平衡。反之，若泵在 B 点工作，此时，泵产生的能量为 H_B，而管路在此流量下所需要

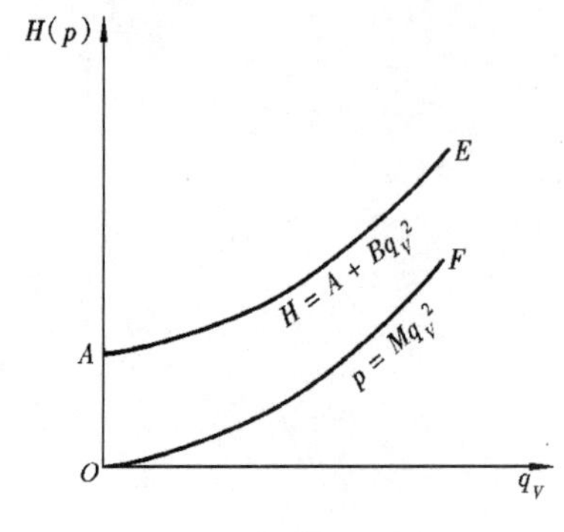

图6-1　管路性能曲线

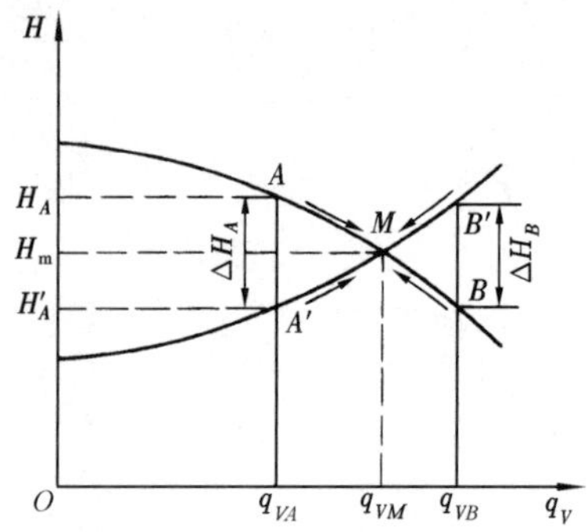

图6-2　泵的工作点

的能量为H'_B，由于$H_B < H'_B$，则出现了能量的供不应求，使流量减少，工作点又向M点移动，直到M点才达到能量供需平衡。因此，泵只有在M点运行，工作才是稳定的。对于风机，要加以说明的是，虽然在通常情况下用全压反映风机的总能量，但真正能克服管路阻力的只是全压中的静压部分。因而，风机有时还用静压性能曲线（$p_{st}-q_V$）与管路性能曲线的交点N作为风机的静压工作点（见图6-3）。风机全压性能曲线与管路性能曲线的交点M是风机全压工作点。

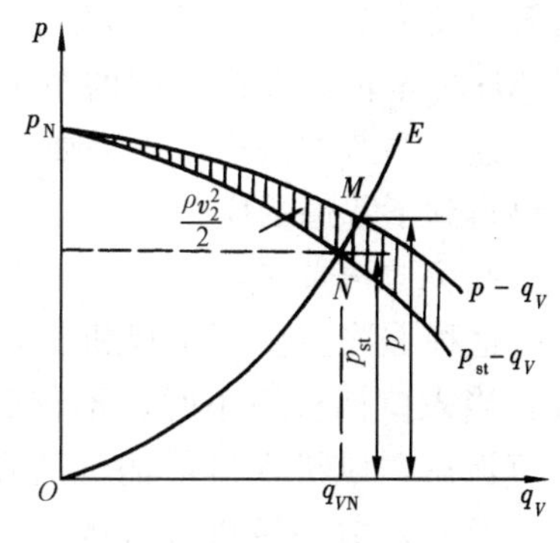

图6-3　风机的工作点

若泵与风机性能曲线为驼峰形状，则它与管路性能曲线的交点可能出现两个，如图6-4所示，其中在泵与风机性能曲线的下降段的交点（M点）为稳定工作点，而在其上升段的交点（K点）则是不稳定工作点。假若泵与风机在K点工作，由于某种原因使工作点离开K点向右移动，则能量供大于求，流量增加，直到越过顶峰，在下降段某一点（如M点）才稳定下来；反之，若工作点向左移动，则能量供不应求，使流量减小，直到流量等于零为止。由上述可知，一旦有外界干扰，工作点离开K点之后再也不会回到K点。不仅K点，整个上升段曲线都是这种情况。因此泵与风机性能曲线的上升段是不稳定的工作区，泵与风机运行时应避开此区域，而只有下降段才是稳定的工作区。

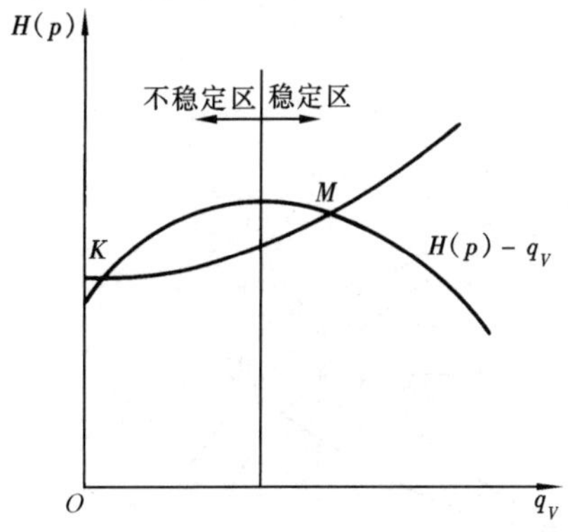

图6-4　泵与风机的不稳定工作区

第二节　泵与风机的调节

所谓调节，就是在运行中按照客观要求，用人为的方法改变工作点的位置。因为工作点是由泵与风机性能曲线和管路性能曲线的交点所决定的，所以调节的目的非常明确，就是分别或同时改变这两条性能曲线的形状或位置，使工作点位置改变。不同的调节方式，其运行的安全性、经济性差别很大，因此，它对系统设计、设备选型及机组运行效果都有影响。

一、节流调节

节流调节是泵与风机最简单的一种调节方式，它通过改变管路系统调节阀的开度，使管路曲线形状发生变化来实现工作位置点的改变。节流调节分出口端节流调节和入口端节流调节两种方法。

1. 出口端节流调节

出口端节流调节就是将调节阀安装在泵与风机的出口端管路上，改变调节阀的开度即可进行工况调节。如图6-5所示，曲线Ⅰ为调节阀全开时管路的性能曲线，此时工作点为M。运行中如果需要减小流量，将泵与风机出口端调节阀关小，则管路局部阻力增加，管路曲线变陡，工作点由M移到A，使流量减小到q_{VA}，以满足工况要求。但在$q_V=q_{VA}$

时管路所需要的能量仅为 H_B 就够了，而此时泵或风机所产生的能量 $H_A > H_B$，多余的能量 ΔH 完全消耗在调节阀的节流损失上。可见，这种调节本身经济性是很差的。尽管如此，这种调节方法毕竟不需要复杂的调节设备，而且调节简单可靠，所以在离心泵系统中仍得到了普遍的应用。

2. 入口端节流调节

这种方法主要用于风机上，它通过改变入口挡板开度来调节流量。与出口调节比较，当入口挡板关小时，不仅管路曲线变陡，而且风机性能曲线也变陡。这是因为入口节流后，风机入口前的气流压力降低，风机性能曲线形状当然也要发生变化，如图6－6所示。关小风机入口挡板，工作点从 M 移到 A，此时节流损失为 ΔH_1；如果用出口节流调节，工作点移到 A' 点，此时挡板的节流损失为 ΔH_2。$\Delta H_1 < \Delta H_2$，显然入口挡板调节比出口节流调节损失小，运行经济性要好一些。但是，对于水泵来说，由于可能发生汽蚀，故不可采用入口端节流调节。

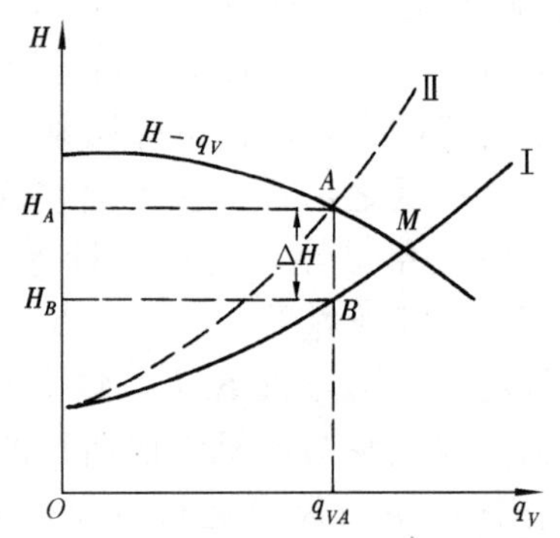

图 6－5　泵与风机出口端节流调节

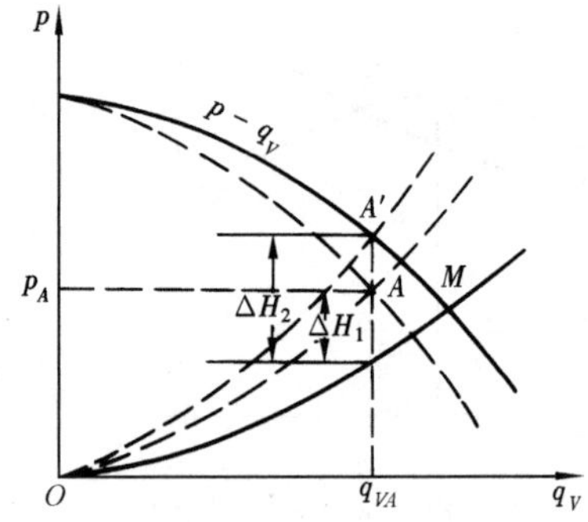

图 6－6　风机入口端节流调节

节流调节方法简单，但调节效率低；同时，泵与风机的运行效率也是降低的，因为泵与风机的工作点移动后，一般而言，它在效率曲线上离开了高效率点或高效率区。所以，此种调节方法只适用于小型的泵与风机。

二、入口导流器调节

入口导流器调节是离心风机中广泛采用的一种调节方法。它是通过改变风机入口导流叶片的装置角使风机性能曲线形状改变来实现调节的。入口导流器调节原理可通过对叶轮入口速度三角形和风机基本方程式的分析来说明。如图 6－7 所示，当导流叶片全开时，气流沿径向流入叶轮，即叶轮入口绝对速度方向角 $\alpha_1 = 90°$，此时由于风机的全压最大，流量也最大，其对应风机的性能曲线为图 6－8 中的曲线 1，工作点为 A 点。当入口导流叶片角关小时，风机的全压和流量就要减小。这是因为，入口导流叶片角关小，叶轮入口气流速度方向随之偏转，使 $\alpha_1 < 90°$，则圆周分速度 $v_{1u} > 0$，由式（2－19）可知，风机全压必然减小。在导叶片关小的过程中，气流产生正预旋使叶轮入口的 v_1 方向发生改变，由此产生了冲击损失。同时，气流流经导叶会产生一定的局部阻力损失和流动阻力损失，这些因素也会使风机全压降低。由于轴面速度 v'_{1m} 小于调节前的速度，因此风机的流量也减小，性能曲线向下弯曲。随着入口导叶装置角的关小，则风机性能曲线依次变为 2、3、…，对应的工作点分别为 A'、A''、…，从而达到工况调节的目的。

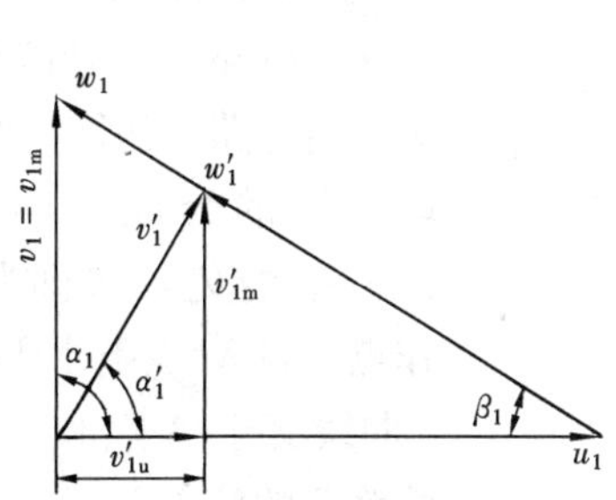

图 6-7　叶轮入口速度三角形

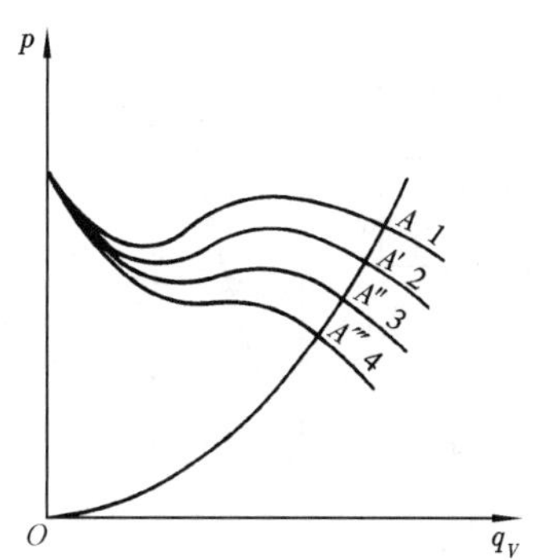

图 6-8　风机入口导流器调节性能曲线

风机最常用的入口导流器有轴向导流器和径向导流器两种型式。图 6-9（a）所示为轴向导流器。它由若干个扇形叶片构成，安装在风机进口，叶片上有可沿叶片轴线转动的转轴，在调节连杆机构作用下叶片可统一绕叶片轴转动，以改变扇形叶片的装置角，改变叶轮入口流速方向，从而改变风机全压和流量。图 6-9（b）所示为径向导流器，也称简易导流器。简易导流器是由多个导流叶片构成的叶栅，导流叶栅安装在风机进口管道上，在管道截面上叶片并列排放，并可绕叶片轴线摆动，按叶栅上叶片开度大小，进行风量和风压的调节。

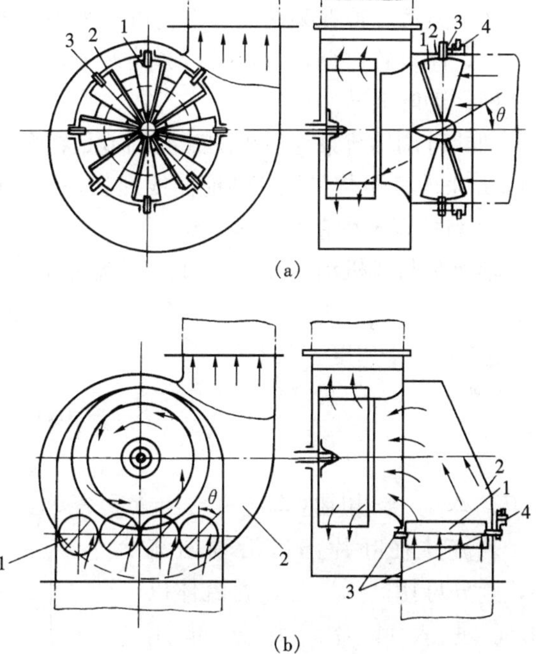

图 6-9　离心风机的入口导流器
（a）轴向导流器；（b）径向导流器
1—入口导叶；2—叶轮进口风筒；
3—入口导叶转轴；4—导叶操作机构

入口导流器调节如用在流量变化不大的场合，导叶安装角较小时，预旋效应占主导地位，若导叶气动性能好，损失就较小，有较高的调节效率。当流量变化大时，导叶安装角较大，节流效应占主导地位，如同节流调节一样，调节效率低。

这两种导流器调节操作简单、方便、可靠，节流损失较小，而且工作点可以始终处于风机性能曲线的下降段，使风机能保持稳定运行。

三、旁通调节

如图 6-10（a）所示，旁通调节是在泵或风机的出口管路上安装一个带调节阀门的回流管路 2，当需要调节输出流量时，通过改变回流管路 2 上阀门的开度，从输出流体中引出一部分返回到泵与风机入口，从而在泵与风机运行流量不变的情况下，改变输出流量，达到调节流量的目的。

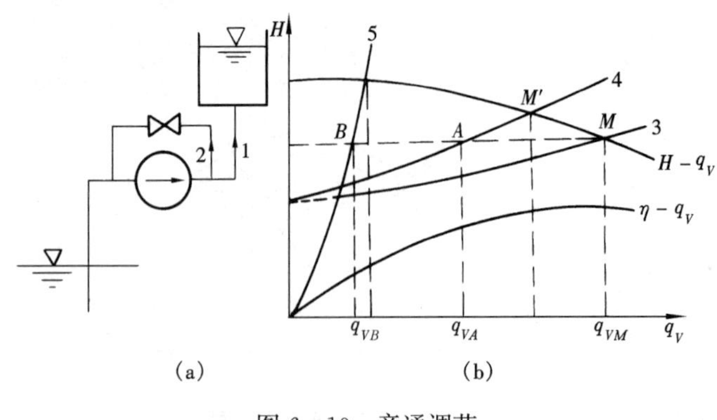

图 6 - 10 旁通调节

1—压力管路；2—回流管路

如图 6 - 10（b）所示，$H-q_V$、$\eta-q_V$ 为泵或风机的性能曲线，4 为压力管路 1 的管路性能曲线，5 为回流管路 2 的性能曲线，3 为并联管路的合成性能曲线，它与 $H-q_V$ 的交点 M 即为泵的运行工作点。自 M 点引水平线分别与 4、5 曲线交于 A 点和 B 点，则回流管路 2 的流量为 q_{VB}，实际流经管路 1 的流量为 q_{VA}。

此调节方法的经济性比节流调节还差，而且回流的流体会干扰泵与风机入口的流体流动，影响泵与风机的效率。旁路调节虽然不经济，但在某些场合下仍可以采用，如锅炉给水泵为了防止在小流量区运行可能发生汽蚀，而设置再循环管，进行旁路调节。

四、动叶调节

动叶可调轴流泵与风机的工况调节是在泵与风机转速不变的情况下，通过改变动叶片安装角 β_b 来改变泵与风机的性能曲线形状，使工作点位置改变，从而实现工况调节的。

1. 动叶调节的基本原理

轴流泵与风机动叶片安装角 β_b 是流体平均相对速度方向角 β_∞ 与流体冲角 i 之和，即

$$\beta_b = \beta_\infty + i \tag{6 - 1}$$

由图 5 - 7 速度三角形得

$$\beta_\infty = \arctan \frac{v_z}{u \pm \frac{1}{2}\Delta v_u} \tag{6 - 2}$$

式中 Δv_u——扭速，$\Delta v_u = v_{2u} - v_{1u} = w_{1u} - w_{2u}$。

若流体在叶片出口沿轴向流动，则分母用“+”号；若流体以轴向进入叶片，则分母用“—”号。

改变动叶片安装角 β_b，冲角 i 则流体平均相对速度方向角 β_∞ 也随之发生变化。β_∞ 的改变造成 Δv_u 和 v_z 的变化，从而使泵或风机的扬程或全压、流量发生变化，以达到工况调节的目的。

图 6 - 11 所示为动叶可调轴流泵的性能曲线，它们反映了动叶安装角 β_b 改变时，泵流量、功率和效率的变化情况。

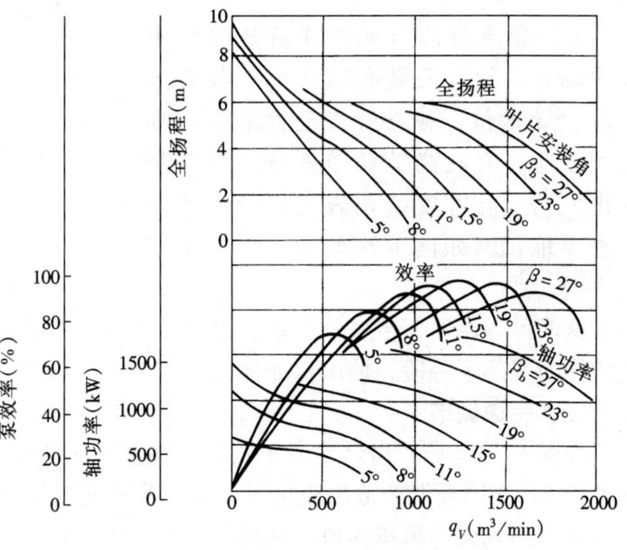

图 6 - 11 动叶可调轴流泵的性能曲线

如图 6－12 所示，轴流风机性能曲线的等效曲线形状类似一簇椭圆线，其长轴方向与管路性能曲线方向一致。等效率曲线在较大的工作区域内与管路性能曲线相互近乎平行，即在工作点变化的较大范围内，效率变化比较小，这就可以在较大范围内使轴流风机保持在较高效率下工作，从而大大拓宽了轴流风机高效区的工作范围。与动叶调节相比较，入口导流器调节的离心风机性能曲线的等效曲线也类似一簇椭圆线，但其长轴方向与管路性能曲线方向相垂直，因而其高效区就比较窄。

将动叶可调轴流风机和入口导流器调节的离心风机的性能曲线进行比较，图 6－12 中粗实线是轴流风机的性能曲线，细实线是离心风机的性能曲线。由图可见，若在同样负荷变化范围内，动叶可调的轴流风机工况点大部分落在高效区内，而入口导流器调节的离心风机效率下降很显著。

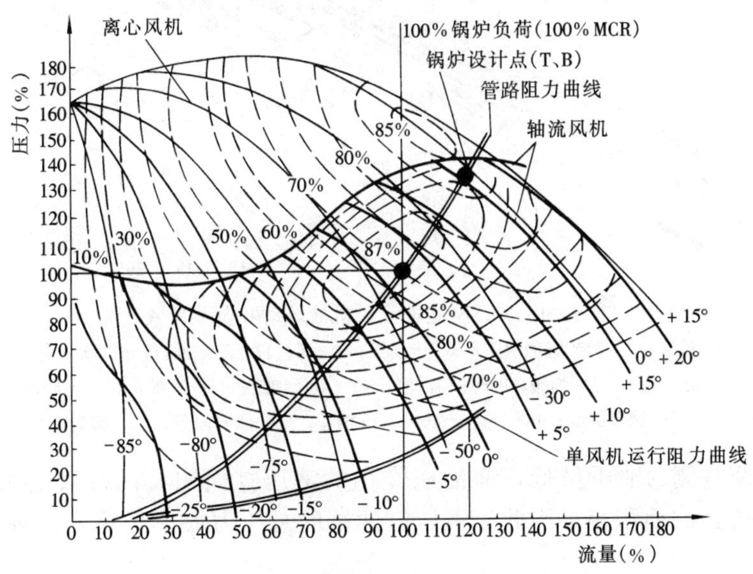

图 6－12　动叶可调轴流风机与入口导流器调节的离心风机性能曲线比较

2. 动叶调节机构

动叶调节有两种方式。第一种是在泵与风机停机时，改变动叶安装角，而在运行中不能调节。目前有些火电厂轴流泵采用这种方式，因为电厂循环水泵运行负载基本稳定，只需要定期调节（如季度调节等）。停机调节方式设备造价低，结构较简单，可靠性也高。第二种是在运行中的泵与风机，通过传动装置随时改变动叶安装角进行调节，这种调节方式在现有的大型动叶可调轴流泵与风机中应用比较普遍。其传动方式有机械式和液压式两种。机械式传动装置靠转换器实现转动与移动转换，液压式传动装置靠活塞与伺服油缸之间实现转动与移动转换。

沈阳鼓风机厂生产的 ASN 型轴流风机动叶调节机构如图 6－13 所示。

液压动叶调节装置主要包括差动活塞、支持轴颈、调节圆盘、液压油缸和活塞内芯等部件。液压油缸在平衡位置时，切口通道 6 有较小的通路，来自油泵的压力油流入活塞的左侧，然后经过喷嘴节流，再流过切口通道 6 使油压节流至大气压力。所以，液压缸在平

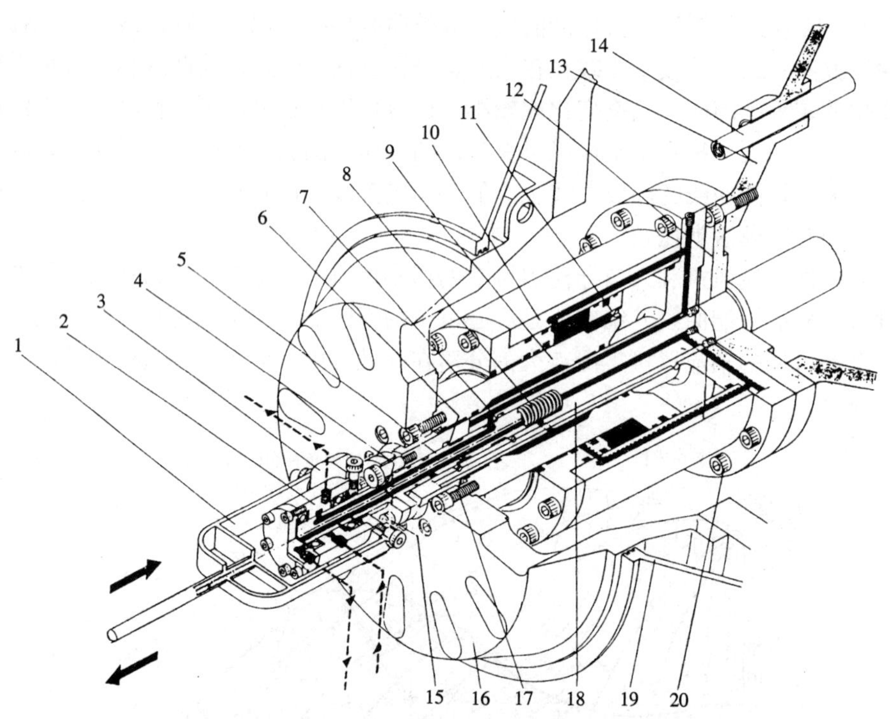

图 6-13 ASN 型轴流风机液压动叶调节装置

1—拉叉；2—调节阀轴承座；3—传动板；4、15、17、20—螺钉；5—调节阀；6、7—切口通道；8—弹簧；9—差动活塞；10—液压油缸；11—喷嘴；12—支持轴颈；13—调节圆盘；14—导柱；16—支持轴盖；18—活塞内芯；19—圆盘

衡位置时，活塞右侧的油压虽低，但油压作用的液压缸面积大；活塞左侧的油压虽高，但油压作用液压缸的面积小。因此，液压缸两端的总压力大小相等，方向相反，处于平衡状态。

锅炉在变工况运行时，若需要增加负荷，在伺服马达的驱动下拉叉向左移动。拉叉通过传动板使调节阀一起向左移动。这时切口通道 6 开大，结果活塞右侧的油压下降，液压油缸向左移动，动叶片的安装角增大，满足锅炉负荷增大的需要。在液压油缸向左移动时，切口通道 6 又关小，活塞右侧的油压又开始升高，液压油缸又处于平衡状态。

如果需要减小负荷时，即关小动叶片的安装角，则拉叉向相反方向移动，调节阀向右移动，切口通道 6 将关闭，液压油缸无回油。此时，活塞两侧的油压相等，但由于活塞两侧液压油缸的面积不等，所以液压油缸向右移动，动叶片安装角关小。为了保证液压油缸左、右移动速度相等，此时切口通道 7 打开，压力油通过 7 流入液压油缸活塞的右侧。同时，活塞左侧的油通过疏油孔流出。在液压油缸向右移动时，切口通道 6 重新又打开，而切口通道 7 重新关闭，反馈至原来的状态，液压缸又处于新的平衡状态。

在整个液压调节装置中，差动活塞、液压油缸、支持轴颈、调节圆盘及导柱、调节阀一起随叶轮旋转。同时，调节阀、液压油缸、支持轴颈、调节圆盘还作轴向的左右移动。

这种调节机构灵敏度高，并在叶轮运转中自动进行，叶片安装角的调节范围为 15°～55°，根据需要可在 20、40s 和 100s 内完成调节。此种调节方法可使轴流风机运行效率保持在 83%～88%，节能效果比较显著。

图 6-14 所示为 TLT 公司轴流风机动叶液压调节装置。液压缸内的活塞由轴套及活塞轴的凸肩被轴向定位，液压缸可以在活塞上左、右移动，但活塞不能做轴向移动。为防止液压缸在左、右移动时，液压油通过活塞与液压缸间隙处泄漏，活塞上装设两列带槽密封圈。当叶轮旋转时，液压缸与叶轮同步旋转，而活塞、护罩与活塞轴也与叶轮一起做旋转运动。轴流风机在某工况下稳定工作时，活塞与液压缸无相对运动。

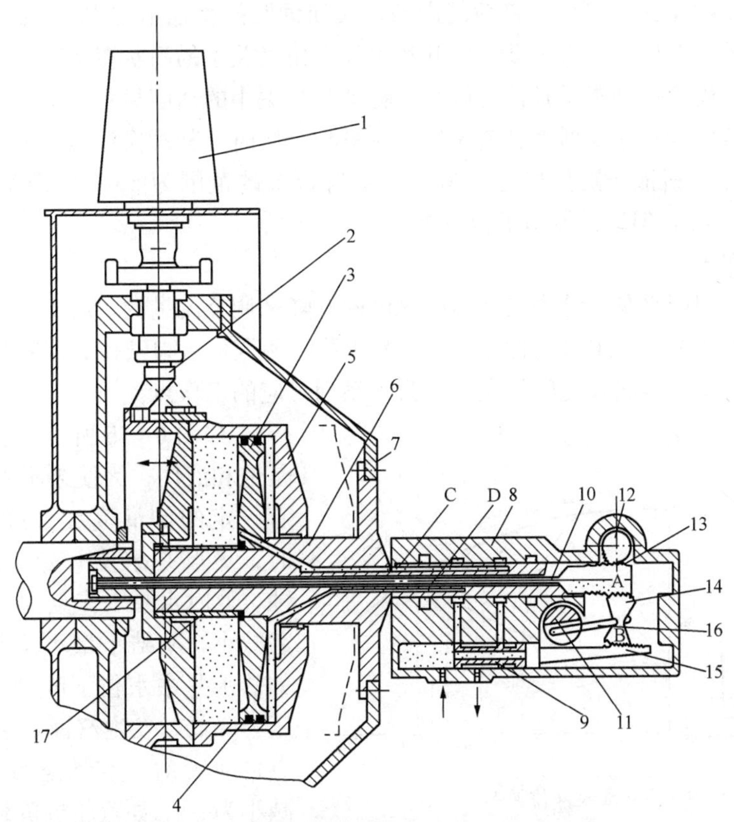

图 6-14　TLT 公司轴流风机动叶液压调节装置

1—动叶片；2—调节杆；3—活塞；4—带槽密封圈；5—液压缸；6—活塞轴；7—护罩；8—控制头；9—伺服阀；10—定位轴；11—控制轴；12—指示轴；13—齿套；14—齿轮；15—齿条；16—拉杆；17—轴套

活塞轴中心装有定位轴，叶轮旋转时定位轴静止不动，当液压缸左、右移动时会带动定位轴一起移动。控制头等零件是静止不动的。

动叶调节机构被叶轮及护罩所包围，这样工作安全，避免尘埃或颗粒掉在调节机构内，导致机构动作不灵活，甚至卡住。

轴流风机如在某工况下稳定工作，则动叶片也在某一安装角下运转。如图 6-14 所示，此时伺服阀恰将油道 C 与 D 的油孔堵住，活塞左右两侧的工作油无进油、回油，因此动叶片的安装角固定不变。

若锅炉需要风机降低流量及全压时，电信号传递至伺服电机使控制轴发生旋转。控制轴的旋转带动拉杆向右移动，但此时定位轴及与之相连的齿套是静止不动的。所以齿轮 14 只能以 A 为支点，推动与之啮合的齿条往右移动，于是压力油口与油道 D 相通，回油口与油道C接通。压力油从油道D不断进入活塞右侧的液压缸容积内，使液压缸不断向右移动，活塞左侧的液压缸容积内的工作油从油道C通过回油孔返回油箱。液压缸与叶轮上每个动叶片的调节杆相连，当液压缸向右移动时，动叶片的安装角关小，轴流风机输送的流量与全压随即降低。

当液压缸向右移动时，定位轴被拖住并一起向右移动。但由于拉杆静止，所以齿轮以B点为支点，齿条往左移动。往左移动的齿条，又使伺服阀将油道C与D的油孔堵住，液压缸随之处在新的平衡位置不再移动，而叶片也处在角度关小的新状态下工作，这就是反馈过程。在反馈时，齿轮带动指示轴使之旋转，将动叶片关小的角度显示出来。

若锅炉负载增大，需要增加轴流风机的流量与全压时，其动作过程与上述分析相反。

FAF轴流送风机液压缸位移为100mm，动叶调节的范围为50°；SAF轴流引风机液压缸位移也为100mm，但动叶调节的范围为45°。

五、液位调节

液位调节是利用水泵系统中吸水箱内水位的升降来调节流量的。由于水泵入口液柱高度降低，泵内发生汽蚀，使水泵的性能曲线突然下降。不同的入口液位高度有相应的汽蚀性能曲线，它们与管路性能曲线之间的交点即为一系列对应的工作点。

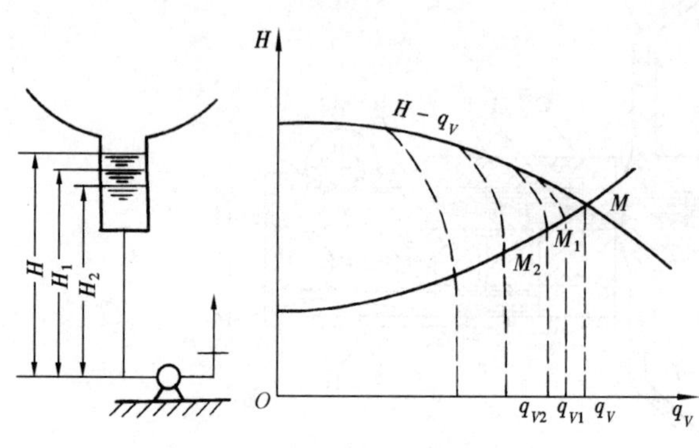

图6-15　水泵液位调节

如图6-15所示，凝结水泵输送的是饱和液体，为使泵不发生汽蚀，必须有一定的倒灌高度。汽轮机负载正常时，热水井水位一定，水泵不发生汽蚀，此时水泵工作点为M。当汽轮机负载减小，凝结水量小于水泵排水量时，如热水井中水位下降到H_1，水泵入口压力降低，发生汽蚀，于是水泵的工作点自动从M点移动至M_1点，水泵流量减小为q_{V1}。如汽轮机负载继续减小，则热水井中水位下降到H_2，工作点移至M_2，流量减少为q_{V2}。不同的倒灌高度对应着不同的工作点，自行达到了调节流量的目的，这就是液位调节的基本原理。这种调节是与机组负载变化自行进行的同方向调节，正适应机组负载变化的要求。图中的虚线表示水泵在不同倒灌高度时的汽蚀性能曲线。

液位调节要求水泵的性能曲线$H-q_V$与管路性能曲线都比较平坦。此外，如果汽轮机负载经常变化，特别是长期低负载运行时，这种调节使汽蚀频繁发生，对泵工作不利。为此，在泵的出口和入口之间设置再循环管，打开再循环门，使泵出口水的一部分再回到泵入口，以提高水泵的倒灌高度。

液位调节时，水泵叶轮容易损坏，因此必须采用抗汽蚀材料。

液位调节能自动进行，方便自如，因而在火力发电厂凝结水泵和部分疏水泵中被普遍采用。

六、变速调节

1. 变速调节原理及节能效果

改变泵与风机转速可以改变泵与风机的性能曲线，在管路曲线保持不变情况下，使工作点改变，这种调节方式称为变速调节。如图 6 - 16 所示，当泵与风机的转速升高时，泵与风机性能曲线上移，工作点 M 上移至 M_1，流量增加；反之，泵或风机转速下降时，其性能曲线下移，工作点从 M 下移到 M_2，流量减小，从而实现泵或风机的调节。

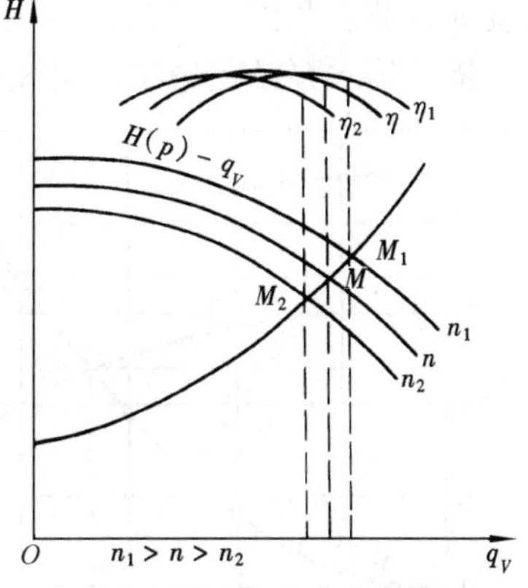

图 6 - 16　泵与风机变速调节

与节流调节相比较，变速调节具有显著的节能效果。

如图 6 - 17 所示，M 点为水泵原工作点，A 点为节流调节后工作点，B 点为变速调节后工作点。由图可见，A 点的轴功率为

$$P_A=\rho g q_{V1} H_A/\eta=\rho g q_{V1}(H_B+\Delta H)/\eta \quad (6-3)$$

上式表示 A 点的轴功率等于 B 点轴功率与阀门节流损失功率之和。

B 点的轴功率

$$P_B=\frac{\rho g q_{V1} H_B}{\eta} \quad (6-4)$$

比较两种调节方法，可见变速调节节省的功率为

$$\Delta P=P_A-P_B=\frac{\rho g q_{V1}\Delta H}{\eta} \quad (6-5)$$

如果不考虑水泵效率 η 的影响，则变速调节可调范围内节约的能量为图 6 - 17 中的阴影面积。

对于风机的工况调节，由于其管路性能曲线为经过坐标原点的二次方抛物线，工况点上流量、全压和功率分别与转速的一、二、三次方成比例，如果采用变速调节，将流量 q_V 由 100%减为 50%，只需使转速由 100%降为 50%，轴功率则由 100%减少为 12.5%。

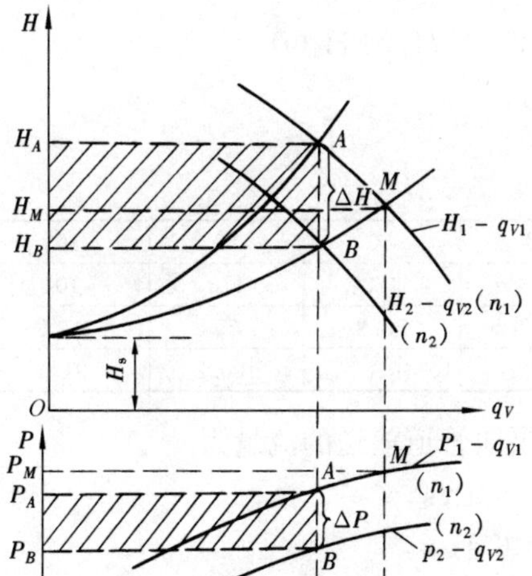

图 6 - 17　泵变速调节与节流调节节能效果比较

变速调节由于不存在节流损失，其调节效率高。同时，由于转速变化时，效率曲线也同时平行移动，所以运行效率变动不大，因此它运行效率也是高的。

2. 变速措施

变速调节方法
- 定速电机
  - 液力耦合器
  - 油膜（液黏）滑差离合器
  - 电磁转差离合器
- 变速电机
  - 变压调速
  - 绕线式异步电动机转子串电阻调速
  - 鼠笼式异步电动机的变极调速
  - 绕线式异步电动机的串级调速
  - 异步电动机的变频调速
- 汽轮机驱动

变速调节的方法有多种。火力发电厂大容量锅炉给水泵及锅炉送、引风机可以采用汽轮机驱动进

行变速调节。我国一般在火力发电机组容量为 300MW 及以上机组，给水泵采用汽轮机驱动。锅炉给水泵及锅炉送、引风机如由电动机驱动，则可以采用液力耦合器或变频调速进行变速调节。有的离心风机还采用双速电动机加装轴向导流器调节。

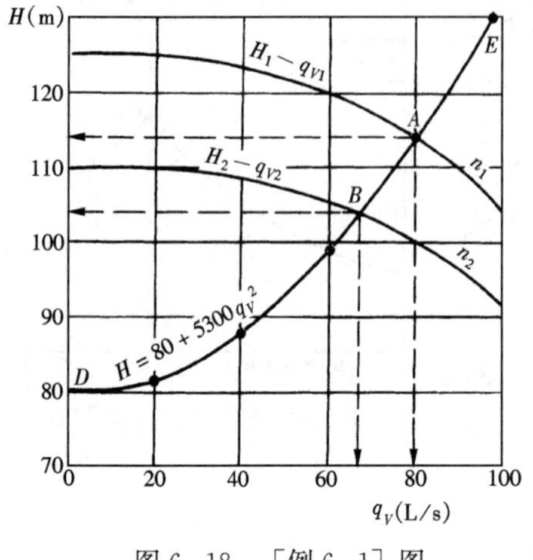

图 6-18 ［例 6-1］图

【例 6-1】 在转速 $n_1=960$r/min 时，10SN5×3 型凝结水泵的 H_1-q_{V1} 性能曲线绘于图6-18中。试求当该泵的转速降低到 $n_2=900$r/min 运行时，管路系统中流量减少了多少？管路性能曲线方程式 $H=80+5300q_V^2$。

解 首先绘出管路性能曲线。根据其方程式 $H=80+5300q_V^2$，算出各个选定流量下管系所需的总能量。方程式中的流量单位是 m^3/s。图6-18中的流量单位是 L/s，应该把它换算成m^3/s才能代入方程式中计算。计算的数值见表 6-1。

表 6-1

q_V	L/s	0	20	40	60	80	100
	m^3/s	0	0.02	0.04	0.06	0.08	0.1
H	mH_2O	80	82.12	88.48	99.08	113.92	133

把计算的数值点绘在图 6-18 中，得出管路性能曲线。然后由已知的 H_1-q_{V1} 性能曲线上的各点数值，按照比例定律求出转速为 $n_2=900$r/min 时各对应工况相似点的数值。其换算关系为

$$q_{V2}=q_{V1}\frac{n_2}{n_1}=q_{V1}\frac{900}{960}=0.918\,75q_{V1}\,(\text{L/s})$$

$$H_2=H_1\left(\frac{n_2}{n_1}\right)^2=H_1\left(\frac{900}{960}\right)^2=0.864\,10H_1\,(\text{mH}_2\text{O})$$

性能换算的结果见表 6-2。

表 6-2

$n_1=960$r/min	q_{V1} (L/s)	0	20	40	60	80	100
	H_1 (mH_2O)	125	125	123	120	114	104
$n_2=900$ r/min	q_{V2} (L/s)	0	18.8	37.6	56.3	75	93.8
	H_2 (mH_2O)	109.9	109.9	108.1	105.5	100.2	91.4

根据 H_2、q_{V2} 做出 H_2—q_{V2} 性能曲线，由此可知该泵向管道输送的流量为

$$n_1=960\text{r/min 时},\ q_{V1}=80\text{L/s}$$

$$n_2=900\text{r/min 时},\ q_{V2}=67\text{L/s}$$

流量减少的百分数为

$$\frac{q_{V1}-q_{V2}}{q_{V1}}\times100\%=\frac{80-67}{80}\times100\%=16.3\%$$

【例 6-2】 某水泵在转速为 $n_1=1450$r/min 时的性能曲线和管路性能曲线如图 6-19 所示，若把流量调节为 $q_V=8m^3/h$，比较采用节流调节和变速调节各自所消耗的功率。假定泵原来效率为 65%，节流调节后效率为 63%。

解　由图查得原工作点 A 的参数为 $q_V=11\mathrm{m^3/h}$，$H=28\mathrm{m}$，则原来泵轴功率为

$$P=\frac{\rho g q_V H}{1000\eta}=\frac{1000\times 9.8\times 11\times 28}{1000\times 3600\times 0.65}=1.29(\mathrm{kW})$$

节流调节后，工作点为 A_1，对应参数为 $q_{V1}=8\mathrm{m^3/h}$，$H_1=40\mathrm{m}$。泵轴功率为

$$P=\frac{1000\times 9.8\times 8\times 40}{1000\times 3600\times 0.63}=1.38(\mathrm{kW})$$

变速调节后，工作点为 A_2，对应参数为 $q_{V2}=8\mathrm{m^3/h}$，$H_2=19\mathrm{m}$。泵轴功率为

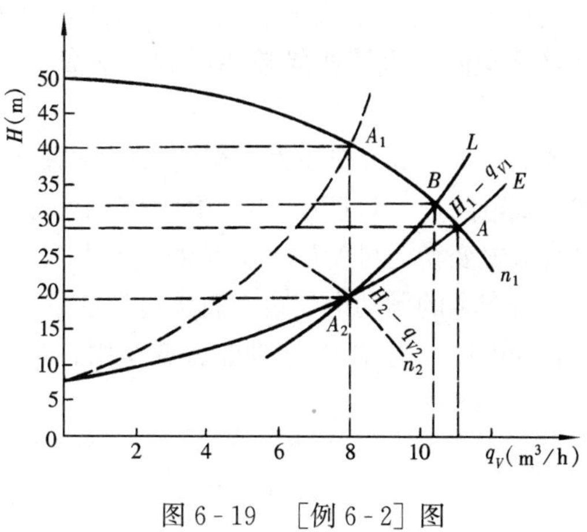

图 6-19　[例 6-2] 图

$$P=\frac{1000\times 9.8\times 8\times 19}{1000\times 3600\times 0.65}=0.64(\mathrm{kW})$$

其中变速调节后近似认为水泵效率不变，仍为 65%。

可见，变速调节要比节流调节经济，耗功低得多。

第三节　变　频　调　速

目前泵与风机大多由异步电动机驱动。交流电动机的同步转速（旋转磁场转速）为

$$n'=\frac{60f'}{p} \tag{6-6}$$

式中　n'——同步转速，r/min；

f'——电源频率，Hz；

p——电动机磁极对数。

而异步电动机的转速为

$$n=\frac{60f'}{p}(1-s) \tag{6-7}$$

式中　n——异步电动机转速，r/min；

s——转差率，$s=(n'-n)/n'$。额定负载时 $s=(1\sim5)\%$。

由式（6-7）可知，欲改变异步电动机的转速，达到变速调节的目的，主要有两种方法。第一种方法，可改变异步电动机的磁极对数 p。一般的方法是，在电动机的定子槽内嵌置不同极对数的独立绕组，通过改变定子绕组接线方式，便可改变磁极对数。如 $p=1$，$n'=3000\mathrm{r/min}$；$p=2$，$n'=1500\mathrm{r/min}$。但是，磁极对数的改变不可能多，多数情况是改变一次磁极对数，做成双速电动机。此种方法调速，虽然价廉、可靠，但调速的范围是有限的，为有级变速。为满足变工况工作需要，双速电动机还需与导流器调节配合使用。

还有一种方法是改变异步电动机的电源频率 f'。需要说明的是，供电系统电网频率为 50Hz，这是不可更改的。而利用变频器可改变输入异步电动机的电源频率 f'，就可达到异步电动机调速的目的。

大型变频器一般有交—直—交变频器和交—交变频器两类。交—直—交变频器是先将

交流电通过整流器整流成直流电，然后再把直流电变换成频率可调的交流电。交—交变频器是将交流电直接变成频率可调的交流电。两类变频器中，交—直—交变频器目前应用广泛。

图6-20所示为交—直—交变频器的基本组成部件。整流器一般使用大功率二极管组成三相桥式电路，它将恒压、恒频的交流电变换成直流电，供给逆变器。与整流器相反，逆变器将直流电变换为可变压、变频的交流电。经整流器整流后的直流电压中含有脉动成分，同时逆变器产生的脉动电流也使直流电压变动。所以，为了抑制电压的波动，采用电感或电容吸收脉动电压（电流），达到滤波的作用。为此目的，设置了平波电路。

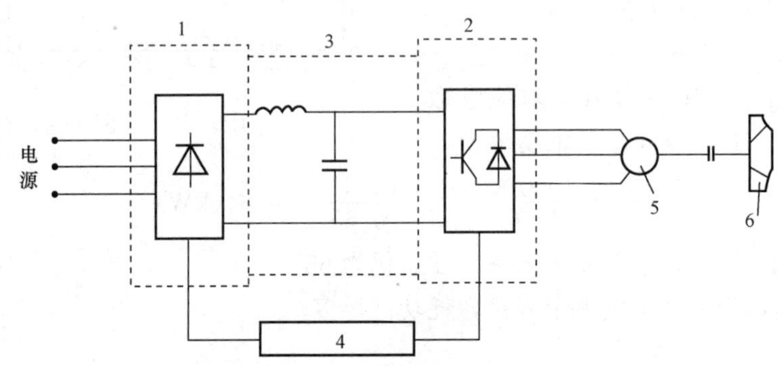

图6-20 交—直—交变频器基本组成部件

1—整流器；2—逆变器；3—平波回路；4—控制回路；5—异步电动机；6—泵或风机

控制回路的作用是控制可调频率的变化。

交—直—交变频器根据平波电路中滤波的方式不同，又可分为电流型变频器和电压型变频器。电流型变频器采用大电感器滤波，经逆变器输出的电压波形接近于正弦波，而电流波形为矩形波或阶梯形波。电压型变频器采用大电容器滤波，经逆变器输出的交流电压为矩形波，而电流波形接近于正弦波。电流型变频器适用于单机拖动，频繁加、减速情况下运行。泵与风机变速调节的变频装置，大多选用电流型变频器。

异步电动机调速时如只改变电动机定子供电频率，则不能获得好的调速性能。因为从额定频率往下调节时，此时磁通将增加，电动机在额定载荷工作时磁通已接近饱和，继续增加磁通将会使电动机铁芯出现深度饱和，励磁电流急剧上升，导致定子电流和定子铁芯损耗急剧增加，电动机工作将不正常。因而，变频调速时单纯调节频率是不妥的，欲维持电动机的磁通量恒定，要求电动机的定子供电电压亦应有相应的改变，使电压U与频率f按一定规律变化，如U/f=常数变化规律。

变频器集成度高，整体结构紧凑，自身散热量较大，因此对安装环境的温度、湿度和粉尘含量要求高。变频器内部的大功率电子元器件，极易受到工作温度的影响，其温度要求一般为0～55℃。为了保证变频器的工作安全、可靠，使用时应当留有余地，最好控制在40℃以下。

变频器受到机械振动和冲击时，会引起电器接触不良，因此应该使它远离振动源。

变频调速由于频率变化后，电动机仍在同步转速附近运转，基本上保持额定转差率，所以调速效率高（当然，在变频装置系统中会产生变流损失以及由于高次谐波影响，电动机损耗增加）。

变频调速范围宽，一般调速范围为2.5～50Hz，适用于经常处于低负荷状态下运行的场合。

变频调速响应速度快，调节线性度好。变频装置万一发生故障，可退出运行改由电网直接供电，异步电动机仍可继续运行。

使用变频调速投资成本较高，尤其对于高电压大容量异步电动机而言，更是如此。同时，变频器输出的电流或电压的波形为非正弦波而产生的高次谐波，对电源产生谐波污染。电源质量下降，电动机损耗增加，效率有所下降，因而一定要进行谐波补偿等方法才可得到较好的效果。

综上所述，变频调速在较宽的调速范围具有高的调节效率，是一种较好的调速方式。目前，在国外工业发达国家的泵与风机的调节上已普遍应用；国内的中小容量甚至大容量泵与风机的调速也有不少采用变频调速。

第四节　液力耦合器

液力耦合器又称液力联轴器。它是利用液体传递扭矩的，是电动机轴与泵或风机轴之间的联轴器，是在电动机轴转速不变的情况下，改变泵与风机的转速，同时也改变了原动机的输出功率。

液力耦合器主要由泵轮、涡轮、旋转内套、勺管等零件构成。泵轮与涡轮具有相同的形状，相同的有效直径（循环圆的最大直径），只是轮内的叶片数不相同。一般泵轮与涡轮的叶片数差1～4片，以避免引起共振。火力发电厂用的液力耦合器泵轮与涡轮的叶片多为径向式，如图6-21所示。

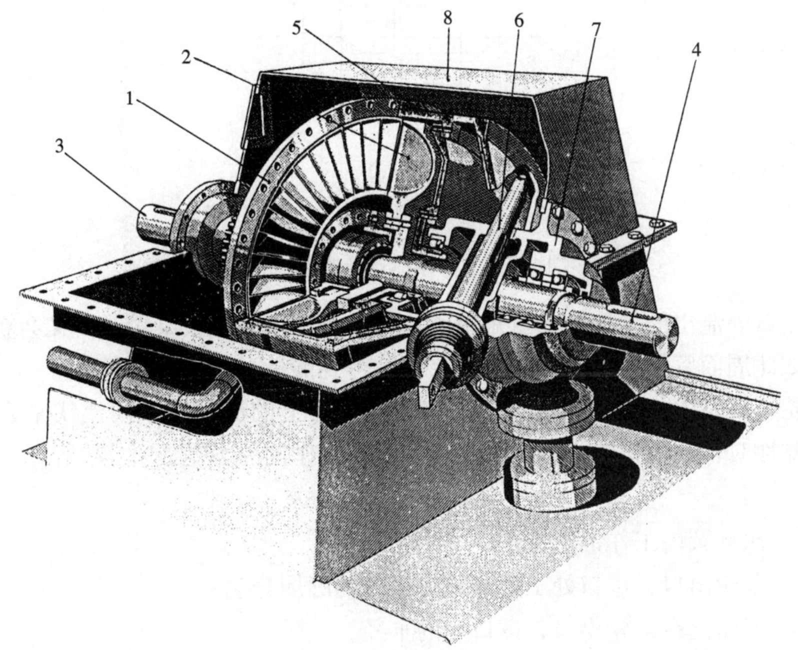

图6-21　液力耦合器

1—泵轮；2—涡轮；3—输入轴；4—输出轴；5—旋转内套；6—勺管；7—回油箱；8—机壳

一、液力耦合器传动原理

如图6-21所示，装置在输入轴上的泵轮与装置在输出轴上的涡轮，彼此不直接接触，它们之间保持较小的轴向间隙，一般只有几毫米。旋转内套用螺栓与泵轮相连，勺管可以在旋转内套与涡轮间的腔室中移动，以调节循环圆（泵轮与涡轮所组成的轴面腔室）内的工作油量。

若输入轴以转速 n_p 转动，循环圆中的工作油由于泵轮的作用，从靠近轴心处 r_1 流向泵轮的外周处的半径 r_2，如图6-22所示。工作油在泵轮内的运动过程中获得了能量，因而在泵轮的出口处具有较大的动量矩。具有较大动量矩的工作油，以绝对速度 V_{2P} 冲向涡轮外周处的叶片（见图6-22），然后沿着由涡轮径向叶片组成的流道向心运动。工作油在涡轮内向心运动过程中，释放了能量，动量矩降低，涡轮便由此获得了力矩，转动起来。转向与泵轮相同，但转速 n_T 却低于泵轮转速 n_P。

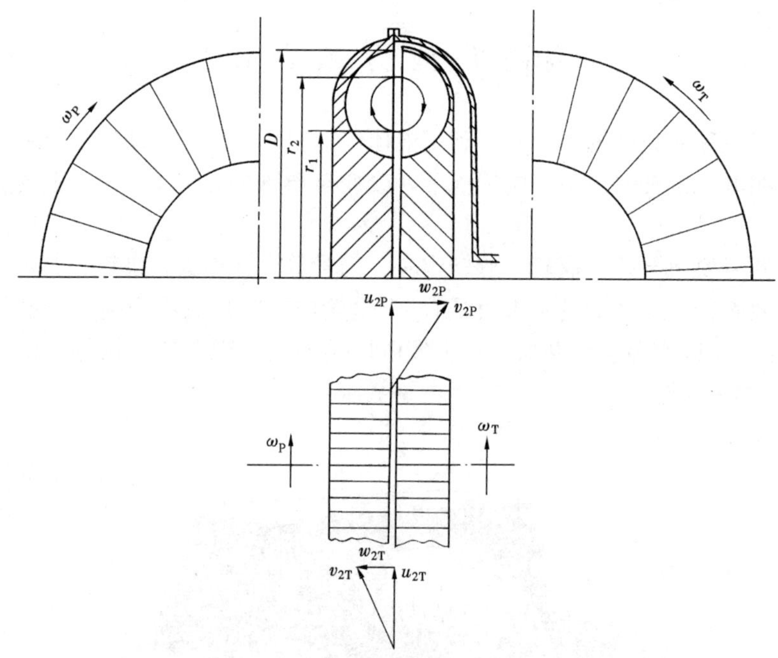

图6-22 液力耦合器速度三角形

从涡轮出口处流出的工作油动量矩很小，可是当它重新流入泵轮时，又会获得泵轮给予它的能量。如此周而复始，涡轮始终能从泵轮处得到能量。

假设泵轮与涡轮中的叶片无限多，工作油在轴面上的流动用中间流线来表示。定常流动，液体无黏性时，由动量矩方程得到泵轮作用于工作油的力矩 M_{P-0} 为

$$M_{P-0} = \rho q_V(v_{2uP}r_2 - v_{1uP}r_1) \tag{6-8a}$$

式中 q_V ——循环圆内工作油流量；

v_{2uP}、v_{1uP} ——泵轮出口、进口处工作油绝对速度的圆周分速；

r_2、r_1 ——工作油在泵轮出口、进口处的半径。

工作油流过涡轮后，作用于涡轮上的力矩 M_{0-T} 为

$$M_{0-T} = \rho q_V(v_{1uT}r_2 - v_{2uT}r_1) \tag{6-8b}$$

式中 v_{1uT}、v_{2uT} ——涡轮进口、出口处工作油绝对速度的圆周分速；

r_2、r_1——工作油在涡轮进口、出口半径。

根据流体力学原理，泵轮与涡轮之间的轴向间隙无叶片，所以无黏性流体在旋转方向上的动量矩不变，即 $v_u r=$ 常数，即

$$v_{1uP}=v_{2uT}, \quad v_{2uP}=v_{1uT} \tag{6-9}$$

由式（6-8a）、式（6-8b）及式（6-9）可得

$$M_{P-0}=M_{0-T}$$

式（6-9）根据无黏性流体而得，如果再忽略轴承、密封等机械损失及泄漏等容积损失，可近似认为 $M_P\approx M_{P-0}$，$M_T\approx M_{0-T}$，于是可得

$$M_P\approx M_T \tag{6-10}$$

式中　M_P——耦合器的输入力矩，即泵轮力矩；

M_T——耦合器的输出力矩，即涡轮力矩。

工作油从泵轮得到的功率为 $M_P\omega_P$，涡轮从工作油得到的功率为 $M_T\omega_T$，则耦合器的效率 η 为

$$\eta=\frac{M_T\omega_T}{M_P\omega_P}=\frac{n_T}{n_P} \tag{6-11}$$

设泵轮与涡轮的速比为 i，则

$$i=\frac{n_T}{n_P}=\eta \tag{6-12}$$

由式（6-12）可知，在忽略流体流动阻力及轴承、密封等机械损失，容积损失等情况下，液力耦合器的传动效率等于传动的速比。另外，速比与滑差率 s 有下列关系：

$$i=1-\frac{n_P-n_T}{n_P}=1-s \tag{6-13}$$

速比 i 越大，滑差率 s 越小；反之亦然。液力耦合器的速比一般为 0.97～0.98，滑差一般为 0.02～0.03。

根据相似理论，同一系列几何相似的液力耦合器，在相似工况下所能传递的力矩值，与液体的密度 ρ、泵轮转速 n_P 的平方和泵轮有效直径 D 的五次方成正比，即

$$M_P=\lambda_P\rho g n_P^2 D^5 \tag{6-14}$$

泵轮力矩系数 λ_P

$$\lambda_P=\frac{M_P}{\rho g n_P^2 D^5} \tag{6-15}$$

是液力耦合器的重要技术参数。λ_P 值高，说明耦合器的能容高、性能好，并表明其循环圆的腔型好，泵轮力矩系数 λ_P 由测定得到的 M_P 代入式（6-15）计算得到。

二、液力耦合器的特性

液力耦合器的特性可以用外特性表示。耦合器的外特性是在泵轮转速 n_P、工作油密度 ρ 及运动黏性系数 ν 不变的条件下，泵轮力矩 M_P（M_T）、效率 η 与速比 i 的函数关系。外特性曲线按测试数据绘制而成，如图 6-23 所示。

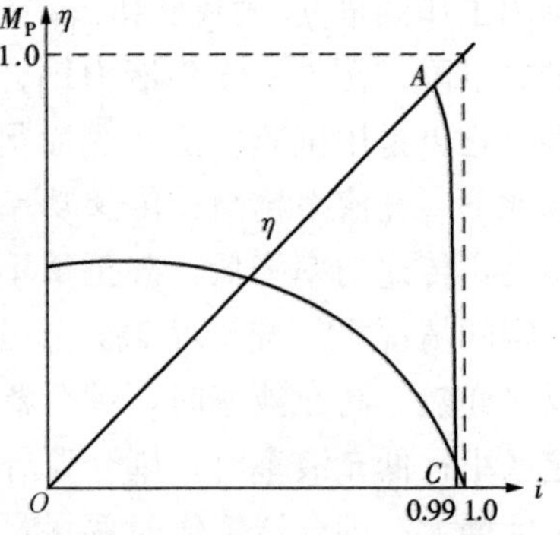

图 6-23　液力耦合器的外特性

分析图 6-23 可知：

（1）扭矩 $M_P(M_T)$ 随速比 i 的增加而降低。当 $i=1$，即 $n_P=n_T$ 时，扭矩为零。此时，循环圆内的工作油不流动，泵轮也不向工作油传递能量，涡轮自然也无法获得能量。此时，循环圆内工作油状态如图 6－24 所示。

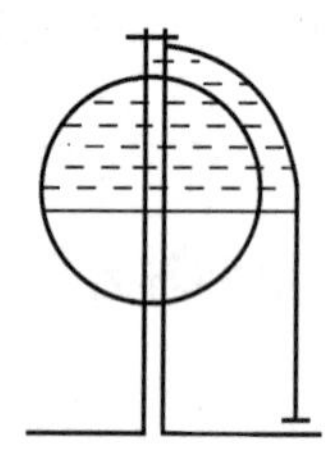

图 6－24 $i=1$ 循环圆内工作油状态

$i=0$，即 $n_T=0$ 时，扭矩 $M_P(M_T)$ 达到最大。此时，循环圆内的循环工作油流量最大，泵轮所产生的能量全部消耗在各种能量损失上。这种工况，涡轮成一个阻力件，是一个"制动工况"。其扭矩为"制动扭矩"。

（2）液力耦合器的效率 η 随着速比 i 的增加而直线上升。当 $i=1$ 时，耦合器的效率 $\eta=1$。但实际上耦合器的效率不可能等于 1，当效率高达 A 点（$i=0.985$）后，效率曲线急剧下降而到 C 点（$i=0.99$）时，效率已降到零。这是由于 i 趋向于 1 时，耦合器传递的力矩值很小，可是工作轮转动时受到的空气阻力矩所占比例却越来越大，传动效率也就不再上升，且很快降到零。传动速比较小时，由于传动力矩较大，而涡轮的转速又较低，因此空气阻力矩可以略去不计。从 A 点变化到 C 点，对应的速比 $i=0.985\sim0.99$。

在使用液力耦合器时，总希望提高它的效率，也就是希望提高涡轮的转速 n_T。所以设计时，一般取速比 $i=0.97\sim0.98$。

（3）设计工况点，液力耦合器应具有尽可能大的扭矩，也就是尽可能大的力矩系数 λ_P。由扭矩公式可知，扭矩越大，耦合器的有效直径 D 可以减小。对大型低速的液力耦合器可显著地缩小尺寸。

（4）$i=0$ 时，扭矩应尽可能地小。它意味着防护性能好、脱离性能好，因空转而损失的发热量少。

通常外特性是指液力耦合器在全充油量情况下的输出特性曲线（实际上，工作油的体积小于耦合器内部工作腔的体积，留有小部分空间容纳从工作油中分解出来的空气与油气），它是表明在各种速比值下的最大传递力矩能力的曲线。但当耦合器的充油量减少时，特性将发生改变。设液力耦合器充油量的相对值以充液率 C 表示

$$C=\frac{V}{V_0} \tag{6-16}$$

式中 V_0——液力耦合器循环圆腔体总容积；

V——耦合器循环圆内实际充液的容积。

液力耦合器在部分充油（$C<1.0$）时，由于循环圆内工作油量 q_V 的降低和 r_1、r_2 的变化，力矩 M_P 也随之下降。图 6－25 为液力耦合器部分充油时的外特性，它也是用试验方法实测而得。由图可知，在相同速比下，充液率越高，传递功率越大；反之，充液率不足，传递功率降低，甚至带不动负载。在传递力矩一定的情况下，充液率高，输出转速高，发热量低；反之亦然。高充液率时，耦合器外特性较平滑，不稳定区小；低充液率时，耦合器外特性跌落较大，不稳定区增大。耦合器工作时要尽量避开低速比，低充液率的不稳定区。随着充液率 C 的减小，液力耦合器

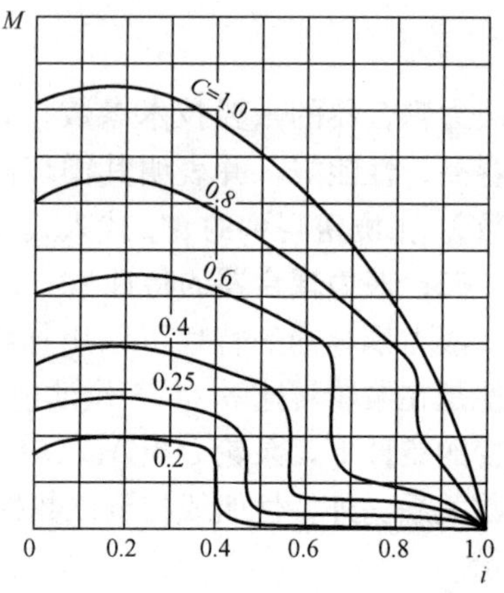

图 6－25 液力耦合器部分充油时外特性

的特性会出现不稳定工况区，出现不稳定工况区的原因，可从循环圆内工作油流动情况分析。如图 6-26（a）所示，$i=0.97\sim0.90$，由于离心力的作用，涡轮内向心流动的工作油在 b 点折回泵轮，形成小环流。$i=0.90\sim0.46$，涡轮转速下降，离心力的作用减弱，工作油折回泵轮的 b 点位置下移，如图 6-26（b）所示。$i=0.46\sim0.43$，工作油紧贴涡轮流动，但折回泵轮的工作油动能较小，所以泵轮中的工作油呈紊流离散状态，特性中出现不稳定区，如图 6-26（c）所示。当 $i<0.43$，在涡轮转速下降到某临界值，液流从泵轮获得的能量完全克服涡轮的阻抗力矩，工作油的环流突然改道，从小环流转变为大环流。力矩突然增大，造成输出力矩呈阶梯状，如图 6-26（d）所示。

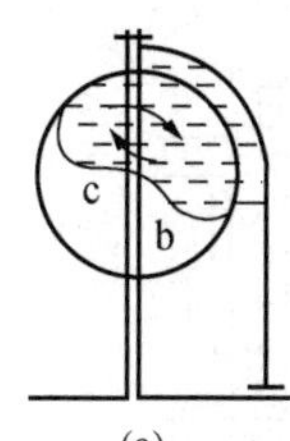

(a)

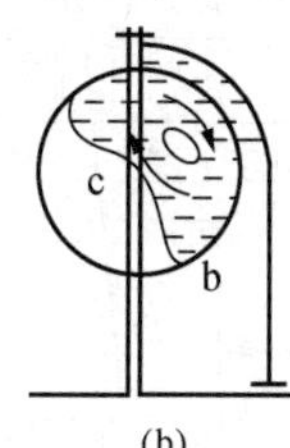

(b)

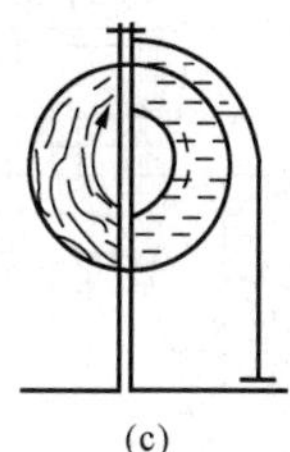
(c)

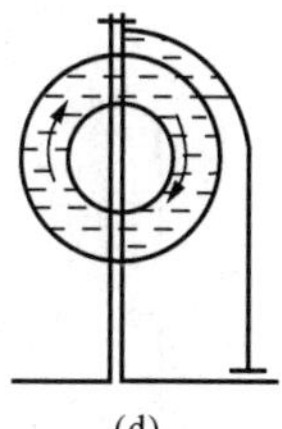
(d)

图 6-26　变工况时循环圆内工作油的流动

三、液力耦合器的部件、结构与油系统

图 6-27 所示为德国 Voith 公司生产，型号为 R16K 的液力耦合器水平剖面图，用于国内某 600MW 超临界压力汽轮发电机组的电动给水泵上。目前，国内火力发电厂大容量锅炉电动给水泵上的液力耦合器，也大多采用这种结构，或类似这种结构。

在原动机轴拖动液力耦合器的输入轴上装有大齿轮，大齿轮传动小齿轮，使液力耦合器泵轮增速。泵轮通过工作油的运动使涡轮转动。6 为旋转内套，在旋转内套与涡轮间的腔室中，置有可移动的勺管。在泵轮与涡轮轴上，均装置双向的推力轴承。涡轮装在输出轴上，与被拖动的泵或风机相连。主油泵与工作油泵同轴而装，它们由主动轴通过增速齿轮驱动。工作油泵为离心式，主油泵为齿轮式。辅助油泵也为齿轮式，由电动机拖动。双向双滤油器在运行时可相互交替使用其中一组。当滤网上积垢过多，差压计读数增大，需要更换另一组。同时使积垢过多的一组滤油器停役清洗。

液力耦合器工作时，由于工作油的冲击损失与摩擦损失，使循环圆内工作油温度升高。在 $i=2/3$ 时，耦合器的功率损失最大，工作油温升至最高，循环圆内的空气与油气受热膨胀会导致泵轮与涡轮的爆裂。为此，耦合器在工作时，一方面油泵不断向循环圆内供工作油，勺管不断将循环圆内流入旋转内套的工作油排至冷油器冷却；另一方面，在旋转内套上还装有易熔塞（图 6-27 中的 15），当循环圆内工作油温升高至 160℃时，易熔塞熔化，工作油经易熔塞孔排至油箱，涡轮停止转动。

图 6-28 所示为 R16K 型液力耦合器的油系统。由图可知，供耦合器循环圆内的工作油主要有两个油回路。

工作油泵将耦合器油箱内的油输入液力耦合器的循环圆内。途中经过止回阀、节流阀、循环控制阀。循环圆内的工作油由勺管引出。勺管内工作油本身具有压力，所以它能自动流入冷油器冷却，然后经循环控制阀，重新与工作油泵的供油一并进入耦合器的循环圆内。这是一个闭合油回路。

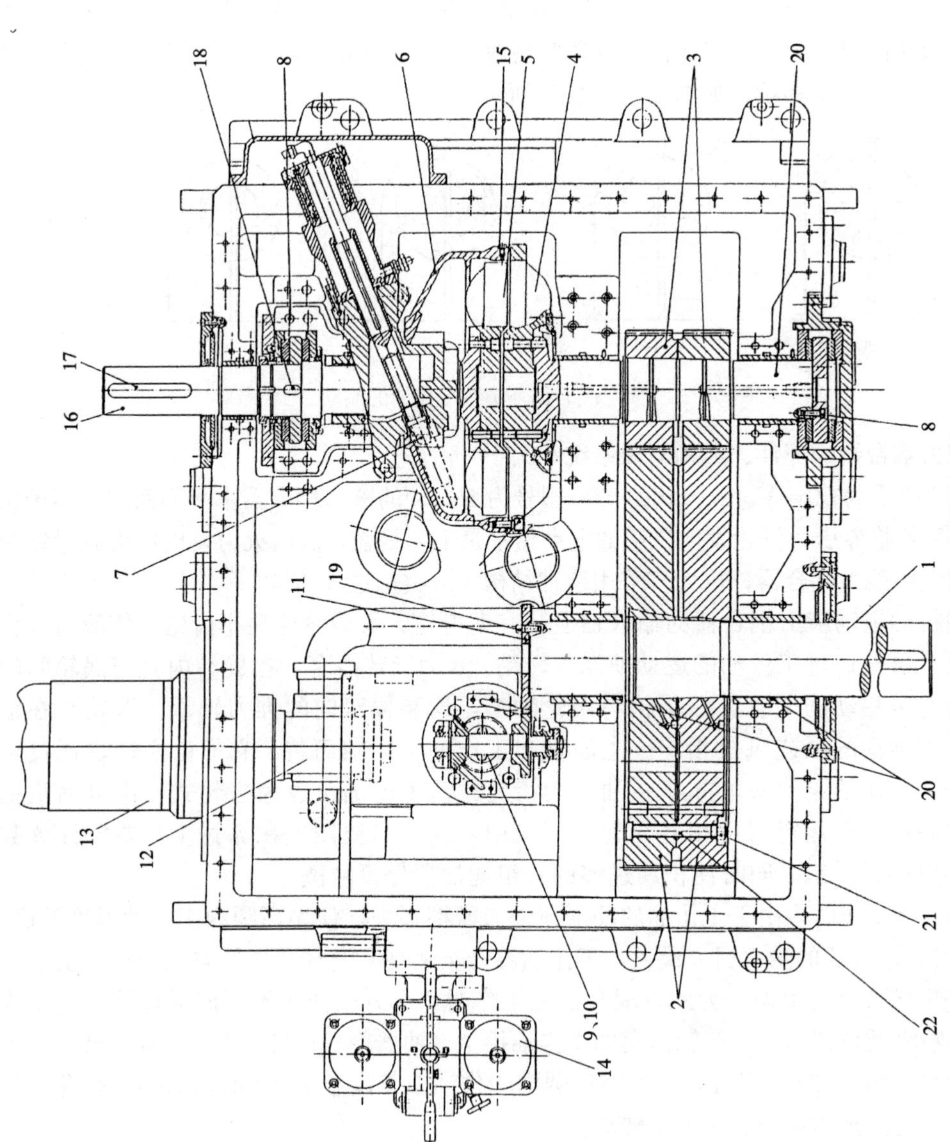

图 6-27 液力耦合器水平剖面

1—输入轴；2—大齿轮；3—小齿轮；4—泵轮；5—涡轮；6—旋转内套；7—勺管；8—推力轴承；9—主油泵；10—工作油泵；11—增速齿轮；12—辅助油泵；13—电动机；14—双向双过滤器；15—易熔塞；16—输出轴；17、18—键；19—螺钉；20—轴承；21—螺母；22—螺栓

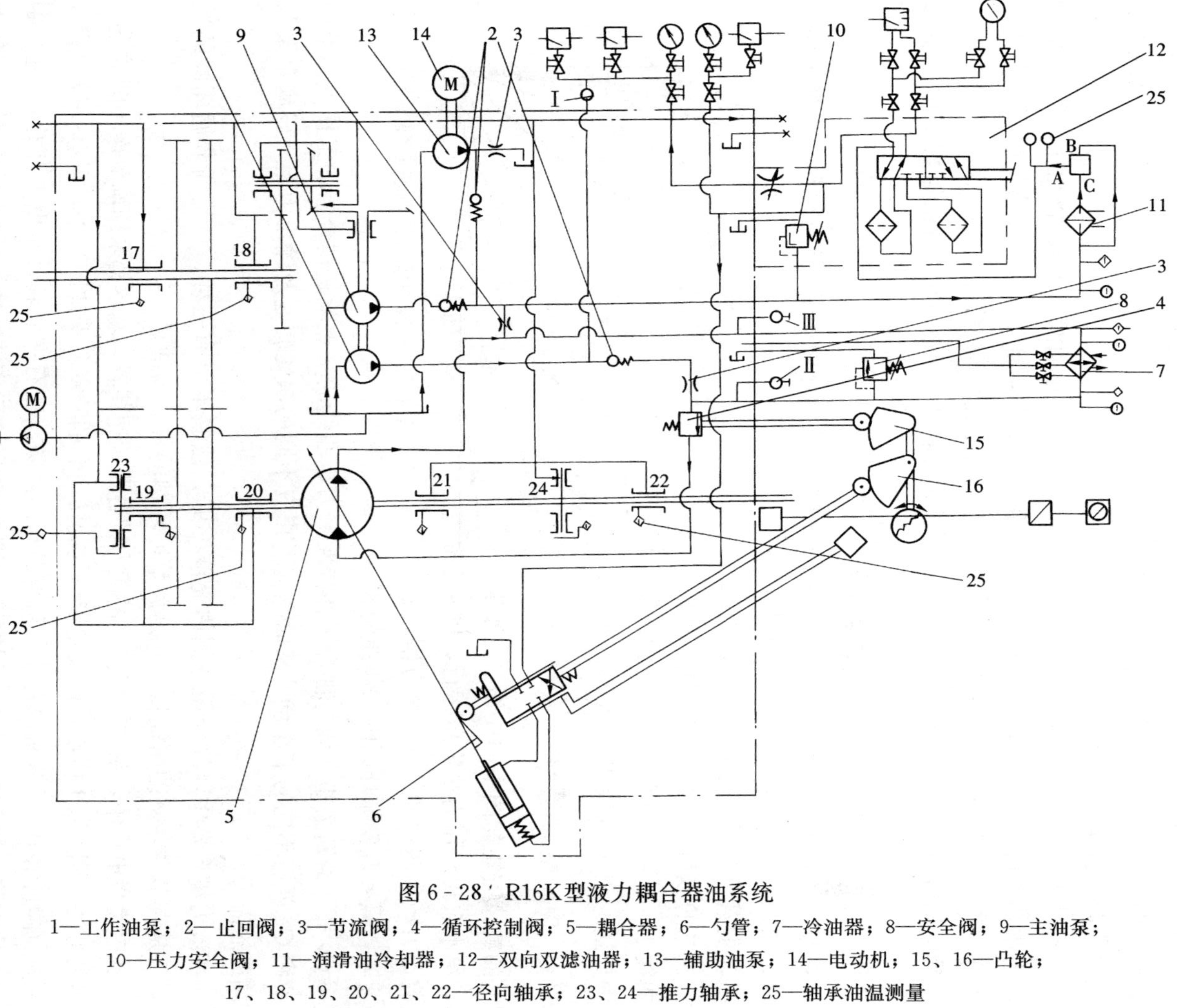

图 6-28′　R16K型液力耦合器油系统

1—工作油泵；2—止回阀；3—节流阀；4—循环控制阀；5—耦合器；6—勺管；7—冷油器；8—安全阀；9—主油泵；10—压力安全阀；11—润滑油冷却器；12—双向双滤油器；13—辅助油泵；14—电动机；15、16—凸轮；17、18、19、20、21、22—径向轴承；23、24—推力轴承；25—轴承油温测量

另一个油回路称为开放回路。它由工作油泵、节流阀与压力安全阀组成。开放油回路的作用是，调节循环圆的供油量，当液力耦合器所需的工作油量减少，则工作油泵过量的供油，通过压力安全阀重新回到油箱。如耦合器内需要增加工作油的供应量，则通过压力安全阀使回油箱的过剩油量减少，甚至无回油。

润滑与控制油回路。主油泵从油箱吸油，输入管路通过止回阀、压力安全阀、润滑油冷却器与双向双滤油器，然后通向各轴承、齿轮使之得到润滑、冷却。同时，主油泵的供油还输入勺管调节机构做控制油。

由电动机驱动辅助油泵，从油箱吸取润滑油并通过止回阀，进入润滑油回路。辅助油泵在液力耦合器启动前工作，进行轴承润滑、冷却。耦合器启动并投入正常运行后，主油泵已能工作，停运辅助油泵。同理，液力耦合器停车前亦需启动辅助油泵。

液力耦合器的泵轮与涡轮轴上各有一道推力轴承，承受耦合器在运转中所产生的轴向力。

四、液力耦合器调速原理与调速机构

在泵轮转速不变的情况下，改变循环圆内工作油的充液率 C，就可得到一系列不同的外特性，如图 6-29 所示。如果液力耦合器拖动的载荷是滑压运行的锅炉给水泵，则它的载荷力矩是递减力矩，如图中曲线 1；如果液力耦合器拖动的载荷是锅炉送、引风机或无背压的给水泵 $\left[\text{式 (2-51) 中 } H_P+\dfrac{p''-p'}{\rho g}=0\right]$，则它的载荷力矩如图中的曲线 2；如果锅炉给水泵出口压力是定压运行，则它的载荷力矩如图中曲线 3。液力耦合器调速时，只要改变循环圆内工作油的充液率 C，那么载荷力矩曲线与耦合器外特性上力矩曲线的交点就是耦合器的工作点。不同的充液率 C，就有不同的工作点，从而决定了相应不同的涡轮转速及输出力矩，以满足泵与风机调速的需要。

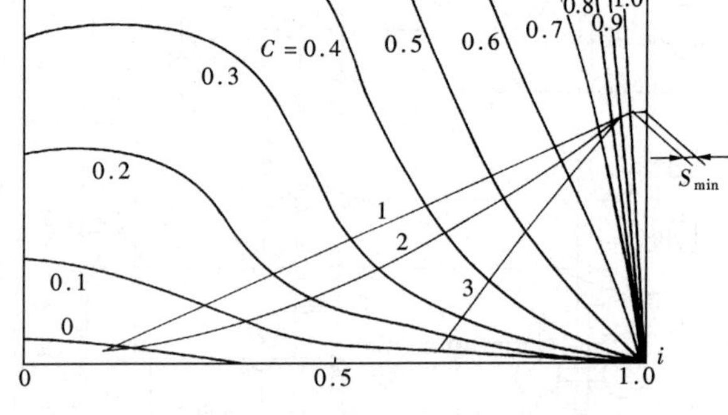

图 6-29　液力耦合器调速原理

在液力耦合器中，改变循环圆内充液率的方法基本上有三种。一是调节循环圆的进油量；二是调节循环圆的出油量；三是调节循环圆的进、出油量。

在火力发电厂中，泵与风机使用的液力耦合器调速装置，基本都采用调节循环圆的进、出油量的方法。图 6-21 所示，由泵轮带动的旋转内套的腔室（副油腔）中，置有一根勺管（导流管）。循环圆内的工作油，通过泵轮与涡轮的间隙（也有在涡轮外缘壁上开孔），进入副油腔。副油腔壁上装有短叶片或开凹槽等，促使副油腔内工作油转速接近泵轮与涡轮中工作油的转速，则副油腔内油层厚度与循环圆内油层厚度接近。耦合器运转时，勺管口部的半径位置就决定了副油腔内油层的厚度，也决定了循环圆内工作油的充液率 C。图 6-30（a）所示，勺管口以内的工作油，全部由勺管导流入冷油器。如勺管向旋转内套壁方向移动（即勺管口离轴心距离增加），则副油腔内油层变薄，循环圆内工作油的充液率下降，涡轮转速及传递力矩也同时下降，从而达到降低泵与风机流量、扬程、全压的目的。反之，当勺管向离开旋转内套壁方

向移动（即勺管口离轴心距离减少），副油腔内油层增厚，循环圆内工作油的充液率上升，涡轮转速升高，同时传递力矩也增加，泵与风机的流量、扬程、全压就随之增高。

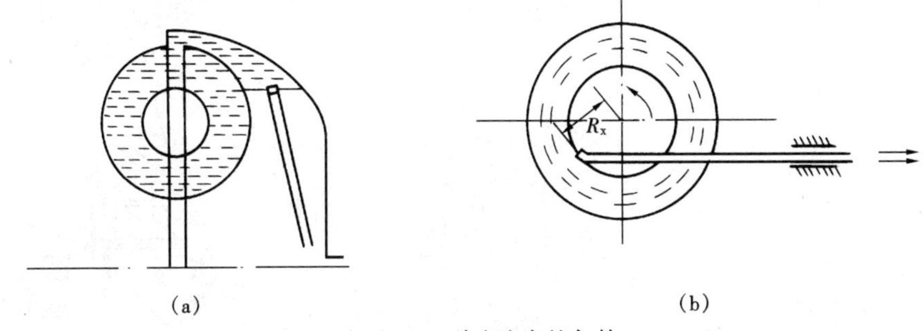

图 6-30　副油腔内的勺管

图 6-30（b）所示，副油腔内旋转的工作油梢遇到只能移动的勺管口，动能转变成压力能

$$H=\frac{u_x^2}{2g}$$

$$u_x=\frac{\pi R_x n_P}{30}$$

式中　u_x——油梢旋转的线速度；

R_x——勺管口至轴心线的半径。

在能头 H 作用下，工作油通过勺管流入冷油器，经循环控制阀，重又回到循环圆内。

液力耦合器在某稳定工况下运转，勺管的位置不变，工作油泵不断向循环圆内供油，勺管不断排出循环圆内的工作油，避免循环圆内工作油温的升高。

勺管的移动由调速机构控制。如图 6-31 所示，如控制室发出信号使凸轮轴转动，凸轮 1 转动，将由压缩弹簧作用的控制杆上、下移动。控制杆通过弹簧片与控制柱塞相连接。控制柱塞置于控制套筒内。稳定运行时，油孔Ⅰ与Ⅱ全被堵塞。

若当控制杆 4 被凸轮往下压时，控制柱塞也被压下。结果进油管与油孔Ⅱ相通。由油孔Ⅱ进入的压力油通往液压油缸，使勺管向左移动，即向载荷增加方向移动。此时，液力耦合器循环圆内油层厚度增加，泵或风机轴转速升高。

在勺管往左移动的同时，由压缩弹簧控制的控制套筒，通过滚轮沿着勺管的倾斜表面向下运动，于是原来被打开的油孔Ⅱ重新堵塞。勺管被固定在新的平衡位置，不再移动，被耦合器联动的泵或风机，也在某一升高了的转速下运转。

在凸轮 1 转动的同时，凸轮 2 也转动起来，使控制杆与连接杆向下移动，循环控制阀的开度将发生变化。控制阀开度的变化，直接影响循环圆内的供油量。在速比 $i=2/3$ 时，控制阀开度最大，供油量最大。

如果凸轮 1 的转动使控制杆向上顶，则压力油管与油孔Ⅰ相通，压力油进入液压油缸活塞的外侧（也可以不接此油路，依靠液压缸左侧压缩弹簧的伸长，达到同样目的），使勺管向右移动，耦合器循环圆内油层减薄，涡轮转速、输出力矩均下降。与此同时，由凸轮 2 控制的循环控制阀的开度又发生相应变化。

在勺管向右移动，控制套筒被勺管倾斜表面往上压，于是原来被打开的油孔Ⅰ被重新堵塞，勺管在新的位置上处于平衡状态。

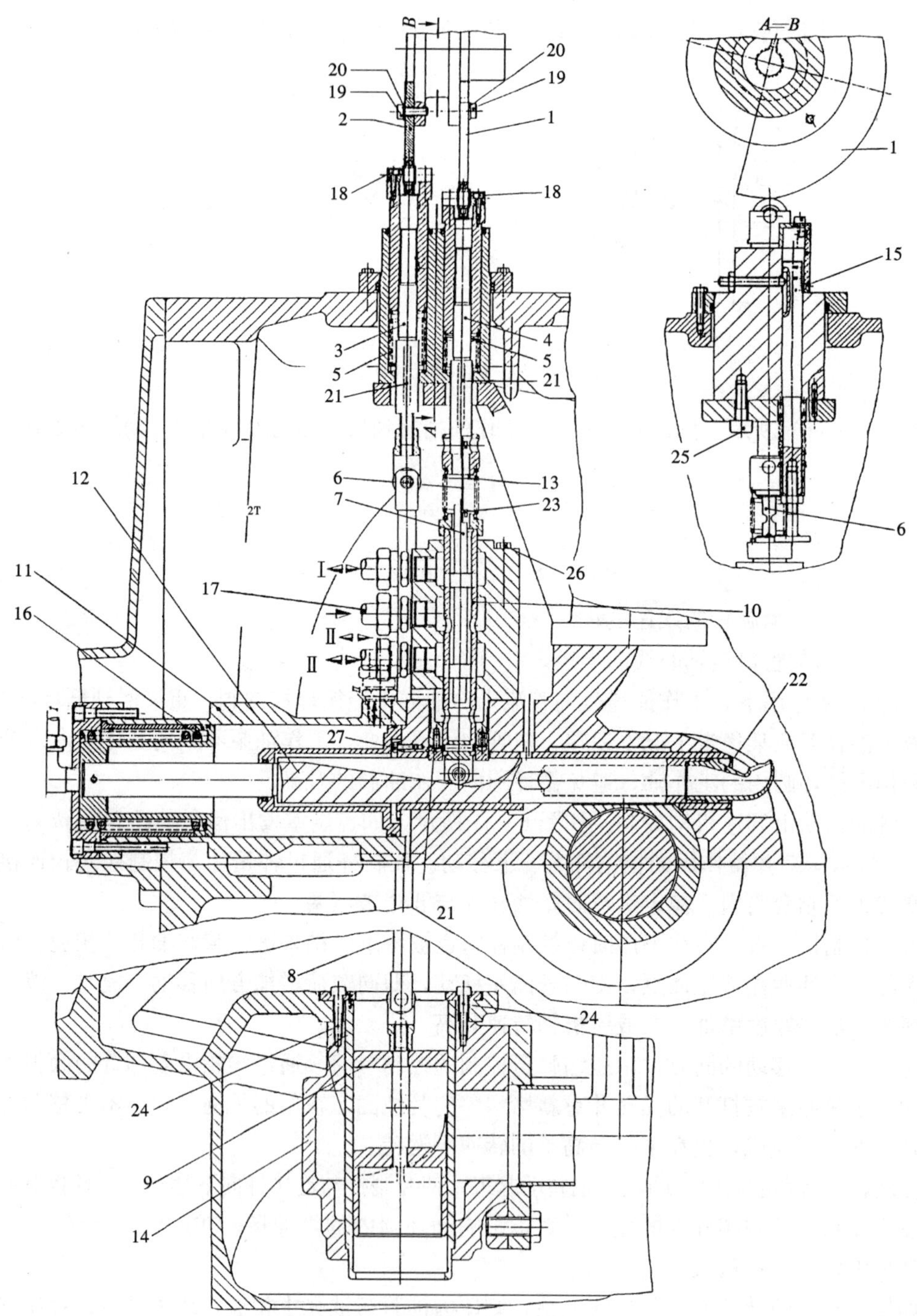

图 6-31　液力耦合器调速机构

1、2—凸轮；3、4—控制杆；5、16—弹簧；6—弹簧片；7—控制柱塞；8—连接杆；9—控制活塞；10—控制套筒；11—液压油缸；12—勺管；13—压缩弹簧；14—循环控制阀；15—勺管行程指示器；17—压力油进油管；18、19、21、24～27—螺钉；20—垫圈；22—勺管头；23—弹簧片调整螺钉

连接控制杆 4 与控制柱塞的弹簧片，可以根据需要调节它的长度，从而改变勺管的调节特性，满足载荷的需要。

循环控制阀所提供的工作油量，应保证能带走耦合器在各个工况点工作时，由于滑差损失所产生的热量。

五、液力耦合器的特点

液力耦合器目前被广泛地应用在大容量火力发电厂锅炉给水泵及离心送、引风机上。使用液力耦合器，有以下几个特点。

1. 可实现无级变速

只要移动勺管的位置，就可改变涡轮的转速，使被驱动的泵与风机的流量、扬程、全压都得到改变，并能使泵与风机在较高效率下运行。液力耦合器的调速范围为 $i=0.2\sim0.98$。实际运行表明，当 $i<0.4$ 时，工作油的充液率较低，工作中常出现不稳定状况。

2. 可以满足锅炉点火工况要求

锅炉点火时，要求给水流量较小。定速泵常用节流降压满足，但效率低。使用液力耦合器，只需降低转速即可满足要求，既经济又安全。同时，采用液力耦合器调速，给水操作台可大为简化，并减少管路与阀门。

3. 可以空载启动，离合方便

利用液力耦合器的充、放油，可实现无油空载启动原动机，离合方便。空载启动电动机，可以减少电动机功率的富余量，降低造价，节约能耗。

4. 可以隔离振动

液力耦合器的泵轮与涡轮没有任何机械连接，所以它们中任何一方的振动都不会传至另一方。

5. 对动力过载起保护作用

液力耦合器是柔性传动，工作时有滑差。如输出轴上的阻力矩突然增大，则滑差增大，甚至制动，而此时原动机仍继续运转，只是速比 $i=0$，涡轮停止转动。

6. 液力耦合器运转时，有一定功率损失

液力耦合器传动时有功率损失。另外，即使泵与风机在额定工况下运行，液力耦合器还有液体的流动阻力损失、轴承、密封等机械损失、容积损失、勺管损失等。

为使液力耦合器安全、经济运行，还需要一套辅助设备（如增速齿轮、冷油器、伺服机等），所以要增加一些设备费用。

第五节　泵与风机的联合运行

一、并联运行

并联运行就是两台或两台以上泵或风机同时向同一管路系统输送流体的工作方式。并联的主要目的是增加泵或风机的流量。

1. 相同性能泵并联运行

现以性能相同的两台泵在管路系统中并联运行为例进行分析，如图 6－32 所示。两台同性能泵向同一管路系统输送液体，它们的运行特点是，两台泵在运行时具有相同的扬程，此时的流量为两台泵流量之和。

Ⅰ、Ⅱ为两台相同性能泵的性能曲线，*DE* 为管路性能曲线，根据并联运行特点，总性能曲线

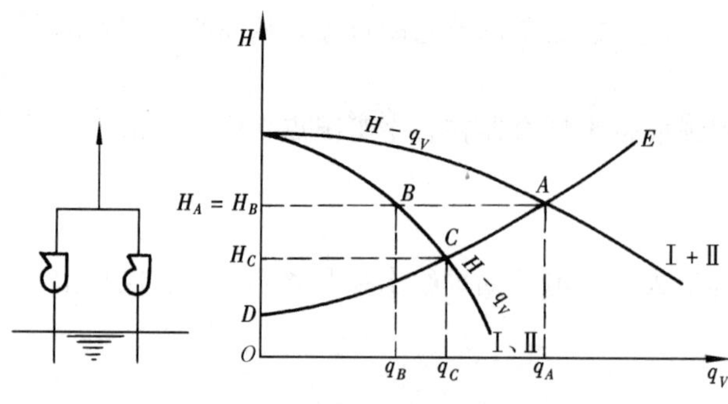

图 6-32　两台相同性能泵并联运行

（Ⅰ+Ⅱ），应由两台泵的性能曲线在同一扬程下的流量叠加而成。

并联运行时合成工作点为管路性能曲线 DE 和泵的合成性能曲线（Ⅰ+Ⅱ）的交点 A。过 A 作水平线交泵性能曲线（Ⅰ、Ⅱ曲线）于 B 点，B 点为两台泵在并联时各自的工作点。管路性能曲线 DE 与泵的性能曲线Ⅰ、Ⅱ的交点 C 为每一台泵在此系统中单独工作时的工作点。

两台泵并联时总流量为每台泵流量之和，即 $q_{VA}=2q_{VB}$，每台泵产生的扬程与总扬程相等，即 $H_A=H_B$。虽然并联后管路系统的总流量比一台泵单独运行时流量增加了，但并联时每台泵的流量却比它单独运行时的流量减少了，即 $q_{VB}<q_{VC}$。所以并联运行时总流量小于两台泵单独运行时流量之和，这种现象将随着并联台数的增加显得越来越明显，即并联的台数越多，流量增加的比例越少。

两台泵并联后泵的总扬程比每台泵单独运行时的扬程提高了，即 $H_A>H_C$，这是因为泵并联运行时管路总流量增加，阻力增加，所需要的扬程必然增加的缘故。同时，每台泵并联后的功率比它自己单独运行时减小了。这是因为功率曲线是一条随着流量增加而上升的曲线，在流量较小时功率也较小。

泵的性能曲线越平坦，管路性能曲线就越平坦，则并联后的总流量增加得越多；反之若两曲线越陡，并联后的总流量增加得就越少。

2. 不同性能泵或风机并联运行

如图 6-33 所示，Ⅰ、Ⅱ为两台不同性能泵的性能曲线。两台泵并联后合成性能曲线只有在 A' 点的右侧才能正常工作。A' 点左侧，只有一台泵工作，无法并联运行。

图 6-34 所示为一台具有驼峰状性能曲线的泵Ⅰ与一台性能稳定的泵Ⅱ并联运行。由图可见，并联后合成性能的曲线Ⅰ+Ⅱ也具有驼峰形状，其中只有在 A 点右侧的工作区域内泵的工作才是稳定的，而在 A 点左侧运行时，第Ⅰ台泵就可能出现不稳定现象。因此具有驼峰状性能曲线的泵并联运行时，必须把合成工作点限制在 A 点的右侧区域内，否则系统将出现不稳定现象。

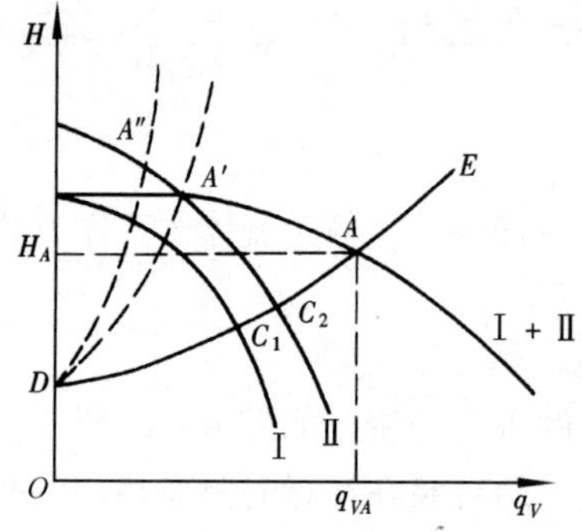

图 6-33　不同性能泵并联

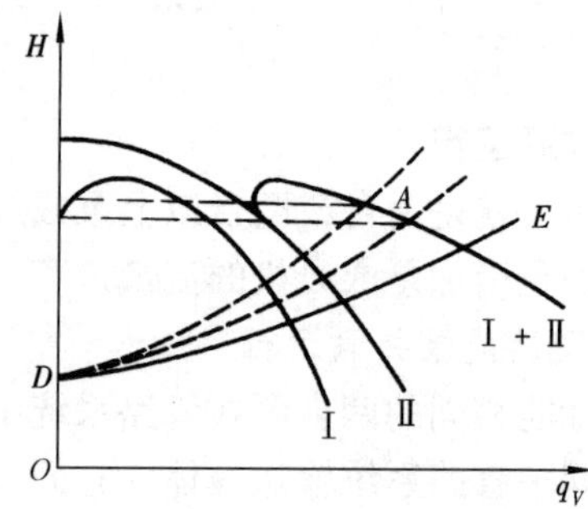

图 6-34　不稳定性能泵并联

不同性能的泵并联运行时，它们的性能曲线差异不要太大，否则并联运行后泵所输送的流量差别太大。如果并联运行中的一台泵有驼峰状的性能曲线，则并联工作时有可能一台泵的工作点会落在不稳定区域内。

风机的并联运行情况也与上述相类似，不再赘述。

在火力发电厂中并联运行的实例很多，如两台 50%容量的给水泵、送风机或引风机并联运行，可以提高机组运行的安全性与经济性。

二、串联运行

泵或风机首尾相接串联在同一管路系统中，依次传送同一流量的工作方式为泵或风机串联运行。串联的主要目的是提高泵或风机的扬程或全压。

多级泵实际上就相当于几台单级泵串联运行，因此要提高其扬程，一般可以采用多级泵。对于大容量机组为了提高给水泵的转速和抗汽蚀性能，有时采用前置泵与给水泵串联运行；长距离渣浆管线冲水泵系统也可以采用多台泵串联工作。

1. 相同性能的泵或风机串联运行

如图 6 - 35 所示，Ⅰ、Ⅱ两台性能相同的泵串联在同一管路系统中运行，串联运行泵系统的特点是，经过每台泵的流量是相同的，而扬程却是依次提高，因此泵串联运行时总性能曲线Ⅰ＋Ⅱ是在同一流量下将两泵性能曲线对应工况点的扬程相叠加而成。

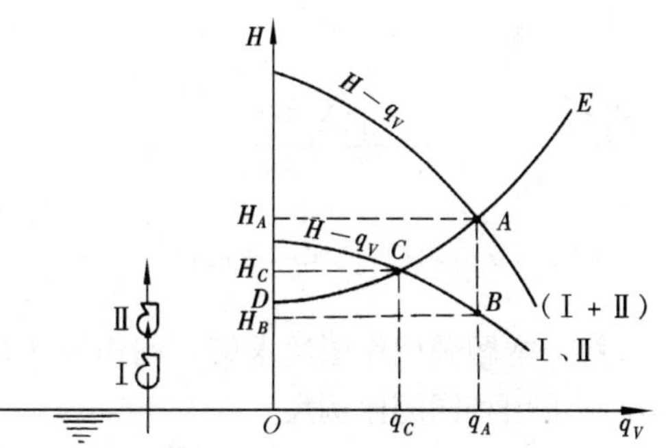

图 6 - 35　相同性能的泵串联运行

在图 6 - 35 中，A 点为泵串联后总的运行工作点，B 点为串联时每台泵的运行工况点，C 点为一台泵单独在该管路系统运行时的工作点。比较 A、B、C 三个工况点可分析串联泵的工作效果：

(1) 总流量与串联工作的每台泵的流量相等，即 $q_{VA} = q_{VB}$。

(2) 总扬程为串联工作时每台泵扬程之和，即 $H_A = 2H_B$。

(3) 与一台泵单独在该系统中运行比较，串联后总流量和总扬程都增加了，而每台泵串联运行时的扬程比它单独运行时的扬程降低了。串联台数越多，每台泵与它单独运行时相比，扬程下降也越多。

(4) 管路性能曲线越陡峭，串联后扬程增加得越明显。

(5) 串联运行时泵的压力逐级升高，要求工作在后面的泵的强度要高，避免泵受损坏。

2. 不同性能泵串联运行

如图 6 - 36 所示，两台不同性能的泵Ⅰ和Ⅱ串联运行在同一管路系统中，DE 为管路性能曲线。

两台泵性能不同，串联运行时的有效范围缩小了。如图 6 - 36 所示，如果泵串联后的工作点在 A' 点及 A' 点的右侧，则第Ⅰ台泵已经不产生扬程，反而成为第Ⅱ台泵的阻力。此时如果第Ⅰ台泵处于第Ⅱ台泵之前还有可能使第Ⅱ台泵产生汽蚀。所以不同性能泵串联工作时其工作范围只能限制在 A' 点的左侧。

在选择泵串联运行方式时，应尽量避免性能差别太大的泵参与串联运行。

风机串联运行规律与泵串联相接近，不予单独叙述。

【例 6 - 3】　两台性能完全相同的 S 型离心泵并联运行，该泵的性能曲线及并联工作性能曲线绘于图 6-37 中，试分别求出两台及三台泵并联运行时流量增加的百分数。忽略非共用管段的阻力时，输水管路性能曲线方程式为 $H_C = 20 + 10q_V^2$（式中 q_V 的单位以 m^3/s 计）。当管路性能曲线方程式为 $H_C = 20 + 100q_V^2$ 时（式中 q_V 的单位以 m^3/s 计），其流量增加的百分数又将如何变化？

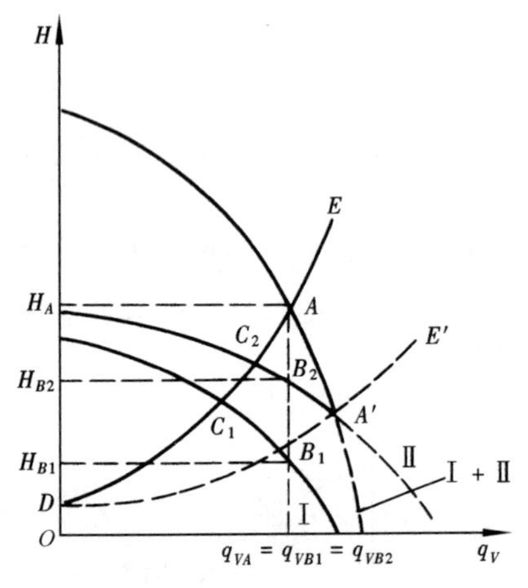

图 6-36 不同性能泵串联运行

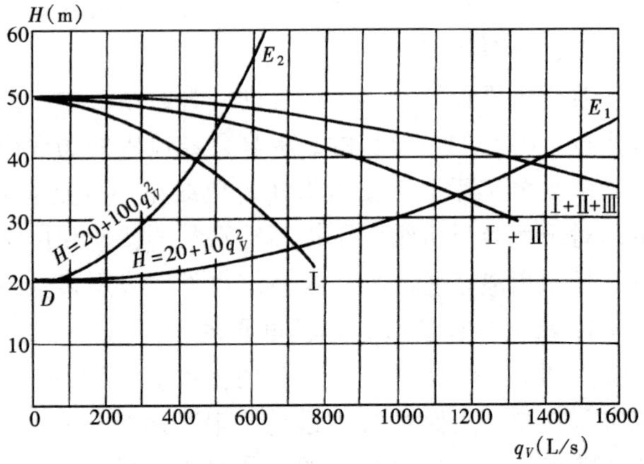

图 6-37 ［例 6-3］图

解 本题采用作图法求解，用作图法时要特别注意按比例作图，且各曲线的 q_V 或 H 参数必须采用相同的比例尺。

由每台 S 型泵的 $H—q_V$ 曲线在同一扬程 H 下将流量增大两倍及三倍，绘出两台及三台性能完全相同的泵并联运行时的性能曲线，如图中Ⅰ＋Ⅱ及Ⅰ＋Ⅱ＋Ⅲ所示。根据管路性能曲线方程式 $H_C = 20 + 10q_V^2$ 绘出管路特性曲线 $D-E_1$，其计算数值见表 6-3。

表 6-3

q_V	L/s	0	200	400	600	800	1000	1200	1400	1600
	m^3/s	0	0.2	0.4	0.6	0.8	1	1.2	1.4	1.6
H	mH_2O	20	20.4	21.6	23.6	26.4	30	34.4	39.6	45.6

管路性能曲线 $D-E_1$ 与泵性能曲线相交的三个运行工作点的流量分别为

一台泵单独运行时 $q_{V1} = 730L/s$；

二台泵并联运行时 $q_{V2} = 1160L/s$，流量是一台泵运行的 159%；

三台泵并联运行时 $q_{V3} = 1360L/s$，流量是一台泵运行的 186%。

当管路性能曲线方程为 $H_C = 20 + 100q_V^2$ 时，绘出管路性能曲线 $D-E_2$，其计算数值见表 6-4。

表 6-4

q_V	L/s	0	100	200	300	400	500	600	700	800
	m^3/s	0	0.1	0.2	0.3	0.4	0.5	0.6	0.7	0.8
H	mH_2O	20	21	24	29	36	45	56	69	84

其流量变化的百分数为

一台泵单独运行时　　$q_{V1}=450\text{L/s}$；

二台泵并联运行时　　$q_{V2}=520\text{L/s}$，流量是一台泵的116%；

三台泵并联运行时　　$q_{V3}=540\text{L/s}$，流量是一台泵的120%。

由此可见，并联运行的泵台数越多，管路性能曲线越陡，流量增加的比例越少。

第六节　泵与风机的启动、运行和维护

掌握了泵与风机的原理、结构、性能，最终还是为了更加有效地应用它。由于泵与风机本身特点和应用场合不同，具体的运行操作也有差别，但总的原则基本上是一致的。因此，这里只阐述启动、运行和维护中的一般原则性问题。

一、泵的启动特性

泵启动过程中，作用在转子上的各种转矩在短时间内会有很大变化，但它们之间应满足下列关系：

$$M=M_0+M'=(M_m+M_F)+M' \tag{6-17}$$

式中　M——电动机转矩；

M_0——总的阻力矩；

M_m——由于各种机械摩擦所产生的阻力矩；

M_F——由于流体各种摩阻所产生的阻力矩；

M'——在启动过程中，转子的加速转矩。

对于不同的启动方式，各种阻力矩也有所不同。为了随时平衡这些阻力矩，电动机功率就应适时变化。

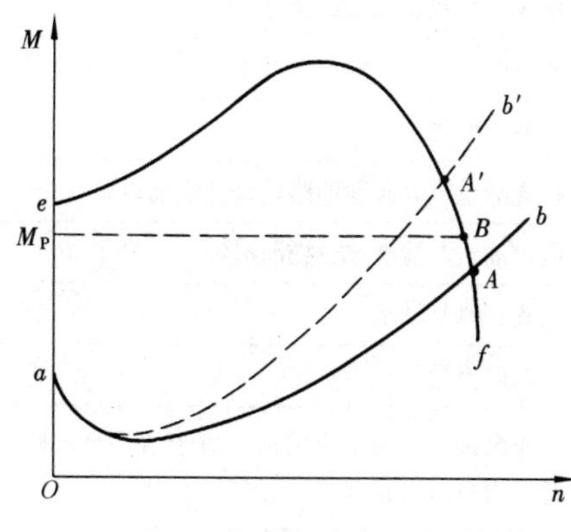

图6-38　泵启动过程中转速与转矩关系

泵的启动特性由各项阻力矩决定。泵在启动过程中，开始转子要克服静摩擦，很快又转入动摩擦，因此，随着泵转速的升高，M_m阻力矩初始很大，然后很快衰减，最后稳定在一定的数值上；M_F阻力矩，一般随泵转速二次方增加。如图6-38所示，总阻力矩随泵转速的变化为ab曲线。对于离心泵带负载启动或轴流泵空负载启动，其总阻力矩随泵转速变化的曲线ab'上升得更快些。

电动机的启动特性由其启动转矩曲线描写，如图6-38中曲线ef所示。图中M_P为电动机额定功率的转矩，ab与ef两曲线的交点A为启动过程的稳定点，若泵的阻力矩过大，转矩平衡点上移，如处于A'点，则很可能使电动机过载而损坏。

为使泵正常启动，应使泵的启动功率为最小，所以离心泵应关闭出口阀启动，而轴流泵则应把入口阀、出口阀均打开后再启动。

二、泵的启动、运行维护、停泵及事故处理

1. *启动程序*

（1）检查。启动前首先对与泵启动和运行有关的事项进行全面认真的检查。如检查电

源、泵与电动机本身润滑油系统、冷却水系统、各种表计、信号等，应齐全、可靠、好用。

(2) 泵在启动前的状态。离心泵泵腔和吸水管内充满水，出口阀关闭。轴流泵泵体浸入水中，将出口阀适当打开。给水泵暖泵完毕。

(3) 合闸启动。待泵转速达到额定转速后，逐渐开启离心泵的出口阀，增加流量，并达到满负荷，而且运行时流量不小于该泵要求的最小流量。

2. 正常维护、停泵和事故处理

(1) 正常运行与维护。泵正常运转后，随时观察和检查泵运行的全面情况，并定时记录各表计的读数。

(2) 停泵。要注意离心泵应关闭出口阀后再停泵，给水泵还需开启暖泵系统，使其慢慢地冷却，待泵转子停转后再停润滑油系统。

(3) 常见事故及其处理方法。泵事故及其事故原因繁多，处理方法各异，仅举例列于表 6-5 中。

表 6-5　　水泵常见故障与消除方法

故障现象	可能的原因	消除方法
运行中扬程降低	叶轮损坏或密封磨损	检修或更换叶轮和密封
	压水管损坏	关小压力管阀门，进行检修
	转速降低	检查原动机及电源电压和周波是否降低
原动机过载	过分偏离泵的额定工作点运行（流量过大）	离心泵关小泵出口阀门，使工作点向小流量方向移动；轴流泵或混流泵应开大出口阀门，工作点向大流量方向移动
	泵内进入异物	拆泵，清除异物
	电源电压下降而电流增加，两相运行	检查电源状态和接线状态
	电机轴与泵轴不对中或不平行	调整电机轴和泵轴使之对中
	轴承损坏	更换或修复轴承
轴承过热	润滑油量不足	检查油系统，疏通油路，修复供油设备
	润滑油质不好，有杂物	检查油质，清洗或更换润滑油
	轴承磨损或不对中	检查、修复轴承
	泵轴弯曲	直轴或换轴
水泵过热或卡住	水泵在断水时工作	检查泵进口滤网是否清洁，对于给水泵，检查前置泵出口压力是否正常
	水泵内部部件磨损	检查泵内动静间隙
	润滑油供应不足或油质不合格，润滑油系统故障	检查油源和油质，检查并修复润滑油系统
泵填料发热或泄漏太大	填料太紧或填料压盖不正	调整填料压盖，滴水为好
	密封水管堵塞或密封水不清洁	疏通水管，除去水中杂质
	密封水或冷却水不足	设法保持密封水足够压力，保持必要的冷却水量
	轴的偏转	检查泵轴，矫正轴的偏转

三、风机的启动、运行维护和故障处理

风机启动除正常要求外，主要防止电动机过载。为此，这里需注意以下两个问题：

(1) 离心风机应关闭进口挡板启动；轴流风机应适当开启挡板启动；若为动叶可调则关闭叶片启动。

(2) 对于高温通风机所配电动机的功率，是按输送介质正常工作温度选定的。但风机在启动时气体很难达到这个温度，而气体温度越低密度越大，则很可能使电动机启动过载。为此，一方面要采取加热气体的措施，另一方面又要随时监测电动机是否过载。

与泵相比，风机的正常运行维护无特殊要求。风机的常见事故及其消除方法列于表6-6中。

表6-6　　风机的常见故障与消除方法

故　障	产　生　原　因	消　除　方　法
轴承箱剧烈振动	风机轴与电动机轴不同心，联轴器歪斜	进行调整，重新找正
	机壳或进风口与叶轮摩擦	修理摩擦部分
	基础的刚度不够	进行加固
	叶轮铆钉松动或叶轮变形	更换铆钉或叶轮
	叶轮轴盘与轴松动	重新配换
	联轴器上机壳与支架、轴承箱与盖座等连接螺栓松动	拧紧螺栓
轴承温升过高	轴承箱剧烈振动	消除振动
	润滑油（或脂）质量不良，变质或填充过多或含有杂质等	更换润滑油（或脂）
	轴承盖、座连接螺栓的紧力过大或过小	调整螺栓的紧力
	轴与滚动轴承安装位置不正确，前后两轴承不同心	重新找正
	滚动轴承损坏	更换轴承
电动机电流过大和温升过高	启动时进气管道挡板或调节门未关	启动时关严挡板或调节门
	烟风系统漏风严重，流量超过规定值	加强堵漏，关小挡板开度
	输送的气体密度过大，使压力增大	查明原因，如气温过低应提高，或减小流量
	电动机本身原因	查明原因
	电动机输入电压过低或电源单相断电	检查电源是否正常
	联轴器连接不正或间隙不均匀	重新找正
	由于轴承座剧烈振动	消除振动

四、暖泵

对于高温高压给水泵在启动过程中应该十分重视启动前的暖泵。给水泵在启动过程

中，由于高温给水通过，使泵体温度从常温很快升高到100～200℃，这就必然造成了泵体内外和各个部分之间的温差。若没有足够长的传热时间和适当控制温升的措施，必然使泵各处膨胀不均，造成泵体变形、磨损、振动和轴承抱轴等事故。实际运行中这样的教训屡见不鲜。

暖泵就是在较短的时间内使泵体各处以允许的温升、均匀的膨胀达到进入工作状态前的要求。

暖泵需专设一套暖泵装置系统，暖泵方式分正暖和倒暖。一般在冷态下启动时采用正暖。正暖就是暖泵水取自除氧器，热水从泵吸入口端暖水管流入泵内，暖泵后从泵出口端流出，然后经暖泵水管放泄到集水箱或地沟。热态下启动时常采用倒暖。倒暖热水取自给水压力母管或另一台泵出口，从给水泵出口端进入泵内，暖泵后经水泵入口流回除氧器。比较以上两种暖泵方式，其中倒暖由于暖泵水能回收，因而比较经济。

单元机组锅炉给水泵的暖泵水管路系统如图6-39所示。该系统可以取水于相邻前置泵出口，从水泵低压侧进入泵体，由高压侧下部经放水阀排放至冷水集水箱，进行正暖；也可以取水于给水母管并经过减压从水泵高压侧进入泵体，然后自吸水管经前置泵倒流回除氧器，而进行倒暖。如果由于某种原因，所有的水泵全部停掉，此时应立即开启放水阀，将泵内水全部放入集水箱，同时打开暖泵水管阀门，进行通水保温，以备泵再次启动。否则泵将很快冷却，再次启动还需约60min的暖泵时间。

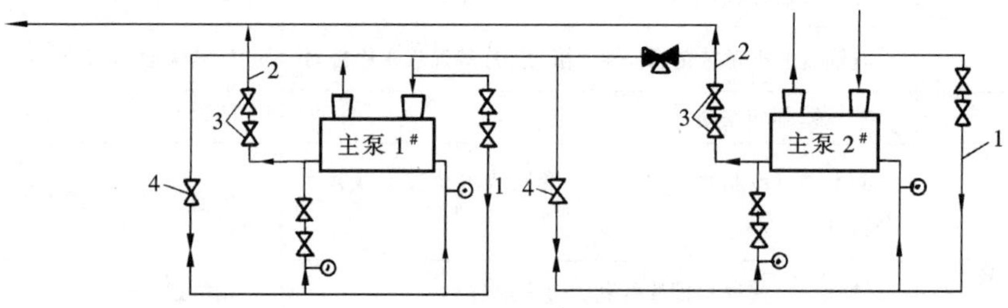

图6-39　单元机组锅炉给水泵的暖泵水管路系统

1—暖泵水进水管；2—暖泵水排水管；3—放水阀；4—阀门

暖泵过程中，各个部位的温升和时间掌握上，不同给水泵都有具体指标要求，在运行操作时要按照给水泵规程要求进行。

第七节　泵与风机的不稳定工况

泵与风机不稳定工况有旋转脱流、喘振、汽蚀等现象，这几种现象的产生将使泵与风机运行恶化，因此必须引起重视并加以控制。

一、风机旋转脱流

1. 脱流

流体绕流翼型流动如图6-40所示。在零冲角下，流体只受翼型表面摩擦阻力影响，离开冀型时基本不产生旋涡。而随着冲角的增大，开始在冀型后缘附近产生旋涡，此后流体在冀型表面A点分离，随冲角的增大分离点A逐渐向前移动。在此后过程中，由于尾部旋涡范围逐渐扩大，阻力增加，升力减小。当冲角增加到某一个临界值时，流体在叶片凸面的流动遭到了破坏，边界层严重分离，阻力大大增加，升力急剧减小，这种现象称为脱流或失速。

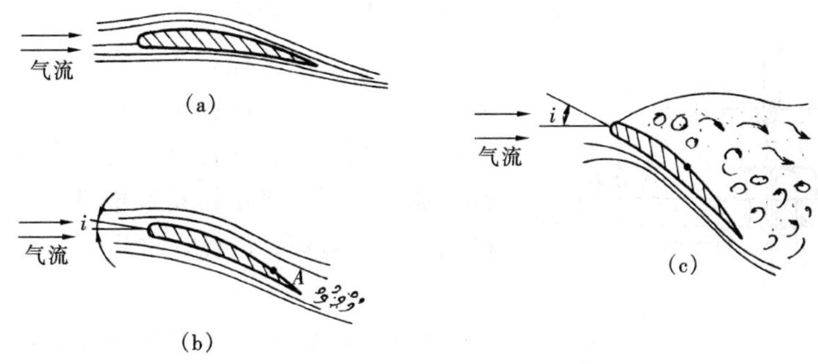

图 6-40　流体绕流翼型和脱流的产生

(a) 零冲角流动；(b) 冲角增大，尾部出现脱流；(c) 失速

2. 旋转脱流

在叶轮叶栅上，流体对每个叶片的绕流情况不可能完全一致，因此脱流也不可能在每个叶片上同时产生。一旦某一个或某些叶片由于某种原因产生了脱流，这个脱流就会在整个叶栅上传播。这种现象称为旋转脱流。如图 6-41 所示，假定叶道 2 首先由于脱流而产生了阻塞，流体只好分流挤入叶道 1 和 3，改变了流体原来的流动方向。分流挤入叶道 1 使流体冲角减小，处于正常流动状态；而叶道 3 流体冲角增大，发生了脱流和阻塞。叶道 3 阻塞后，流体又向叶道 4 和 2 分流，结果又使叶道 4 发生脱流和阻塞，而叶道 2 流体冲角减小，恢复正常流动。就这样，叶道 2 的脱流依次向流道 3、4、…传播，形成了旋转脱流。旋转脱流的传播方向与叶轮转向相反，而传播的角速度小于叶轮旋转角速度（为 30%～80%的转子转速）。旋转脱流会使叶片前后的压力变化，这样使叶片受到交变力的作用。交变力会使叶片产生疲劳，乃至损坏。同时，如果作用在叶片上的交变力频率接近或等于叶片的固有频率，将使叶片产生共振，导致叶片断裂。

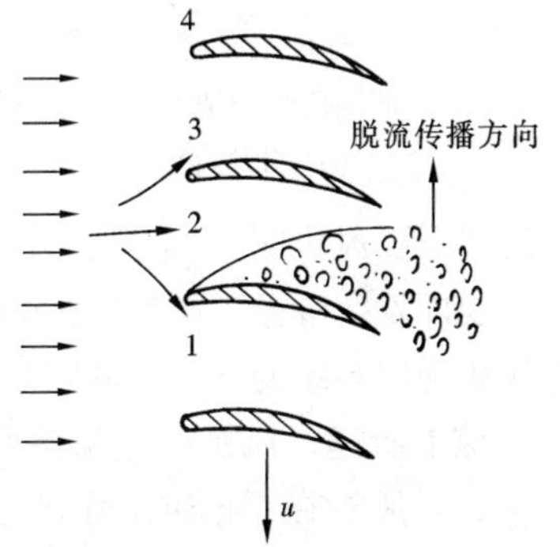

图 6-41　动叶旋转脱流的形成

轴流风机在图 5-39 上 a 点以左不稳定区域内工作，必定会产生旋转脱流。为保证轴流风机的安全工作，必须避免工作点落入这个区域。

为了及时发现风机落在旋转脱流区内工作，以便及时采取措施使风机脱离旋转脱流区，有些风机装设旋转脱流监测装置。图 6-42 表示的是 ASN 型轴流风机采用的失速探针，就是旋转脱流的报警装置。失速探针由两根相距约 3mm 的测压孔 1、2 组成。测压孔 1 与 2 中间用高、宽各 3mm 的隔片 3 分开。失速探针置于叶轮进口前。两个测压孔分别与两根测压管 4、5 相通，将压差信号传给压力开关。风机在正常工作区内运行，叶轮进口的气流较均匀地从进气箱沿轴向流入，测压管 1、2 间的压力差几乎为零。当风机的工作点落入旋转脱流区，叶轮进口前的气流除了轴向流动外，还受脱流区流道阻塞的影响，而向圆周分流。于是测压孔 1 压力升高，隔片后的测压孔 2 压力下降，产生压力差。当压力差达到规定数值

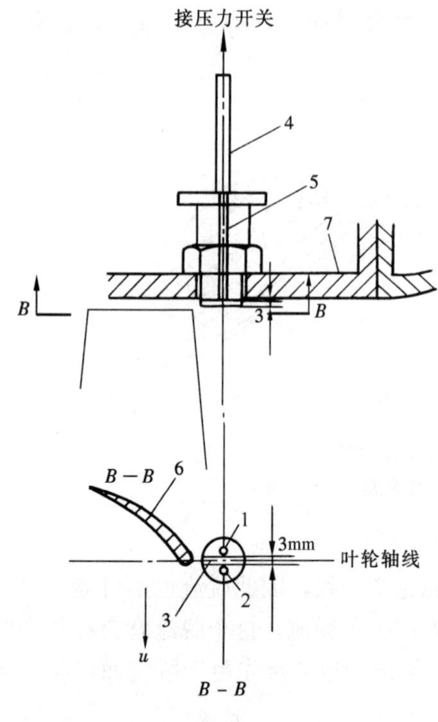

图 6-42 失速探针

1、2—测压孔；3—隔片；4、5—测压管；6—叶片；7—机壳

时，压力开关动作，输出信号，发出警报，操作人员即采取措施及时排除旋转脱流。

二、风机的喘振

当风机处于不稳定工作区运行时，可能会出现流量、全压的大幅度波动，引起风机及管路系统周期性的剧烈振动，并伴随着强烈的噪声，这种现象称作喘振。喘振将使风机性能恶化，严重时会使风机系统装置破坏，因此，应设法避免。

1. 喘振发生的过程

图 6-43 所示为具有驼峰状的性能曲线，若用节流调节方法减少风机的流量，则风机经过 K 点到达 D 点运行。风机工作点刚到 D 点时，风机出口管道中的压力还来不及降低至 D 点的压力，而是高于 D 点大约仍为原来 K 点的压力。在这瞬间，风机出口管道中的气体向风机倒流，风机的工作受到抑制，工作点自然就移到了 B 点，风机供给的流量为零。由于风机出口管道中的气体一方面向风机倒流，同时还向外供气，所以管道中的气流压力很快下降。只要风机出口管道中压力低于 B 点压力时，风机立刻恢复供气，工作点移动至 E 点。但由于管道系统仍需要风机在 D 点工作，所以风机的工作点还得回复至 D 点，于是上述过程再次重复进行，也即发生喘振。如果风机的工作过程按 $EKDBE$ 周而复始地进行，同时这种循环的频率如与风机通风系统的气流振荡频率合拍，还会发生共振。

综上所述，风机产生喘振要具备下述条件。

（1）风机在不稳定工作区运行，且风机工作点落在 $p—q_V$ 性能曲线的上升段。

（2）风机的管路系统具有较大容积，并与风机构成一个弹性的空气动力系统。

（3）系统内气流振荡频率与风机工作整个循环的频率合拍，产生共振。

喘振与旋转脱流都发生在 $p—q_V$ 性能曲线的不稳定区域；旋转脱流与喘振又是密切相关的。旋转脱流发生在风机性能曲线峰值左侧整个不稳定区，而喘振只发生在性能曲线不稳定区域的上升段；旋转脱流的发生是由叶轮本身叶片结构性能、气流状况等因素所决定的，脱流的产生与消失都有它自己的规律，与风机管路系统的结构形状等因素无关。而喘振是风机性能与管路装置性能共同作用的结果，是两者振荡频率相耦合的一种表现；从两者对风机运行性能影响看，旋转脱流对风机正常运行影响不大，一般不易被操作人员发现。而喘振会使管路系统内的压力和流量发生较大幅度的波动，喘振严重时风机激烈振动并发出噪声，甚至造成风

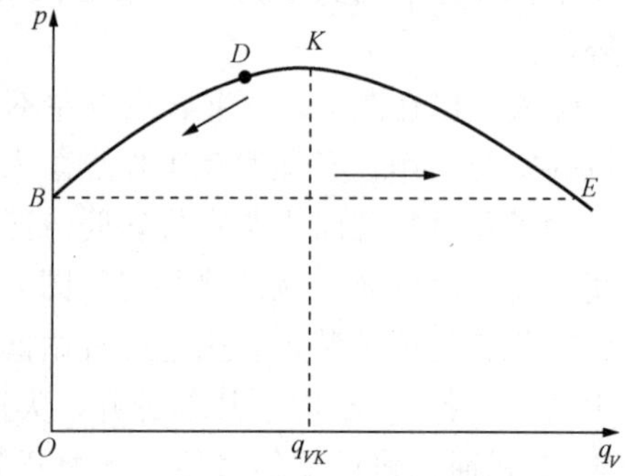

图 6-43 具有驼峰状的性能曲线

机破坏。

2. 防止和消除喘振的措施

（1）在风机选型及管路设计时应尽量使工作点避开不稳定区。

（2）设置再循环管或放气阀，使通过风机的流量大于 q_{VK}，以防止风机运行落入不稳定区。

（3）设计管路时应避免有容积过大的管段，以消除促成喘振的客观条件。

（4）采用适当的调节方式，使风机稳定工作区扩大。例如动叶可调和静叶调节轴流风机。

（5）德国 KKK 公司生产的 AN 系列轴流风机采取防止喘振措施。即在动叶轮前加装分流器装置（KSE 装置），如图 6-44 所示，在叶轮前加装环形导流叶栅和环槽形旁路通道。当风机流量减小时，叶轮叶片外周进口范围产生旋转脱流造成回流，回流经过锥形进口部件和旁路，它不再在叶轮前面阻塞进口通道。同时，回流中存在的旋涡流向旁路内的转折叶栅，因此叶轮进口的气流流动仍是有规则的。

三、并联工作的抢风现象

具有马鞍形性能曲线的风机并联运行时，有时会出现一台风机流量特别大，而另一台风机流量特别小的现象，若稍加调节则情况可能刚好相反，原来流量大的反而变小。如此反复下去，使之不能正常并联运行。这种现象称为抢风现象。

两台具有马鞍形性能曲线的风机并联工作的性能曲线，如图 6-45 所示，若两台风机并联工作合成工作点落在 A 点，则两台风机工况相同，均在 A_1 点工作，不会发生抢风现象。而合成工作点若落在“∽”形区域内，如 B 点，此时两台风机工况点暂时相同，均为 B_1 点。若合成工作点为 C，则两台风机阻力稍有差别或系统风量稍有波动，就可能使一台风机流量较大，在 C_1 点工作，仍属于正常工作，而另一台风机流量较小，在 C_2 点，处于不稳定工作状态。严重时一台风量特别大，而另一台却出现倒流，而且不时地相互倒换，使风机的并联运行很不稳定。

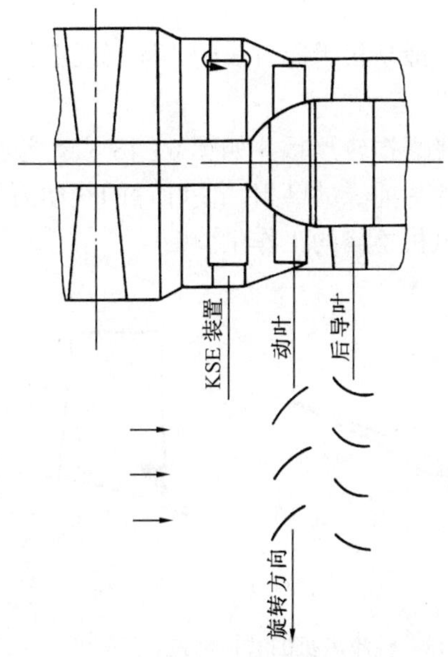

图 6-44　具有 KSE 装置的轴流风机

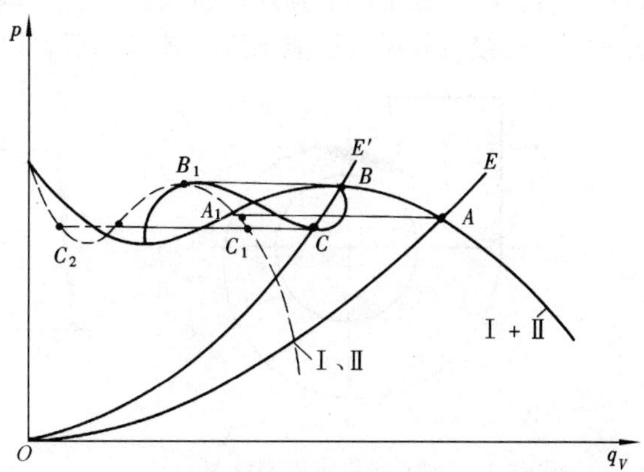

图 6-45　并联风机的抢风现象

并联工作的风机发生抢风现象后将造成系统的不稳定，严重时可能导致风机阀门等设备和系统的破坏。

为避免风机出现抢风现象，首先应不采用具有不稳定性能的风机，同时在低负荷时可以单台风机运行；当单台风机运行满足不了需要时，再启动第二台风机参加并联运行。也可采取动叶调节，或者在抢风现象发生时，开启旁路门予以制止。

第八节　泵与风机的磨损

磨损是泵与风机安全、经济运行的又一个障碍。火力发电厂中水力除灰用的渣浆泵、吸取含灰烟气的锅炉引风机、输送煤粉的排粉风机等都会因遭受到磨损而损坏。

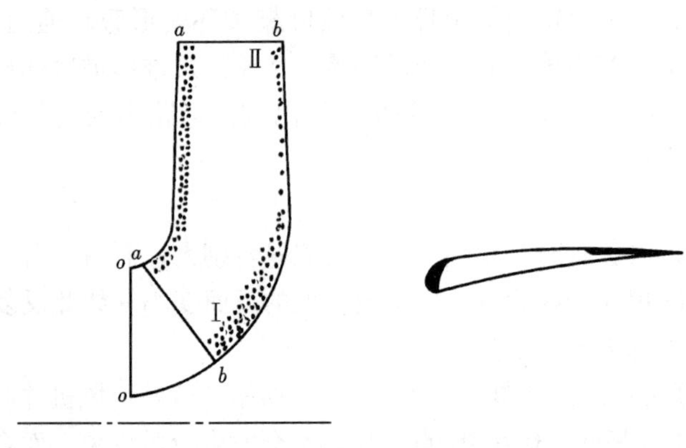

图 6-46　离心风机磨损部位

一、主要磨损部位

图 6-46 所示，离心风机轮盘侧气流 $o—b—b$ 在流动中，先减速后加速，而轮盖侧气流$o—a—a$流动时先加速后减速，导致二次流的发生。由于流速的变化，所以边界层沿轮盖侧逐渐增厚，而沿轮盘侧逐渐减薄。磨损最先发生在近轮盘侧的Ⅰ区和叶片出口工作面上靠轮盘侧的Ⅱ区域。同时，在叶轮前盘边界层分离最严重处，产生固体颗粒粘附在叶片的非工作面上。黏附将改变流道形状，引起风机的振动，恶化风机的性能。高效离心风机机翼型叶片是空心的，叶片头部和尾部的涂黑部分磨损最严重。叶片一旦被磨穿，内部积灰会使风机振动频繁。

离心风机机壳磨损最严重部位在机壳的舌部附近，一般从机舌起有长约 1/4 蜗线磨损较严重，如图 6-47 中涂黑部分所示。

轴流风机的叶片如为机翼型，则沿着动叶片整个前缘磨损较严重，如图 6-48（a）涂黑部分所示。叶片根部的磨损对风机安全运行影响较大。叶片前缘的磨损，使叶片的气动力性能下降，直接引起风机性能下降，效率降低，同时增加风机检修的工作量。

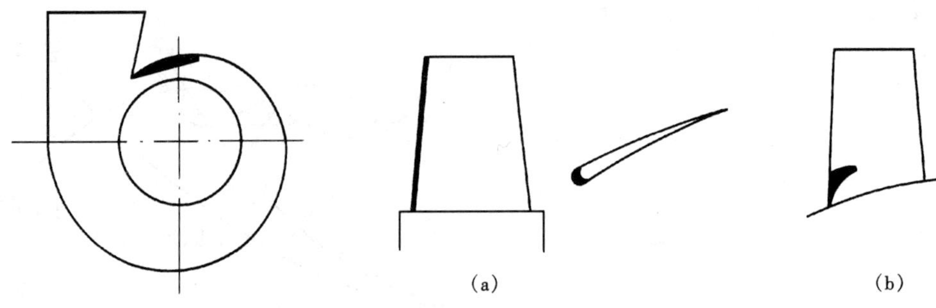

图 6-47　离心风机机壳磨损部位　　图 6-48　轴流风机的磨损部位

离心风机的机翼型叶片和轴流风机机翼型叶片的前缘磨损均较严重，其原因可根据粒子在叶片间运动情况加以分析。以轴流风机为例，如图 6 - 49 所示，前置导叶单级轴流风机，烟气中的粒子在吸入壳体和通过前置导叶时，由于粒子和壳体内壁碰撞等原因，粒子在主流方向的平均速度比气流速度低，由此粒子以较小的 β_1 角流入动叶，集中冲击动叶前缘，因而磨损严重。图中虚线所示的速度三角形为气体的，实线所示速度三角形为固体粒子的。

离心泵闭式叶轮内颗粒从叶轮进口至出口，由于受离心力的影响，速度一直增加。靠近叶片工作面进口的颗粒，极易和叶片工作面的后半部分碰撞。从流道中间进入和从非工作面进入的颗粒，虽不和工作面相撞，但它们均有向叶片工作面靠近的趋势，如图 6 - 50 所示。颗粒和叶片工作面碰撞后反弹角度极小，基本贴着叶片滑行，导致叶片严重磨损。在叶片流道中，靠近叶片工作面出口处的颗粒浓度较高，所以磨损最为严重。

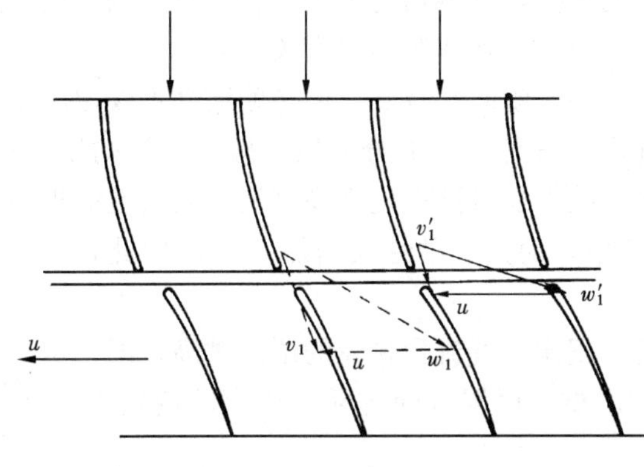

图 6 - 49　动叶前缘磨损原理

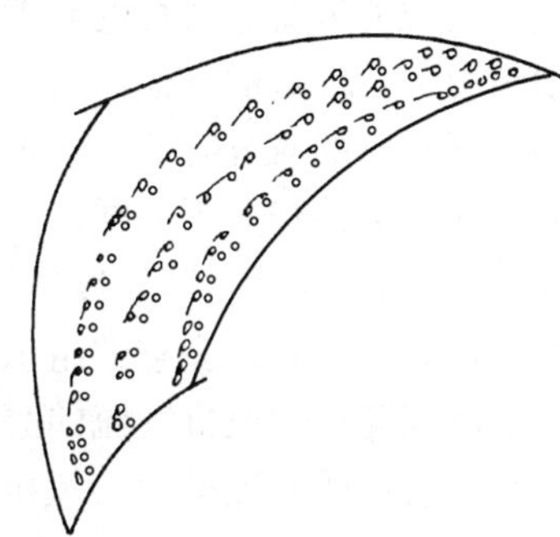
图 6 - 50　叶轮内颗粒运动轨迹

颗粒向叶片工作面靠近的趋势，意味着颗粒的出口角小于叶片的出口角。如果考虑杂质泵、渣浆泵叶片出口角 β_{2g} 比清水泵的 β_{2g} 小，使叶片型线和颗粒运动方向尽可能一致，可减小磨损，增加泵的寿命。

二、叶片磨损的机理

磨粒在气流带动下流过金属部件表面时，使其表面产生磨损，这种磨损一般被称为喷射磨损。如图 6 - 51 所示，粒子流以 α 角喷射到金属材料部件表面，其冲击量 P 可以分解成滑动喷射磨损 $P\cos\alpha$ 与直射喷射磨损 $P\sin\alpha$ 两部分。

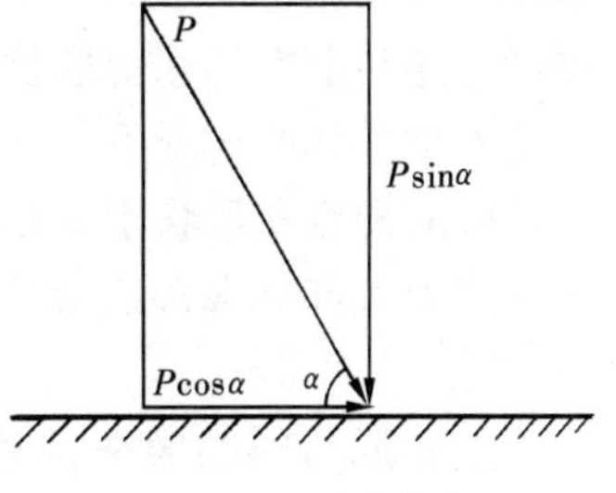

图 6 - 51　喷射磨损

滑动喷射磨损主要是微观切割所引起的。一个硬的尖头磨粒，滑过一个较软的金属材料部件表面，它可以起微观切削工具的作用。切削过程导致材料以切屑、薄片、碎片等形式从部件表面除去。部件表面被磨损了，同时留下一道沟槽。沟槽的宽度和深度取决于切削件的尺寸，沟槽可从“原子般”的大小直至宏观切削的整个过渡范围内变化。

直射喷射磨损主要是金属材料部件表面疲劳磨损。磨粒被压入金属材料部件形成一个个塑性变形的凹坑。在大量磨粒反复作用下，凹坑逐渐形成一个塑性变形的薄层。当磨粒的作用载荷超过此塑性变形层的强度极限时，这层表面被破坏，剥落形成磨损。

一般在不同材料下，以喷射角 $\alpha=20°\sim30°$时，磨损最严重。

芬纳（Finnie）提出了磨损的计算公式

$$V=\frac{W^2}{8\sigma_p}(\sin2\alpha-3\sin^2\alpha) \qquad (\alpha\leqslant 18.5^\circ) \tag{6-18}$$

$$V=\frac{W^2}{24\sigma_p}\cos^2\alpha \qquad (\alpha>18.5^\circ) \tag{6-19}$$

式中 V——每千克磨料所产生的磨损材料的体积；

W——固体颗粒的运动速度，即相对于叶片的运动速度；

σ_p——材料被冲击时的屈服极限；

α——颗粒的入射角。

三、影响泵与风机磨损的因素

锅炉引风机在运行时，受到烟气中颗粒的磨损，其磨损与磨损件金属材料的硬度、通过风机气流含磨粒的浓度、磨粒的硬度与尺寸、风机的转速等因素有关。

一般情况下，风机的磨损件材料的硬度越高，耐磨性越好。但是耐磨性不仅取决于它的硬度，而且还与它的成分有关。经过热处理后的各种不同成分的钢，即使它们的硬度相同，但测试它们的耐磨性却并不一样。还需指出，碳钢通过淬火提高硬度后，耐磨性的提高并不大。如40号碳钢淬火后，其硬度增加了3.5倍，而其耐磨性仅增加69%。因此，为了提高材料的耐磨性，还必须改变它的组织成分。

风机的磨损与通过风机气流的磨粒浓度成正比。气流含颗粒的浓度越高，即单位时间内冲撞金属材料表面的次数增加，风机磨损越严重。根据试验排粉风机实际使用寿命 T 与下列因素有关：

$$T\propto\frac{\delta g}{Cu^3} \tag{6-20}$$

式中 C——含磨粒的浓度；

δ——叶片的厚度；

u——叶片的平均圆周速度。

磨粒的硬度与形状对风机的磨损有较大影响。磨粒冲击金属材料部件表面，金属材料部件形成一个个塑性变形的凹坑。磨粒压入金属材料的能力和微观切削的强弱，不仅取决于它的硬度，还与磨粒的几何形状有关。具有球面、棱锥或其他刃尖表面的粒子，往往能在自己的形状不被破坏的情况下，压入较软的物体内，同时形成塑性压痕。

磨粒的硬度和形状主要取决于它的成分。在煤灰中 SiO_2 的含量对磨损起着十分重要的作用。我国大部分煤种灰分中的 SiO_2 含量均在40%以上，这是造成风机磨损的重要原因之一。

一般金属材料的磨损量随磨粒平均尺寸的增大而增加。颗粒尺寸增大，因其惯性对壁面的冲撞力也大。大直径的粒子不仅撞击叶片工作面，还会撞击叶片的非工作面。但当磨粒的粒度超过某一定值（50～100μm）时，磨损量不再增加，而趋于一定值。在排粉风机和锅炉引风机中，磨粒的尺寸均小于上述定值，所以磨损量与煤粉或煤灰颗粒的尺寸大小成正比。如锅炉超载运行，煤粉细度变粗，飞灰可燃物增加，则将导致排粉风机和锅炉引风机的磨损加剧。

对排粉风机的试验，得出它的磨损量与风机转速的平方成正比，即

$$m\propto Bn^2 \tag{6-21}$$

式中 m——磨损量；

B——锅炉的送粉量；

n——风机的转速。

渣浆泵运转时，受到水流中固体颗粒的磨损，大致亦与磨损件金属材料的硬度、水流中含固体颗粒的浓度、颗粒的硬度、尺寸及速度等因素有关。

四、减轻泵与风机磨损的方法

采用耐磨金属材料制造泵与风机的零件。如用高铬铸铁（Cr15Mo3）材料制造渣浆泵的叶轮与蜗壳，其输送锅炉灰渣和水混合物的使用寿命，是锰钢（45Mn）制造叶轮与蜗壳的三倍。

火力发电厂的锅炉引风机、排粉风机可以采用防磨性能好的材料制作，但大部分是在其材料的表面堆焊或喷镀耐磨材料，并在易磨损部位覆盖防磨护板。利用胶黏剂粘接耐磨陶瓷片用于风机的耐磨、防磨效果也不错。轴流引风机磨损主要部位在叶片前缘，所以在动叶片的前缘镶装不锈钢（或用硬质合金制作）的耐磨鼻，再对整个叶片表面镀一层硬铬，可防止叶片工作面磨损。耐磨鼻用螺钉固定在叶片头部，磨损后可调换，如图 6 - 52 所示。

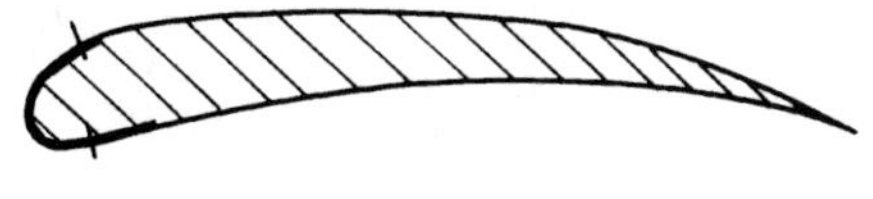

图 6 - 52　耐磨鼻

为了减轻风机的磨损，叶片入口的气流平均速度应该低，气流的相对速度也应该低。

叶轮转速低能降低磨粒碰撞磨损件的次数，并可降低颗粒碰壁速度，对减轻风机的磨损有利。

降低锅炉排烟含尘灰的浓度，是减轻风机磨损的有效方法。因此要采用除尘效率高的除尘器，如电气除尘器。

第九节　泵与风机的噪声及控制措施

由于工业、交通运输的迅速发展，噪声的污染也日趋严重。噪声已严重破坏人类的生存环境，危害人体健康，影响人们的工作与学习，所以噪声已被列为国际三大公害（水污染、大气污染及噪声污染）之一。各种类型的泵与风机所产生的噪声是相当严重的，其中尤以风机为甚。因此，控制噪声源，降低噪声就显得十分重要。

一、噪声

噪声是一种人们不需要的，不悦耳的，扰乱听觉，破坏安静的声音。

噪声具有声波的一切特性。声波在媒质中的传播只是一种振动的波动形式，媒质本身只是在原地振动，并不向前运动。

声波是通过动量转移进行传播的，所以在声波的传播过程中，必然包含能量的传播。因此，某点声强为单位时间内，通过垂直于声传播方向单位面积上声波的能量，单位为 W/m^2，符号为 I。声强是度量声音强弱的物理量之一，声强大表明声音强。声强一般用声强级来量度。

$$L_I = 10\lg\frac{I}{I_0} \tag{6-22}$$

式中　L_I——声强级，dB；

I_0——基准声强，$I_0 = 10^{-12}\,W/m^2$。

引起人耳听觉的声强为 10^{-12}W/m²（听阈声强），被称为基准声强。

由于直接测量声强比较困难，通常测量声压。声压是指当声波传播时，在介质中产生以平均压力（如大气压力）为中心的疏密压力波动的大小。用声压与基准声压的比值平方的对数值定义为声压级 L_p。

$$L_p = 10\ \lg\frac{p^2}{p_0^2} = 20\ \lg\frac{p}{p_0} \tag{6-23}$$

式中 L_p——声压级，dB；

p——声压，以均方根平均值（有效值）表示，Pa；

p_0——基准声压，即频率为 1000Hz 引起正常人耳听觉的声压，$p_0 = 2\times10^{-5}$Pa。

声压的值是随时间起伏的，计算时以它的有效值表示，即

$$p = \sqrt{\frac{1}{T}\int_0^T p^2(t)\mathrm{d}t} \tag{6-24}$$

式中 $p(t)$——瞬时声压；

t——时间；

T——声波完成一个周期所需的时间。

声压的大小取决于振幅，振幅大（空气被压缩量大），声压就大，声音就越强。

将噪声的声压级经过计权网络处理得到声级。当噪声信号通过 A 计权网络计权后，得到 A 声级。实践证明，A 声级基本上与人耳对声音的感觉相一致，用它来评价噪声的危害得到很好的效果，所以目前使用很普遍。

国际标准化组织（ISO）提出环境噪声标准：住宅区室外环境噪声允许标准基数为 35～45dB（A）。车间（不同用途）允许标准基数为 85dB（A）。我国卫生部与原国家劳动总局 1979 年规定：新建、改建工业、企业工人工作地点稳态连续噪声级不得大于 85dB（A），对于现有工业、企业不得大于 90dB（A），并逐步向 85dB（A）过渡，并且每增加 3dB（A），工作时间减半。

声功率表示声源在单位时间内辐射出来的声波总能量，以符号 L_W 表示，单位是 W。声功率级 L_W 的定义为

$$L_W = 10\ \lg\frac{W}{W_0} \tag{6-25}$$

式中 L_W——声功率级，dB；

W_0——基准声功率，$W_0 = 10^{-12}$W。

噪声有音调高、低之分。振动慢，音调低；振动快，音调高。正常人可听声的频率为 20～20 000Hz。低于 20Hz 的声音为次声；高于20 000Hz 的声音为超声。噪声的主要成分在 1000Hz 以上的，称为高频噪声，噪声的主要成分在 500Hz 以下的，称为低频噪声。轴流风机与离心风机若具有相同的叶片数和转速，则它们的低频噪声大致相当，而高频噪声轴流风机大于离心风机。高频所占比例大的噪声，用简单的消声器就容易使它降低；低频占优势的噪声消声器消除的成本较高。

机器设备中发出的噪声，通常由较多频率成分所组成。为了使控制噪声的措施有针对性，分析构成噪声的各种频率成分是必要的。若把噪声按每一赫兹的细度分析它的强度，耗时费力，且无必要。为了方便，把宽广的声频率范围划分成若干小的频段，这就是所谓的频

带或频程。倍频程为两个相邻频率之比为 2∶1 所确定的频程。设频带下限频率为 f_1，上限频率为 f_2，则中心频率 f_c（几何中心频率）为

$$f_c=\sqrt{f_1f_2}=\frac{f_2}{\sqrt{2}}=\sqrt{2}f_1 \tag{6-26}$$

表 6-7 将 20～20 000Hz 可闻声用 10 个倍频程全部包含。实际上，工程中往往只用 63～8000Hz 8 个倍频程就可以了。

表 6-7　倍　频　程

中心频率 f_c（Hz）	31.5	63	125	250	500	1000	2000	4000	8000	16 000
频率范围（Hz）	22.5～45	45～90	90～180	180～355	355～710	710～1400	1400～2800	2800～5600	5600～11 200	11 200～22 400

二、噪声声源

泵与风机运转时，本身就是一个噪声源，而风机的噪声比泵更强烈。所以，本节以风机为例作具体分析。

轴流风机与离心风机产生噪声的原因，主要有两个方面。

1. 机械噪声

机械噪声源于机械部件的交变力，这些力有撞击力、周期性作用力和摩擦力。风机可能由于风道或风机外壳的共振引起噪声；也可能是风机轴承润滑不当、磨损，回转体不平衡，叶片刚性不足，因气流作用使叶片振动引起噪声。滑动轴承的噪声主要是润滑不良，轴承表面与轴颈表面间产生干摩擦引起。齿轮亦是机器的噪声源之一，齿轮在运转过程中由于节线冲力与啮合冲力激起噪声。

此外，风机的原动机一般都是电动机，而电动机的噪声，尤其是大功率电动机的噪声较为严重。

2. 空气动力性噪声

空气动力性噪声由高速气流、不稳定气流，以及气流与物体相互作用所产生。空气动力性噪声包括旋转噪声与旋涡噪声。

（1）旋转噪声。旋转噪声又称离散噪声。它是叶轮旋转时叶片冲击周围介质所引起的噪声。它的频率主要与叶轮的转速及叶片数有关。

叶轮旋转时，叶轮上均匀排列的叶片会冲击周围的流体介质，引起周围流体压力的脉动而产生噪声。流体流过叶片时，形成边界层，而叶片非工作面上的边界层容易分离，产生旋涡。在叶片末梢，叶片工作面与非工作面上两股流体汇合时，形成尾迹区。尾迹区内流体的压力和速度低于主流的值。所以，叶轮旋转时叶片出口区内的流场很不均匀，它们周期性地作用于周围介质，产生压力脉动形成噪声。

叶轮前置导叶的轴流风机，叶轮旋转时动叶片周期性地承受通过前置静叶栅流出的不均匀气流的作用。气流作用在动叶片上的力也产生周期性的脉动，当然噪声也是周期性脉动的。如图6-53所示，前置导叶栅后，由于尾迹的存在，气流速度是不均匀的。动叶片旋转时，流向动叶的气流绝对速度是周期性变化的。如果叶轮后置导叶，则叶轮出流的气流对后导叶的作用也与此相类似。

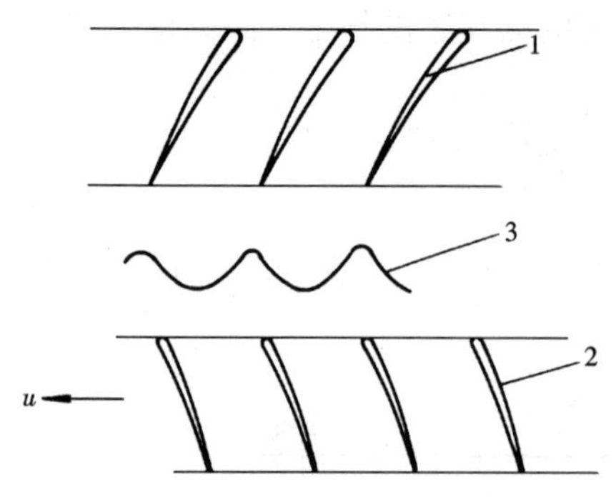

图 6-53 导叶对气流的干扰
1—前置导叶；2—动叶；3—导叶出口的速度分布

这种叶栅与叶栅间的空气动力的相互干扰所形成的噪声与它们之间的轴向距离有关。两者间隔很近时，干扰噪声明显增高。同时，这种噪声还与叶片数有关。动叶栅与静叶栅的叶片数不能相等，而且彼此间没有公约数，这样可以降低噪声。

由此可见，动叶前置导叶或后置导叶，产生的旋转噪声存在两个噪声源。一是叶片上的压力场随着工作叶轮旋转对周围介质产生扰动，而产生的噪声；二是由于前后叶栅叶片与相互作用的空气动力对叶片所造成的脉动力，引起噪声。

旋转噪声的频率 f_r 为

$$f_r = \frac{nz}{60}i \qquad (i = 1,2,3,\cdots) \tag{6-27}$$

式中 n——叶轮转速；

z——叶片数；

i——谐波序号。

$i=1$ 为基频。旋转噪声基频最强，其次是二次谐波、三次谐波。谐波次数越高，噪声强度就越弱。

旋转噪声具有不连续的频谱分布，其噪声值大致和叶轮圆周速度的十次方成正比。

轴流风机叶片顶端的圆周速度较高（750MW 机组锅炉轴流引风机叶片顶端圆周速度达到 162m/s），旋转噪声较强，而且谐波噪声成分增强。这也是轴流风机具有突出的、刺耳的高频噪声的原因。

离心风机叶轮与蜗舌之间的径向间隙，对风机的噪声影响很大。间隙小时，旋转叶片流道掠过蜗舌处，会出现周期性的压力与速度脉动形成较强的噪声。

（2）旋涡噪声。旋涡噪声又称紊流噪声。它是流体绕流物体表面形成紊流边界层及边界层分离，引起流体压力脉动而产生的噪声。

旋涡噪声产生的原因，大致有以下几个方面：

流体绕流物体时，形成紊流边界层，而紊流边界层内流体的脉动压力作用于物体，产生噪声。紊流边界层越发展，噪声就越强烈。所以紊流边界层是产生旋涡噪声的原因之一。

流体绕流物体（如叶片）时，若流道的扩压程度较大，则可能产生边界层分离，形成旋涡及旋涡的释放。在适当的雷诺数范围内，可能产生卡门涡街，旋涡交错释放。叶片尾流区的旋涡剥离，会引起压力的脉动而产生噪声。如果剥离的旋涡被后面的叶片所撞击，则噪声会更大。机翼型叶片，一般不会产生明显的涡街，除非来流的冲角很大时。所以，边界层分离及旋涡的剥落是产生旋涡噪声的原因之二。

产生旋涡噪声的第三个原因是，叶片前流体的紊流脉动必然导致叶栅上流体冲角的脉动，造成叶片作用力的脉动引起噪声。

轴流风机由于叶片工作面（凹面）压力大于叶片非工作面（凸面）压力，而在叶片顶端产生由工作面流向非工作面的二次流被主流带走，形成叶顶涡流噪声。

气流通道中的障碍物及支撑物、导流片、扩压器等由于气流通过时产生涡流，亦会引起噪声。阀门会导致涡流的产生，进而激发涡流噪声，若这种涡流噪声与障碍物的固有频率相一致，噪声会激增。

边界层的分离和紊流脉动弹性较大，所以旋涡噪声具有很宽的频率范围。旋涡噪声的频率 $f_{\rm i}$ 为

$$f_{\rm i}=Sr\,\frac{w}{l} \tag{6-28}$$

式中　Sr——斯特劳哈尔（Strouhal）数，Sr=0.14～0.20，一般可取 0.185；

w——叶片相对于气体的速度，m/s；

l——物体正表面宽度在垂直于气流速度平面上的投影，m。

旋涡噪声具有较连续的频谱分布，其噪声值大致与叶轮圆周速度的六次方成正比。

三、控制噪声的方法

控制噪声的方法有许多，但总括起来不外乎三大类。一是控制噪声源的噪声，使噪声降下来，这是最根本的方法；二是在噪声的传播途径上采取控制措施；三是在噪声的接受点上采取防护措施。

1. 控制噪声源的噪声

（1）控制噪声源的噪声。关键是风机的设计必须具有良好的空气动力性能，能防止或减少本身发生的噪声。正确的气动设计不但能获得高效率，而且噪声水平一般也是低的。最高效率工况点的噪声往往是最低的。气流通过风机部件的设计，应符合流线型，尽量减少流体的冲击和边界层的分离。

（2）选择合适的叶片形状与尺寸。叶片的前缘要善于适应气流冲角的变化，叶片的后缘应尽量薄，减少尾迹的影响，噪声均会有明显的下降。机翼型叶片比平板叶片噪声低。

（3）前、后两列叶栅的轴向距离适当。前、后两列叶栅的轴向距离应能使气流较均匀，压力、速度的脉动小。增加动叶与后置导叶的轴向距离，可缓和动叶出口不均匀气流对静叶的干扰。当然前后叶栅的叶片数不能相等，且彼此为质数，无公约数。当动叶栅与静叶栅配合，每次只可能有一个动叶片与静叶片重合，其余叶片都相互错开。于是，气流的脉动强度不致叠加起来，噪声的强度不会增大。

（4）选择合理的风机转速。叶轮圆周速度对噪声有很大的影响。同样的叶顶圆周速度，选用较小的转速和较大的叶轮直径较有利。因为转速较低，风机内部通流面积增大，流体的速度相对较低；转动部件不平衡所产生的机械力和转速的平方成正比，所以降低转速，噪声可望降低。

（5）减小轴流风机叶顶与机壳间隙。间隙减小，抑制了气流在叶片工作面与非工作面间产生的压差流动，以及间隙回流对主流的扰动，从而改善了叶片流道内气流的流动状况，使噪声降低。

（6）离心风机的叶轮与蜗舌间的间隙对噪声影响较大。图 6-54 所示为蜗舌间隙、蜗舌尖端半径对噪声的影响。图（a）为蜗舌间隙 s（见图 3-43）变化时，噪声变化的情况。曲线 1、2、3、4 表示蜗舌间隙 s 与叶轮外圆半径 R 的不同比值。在同一流量系数 $\bar{q}_V$ 值时，S/R=0.016，噪声最高，S/R=0.40，噪声最低，两者可差 18dB（A）左右。图（b）为蜗舌尖端半径 r 变化时，噪声变化的情况。曲线 5、6、7 为不同的蜗舌半径 r 与叶轮外圆半径 R 的比值。同一流量系数 $\bar{q}_V$ 值时，r/R =0.05，噪声最高，r/R = 0.20，噪声最低，两者可差

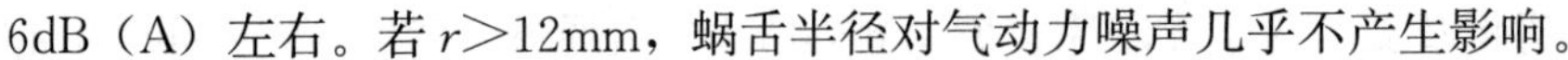

6dB（A）左右。若 $r>12$mm，蜗舌半径对气动力噪声几乎不产生影响。

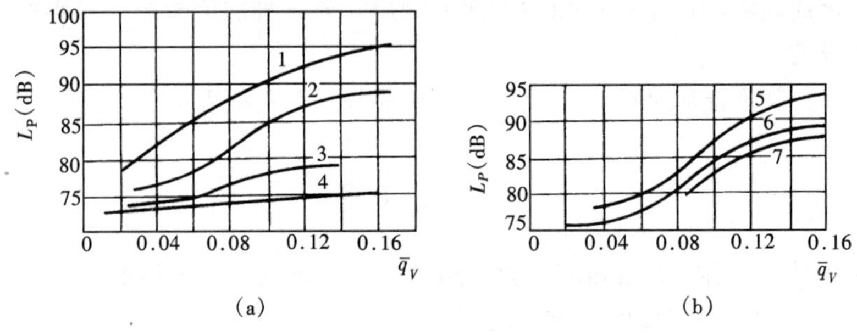

图 6-54　蜗舌间隙、蜗舌尖端半径对噪声影响

1—0.016；2—0.06；3—0.16；4—0.4；5—0.05；6—0.125；7—0.2

（7）风机进、出口的噪声级较大，可装置消声器。不合理的进、出口流动状况是导致风机气流参数产生脉动，形成噪声的重要原因。所以应该有良好的进、出口流道的形状与尺寸，流道面积变化要平缓，气流方向不要有急剧的改变。降低叶轮进口的相对速度，有明显降低噪声的作用。因为叶片的声功率级是入口相对速度的六倍。同时，为了使风机进、出口声辐射减至最小，降低噪声，一般在锅炉送风机入口装设消声器。锅炉送风机的敞开式吸入口产生强烈的噪声，如果加装效果好的消声器，往往可使噪声削减 40～50dB（A）左右。

消声器是一种既允许气流通过，又能衰减噪声或阻碍噪声传播的装置。消声器应该在所需消声频率范围内有足够大的消声量。消声器本身的阻力应尽可能地小，以免过大地增加风机的全压，增大能耗。所以送风机入口消声器很少采用膨胀型的。国外对大型送风机入口消声器的阻力一般控制在 294.14～490.3Pa 范围内。还要尽量避免气流在消声器通道内的曲折紊流或流动的不均匀性，以免风机效率下降或增加附加的噪声。另外，消声器的体积要尽量小，有利于布置。

消声器就其消声原理，主要可以分为阻性消声器与抗性消声器。阻性消声器利用吸声材料的吸声作用，使声波“分散”到多孔的吸声材料里，激发材料中的无数小孔内空气分子的振动，使声能变成热能，达到消声的目的。抗性消声器利用截面突变或旁接共振腔，使声阻抗不匹配，于是某些频率的声波产生反射、干涉，从而在消声器的出口侧达到消声的目的。

风机噪声的频带较宽，且要求消声器的阻力损失小，所以一般采用阻性消声器。

2. 传播途径的噪声控制

（1）在风机的壳体外加设隔声罩。风机壳体外有了隔声罩后，可以对造成空气噪声辐射的表面进行隔声。这种隔声罩是在风机外壳贴敷复合绝热—隔声板。它通常有一层、二层及五层材料制成。如五层的绝热—隔声板，它用铁丝护网，矿物棉、薄铅铂、矿物棉（玻璃纤维）从里一层一层向外敷贴，最后用波形的镀锌铁皮作外护板。有复合绝热—隔声板的轴流风机，距离它 1m 处，噪声不超过 85dB（A）。

（2）在噪声传播途径上，通过绿化、合理布置住宅群、利用自然地形如山冈、土坡等降低噪声。

（3）将噪声强的车间和作业场所与职工生活区、住宅分开，噪声随距离加大而衰减。

3. 噪声接受点上采取防护

在其他措施不能实现或效果不能达到要求时，个人防护仍是一种经济而有效的措施。常用的防声工具有耳塞、耳罩、防声棉、头盔等。除此之外，还可以建造专用小室，操作人员在小室内可以与噪声隔绝。

思考题

6-1　管路性能曲线的意义是什么？泵与风机的工作点是如何确定的？

6-2　泵与风机有哪几种调节方式？各种调节方式的原理如何？各有何优、缺点？

6-3　常用的泵与风机变速调节的方法有哪几种？各有何特点？

6-4　泵或风机串、并联的工作点如何确定？它们的应用场合如何？串、并联工作时应注意哪些问题？

6-5　为什么要求离心泵与风机空负载启动，而轴流泵与风机要带负载启动？

6-6　给水泵启动时为什么要暖泵？暖泵方式有哪几种？各自特点如何？

6-7　旋转脱流、喘振和抢风现象各是如何产生的？采取什么措施可防止或消除这些现象？

6-8　分析液力耦合器的传动原理、调速原理及使用耦合器的优、缺点。

6-9　分析变频调速的方式及优、缺点。

6-10　磨损的机理如何？采取哪些措施可减轻泵与风机的磨损？

6-11　分析泵与风机产生噪声的原因及控制的措施。

习题

6-1　某水泵在转速 $n=1450$r/min 时的性能曲线见图 6-55，此时管路性能曲线为 $H=10+8000q_V^2$（q_V 按 m^3/s 计），问转速为多少时水泵供水量为 $q_V=30$L/s？

6-2　某离心风机在转速为 $n_1=1450$r/min 时，$p-q_V$ 曲线见图 6-56，管路性能曲线方程为 $p=20q_V^2$。若采用变转速的方法，使风机流量变为 $q_V^2=27\,000$m^3/h，此时风机转速应为多少？

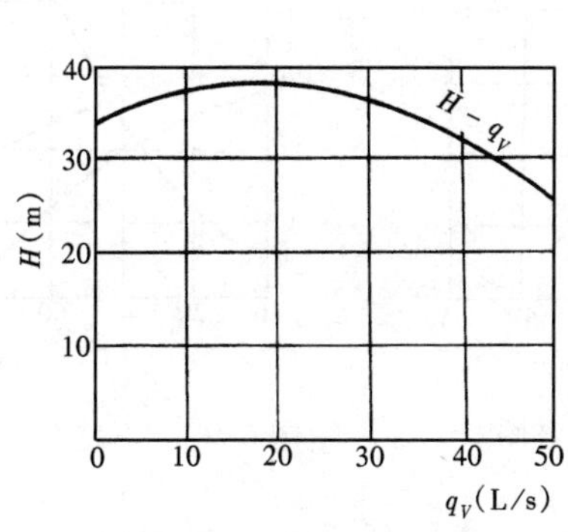

图 6-55　习题 6-1 图

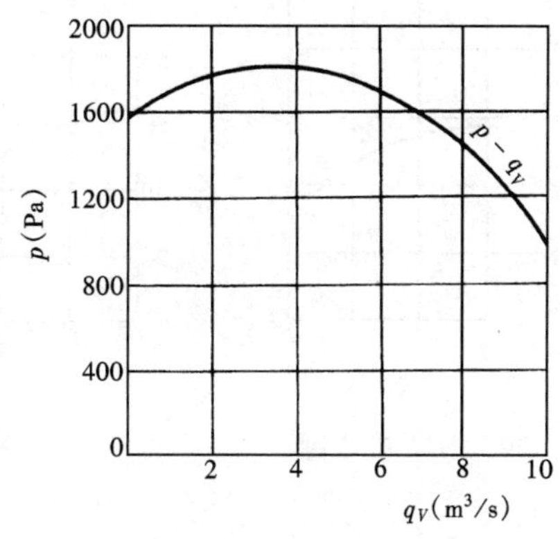

图 6-56　习题 6-2 图

6-3　某离心泵转速为 $n_1=950\text{r/min}$，其性能曲线见图 6-57，问当 $n_2=1450\text{r/min}$ 时，水泵流量改变了多少？

6-4　一台离心风机性能曲线见图 6-58，管路性能曲线方程为 $p=20q_V^2$。若把流量调节到 $q_V=6\text{m}^3/\text{s}$，采用出口节流和变速两种调节方法，则采用两种调节方法后风机的轴功率各为多少？若风机按每年运行 7500h 计算，变速调节每年要比节流调节节省多少电能？

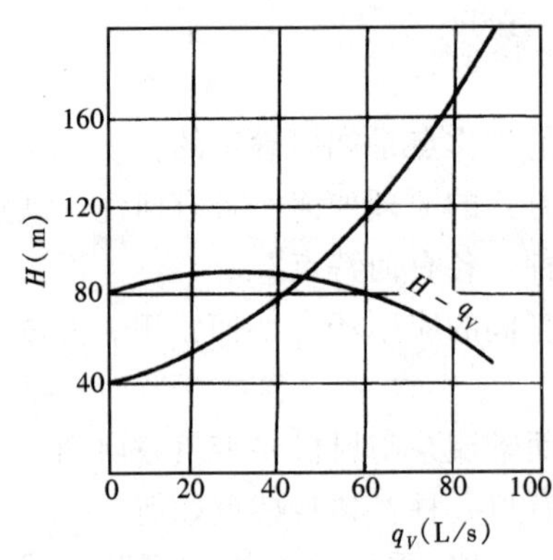

图 6-57　习题 6-3 图　　图 6-58　习题 6-4 图

6-5　离心泵转速 $n=1450\text{r/min}$ 时的性能曲线见图 6-59，此时流量 $q_V=1\text{m}^3/\text{s}$。该泵进、出口管直径相等。采用变速调节，泵在新工况运行时出口压力表读数 $p_g=215\,754\text{Pa}$，入口真空表读数 $p_v=48\,958\text{Pa}$，真空表装置在泵中心线上，压力表装置在高于真空表 5m 处。问转速升高到多少才能使流量达到 $q_V=1.5\text{m}^3/\text{s}$？

6-6　某水泵性能曲线见图 6-60，管路性能曲线为 $H=20+20\,000q_V^2$（q_V 单位为 m^3/s），求此时的供水量。若并联一台性能与此相同的泵联合工作时，总供水量为多少？

6-7　为提高系统能量，将Ⅰ、Ⅱ两台性能不同的泵串联于管道系统中运行。Ⅰ、Ⅱ两泵的性能曲线和管路性能曲线见图 6-61，问串联后总扬程为多少？此时各泵工作点如何？而每台泵在这系统中单独工作时的工作点又如何？

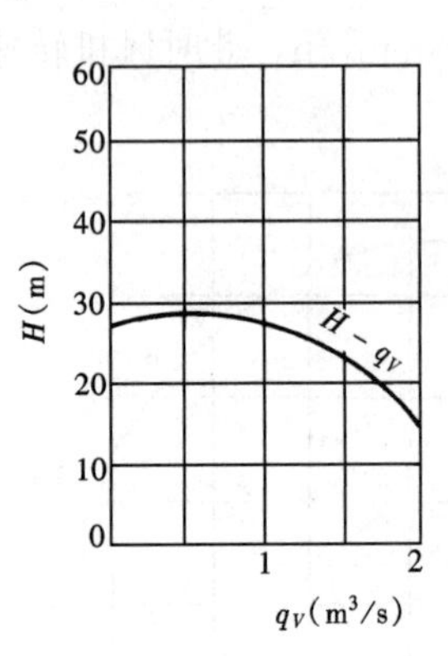

图 6-59　习题 6-5 图

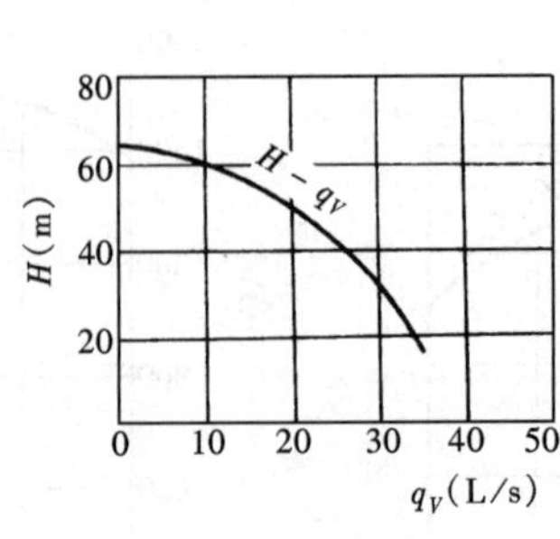

图 6-60　习题 6-6 图

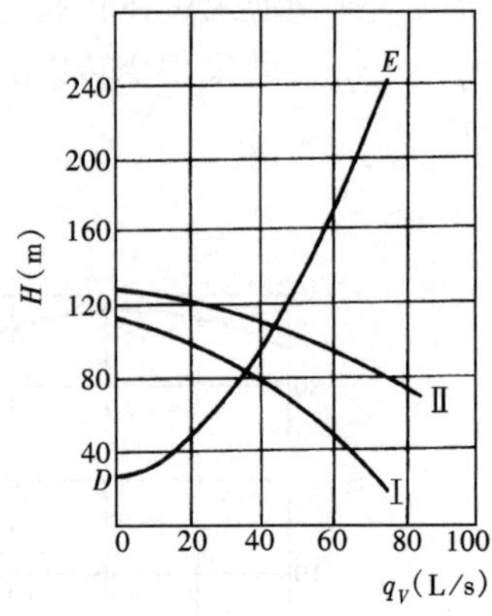

图 6-61　习题 6-7 图

第七章　泵与风机的选型及节能

正如第一章所述，泵与风机在国民经济各部门中应用数量众多，分布面广，耗电量大。在火力发电厂中泵与风机耗电量占厂用电的比例也是很高的。因此，正确地使用泵与风机，努力提高泵与风机运行效率，与从设计制造角度提高泵与风机设备效率具有同样重要的价值。

在实际中，正确地使用泵与风机包括两个方面，一是要正确选型，二是要在运行中实施合理的调节与节能措施，实现泵与风机的安全经济运行。

第一节　泵与风机的选型

正确选型是正确使用泵与风机及其节能的基础和前提。

一、选型原则

（1）在选择泵与风机之前，应该广泛地了解国内（必要时包括国外）各种泵与风机的生产和产品质量情况，如泵与风机的品种、规格、质量、性能的总体评价等，以便做出选择的初步方案。

（2）在选择泵与风机时必须满足运行中需要的最大负载，其正常工作点应尽可能靠近设计工况点，使泵与风机能长期在高效区运行。

（3）合理确定流量及扬程的余量，余量取得过小，满足不了工作需要；余量取得过大，会使工作点偏离高效率区。根据GB 50660《大中型火力发电厂设计规范》，泵与风机富余量的选择，要视锅炉的具体情况及给水泵是否为调速而定。

（4）如果有两种及以上的泵与风机可供选择时，在综合考虑各种因素的基础上，应优先选择效率比较高、耗功较小、结构简单、体积小、重量轻、设备投资少、调节范围比较大的一种。

（5）选择合适的泵与风机性能曲线形状，保证在工作区不发生汽蚀、喘振等不稳定工况。

（6）在选择泵与风机时应尽量避免采用泵或风机的串联或并联的工作方式。当不可避免时，应尽量选择同型号、同性能的泵或风机进行联合工作。

二、选型的程序和步骤

（1）确定动力系统需要泵或风机的实际运行参数（流量、扬程或全压等）。针对选型需要，搜集原始资料，进行现场实际考察，计算运行参数，必要时对运行系统设备进行实际参数测量，获得选型所需要的各种基础数据，作为选型的原始依据。

（2）选型参数的计算和确定。根据原始数据和实际需要，留出合理的富余量，合理确定选型参数，作为选型的理论依据。

（3）选型。按照确定的参数，利用合理的选择方法，先选出同时能满足要求的几种型式，然后对其进行全面的技术经济比较，最后确定一种型式。

（4）校核。对所选的泵或风机进行全面的校核，避免所选的泵或风机不能满足系统的需要，也要防止富余量过大，使泵与风机长期在不经济区工作或出现不稳定工作现象。还需检查泵与风机运行的工作点是否落在高效区内。

三、选型方法

（一）水泵的选型方法

水泵的实际选型方法有两种。

1. 利用“水泵性能表”选择水泵

根据初步确定的泵的类型，在这种型式的水泵性能表中查找与所需要的流量和扬程一致或接近的一种或几种型号的水泵。若有两种或两种以上都能基本满足要求，再对其进行比较，权衡利弊，最后选定一种。如果在这种型式泵系列中找不到合适的型号，则可换一种水泵系列，或暂选一种型号接近要求的水泵，通过改变叶轮直径，改变转速等措施，使之满足生产要求。

选定泵的型号后，进一步检查泵在系统中的运行情况，看其在流量、扬程变化过程中工作点是否都在高效区内。若不满足要求，需另行选择。

2. 利用“水泵型谱”选择水泵

水泵型谱如图 4 - 31 所示。水泵型谱是将同一类型的原系列中型号不同的所有泵的性能曲线合理的工作范围表示在同一张图上，此工作范围是以泵的性能曲线（$H-q_V$）与其叶轮切割后的性能曲线（$H-q_V$）′和与设计点附近的两条等效曲线共四条曲线所围成。如图 7 - 1 所示，1—2 曲线为水泵原来的性能曲线（$H-q_V$）；3—4 为水泵叶轮在允许切割范围内切割后的性能曲线（$H-q_V$）′；1—3 和2—4 曲线为水泵高效率区的等效曲线，它们的数值规定应不低于水泵设计点效率的 8%。

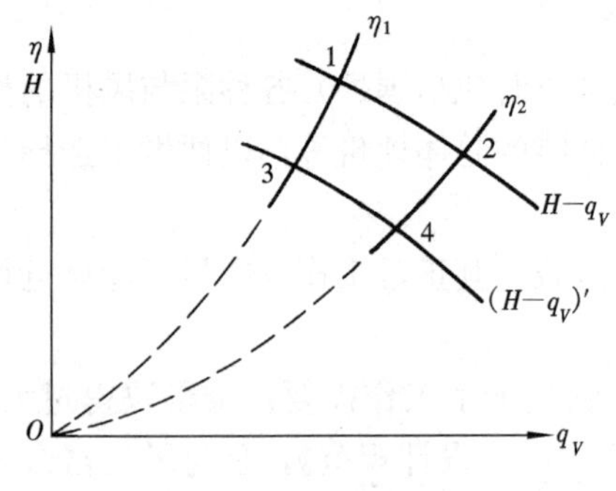

图 7 - 1　水泵四线图

利用“水泵型谱”选泵的步骤：

第一步，按照合理的余量确定水泵选型计算参数：q_V、H、n。

第二步，根据选型计算参数求出比转速 n_s，由 n_s 初步确定泵的类型（包括台数和级数）。

第三步，在初步确定类型的水泵型谱上选择水泵。其做法是，按计算参数的流量和扬程数值在水泵型谱上找到交点，交点所对应的水泵型号作为初选型号。如果交点不在四线区域内，可在等流量线上与计算参数交点邻近的 1～2 个四线图对应的水泵型号作为初选。在等流量线上查找，目的是保证水泵对流量的要求。

第四步，对所选型号水泵，在其样本上细查该泵的性能曲线及其相关性能。

第五步，由管路性能曲线和泵性能曲线确定泵的工作点，如果效率满足要求，则选型工作完成。否则，改变参数按上述步骤重选。

第六步，最后经过综合分析，选定一种水泵。

（二）风机的选型方法

风机选型方法有三种，即利用风机性能表选型、利用风机性能选择曲线选型和利用风机的无因次性能曲线选型。无论哪种方法首先都涉及参数换算问题。因为风机设计规范中的工作参数是按标准入口状态确定的，而风机实际工作参数和大气条件是因地因条件而异的，因此在选型之前应将实际参数换算为标准参数。

一般通风机按下式换算：

全压
$$p_{20}=p\,\frac{101\,325}{p_{\mathrm{amb}}}\times\frac{273+t}{293} \tag{7-1}$$

轴功率
$$P_{20}=P\,\frac{101\,325}{p_{\mathrm{amb}}}\times\frac{273+t}{293} \tag{7-2}$$

引风机按下式换算

全压
$$p_{165}=p\,\frac{101\,325}{p_{\mathrm{amb}}}\times\frac{273+t}{438} \tag{7-3}$$

轴功率
$$P_{165}=P\,\frac{101\,325}{p_{\mathrm{amb}}}\times\frac{273+t}{438} \tag{7-4}$$

式中　p_{20}、P_{20}——通风机在一般工作条件下的全压和功率折成通风机进口设计标准状态（p_0=101.325kPa，t_0=20℃）下相当的全压（Pa）和功率（kW）；

p_{165}、P_{165}——引风机在其工作条件下的全压和功率折成引风机进口设计标准状态（p_0=101.325kPa，t_0=165℃）下相当的全压（Pa）和功率（kW）；

p_{amb}——在使用条件下的当地大气压，Pa；

t——在使用条件下风机进口气流温度，℃。

1. 利用风机性能表选择风机

具体做法如同用水泵性能表选择水泵，不再重复。

2. 利用风机性能选择曲线选择风机

风机性能选择曲线是把同系列而不同规格的风机的全压、功率、转速与流量的关系表示在同一张对数坐标图上所构成的曲线。图 7 - 2 所示为 4 - 13.2（4 - 73）型风机性能选择曲线，图中有叶轮直径 D_2、转速 n 和风机轴功率 P 三组等值线和一系列高效率工作区的性能曲线。

按选择曲线选择风机时，应按下列步骤进行：

第一步，根据风机实际运行是否为联合工作，由此来确定单台风机工作参数。

第二步，按合理的富余量确定风机选型参数，并换算成标准状态下的选型参数。

第三步，按选型参数算出风机比转速 n_s，确定风机选择曲线系列。

第四步，根据选型参数查取选择曲线，即在 $p-q_V$ 坐标图上由选择参数确定的交点所对应的型号即为所选风机，包括机号（直径 D_2）、转速和功率。若流量和全压交点不在性能曲线上，假如交点在 1 点，则沿该点的等流量线（保证流量要求）向上查找，找到与之接近的两条性能曲线并与等流量线相交的 2 点和 3 点，这两条性能曲线所对应的型号即为所选的两个参考的型号。如图 7 - 3 所示，在两性能曲线最高效率点上即可查到对应的机号、转速和功率。

第五步，对所选型号的风机进行技术经济综合比较，最后选定一种。一般选取转速较高，叶轮直径较小，运行经济（如在流量减少时，可较长期保持高效率）的第 3 点为所选风机。

第六步，电动机的安全系数送风机取 1.15，引风机取 1.30，排粉风机取 1.20。

3. 利用风机的无因次性能曲线选择风机

利用风机的无因次性能曲线选择风机，应按如下步骤进行：

第一步，根据换算后的性能参数和转速求出风机比转速 n_s。

第二步，根据生产实际需要和限制，查与 n_s 相近的几种类型风机的无因次性能曲线，得到 n_s 对应的无因次性能参数 $\overline{q}_V$、$\overline{p}$、$\overline{P}$ 及 η。

第三步，综合比较选出一种最合适的类型。

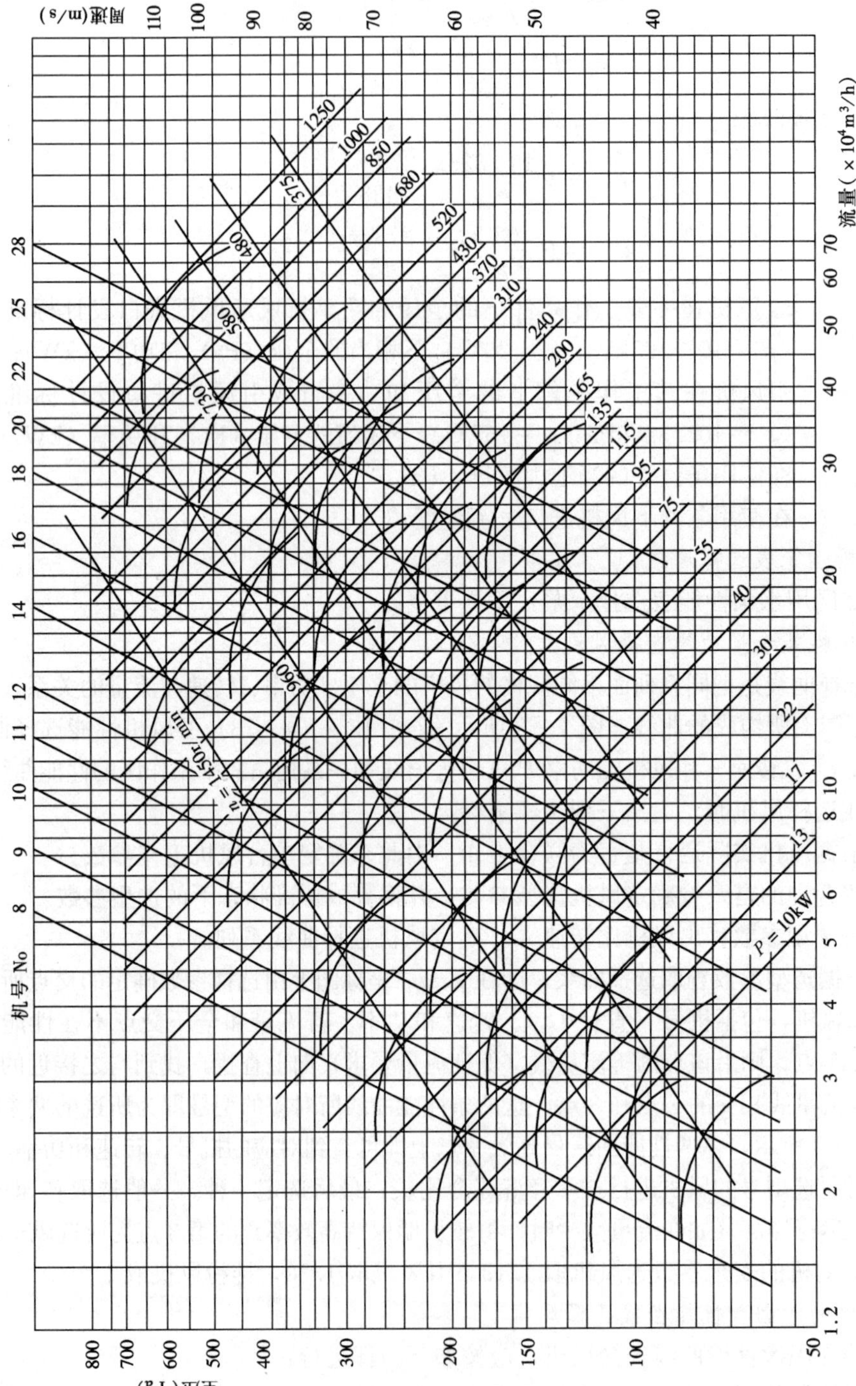

图 7-2　4-13.2（4-73）型风机性能选择曲线

进口温度 20℃，进口压力 101325Pa，介质密度 1.2kg/m^3；轴向导流器、导叶片全开

第四步，根据无因次参数、转速和风机选择参数求出所选风机的叶轮直径 D_2。若根据 q_V 与 $\overline{q}_V$ 应用式（4－59）和根据 p 与 $\overline{p}$ 应用式（4－60）分别求出的 D_2 不相等，其差别超过容许值时，再按上述步骤重选。

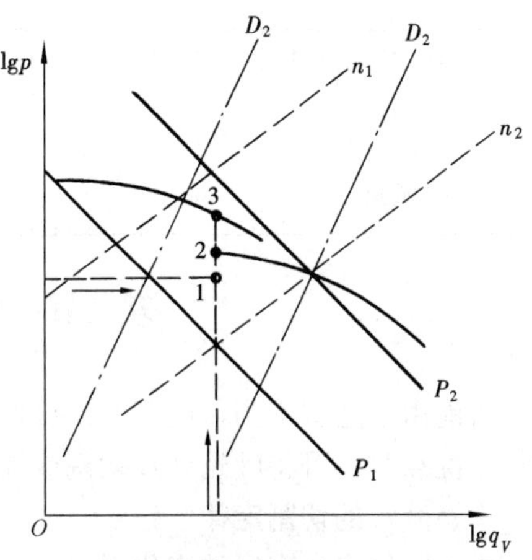

图 7－3　风机选择曲线的使用

第五步，按选定类型风机的空气动力学图上的比例，计算出该风机各部分结构尺寸。

需要说明的是：离心通风机的空气动力学图或无因次特性曲线（附录），一般都是不带进气箱的单吸入结构型式制作的。如果用户需要做成双吸入结构型式时，则应以风量的 1/2 代入进行初步计算，而风机所需的轴功率则为计算功率的 2 倍。同时，由于双吸入结构一般带进气箱，致使风机效率略有降低，因此功率还要增大些。

随着泵与风机技术的发展和计算机等科学技术的发展，在实际中泵与风机选型方法也在不断地完善和发展，目前已有泵与风机选型的计算机软件系统，这样可大大提高泵与风机选型的自动化程度、科学准确性及选型速度。

【例 7－1】　空气预热器要求风机在最大负荷时的流量 $q_{V,\max}$ 为 95 000m^3/h，全压 $p_{\max}$ 为 2050Pa，空气温度 t 为 40℃，转速 n 为 960r/min，当地大气压 p_{amb} 为 92 244Pa。试选择一台合适的送风机。考虑风机流量的富余量为 $10\% q_{V,\max}$，全压的富余量为 $20\% p_{\max}$。

解　（1）计算参数的确定

$$q_V = q_{V,\max}(1+10\%) = \frac{95\,000}{3600}\times 1.1 = 29\ (\mathrm{m^3/s})$$

$$p = p_{\max}(1+20\%) = 2050\times 1.2 = 2460\ (\mathrm{Pa})$$

（2）全压和密度换算

$$p_{20} = p\,\frac{101\,325}{p_{amb}}\times\frac{273+t}{293} = 2460\times\frac{101\,325}{92\,244}\times\frac{273+40}{293} = 2886\ (\mathrm{Pa})$$

$$\rho_{20} = \rho\,\frac{p_{amb}}{101\,325}\times\frac{293}{273+t} = 1.2\times\frac{92\,244}{101\,325}\times\frac{293}{273+40} = 1.023\ (\mathrm{kg/m^3})$$

（3）比转速

$$n_s = n\,\frac{\sqrt{q_V}}{p_{20}^{3/4}} = 960\times\frac{\sqrt{29}}{2886^{3/4}} = 13.13$$

（4）选型：考虑比转速 n_s 和现型风机的综合性能，选取 4－13.2 型风机。查其无因次性能曲线和空气动力学图（见附录），计算出相关性能参数和风机各部分结构尺寸，结果见表 7－1。

表 7－1　　**［例 7－1］计算数值**

序号	名　称	单位	计算公式	数　值	序号	名　称	单位	计算公式	数　值
1	流量系数		查无因次性能曲线	0.211	4	叶轮外径	m	$D_2=\sqrt[3]{\dfrac{24.32q_V}{\overline{q}_V\ n}}$	1.52
2	全压系数			0.454					
3	效　率	%		88	5	叶轮外径	m	$D_2=\dfrac{19.11}{n}\sqrt{\dfrac{p}{\overline{p}\rho}}$	1.56

续表

序号	名 称	单位	计算公式	数 值	序号	名 称	单位	计算公式	数 值
6	选取 D_2	m		1.56	8	叶轮出口宽度	m	1.56×0.25	0.39
7	叶轮周速	m/s	$u_2=\frac{\pi D_2 n}{60}$	78.4	9	叶片长度	m	1.56×0.28	0.44

第二节 泵与风机的切割和加长

可能由于选型不当，或管路系统发生变化等原因，使泵与风机实际工作点长期偏离它的最佳工况点时，可将叶轮叶片切割或加长，以达到节能的目的。

一、叶片的切割定律

由于叶轮出口直径的变化对泵与风机性能曲线有平移作用，D_2 增大，曲线上移，反之下移。从而可通过 D_2 的改变来调整泵与风机的参数。D_2 改变量的确定应服从切割定律。

（1）低比转速泵与风机的切割定律。对于低比转速的泵与风机，当$\frac{D_2'}{D_2}\geqslant 0.9$时，可近似认为切割前后：$\beta_{2g}=\beta_{2g}'$，$b_2=b_2'$，$\psi_2=\psi_2'$（凡参数符号加“$'$”者，均为切割后的参数，下同），且出口速度三角形切割前后近似相似。

因此
$$\frac{q_V'}{q_V}=\frac{\pi D_2' b_2' v_{2m}'\psi_2'}{\pi D_2 b_2 v_{2m}\psi_2}=\frac{D_2' v_{2m}'}{D_2 v_{2m}}=\left(\frac{D'_2}{D_2}\right)^2 \tag{7-5}$$

$$\frac{H'}{H}=\frac{u_2' v_{2u}'}{u_2 v_{2u}}=\left(\frac{D_2'}{D_2}\right)^2,\quad \frac{p'}{p}=\left(\frac{D_2'}{D_2}\right)^2 \tag{7-6}$$

$$\frac{P'}{P}=\frac{q_V H'}{q_V H}=\left(\frac{D_2'}{D_2}\right)^4 \tag{7-7}$$

（2）中、高比转速泵与风机的切割定律。对于中、高比转速离心泵与风机，当 $b_2'>b_2$ 时，可近似认为切割前后叶轮出口面积相等，即 $D_2 b_2\psi_2=D_2' b_2'\psi_2'$，则

$$\frac{q_V'}{q_V}=\frac{D_2' b_2' v_{2m}'\psi_2'}{D_2 b_2 v_{2m}\psi_2}=\frac{v_{2m}'}{v_{2m}}=\frac{D_2'}{D_2} \tag{7-8}$$

$$\frac{H'}{H}=\frac{u_2' v_{2u}'}{u_2 v_{2u}}=\left(\frac{D_2'}{D_2}\right)^2,\quad \frac{p'}{p}=\left(\frac{D_2'}{D_2}\right)^2 \tag{7-9}$$

$$\frac{P'}{P}=\frac{q_V' H'}{q_V H}=\left(\frac{D_2'}{D_2}\right)^3 \tag{7-10}$$

低、中、高比转速叶轮切割情况如图 7-4 所示。

（3）切割曲线。要利用切割定律确定切割量，必须寻找到与切割后工作点之间满足同一切割定律，而且在原性能曲线上的另一工况点，这只有作切割曲线才能办到。

由式（7-5）和式（7-6）可得到

$$\frac{H'}{q_V'}=\frac{H}{q_V}=K_1\qquad 即\quad H=K_1 q_V \tag{7-11}$$

由式（7-8）和式（7-9）可得到

$$\frac{H'}{q_V'^2}=\frac{H}{q_V^2}=K_2\qquad 即\quad H=K_2 q_V^2 \tag{7-12}$$

式（7-11）和式（7-12）分别为低比转速和中、高比转速泵与风机的切割曲线方程。

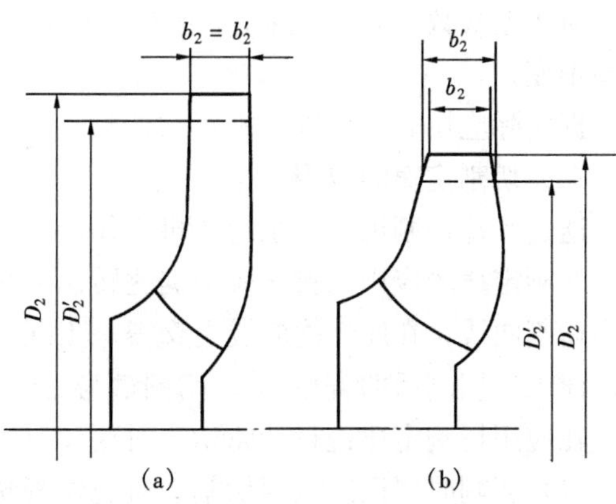

图 7 - 4　叶轮外径切割
(a) 低比转速叶轮；(b) 中、高比转速叶轮

切割曲线的做法与相似抛物线的做法相同。曲线形状如图 7 - 5 所示。

切割曲线的意义：曲线上的点反映了切割前后 H 与 q_V 的变化关系，只有在同一条切割曲线上的点才满足同一切割定律。原来性能曲线上每个工况点各自只能对应一条切割曲线。需要注意的是，切割前后的工况点见图 7 - 5 中 A 与 A'点，只满足切割定律，并不是切割前后对应的工作点。因为通过 A 点的管路性能曲线，必定不会同时通过 A'点。

二、叶轮新的切割公式推荐

由于传统叶片切割公式存在理论推导近似性，计算精确度不高等问题，因而许多专家提出多种新的切割公式，可供实用时参考。

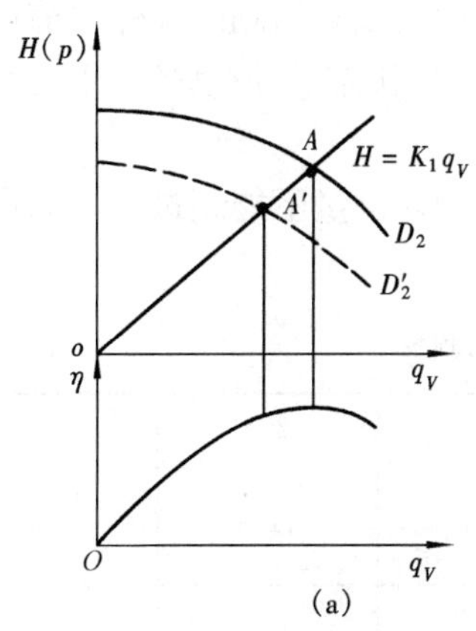

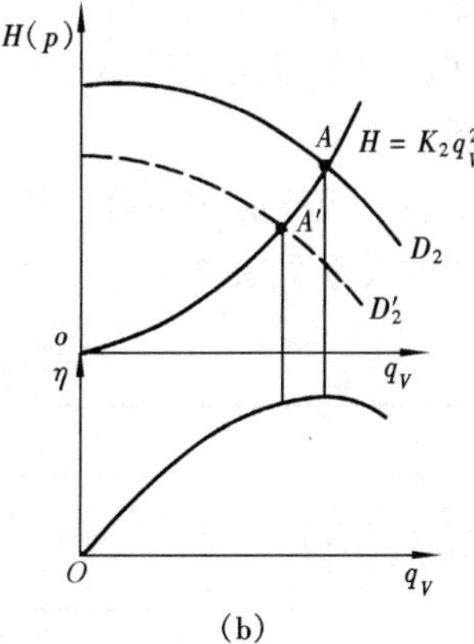

图 7 - 5　泵与风机叶轮切割曲线
(a) 低比转速叶轮；(b) 中、高比转速叶轮

国际标准化组织公布了 ENISO 9906—1999《回转动力泵液压性能验收试验等级 1 和 2》标准，全国农业机械化标准委员会公布了 GB/T 12785—2014《潜水电泵试验方法》标准，标准中规定：

如果泵的性能高于规定性能，通常使用切割叶轮直径的做法。对于型式数 $K\leqslant 1.5$ 的泵，如果叶轮出口平均直径削减比不超过 5%，切割后叶片的形状又保持不变（出口角、出口边倾斜度等），可以按下列规则确定新的特性：

$$R=\sqrt{\frac{D_2'-D_1}{D_2-D_1}} \tag{7 - 13}$$

$$q_V'=Rq_V \tag{7 - 14}$$

$$H'=RH \tag{7 - 15}$$

式中　D_1、D_2——叶轮吸入口和出口直径；

q_V、H——叶轮切割前参数；

q_V'、H'——叶轮切割后参数。

对于型式数 $K\leqslant1.0$ 的泵，叶轮直径切割量不大于3%时，可假定切割前后其工作点的效率不变。

据实际应用表明，以上推荐的切割公式比已有的切割定律有较高的精度。

三、切割定律的应用

通过叶片切割可扩大泵与风机工作范围，以适应工程实际的要求。

切割定律的应用，首先应根据比转速大小确定选用合适的切割定律，然后通过所需工作点作切割曲线，在原性能曲线上交得一工况点，用这个工况点与所需工作点之间按相应的切割定律求出切割后的直径 D_2'，切割量为 $\Delta D_2=D_2-D_2'$。

在应用切割定律进行叶轮切割时要注意以下问题：

（1）切割时要逐次试探切割、避免切割超量。

（2）叶轮切割往往破坏叶轮的动、静平衡，因此，切割后要作转子平衡试验。

（3）切割后用锉削的方法把叶片末端修复到接近切割前的形状，锉削有两种方法：一是锉削叶片工作面，可恢复原来叶片出口角；二是锉削叶片背面，可扩大叶轮出口有效面积。

（4）对于低比转速泵与风机，叶片与叶轮同时切割或只切割叶片保留前后盖板。高比转速泵，可采用斜切，前盖板切割量小于后盖板，即切割后前盖板直径大于后盖板，也可以只切叶片，保留盖板。

（5）叶片切割后，效率必定下降。因此，叶片的切割量不能超过允许的最大切割量。最大切割量与比转速的关系见表7-2。

表7-2　泵叶片的最大切割量

泵的比转速 n_s	60	120	200	300	350
允许最大切割量 $\left(\frac{D_2-D_2'}{D_2}\right)$	20%	15%	11%	9%	7%
效率下降值	每切割10% 效率下降1%		每切割4% 效率下降1%		

（6）对于多级离心泵，如果多余扬程低于单级扬程的1/5时，只切割末级叶轮即可，且只切叶片；若多余扬程大于1/5单级扬程时，则首级叶轮之后各级叶轮都进行切割；多余扬程达一个单级叶轮扬程时，则可拆除一级叶轮。

（7）如果使用的泵或风机容量太小，满足不了实际需要，则泵与风机可以将叶轮加大，叶片加长，其加长量的计算要符合上述关系式，但是一定要进行叶轮、轴强度校核和功率计算，以免电动机过载，损坏泵与风机。

【例7-2】 某一中比转速水泵叶轮直径为 $D_2=174$mm，泵的性能曲线和管路性能曲线如图7-6所示，原工作点 A 点的流量 $q_{VA}=27.3$L/s，扬程 $H_A=33.8$m，若用切割叶轮外径的方法使流量减少10%，求切割量。

解 切割后的流量为 $q_{VB}=0.9q_{VA}=0.9\times27.3=24.6$L/s，在管路性能曲线上找到工作点 B。B 点扬程 $H_B=31$m。过 B 点作切割曲线：该泵属于中比转速泵，故使用 $H=K_2q_V^2$ 形式，其切割曲线方程系数 $K_2=\frac{H_B}{q_{VB}^2}=\frac{31}{24.6^2}=0.0512$，所以切割曲线方程为 $H=0.0512q_V^2$（见表7-3）。在 $H-q_V$ 坐标上作切割曲线 FL，见图7-6。

表 7-3

流量 q_V（L/s）	23	24	25	26	27
扬程 H（m）	27	29.5	32	34.6	37.3

图 7-6 中 FL 曲线通过 B 点交泵原性能曲线于 C 点，C 点参数：$q_{VC}=26\text{L/s}$；$H_C=34.6\text{m}$。B、C 两点同时满足切割定律，故按式（7-8）或式（7-9）求得切割的直径

$$D_2'=D_2\frac{q_{VB}}{q_{VC}}=174\times\frac{24.6}{26}=164.6\ (\text{mm})$$

或

$$D_2'=D_2\sqrt{\frac{H_B}{H_C}}=174\times\sqrt{\frac{31}{34.6}}=164.6\ (\text{mm})$$

取 $D_2'=165\text{mm}$，切割量为 $\Delta D_2=D_2-D_2'=174-165=9$（mm）。

$$\frac{D_2-D_2'}{D_2}=\frac{9}{174}=0.05$$

叶轮外径变化使泵与风机的性能曲线变化，叶轮切割后性能曲线 $H'-q_V'$、$p'-q_V'$、$\eta'-q_V'$ 的位置和形状与叶轮切割量有关。切割后性能曲线的做法与比例定律中按转速的变化确定转速变化后性能曲线的做法相同。就是先在原来直径 D_2 所对应的性能曲线上找出一系列工况点，对每一工况点的性能参数按切割前、后的直径 D_2、D_2' 用切割定律求出一系列对应工况点，即低比转速按

$$q_V'=q_V\left(\frac{D_2'}{D_2}\right)^2,\quad H'=H\left(\frac{D_2'}{D_2}\right)^2,\quad P'=P\left(\frac{D_2'}{D_2}\right)^4 \tag{7-16}$$

中、高比转速按

$$q_V'=q_V\frac{D_2'}{D_2},\quad H'=H\left(\frac{D_2'}{D_2}\right)^2,\quad P'=P\left(\frac{D_2'}{D_2}\right)^3 \tag{7-17}$$

分别进行。将所求出的工况点（q_V'，H'），（q_V'，P'）在原坐标上用光滑曲线连接，即得到了叶轮切割后的性能曲线，如图 7-7 中虚线所示。

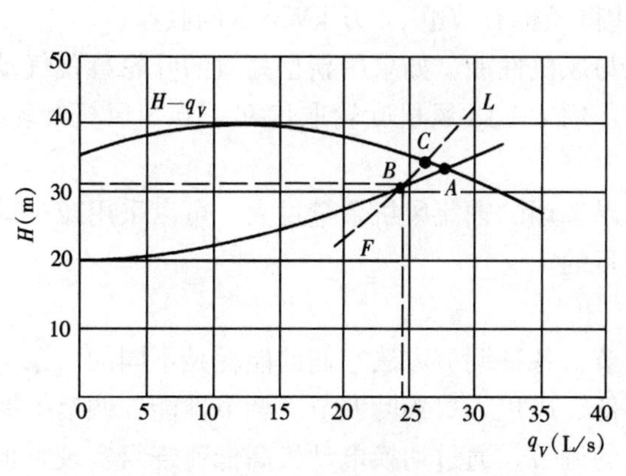

图 7-6　叶轮切割计算

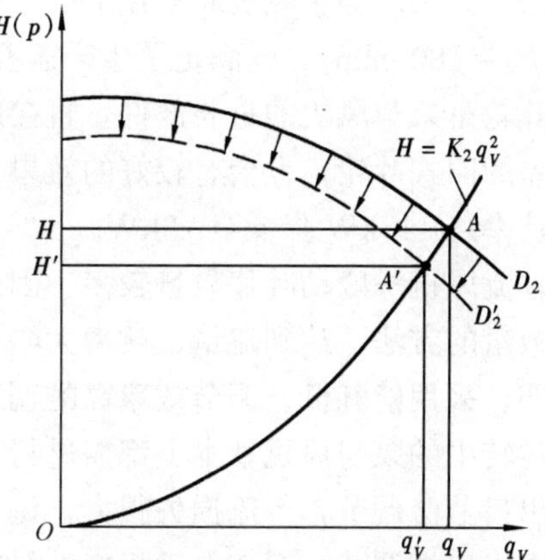

图 7-7　叶轮切割后泵与风机性能曲线的确定

第三节　泵与风机的节能方法及措施

泵与风机在我国国民经济各个部门中应用得很广泛，全国几百万台泵与几百万台风机的

运转，消耗的电量约占全国发电量的30%。2006年，我国国内生产总值占全球总量的5.5%，但能源消耗占世界总量的15%，国内能源利用效率比发达国家低10%。所以，降低泵与风机的能耗，节约耗电量是一件十分重要的事情。

一、提高泵与风机本身的效率

首先，制造厂从产品的设计、制造、工艺等各个方面，保证其性能好、耗功少及效率高。制造厂应该不断淘汰落后、能耗大、效率低的产品，开发新产品，不断地进行更新换代。

二、泵与风机的运行工作点落在高效率区

生产实际中，用户选用的泵与风机往往过多地考虑富余量，或者管路阻力计算不正确，使泵与风机运行的工作点远离高效区。这时就只能通过调节来满足生产所需。因此，即使制造厂提供的产品是高效节能的，但使用不当也会造成高效的泵与风机低效运行的状况。

为了保证高效率的泵与风机经常在高效率区内运行，必须正确计算管路阻力，合理选取富余量。另外，具体选择泵与风机时不能单纯强调高效率，而脱离实际运行状况。通常对于功率大的泵与风机，高效率应让位于能耗低的。

泵与风机配用原动机的功率要合适，不宜选择过大，过大会使原动机经常处于轻载运行，使电动机的功率因数降低，浪费电能。

泵与风机联合工作时，由于串联、并联工作会使其性能下降，并不经济，因此尽量不采用联合运行方式。

三、泵与风机选型不当的弥补方法

当选用的泵与风机余量过大时，如采用调节措施予以弥补，这既产生调节损失，还会添加设备经费。比较经济的办法是，切割泵与风机的叶轮外径，或者减少多级泵叶轮的级数，减少叶轮级数后，可装设短管使液流直接流入次一级叶轮。风机可以采用小叶轮替换大叶轮的方法。如某厂除尘风机原来用G4-13.2No.20离心风机，而将叶轮换小成No.18（叶轮外径D_2=1800mm），既满足了生产需要，又使得风机有节电50万kW·h的收益。

叶轮是泵与风机的重要部件，直接影响泵与风机性能。如果用新型高效的叶轮替代气动性能差的旧式叶轮，也会有较好的效果。例如，用4-13风机叶轮取代9-10.3风机叶轮，输入功率从117kW降低至73kW。

轴流风机一般动叶片数量较多。因此，如果选用的轴流风机余量过大，可以采用减少动叶片数量的方法，达到流量、功率大幅下降的目的。

四、采用能耗低、调节效率高的调节方法

运转中的泵与风机基本上都需进行工况调节，各种调节方法它们的能耗是不同的。泵与风机出口节流调节，节流损失很大，调节效率低。风机入口导叶调节、调节性能、调节效率均优于出口端调节。双速电动机拖动泵或风机的调节，通过切换电动机高低速绕组实现，但同时还必须借助于系统的节流装置（阀门、挡板）。这种调节方法，节能有限，而且双速电动机的结构和控制装置较复杂。液力耦合器变速调节与变频变速调节，其中变频变速调节的调节效率最高，调速范围宽、调速精确度高，但变频器调速初投资较高，而且使用维护及管理水平也高。表7-4以200MW火电机组锅炉引风机为例，比较了双速电机调节、液力耦合器调节及变频变速调节的初投资和运行费用。

表 7-4　**200MW 火电机组锅炉引风机不同调节方式的比较**

调节方式＼项目	初投资（万元）			年运行指标		
	调速装置	电机	合计	年耗电量（kW·h）	年运行费用（万元）	单位运行费用（万元/kW）
双速电机	—	70	70	573	195	9.74
液力耦合器	30	30	60	413	140	7.01
变频器	135	30	165	310	106	5.34

需要注意的是，如果机组带基本负载运行，即便是调节效率高的变频调速也未必经济，因为变频调速装置本身也有3%～5%的功率损耗，况且变频调速装置的购置费用也不低。

五、管路布置要合理

管路布置和节能关系很密切，而且它还会影响流体在泵与风机内的流动，从而影响泵与风机的效率。

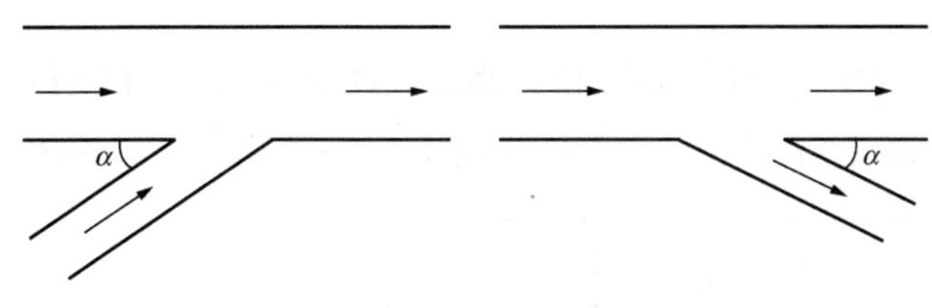

图 7-8　α<90°三通管路

管路中的阀门、弯头、三通、面积突然扩大或缩小等管路附件应尽量少，可有可无的尽量取消。流体通过这些部件的阻力损失均较大，所以减少这些不必要的部件是有成效的。若管路需要这些管道附件，那也可选择阻力小的附件。例如，用渐扩管与渐缩管替代突然扩大或突然缩小的部件；用夹角小于90°的三通替代夹角为90°的三通。图 7-8 所示三通管路，如果α<30°，则流体在汇合处基本不会产生冲击、旋涡。

泵与风机进口处要求流体的流速分布均匀，无涡流。所以应该在泵与风机的进口安装一定长度的直管段，它们的进口处面积略微缩小，使流体略有加速地进入泵与风机。

风机入口风道布置不当是造成额外管道损失和风机效率低的重要因素。如图 7-9（a）所示，没有进气箱的单吸风机的进气侧，紧挨着布置了一个90°的弯头，改善这不合理布置的有成效的措施如图中（b）所示，在弯头内安装导向叶片，使二次流与涡流都不产生，气流顺利进入叶轮。如果在安装导向叶片的

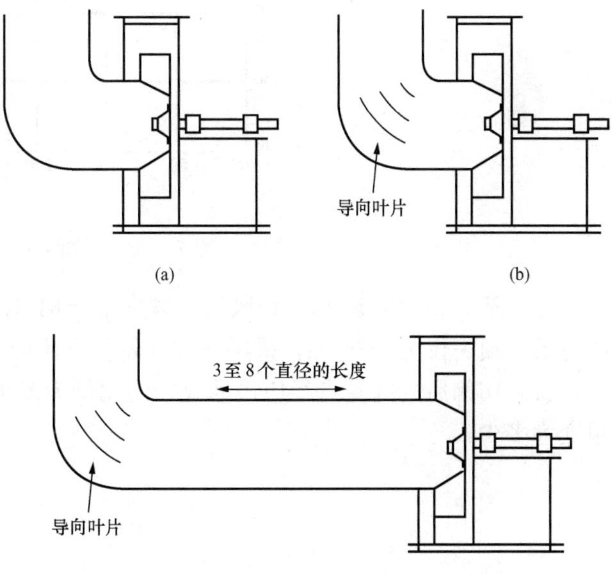

图 7-9　风机入口三种情况
（a）弯头；（b）弯头内装有导向叶片；（c）再装置直风道

同时，在弯头与风机入口之间装设一段直风道，如图中（c）所示，则风机效率将有较多的提高。此外，泵与风机出口最好也能有一段直管段，如果出口直接有 90°的弯头或逆叶轮转向的弯管、出口直接进入分支管路、出口面积突然扩大等都是不佳的布置。

大管道的弯头会产生较大的二次流及旋涡损失，较好的改进方法是，在弯头内装设月牙形的导流叶片。

思考题

7-1 简述泵与风机选型的原则、方法和步骤。

7-2 怎样利用水泵型谱和风机性能选择曲线选择泵与风机?

7-3 泵与风机的节能可采取哪些常用的措施?

7-4 分析叶轮切割的具体方法。

习题

7-1 某一双吸高比转速离心泵的 $H-q_V$ 性能曲线和管路性能曲线如图 7-10 所示，该泵叶轮直径 D_2=410mm。若将原来的工作流量减小 15%，问泵的叶轮直径应切割多少?

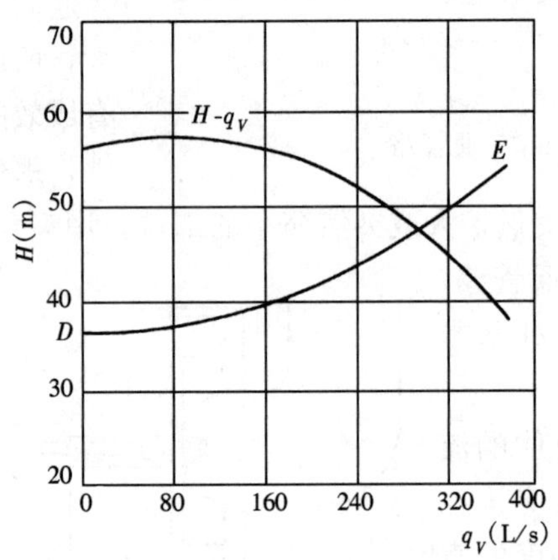

图 7-10 习题 7-1 图

7-2 某 7-29（7-5.23）型风机，风量 q_V=61 400m³/h，全压 p=10 280Pa，如果管路系统总阻力损失仅为 9000Pa，采用切割叶轮的方法减小风压，使风机适应管路系统的需要。试问：（1）切割后的叶轮直径应占原直径的比例为多少?（2）按此比例切割，切割后风机的风量变为多少?

附录一　常用泵与风机型号

一、常用泵型号

1. IS 型单级单吸清水离心泵

输送温度低于 80℃的清水或物理、化学性质类似于清水的其他液体。

性能范围：流量　q_V＝6.5～400m^3/h；

扬程　H＝5～125m；

转速　n＝2000～1450r/min；

配带功率　P＝0.55～90kW。

型号意义：例　IS80-65-160

IS—单级单吸清水离心泵；80—泵入口直径（mm）；65—泵出口直径（mm）；160—泵叶轮名义直径（mm）。

2. S 型单级双吸离心泵

输送清水或物理、化学性质与水类似的其他液体。

性能范围：流量　q_V＝72～2020m^3/h；

扬程　H＝12～125m。

型号意义：例　150S 78A

150—泵入口直径（mm）；S—单级双吸离心泵；78—泵设计点扬程（m）；A—泵叶轮外径经第一次切割。

3. NL、NLT 型凝结水泵

输送低于 80℃火力发电机组凝结水或类似于凝结水的其他液体。

性能范围：流量　q_V＝250～2500m^3/h；

扬程　H＝25～450m；

转速　n＝1480r/min。

型号意义：例　NLT350—400×6S

N—凝结水泵；L—立式布置；T—筒袋型；350—泵出口管径（mm）；400—叶轮名义直径（mm）；6—叶轮级数；S—首级叶轮双级。

4. HL 型立式混流泵

输送低于 50℃的清水或物理、化学性质类似于水的其他液体。

性能范围：流量　q_V＝7236～351 000m^3/h；

扬程　H＝3.5～26.3m；

转速　n＝75～490r/min；

电动机功率　P＝340～7000kW。

型号意义：例　1400HLC DQ4-19

1400—泵出水口径（mm）；H—混流泵；L—泵为立式；C—抽芯式结构（如为 W 则是蜗壳式）；DQ—叶片为不停机全调节式（如为 B 则叶片是半调节式，如为 Q 则叶片是停机全调节式）；4—设计点流量（m^3/s）；19—设计点扬程（m）。

5. AH（AHP）、M、HH 型渣浆泵

适于输送强磨蚀、高浓度的渣浆或低浓度高扬程渣浆，在各型泵的最大工作压力范围内，可串联使用。

性能范围：流量　q_V＝3.6～1324m^3/h；

扬程　H＝5～95m；

转速　n＝250～320r/min。

型号意义：

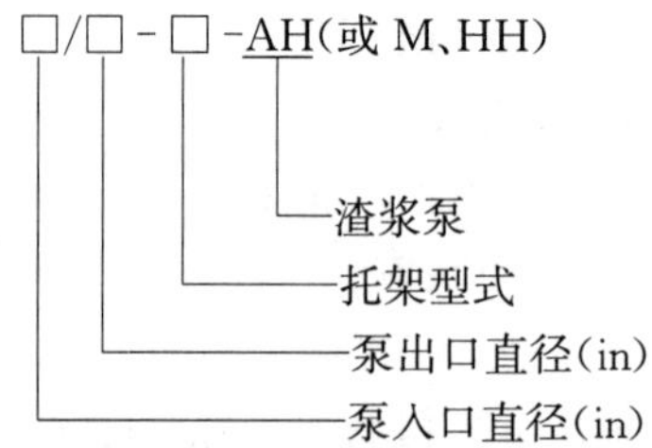

6. DG 型多级锅炉给水离心泵

输送清水或物理、化学性质类似于水的其他液体。输送介质温度小于 105℃，适用于各种锅炉给水。

性能范围：流量　q_V＝6.3～450m^3/h；

扬程　H＝75～650m。

型号意义：例　DG6-25×10

DG—多级锅炉给水泵；6—泵设计点流量值（m^3/h）；25—泵设计点扬程（m）；10—叶轮级数。

7. CHTA 型高压锅炉给水泵

CHTA 型泵是引进德国 KSB 公司锅炉给水泵组，整个系列制造技术生产的产品。输送介质温度为 160～210℃，可供 200、300、600、1200MW 火力发电机组配套给水泵组。CHTA 型给水泵是筒式结构。

8. CHTC/CHTD 型高压锅炉给水泵

CHTC/CHTD 型泵是筒式锅炉给水泵，为德国 KSB 公司最先进的第二代锅炉给水泵，由上海 KSB 水泵有限公司生产。

性能范围：最高转速时流量：q_V＝1000L/s；

总扬程　q_V＝0 时，ρ＝1kg/dm^3，H≤4200m；

介质温度　t≤230℃；

转速　n≤7000r/min。

二、常用风机型号

1. G4-13（4-72）型锅炉离心送风机，Y4-13（4-72）型锅炉离心引风机

G4-13（4-72）与 Y4-13（4-72）型锅炉送、引风机适用于火力发电厂中 2～670t/h 蒸汽锅炉的送、引风机系统。在引风机前，必须加装除尘效率≥85％的除尘装置。

性能范围：流量　q_V＝1131～221 730 m^3/h

全压　p＝198～3157Pa

效率　η＝86.1％～89％

型号意义：

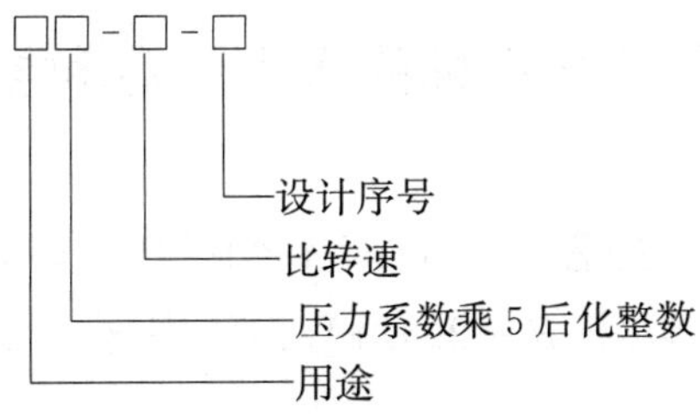

例：G4-13（4-72）-11型No.18D

G—送风机；4—压力系数乘5后化为整数为4；13—比转速（工程单位制为72）；前一个“1”—叶轮为单吸；后一个“1”—第一次设计；No.18—叶轮外径 D_2＝1800mm；D—传动方式。为单吸、单支架、悬臂支承，联轴器传动。

2. ASN型轴流风机

ASN型轴流风机，由沈阳鼓风机厂引进丹麦（NOVENCO）公司专利技术生产的VARIAX型轴流风机，主要用于火力发电厂锅炉送、引风机。

型号意义：

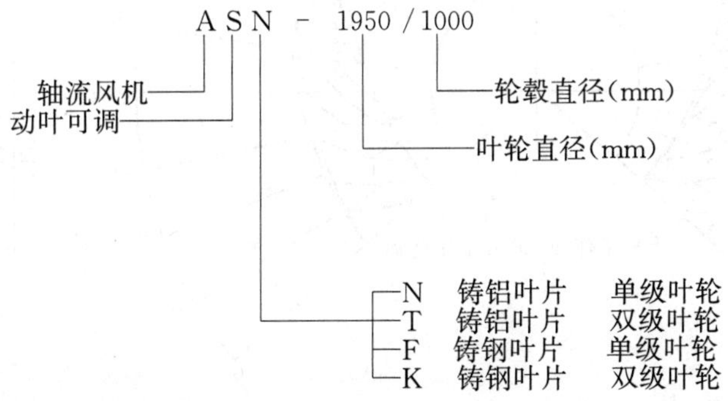

3. FAF20-10-1型轴流风机

FAF20-10-1型轴号风机，由上海鼓风机厂引进德国TLT公司专利技术生产的轴流风机，主要用于火力发电厂锅炉送、引风机。

型号意义：

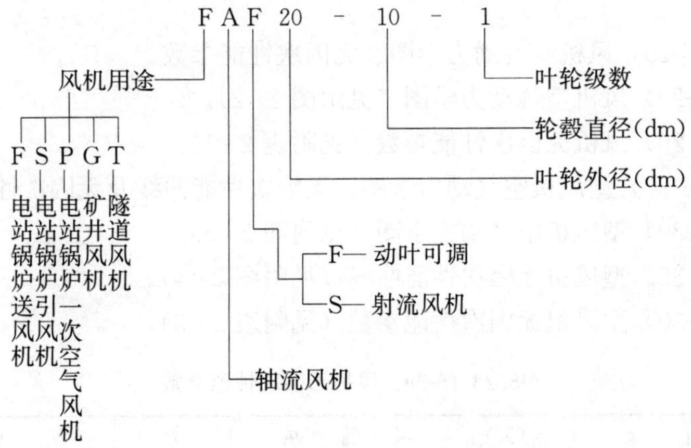

附录二 几种泵与风机的水力模型和空气动力学图

（1）流量 $q_V=474\text{m}^3/\text{h}$，扬程 $H=17\,454\times10^3\text{Pa}$，转速 $n=4654\text{r/min}$，水温 $t=230℃$，密度 $\rho=827\text{kg/m}^3$，功率 $P=2240\text{kW}$，效率 $\eta=82.5\%$的给水泵叶轮剪裁图（见附图 2-1）。

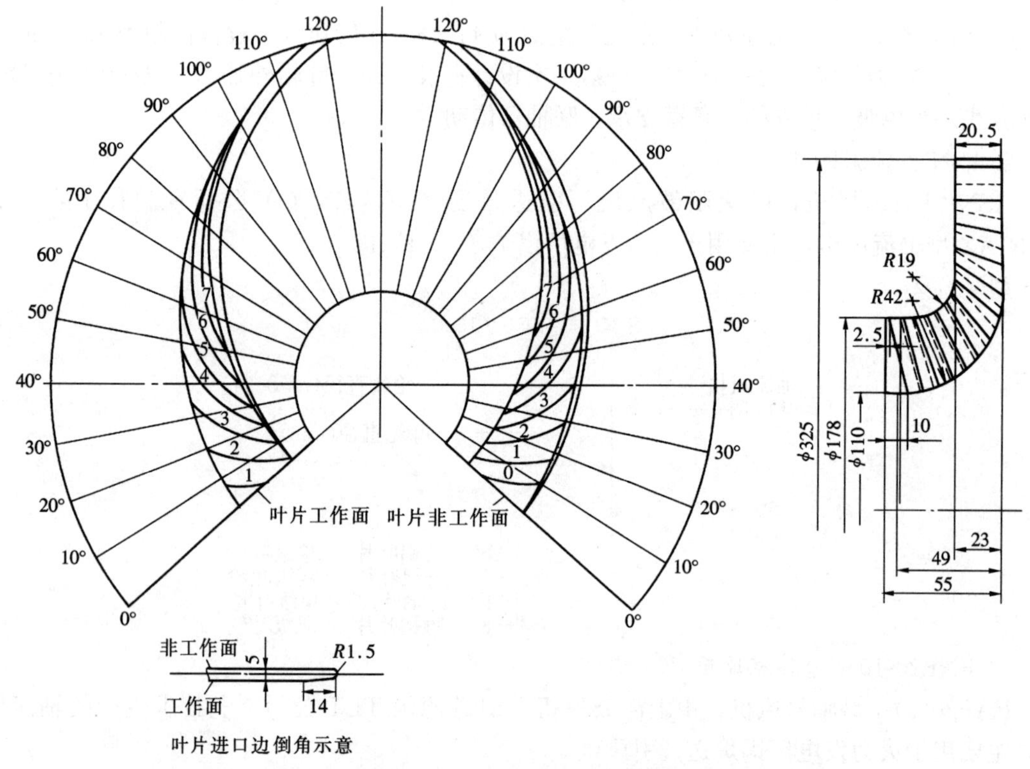

附图 2-1 给水泵叶轮剪裁图

（2）5-5.23（5-29）风机空气动力学图、无因次性能参数。

1）5-5.23（5-29）风机空气动力学图（见附图 2-2）。

2）5-5.23（5-29）风机无因次性能参数（见附表 2-1）。

（3）6-5.41（6-30）型风机空气动力学图、无因次性能曲线及无因次性能参数。

1）6-5.41（6-30）型风机空气动力学图（见附图 2-3）。

2）6-5.41（6-30）型风机无因次性能曲线（见附图 2-4）。

3）6-5.41（6-30）型风机无因次性能参数（见附表 2-2）。

附表 2-1 **5-5.23（5-29）风机无因次性能参数**

$\overline{q}_V$	$\overline{P}$	$\overline{p}$	η（%）	n_s	$\overline{q}_V$	$\overline{P}$	$\overline{p}$	η（%）	n_s
0.03	0.023 25	0.605 3	78.1	20.7	0.035	0.025 75	0.600	81.55	22.5
0.032 5	0.024 5	0.604	80.12	21.58	0.037 5	0.026 95	0.595	82.79	23.44

续表

$\overline{q}_V$	$\overline{P}$	$\overline{p}$	η (%)	n_s	$\overline{q}_V$	$\overline{P}$	$\overline{p}$	η (%)	n_s
0.04	0.028 1	0.588	83.70	24.43	0.057 5	0.034 4	0.512 6	85.68	32.46
0.042 5	0.029 15	0.581	84.71	25.4	0.06	0.035	0.498 5	85.46	33.87
0.045	0.030 12	0.572	85.46	26.45	0.062 5	0.035 6	0.483	84.8	35.39
0.047 5	0.031 1	0.561 7	85.79	27.5	0.065	0.036 18	0.467 7	84.03	36.91
0.05	0.031 96	0.551 6	86.30	28.64	0.067 5	0.036 8	0.452 5	83.00	38.61
0.052 5	0.032 9	0.54	86.17	29.83	0.07	0.037 5	0.438	81.76	40.29
0.055	0.033 65	0.526	85.97	31.23	0.072 5	0.038 2	0.425	80.66	41.91

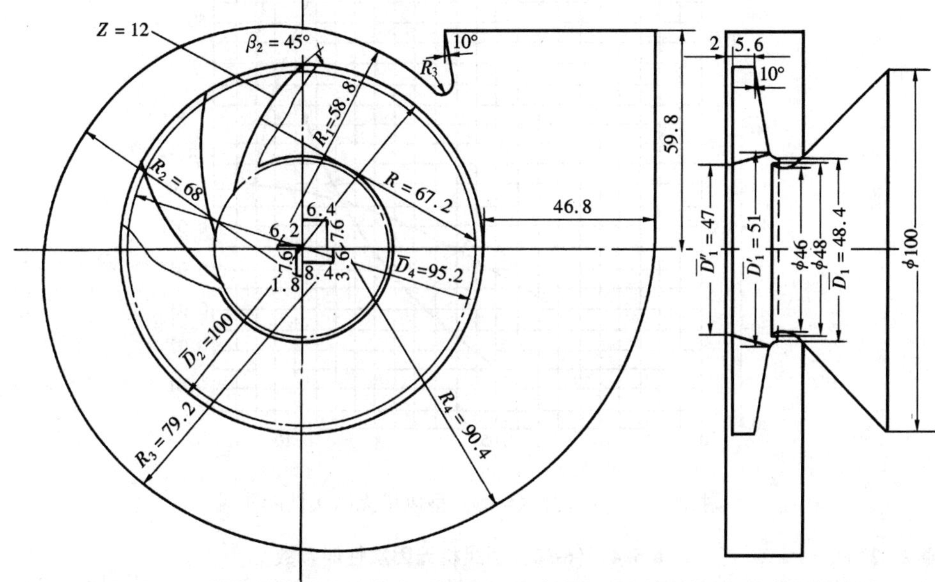

附图 2-2　5-5.23 (5-29) 风机空气动力学图

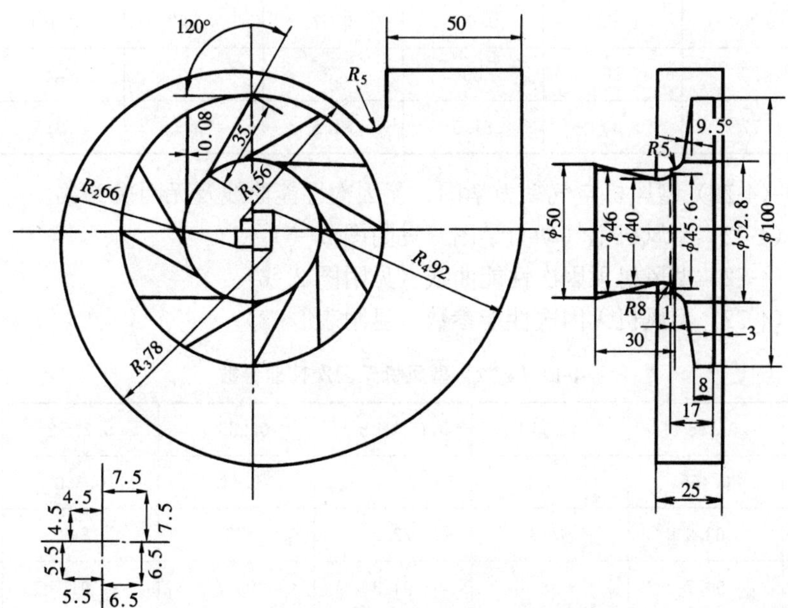

附图 2-3　6-5.41 (6-30) 型风机空气动力学图

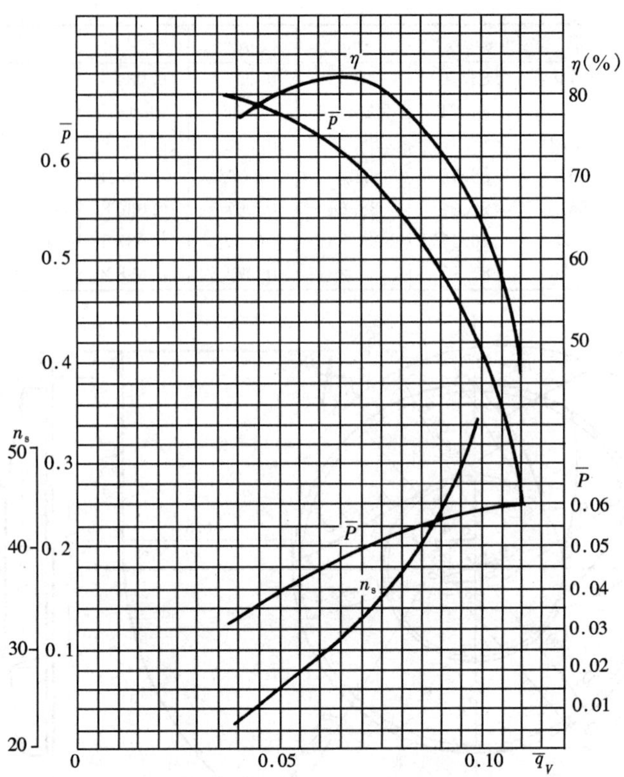

附图 2-4　6-5.41（6-30）型风机无因次性能曲线

附表 2-2　6-5.41（6-30）型风机无因次性能参数

$\overline{q}_V$	0.04	0.05	0.06	0.07	0.08	0.09	0.095
$\overline{p}$	0.635	0.622	0.602	0.57	0.522	0.461	0.425
n_s	23	26	30	33	37	44	48
η（%）	77	80	81.5	81.5	78.5	73.5	70

（4）4-13（4-72）型风机空气动力学图、无因次性能曲线及无因次参数。

1）4-13（4-72）型风机空气动力学图（见附图 2-5）。

2）4-13（4-72）型风机无因次性能曲线（见附图 2-6）。

3）4-13（4-72）型风机无因次性能参数（见附表 2-3）。

附表 2-3　4-13（4-72）型风机无因次性能参数

$\overline{q}_V$	0.188 4	0.205 1	0.221 8	0.238 5	0.255 2	0.271 9
$\overline{p}$	0.458	0.452	0.434	0.413	0.390	0.363
n_s	63.9	67.3	72.2	77	84	91.5
η（%）	90.7	93	94.3	93.7	91	88.2

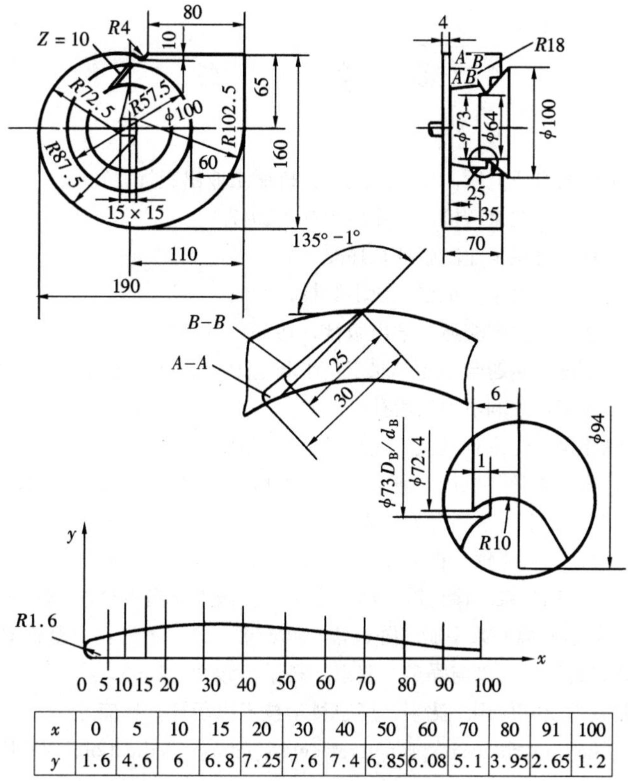

x	0	5	10	15	20	30	40	50	60	70	80	91	100
y	1.6	4.6	6	6.8	7.25	7.6	7.4	6.85	6.08	5.1	3.95	2.65	1.2

附图 2-5　4-13（4-72）型风机空气动力学图

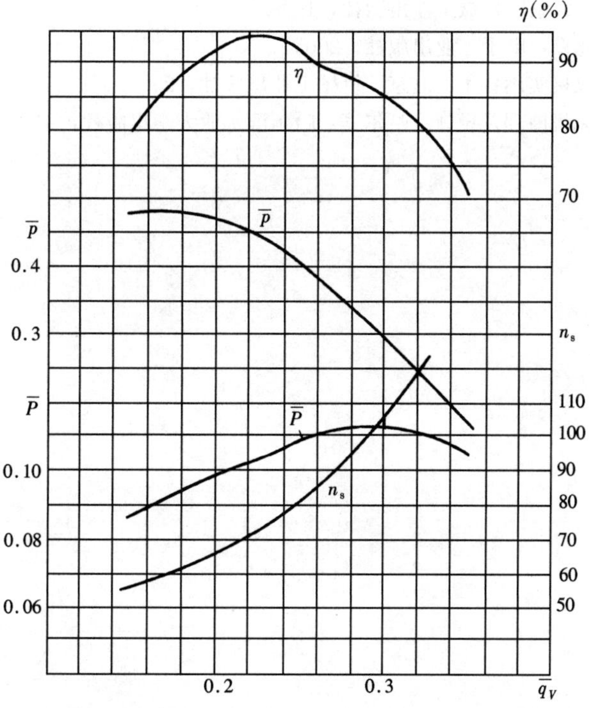

附图 2-6　4-13（4-72）型风机无因次性能曲线

参考文献

[1] 埃克. 通风机. 沈阳鼓风机研究所，等译. 北京：机械工业出版社，1985.
[2] 关醒凡. 泵的理论与设计. 北京：机械工业出版社，1987.
[3] 李庆宜. 通风机. 北京：机械工业出版社，1985.
[4] 陈乃祥，吴玉林. 离心泵. 北京：机械工业出版社，2003.
[5] 吴达人. 泵与风机. 西安：西安交通大学出版社，1989.
[6] 叶衡. 泵与风机——原理、例题与习题. 北京：水利电力出版社，1989.
[7] 杨诗成. 轴流风机. 北京：水利电力出版社，1995.
[8] 丁成伟. 离心泵与轴流泵. 北京：机械工业出版社，1981.
[9] 沈阳鼓风机研究所，东北工学院机械教研室. 离心通风机. 北京：机械工业出版社，1984.
[10] 马文智. 高速给水泵. 北京：水利电力出版社，1984.
[11] 刘家钰. 电站风机改造与可靠性分析. 北京：中国电力出版社，2002.
[12] 斯捷潘诺夫. 离心泵与轴流泵. 徐行键，译. 北京：机械工业出版社，1980.
[13] FLORJANCIC D. 苏尔寿离心泵手册. 陈振铭，糜若虚，译. 上海：上海科学技术出版社，1995.
[14] 赵坚行. 热动力装置的排气污染与噪声. 北京：科学出版社，1995.
[15] 王文奇. 噪声控制技术及其应用. 沈阳：辽宁科学技术出版社，1985.
[16] STAM SHIELS. The importance of proper review in pump specification. WORLD PUMP，1999 (1).
[17] YEDIDIAH S. A new tool for solving problems encountered with centrifugal pumps. WORLD PUMP，1996 (4).
[18] 续魁昌. 风机手册. 北京：机械工业出版社，1999.
[19] 周志敏. 变频器. 北京：电子工业出版社，2005.
[20] 昌泽舟. 轴流式通风机实用技术. 北京：机械工业出版社，2005.
[21] 闫国军. 叶片式泵风机原理及设计. 哈尔滨：哈尔滨工业大学出版社，2009.